住房和城乡建设部“十四五”规划教材
全国住房和城乡建设职业教育教学指导委员会土建施工专业指导委员会
规划推荐教材
高等职业教育本科土建施工类专业系列教材

建筑工程质量与安全

李仙兰　郑育新　主　编
杨　晶　黄　敏　副主编
张　迪　主　审

中国建筑工业出版社

图书在版编目（CIP）数据

建筑工程质量与安全 / 李仙兰，郑育新主编 ；杨晶，黄敏副主编. -- 北京 ：中国建筑工业出版社，2024.12. --（住房和城乡建设部“十四五”规划教材）（全国住房和城乡建设职业教育教学指导委员会土建施工专业指导委员会规划推荐教材）（高等职业教育本科土建施工类专业系列教材）. -- ISBN 978-7-112-30374-8

Ⅰ. TU71

中国国家版本馆 CIP 数据核字第 2024RV8512 号

本教材坚持以质检检验和安全管理岗位为导向，包括建筑工程质量管理和建筑工程安全管理两部分，建筑工程质量管理包括建筑工程质量管理与质量管理体系、施工项目质量控制、建筑工程施工质量验收、施工质量控制实施和建筑工程质量事故的处理。建筑工程安全管理包括建筑工程安全生产管理、施工项目安全管理、施工过程安全控制、施工机械与临时用电安全管理、施工现场防火安全管理和文明施工与环境保护，编写依据最新的建筑工程质量安全管理条例、施工验收规范和建筑安全规范，使学习者能够掌握岗位所需的知识和技能。

本教材可作为高等职业教育本科土建施工类相关专业教材使用，也可作为建设类行业企业相关技术人员的学习用书。

为更好地支持本课程的教学，我们向使用本书的教师免费提供教学课件，有需要者请与出版社联系，索要方式为：1. 邮箱 jckj@cabp.com.cn；2. 电话（010）58337285；3. 建工书院 http://edu.cabplink.com。

责任编辑：刘平平　李　阳

责任校对：芦欣甜

住房和城乡建设部“十四五”规划教材

全国住房和城乡建设职业教育教学指导委员会土建施工专业指导委员会规划推荐教材

高等职业教育本科土建施工类专业系列教材

建筑工程质量与安全

李仙兰　郑育新　主　编

杨　晶　黄　敏　副主编

张　迪　主　审

*

中国建筑工业出版社出版、发行（北京海淀三里河路 9 号）

各地新华书店、建筑书店经销

北京科地亚盟排版公司制版

三河市富华印刷包装有限公司

*

开本：787 毫米×1092 毫米　1/16　印张：23¾　字数：573 千字

2025 年 1 月第一版　2025 年 1 月第一次印刷

定价：**66.00** 元（赠教师课件）

ISBN 978-7-112-30374-8

（43638）

出版说明

党和国家高度重视教材建设。2016 年，中办国办印发了《关于加强和改进新形势下大中小学教材建设的意见》，提出要健全国家教材制度。2019 年 12 月，教育部牵头制定了《普通高等学校教材管理办法》和《职业院校教材管理办法》，旨在全面加强党的领导，切实提高教材建设的科学化水平，打造精品教材。住房和城乡建设部历来重视土建类学科专业教材建设，从“九五”开始组织部级规划教材立项工作，经过近 30 年的不断建设，规划教材提升了住房和城乡建设行业教材质量和认可度，出版了一系列精品教材，有效促进了行业部门引导专业教育，推动了行业高质量发展。

为进一步加强高等教育、职业教育住房和城乡建设领域学科专业教材建设工作，提高住房和城乡建设行业人才培养质量，2020 年 12 月，住房和城乡建设部办公厅印发《关于申报高等教育职业教育住房和城乡建设领域学科专业“十四五”规划教材的通知》（建办人函〔2020〕656 号），开展了住房和城乡建设部“十四五”规划教材选题的申报工作。经过专家评审和部人事司审核，512 项选题列入住房和城乡建设领域学科专业“十四五”规划教材（简称规划教材）。2021 年 9 月，住房和城乡建设部印发了《高等教育职业教育住房和城乡建设领域学科专业“十四五”规划教材选题的通知》（建人函〔2021〕36 号）。为做好“十四五”规划教材的编写、审核、出版等工作，《通知》要求：(1) 规划教材的编著者应依据《住房和城乡建设领域学科专业“十四五”规划教材申请书》（简称《申请书》）中的立项目标、申报依据、工作安排及进度，按时编写出高质量的教材；(2) 规划教材编著者所在单位应履行《申请书》中的学校保证计划实施的主要条件，支持编著者按计划完成书稿编写工作；(3) 高等学校土建类专业课程教材与教学资源专家委员会、全国住房和城乡建设职业教育教学指导委员会、住房和城乡建设部中等职业教育专业指导委员会应做好规划教材的指导、协调和审稿等工作，保证编写质量；(4) 规划教材出版单位应积极配合，做好编辑、出版、发行等工作；(5) 规划教材封面和书脊应标注“住房和城乡建设部‘十四五’规划教材”字样和统一标识；(6) 规划教材应在“十四五”期间完成出版，逾期不能完成的，不再作为《住房和城乡建设领域学科专业“十四五”规划教材》。

住房和城乡建设领域学科专业“十四五”规划教材的特点，一是重点以修订教育部、住房和城乡建设部“十二五”“十三五”规划教材为主；二是严格按照专业标准规范要求编写，体现新发展理念；三是系列教材具有明显特点，满足不同层次和类型的学校专业教学要求；四是配备了数字资源，适应现代化教学的要求。规划教材的出版凝聚了作者、主审及编辑的心血，得到了有关院校、出版单位的大力支持，教材建设管理过程有严格保障。希望广大院校及各专业师生在选用、使用过程中，对规划教材的编写、出版质量进行反馈，以促进规划教材建设质量不断提高。

住房和城乡建设部“十四五”规划教材办公室

2021年11月

前言

本教材2021年被住房和城乡建设部评为高等教育职业教育住房和城乡建设领域学科专业“十四五”规划教材选题。是高等职业教育本科土建施工类专业教材。

本教材分上、下两篇，上篇建筑工程质量管理包括：建筑工程质量管理与质量管理体系、施工项目质量控制、建筑工程施工质量验收、施工质量控制实施和建筑工程质量事故的处理。下篇建筑工程安全管理包括：建筑工程安全生产管理、施工项目安全管理、施工过程安全控制、施工机械与临时用电安全管理、施工现场防火安全管理和文明施工与环境保护。

本教材主要创新点及特点：

1. 落实立德树人根本任务，系统设计并融入课程思政元素

本教材编写依据最新的《建设工程质量管理条例》《建筑工程安全管理条例》、施工验收规范和建筑安全规范，将规范意识和工匠精神融入教材，提高学习者质量意识、安全意识、劳动意识及合作意识，培养精益求精的大国工匠精神，强化职业素养养成，以适应建设行业施工现场管理人员成长规律，为培养德智体美劳全面发展的高素质技术技能人才提供教学用书。

2. 校企合作、岗课证融通，基于工作过程构建教材内容

本教材团队成员既有职业本科的教师，又有高职院校的教师；既有企业一线的管理人员，又有行业主管部门的管理人员，大家发挥各自的长处，分工合作，一体推进。坚持以质量员和安全员岗位需求为导向，以任务驱动为核心，以工程过程为导向，来构建教材内容，针对危险性较大工程安全专项如基坑支护、模板工程和脚手架工程等，编写专项的施工方案。

本书由内蒙古建筑职业技术学院李仙兰和浙江广厦建设职业技术大学郑育新主编，内蒙古建筑职业技术学院杨晶和四川建筑职业技术学院黄敏任副主编。第1章由内蒙古建筑职业技术学院鲁家祺编写；第2章和第3章由李仙兰编写；第4章1、2、3节由杨晶编写，案例由兴泰建设集团有限公司李跃飞提供；第4章4、5、6节由黄敏编写，第5章由四川建筑职业技术学院温兴宇编写，第4章4、5、6节案例和第5章案例由四川省德阳市住房和城乡建设局李绯提供；第6章、第7章、第8章由郑育新编写；第9章和第10章由新疆交通职业技术学院马青青博士编写；第11章由浙江富力房地产开发有限公司陈尚平博士和新疆大学建筑工程学院研究生李展飞编写，并负责工程案例的编写。全书由咸阳职业技术学院张迪主审。

由于编写时间仓促，水平有限，书中难免有不足之处，恳切希望读者批评指正。

目录

上篇　建筑工程质量管理

上篇
建筑工程质量管理

第1章　建筑工程质量管理与质量管理体系

知识目标

1. 掌握建筑工程各方的责任和义务；
2. 熟悉质量管理的相关概念、八项原则、质量管理体系标准的产生和发展；
3. 了解质量管理的发展阶段。

能力目标

1. 能够正确处理建设单位、勘察单位、设计单位、监理单位和施工单位之间的关系；
2. 能够明确建筑工程各方的责任和义务，更好地履行自己的职责和义务。

素质目标

1. 牢固树立“质量第一、安全第一”思想；
2. 要有法律意识，正确履行法律法规所赋予的责任和义务，运用法律法规维护自身的权利。

学习重点

1.《中华人民共和国建筑法》(以下简称《建筑法》) 对建筑工程质量管理的相关规定；
2.《建设工程质量管理条例》对建筑工程质量管理的相关规定。

学习难点

1. 质量管理的相关概念；
2.《建筑法》对建筑工程质量管理的相关规定；
3.《建设工程质量管理条例》对建筑工程质量管理的相关规定。

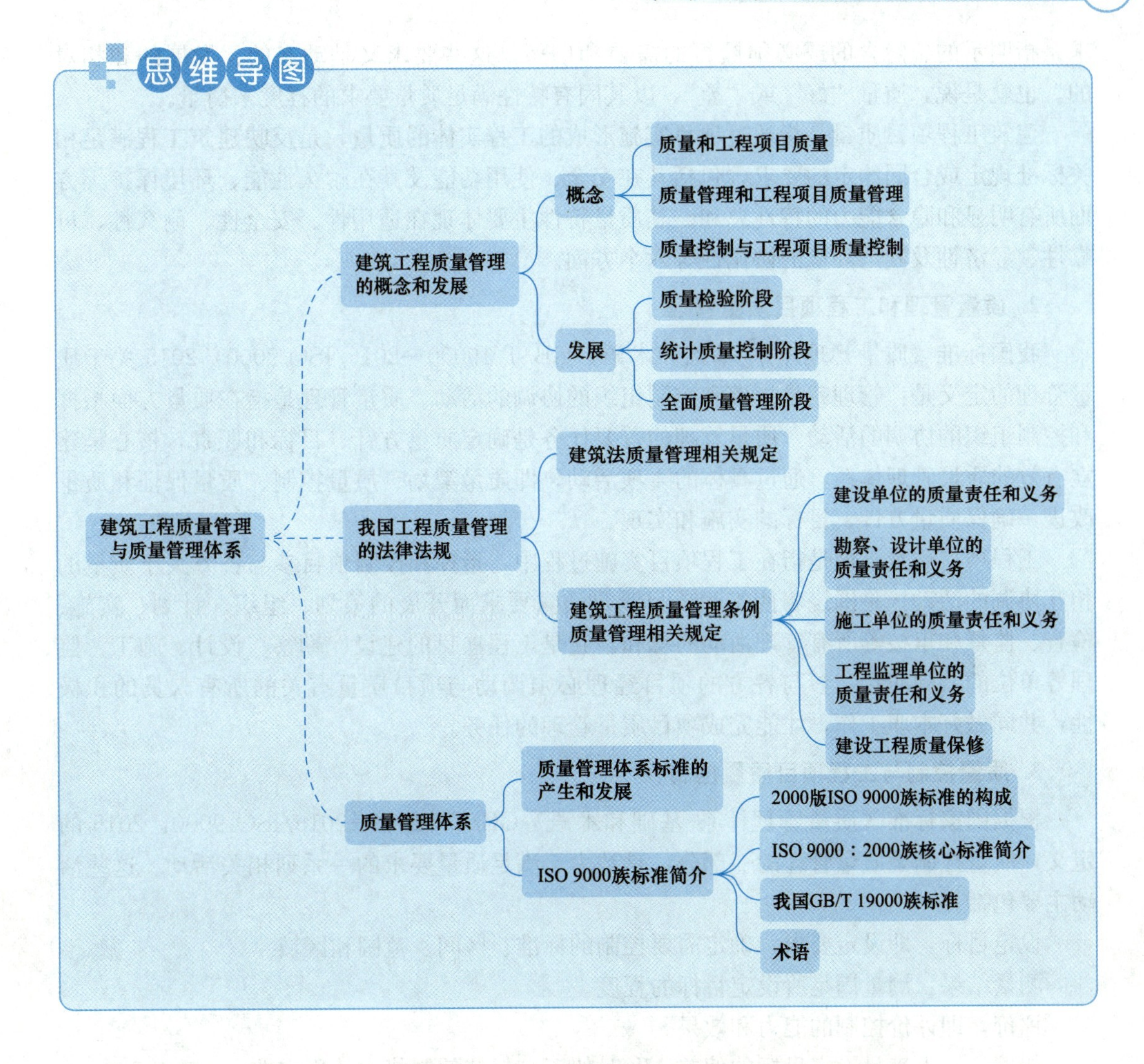

1.1 建筑工程质量管理的概念和发展

1.1.1 建筑工程质量管理的概念

1. 质量和工程项目质量

我国标准《质量管理体系 基础和术语》GB/T 19000—2016/ISO 9000：2015 关于质量的定义是：客体的一组固有特性满足要求的程度。该定义可理解为质量不仅是指产品的质量，也包括产品生产活动或过程的工作质量，还包括质量管理体系运行的质量；质量由一组固有的特性来表征（所谓"固有的特性"，就是指本来就有的、永久的特性），这些固有的特性是指满足顾客和其他相关方要求的特性，以其满足要求的程度来衡量；而质量要求是指明示的、隐含的或必须履行的需要和期望，这些要求又是动态的、发展的和相对的。也就是说，质量“好”或“差”，以其固有特性满足质量要求的程度来衡量。

建筑工程项目质量是指通过项目实施形成的工程实体的质量，是反映建筑工程满足相关标准规定或合同约定的要求，包括其在安全、使用功能及其在耐久性能、环境保护等方面所有明显和隐含能力的特性总和。其质量特性主要体现在适用性、安全性、耐久性、可靠性、经济性及其与环境的协调性等六个方面。

2. 质量管理和工程项目质量管理

我国标准《质量管理体系 基础和术语》GB/T 19000—2016/ISO 9000：2015 关于质量管理的定义是：管理就是指挥和控制组织的协调的活动。质量管理是指在质量方面指挥和控制组织的协调的活动。质量管理的首要任务是确定质量方针、目标和职责，核心是建立有效的质量管理体系，通过具体的 4 项活动，即质量策划、质量控制、质量保证和质量改进，确保质量方针、目标的实施和实现。

工程项目质量管理是指在工程项目实施过程中，指挥和控制项目参与各方关于质量的相互协调的活动，是围绕着使工程项目满足质量要求而开展的策划、组织、计划、实施、检查、监督和审核等所有管理活动的总和。它是工程项目的建设、勘察、设计、施工、监理等单位的共同职责，参与各方的项目经理必须调动与项目质量有关的所有人员的积极性，共同做好本职工作，才能完成项目质量管理的任务。

3. 质量控制与工程项目质量控制

根据国家标准《质量管理体系 基础和术语》GB/T 19000—2016/ISO 9000：2015 的定义，质量控制是质量管理的一部分，是致力于满足质量要求的一系列相关活动。这些活动主要包括：

设定目标，即设定要求，确定需要控制的标准、区间、范围和区域。

测量结果，测量满足所设定目标的程度。

评价，即评价控制的能力和效果。

纠偏，对不满足设定目标的偏差，及时纠正，保持控制能力的稳定性。

也就是说，质量控制是在明确的质量目标和具体的条件下，通过行动方案和资源配置的计划、实施、检查和监督，进行质量目标的事前预控、事中控制和事后纠偏控制，实现预期质量目标的系统过程。

工程项目的质量要求是由业主方提出，即项目的质量目标，是业主的建设意图通过项目策划，包括项目的定义及建设规模、系统组成、使用功能等定位策划和目标策划来确定的。工程项目质量控制，就是在项目实施的整个过程中，包括项目的勘察设计、招标采购、施工安装和竣工验收等各个阶段，项目参与各方致力于实现业主要求的项目质量总目标的一系列活动。

工程项目质量控制包括项目的建设、勘察、设计、施工、监理各方的质量控制活动。

1.1.2 建筑工程质量管理的发展

质量管理的发展，按照其所依据的手段和方式来划分，大致经过质量检验阶段、统计质量控制阶段和全面质量管理阶段。

1. 质量检验阶段

在质量检验阶段，人们对质量管理的理解还仅限于质量的检验。就是说通过严格检验来控制和保证转入下道工序和出厂的产品质量。

（1）操作者的质量管理。20 世纪以前，产品的质量检验，主要依靠手工操作者的手艺和经验，对产品的质量进行鉴别、把关。

（2）工长的质量管理。1918 年，美国出现了“科学管理运动”，强调工长在保证质量方面的作用。于是，执行质量管理的责任就由操作者转移到工长。

（3）检验员的质量管理。1940 年，由于企业生产规模的不断扩大，这一职能由工长转移到专职检验员。大多数企业都设置了专职的检验部门，配备有专职的检验人员。其用一定的检测手段负责全厂的产品检验工作。

专职检验的特点是“三权分立”，即有人专职制定标准，有人负责制造，有人专职检验产品质量。这种做法的实质是在产品中挑废品、划等级。这样做虽然在保证出厂产品质量方面有一定的成效，但也有不可克服的缺点：

1）出现质量问题容易扯皮、推诿，缺乏系统的观念。

2）只能事后把关，不能在生产过程中起到预防、控制作用，待发现废品时已经成为事实，无法补救。

3）对产品的全数检验，有时在技术上是不可能做到的（如破坏性检验等），有时在经济上是不合理、不合算的（如检验工时太长、检验费用太高等）。随着生产规模的不断扩大和生产效率的不断提高，这些缺点也就显得越来越突出。

2. 统计质量控制阶段

由于第二次世界大战对军需品的特殊需要，单纯的质量检验已不能适应战争的需要。因此，美国组织了数理统计专家在国防工业中解决实际问题。这些数理统计专家在军工生产中广泛应用数理统计方法进行生产过程的工序控制，并产生了非常显著的效果，保证和提高了军工产品的质量。后来人们又把它推广到民用产品中，给各个公司带来了巨额利润。

这一阶段的特点是利用数理统计原理在生产工序间进行质量控制，预防产生不合格品并检验产品的质量。在方式上，责任者也由专职的检验员转为专业的质量控制工程师和技术人员。这标志着事后检验的观念改变为预测质量事故的发生并事先加以预防的观念。由于这个阶段过于强调质量控制的统计方法，人们误认为“质量管理就是统计方法，是统计学家的事情”，这在一定程度上也限制了质量管理统计方法的普及和推广。

3. 全面质量管理阶段

全面质量管理最先起源于美国，后来一些工业发达国家开始推行。20 世纪 60 年代后期，日本又有了新的发展。

所谓全面质量管理，就是企业全体人员及有关部门同心协力，把专业技术、经营管理、数理统计和思想教育结合起来，建立起产品的研究设计、生产制造、售后服务等活动全过程的质量保证体系，从而用最经济的手段，生产出用户满意的产品。

（1）全面质量管理阶段的基本核心是强调提高人的工作质量，保证和提高产品的质量，达到全面提高企业和社会经济效益的目的。

（2）全面质量管理阶段的基本特点是从过去的事后检验和把关为主转变为预防和改进为主；从管结果变为管因素，把影响质量的诸因素查出来，抓住主要矛盾，动员全体部门参加，依靠科学管理的理论、程序和方法，使生产的全过程都处于受控状态。

（3）全面质量管理阶段的基本要求是全员参加质量管理，其范围是产品质量产生、形成和实现的全过程，是全企业的质量管理，其所采用的管理方法应是多种多样的。

全面质量管理是在统计质量控制的基础上进一步发展起来的。它重视人的因素，强调企业全员参加，对全过程的各项工作都要进行质量管理。它运用系统的观点，综合而全面地分析研究质量问题，它的方法、手段更加丰富、完善，从而能把产品质量真正地管理起来，产生更高的经济效益。

当前世界各国的大部分企业都在结合各自的特点运用着全面质量管理，各有所长、各有特点。

1.2 我国工程质量管理的法律法规

1.2.1 《建筑法》对建筑工程质量管理的相关规定

1.《中华人民共和国建筑法》概述及主要内容

国家对从事建筑活动的单位推行质量体系认证制度。从事建筑活动的单位根据自愿原则可以向国务院产品质量监督管理部门或者国务院产品质量监督管理部门授权的部门认可的认证机构申请质量体系认证。经认证合格的，由认证机构颁发质量体系认证证书；建筑工程勘察、设计、施工的质量必须符合国家有关建筑工程安全标准的要求，建设单位不得以任何理由，要求建筑设计单位或者建筑施工企业在工程设计或者施工作业中，违反法律、行政法规和建筑工程质量、安全标准，降低工程质量；建筑工程实行总承包的，工程质量由工程总承包单位负责，总承包单位将建筑工程分包给其他单位的，应当对分包工程的质量与分包单位承担连带责任。分包单位应当接受总承包单位的质量管理；建筑工程的勘察、设计单位必须对其勘察、设计的质量负责，勘察、设计文件应当符合有关法律、行政法规的规定和建筑工程质量、安全标准、建筑工程勘察、设计技术规范以及合同的约定，设计文件选用的建筑材料、建筑构配件和设备，应当注明其规格、型号、性能等技术指标，其质量要求必须符合国家标准的规定，建筑设计单位对设计文件选用的建筑材料、建筑构配件和设备，不得指定生产厂、供应商；建筑施工企业对工程的施工质量负责，建筑施工企业必须按照工程设计图纸和施工技术标准施工，不得偷工减料，工程设计的修改由原设计单位负责，建筑施工企业不得擅自修改工程设计，建筑施工企业必须按照工程设计要求、施工技术标准和合同的约定，对建筑材料、建筑构配件和设备进行检验，不合格的不得使用；建筑物在合理使用寿命内，必须确保地基基础工程和主体结构的质量，建筑工程竣工时，屋顶、墙面不得留有渗漏、开裂等质量缺陷；对已发现的质量缺陷，建筑施工企业应当修复。交付竣工验收的建筑工程，必须符合规定的建筑工程质量标准，有完整的工程技术经济资料和经签署的工程保修书，并具备国家规定的其他竣工条件，建筑工程竣工经验收合格后，方可交付使用，未经验收或者验收不合格的，不得交付使用；建筑工程实行质量保修制度，任何单位和个人对建筑工程的质量事故、质量缺陷都有权向建设行政主管部门或者其他有关部门进行检举、控告、投诉。

1.2.2 《建设工程质量管理条例》对建筑工程质量管理的相关规定

建设单位、勘察单位、设计单位、施工单位、工程监理单位依法对建设工程质量负责，县级以上人民政府建设行政主管部门和其他有关部门应当加强对建设工程质量的监督管理，从事建设工程活动，必须严格执行基本建设程序，坚持先勘察、后设计、再施工的原则。

2. 建设工程质量条例概述及主要内容

1. 建设单位的质量责任和义务

(1) 建设单位应当将工程发包给具有相应资质等级的单位，不得将建设工程肢解发包，应当依法对工程建设项目的勘察、设计、施工、监理以及与工程建设有关的重要设备、材料等的采购进行招标，不得迫使承包方以低于成本的价格竞标，不得任意压缩合理工期，不得明示或者暗示设计单位或者施工单位违反工程建设强制性标准，降低建设工程质量。

(2) 建设单位必须向有关的勘察、设计、施工、工程监理等单位提供与建设工程有关的原始资料，原始资料必须真实、准确、齐全。

(3) 施工图设计文件未经审查批准的，不得使用。

(4) 实行监理的建设工程，建设单位应当委托具有相应资质等级的工程监理单位进行监理，也可以委托具有工程监理相应资质等级并与被监理工程的施工承包单位没有隶属关系或者其他利害关系的该工程的设计单位进行监理，下列建设工程必须实行监理：

① 国家重点建设工程；

② 大中型公用事业工程；

③ 成片开发建设的住宅小区工程；

④ 利用外国政府或者国际组织贷款、援助资金的工程；

⑤ 国家规定必须实行监理的其他工程。

(5) 建设单位在开工前，应当按照国家有关规定办理工程质量监督手续，工程质量监督手续可以与施工许可证或者开工报告合并办理。

(6) 按照合同约定，由建设单位采购建筑材料、建筑构配件和设备的，建设单位应当保证建筑材料、建筑构配件和设备符合设计文件和合同要求，建设单位不得明示或者暗示施工单位使用不合格的建筑材料、建筑构配件和设备。

(7) 涉及建筑主体和承重结构变动的装修工程，建设单位应当在施工前委托原设计单位或者具有相应资质等级的设计单位提出设计方案；没有设计方案的，不得施工。房屋建筑使用者在装修过程中，不得擅自变动房屋建筑主体和承重结构。

(8) 建设单位收到建设工程竣工报告后，应当组织设计、施工、工程监理等有关单位进行竣工验收，验收合格的，方可交付使用。建设工程竣工验收应当具备下列条件：

① 完成建设工程设计和合同约定的各项内容；

② 有完整的技术档案和施工管理资料；

③ 有工程使用的主要建筑材料、建筑构配件和设备的进场试验报告；

④ 有勘察、设计、施工、工程监理等单位分别签署的质量合格文件；

⑤ 有施工单位签署的工程保修书。

(9) 建设单位应当严格按照国家有关档案管理的规定，及时收集、整理建设项目各环节的文件资料，建立、健全建设项目档案，并在建设工程竣工验收后，及时向建设行政主管部门或者其他有关部门移交建设项目档案。

2. 勘察、设计单位的质量责任和义务

(1) 从事建设工程勘察、设计的单位应当依法取得相应等级的资质证书，并在其资质等级许可的范围内承揽工程，禁止勘察、设计单位超越其资质等级许可的范围或者以其他勘察、设计单位的名义承揽工程。禁止勘察、设计单位允许其他单位或者个人以本单位的名义承揽工程，勘察、设计单位不得转包或者违法分包所承揽的工程。

(2) 勘察、设计单位必须按照工程建设强制性标准进行勘察、设计，并对其勘察、设计的质量负责，注册建筑师、注册结构工程师等注册执业人员应当在设计文件上签字，对设计文件负责。

(3) 勘察单位提供的地质、测量、水文等勘察成果必须真实、准确，设计单位应当根据勘察成果文件进行建设工程设计，设计文件应当符合国家规定的设计深度要求，注明工程合理使用年限。

(4) 设计单位在设计文件中选用的建筑材料、建筑构配件和设备，应当注明规格、型号、性能等技术指标，其质量要求必须符合国家规定的标准，除有特殊要求的建筑材料、专用设备、工艺生产线等外，设计单位不得指定生产厂、供应商。

(5) 设计单位应当就审查合格的施工图设计文件向施工单位作出详细说明。

(6) 设计单位应当参与建设工程质量事故分析，并对因设计造成的质量事故，提出相应的技术处理方案。

3. 施工单位的质量责任和义务

(1) 施工单位应当依法取得相应等级的资质证书，并在其资质等级许可的范围内承揽工程。禁止施工单位超越本单位资质等级许可的业务范围或者以其他施工单位的名义承揽工程。禁止施工单位允许其他单位或者个人以本单位的名义承揽工程，不得转包或者违法分包工程。

(2) 施工单位对建设工程的施工质量负责，应当建立质量责任制，确定工程项目的项目经理、技术负责人和施工管理负责人。

(3) 建设工程实行总承包的，总承包单位应当对全部建设工程质量负责；建设工程勘察、设计、施工、设备采购的一项或者多项实行总承包的，总承包单位应当对其承包的建设工程或者采购的设备质量负责。总承包单位依法将建设工程分包给其他单位的，分包单位应当按照分包合同的约定对其分包工程的质量向总承包单位负责，总承包单位与分包单位对分包工程的质量承担连带责任。

(4) 施工单位必须按照工程设计图纸和施工技术标准施工，不得擅自修改工程设计，不得偷工减料。施工单位在施工过程中发现设计文件和图纸有差错的，应当及时提出意见和建议。

（5）施工单位必须按照工程设计要求、施工技术标准和合同约定，对建筑材料、建筑构配件、设备和商品混凝土进行检验，检验应当有书面记录和专人签字；未经检验或者检验不合格的，不得使用。施工人员对涉及结构安全的试块、试件以及有关材料，应当在建设单位或者工程监理单位监督下现场取样，并送具有相应资质等级的质量检测单位进行检测。

（6）施工单位必须建立、健全施工质量的检验制度，严格工序管理，做好隐蔽工程的质量检查和记录。隐蔽工程在隐蔽前，施工单位应当通知建设单位和建设工程质量监督机构。

（7）施工单位对施工中出现质量问题的建设工程或者竣工验收不合格的建设工程，应当负责返修。

（8）施工单位应当建立、健全教育培训制度，加强对职工的教育培训；未经教育培训或者考核不合格的人员，不得上岗作业。

4. 工程监理单位的质量责任和义务

（1）工程监理单位应当依法取得相应等级的资质证书，并在其资质等级许可的范围内承担工程监理业务。禁止工程监理单位超越本单位资质等级许可的范围或者以其他工程监理单位的名义承担工程监理业务。禁止工程监理单位允许其他单位或者个人以本单位的名义承担工程监理业务，不得转让工程监理业务。

（2）工程监理单位与被监理工程的施工承包单位以及建筑材料、建筑构配件和设备供应单位有隶属关系或者其他利害关系的，不得承担该项建设工程的监理业务。

（3）工程监理单位应当依照法律、法规以及有关技术标准、设计文件和建设工程承包合同，代表建设单位对施工质量实施监理，并对施工质量承担监理责任。

（4）工程监理单位应当选派具备相应资格的总监理工程师和监理工程师进驻施工现场。未经监理工程师签字，建筑材料、建筑构配件和设备不得在工程上使用或者安装，施工单位不得进行下一道工序的施工。未经总监理工程师签字，建设单位不拨付工程款，不进行竣工验收。

（5）监理工程师应当按照工程监理规范的要求，采取旁站、巡视和平行检验等形式，对建设工程实施监理。

5. 建设工程质量保修

（1）建设工程实行质量保修制度。建设工程承包单位在向建设单位提交工程竣工验收报告时，应当向建设单位出具质量保修书。质量保修书中应当明确建设工程的保修范围、保修期限和保修责任等。

（2）在正常使用条件下，建设工程的最低保修期限为：

① 基础设施工程、房屋建筑的地基基础工程和主体结构工程，为设计文件规定的该工程的合理使用年限；

② 屋面防水工程、有防水要求的卫生间、房间和外墙面的防渗漏，为5年；

③ 供热与供冷系统，为2个采暖期、供冷期；

④ 电气管线、给水排水管道、设备安装和装修工程，为2年。

其他项目的保修期限由发包方与承包方约定，建设工程的保修期，自竣工验收合格之日起计算。

(3) 建设工程在保修范围和保修期限内发生质量问题的，施工单位应当履行保修义务，并对造成的损失承担赔偿责任。

(4) 建设工程在超过合理使用年限后需要继续使用的，产权所有人应当委托具有相应资质等级的勘察、设计单位鉴定，并根据鉴定结果采取加固、维修等措施，重新界定使用期。

1.3 质量管理体系

1.3.1 质量管理体系标准的产生和发展

3. 质量管理体系标准的产生和发展

20世纪70年代，世界经济随着地区化、集团化、全球化的发展，市场竞争日趋激烈，顾客对质量的期望越来越高，每个组织为了竞争和保持良好的经济效益，努力提高自身的竞争能力以适应市场竞争的需要。各国的质量保证标准又形成了新的贸易壁垒障碍，这就迫切需要一个国际标准来解决上述问题。于是国际标准化组织（ISO）在英国标准化协会（BSD）的建议下，于1980年5月在加拿大渥太华成立了质量管理和质量保证技术委员会（TC176），该会从事研究质量管理和质量保证领域的国际标准化问题，总结世界各国在该领域经验的基础上，首先于1986年6月发布了国际标准《质量-术语》ISO-8402，随后又于1987年3月正式发布了ISO 9000族标准。该标准发布后受到世界许多国家和地区的欢迎和采用。同时也提出了许多建设性意见，1990年质量管理和质量保证技术委员会着手对标准进行了修改，修改分两个阶段进行。第一阶段为"有限修改"，即在标准结构上不作大的变动，仅对标准的内容进行小范围的修改，经修改的ISO 9000标准即为1994年标准。第二阶段为"彻底修改"，即在总体结构和内容上作全面修改。1996年ISO/TC 176（国际标准化组织质量管理和质量保证技术委员会）开始在世界各地广泛征求标准使用者的意见，了解顾客对标准的修订要求，1997年正式提出了八项质量管理原则，作为2000版ISO 9000族标准的修订依据和设计思想，经过4年若干稿修订，于2000年12月15日正式发布了2000版ISO 9000族标准，即ISO 9000：2000族标准。2005年9月15日国际标准化组织（ISO）发布了第3版《质量管理体系 基础和术语》（ISO 9000：2005）。综合上述，ISO 9000族标准是由ISO/TC 176编制的，由国际标准化组织（ISO）批准、发布的，有关质量管理和质量保证的一整套国际标准的总称。

ISO 9000系列标准的颁布，使各国的质量管理和质量保证活动统一在ISO 9000系列标准的基础上。标准总结了工业发达国家先进企业的质量管理实践经验，统一了质量管理和质量保证的术语和概念，并对推动组织的质量管理，实现组织的质量目标，消除贸易壁垒，提高产品质量和顾客的满意程度等产生了积极的影响，受到了世界各国的普遍关注和采用，迄今为止，它已被世界150多个国家和地区等同采用为国家标准，成为国际标准化组织（ISO）最成功、最受欢迎的国际标准。

1.3.2 ISO 9000族标准简介

1. 2000版ISO 9000族标准的构成

2000版ISO 9000系列标准由4个核心标准、1个支持性技术标准、6个技术报告和3个小册子组成。

（1）4个核心标准

1）ISO 9000《质量管理体系 基础和术语》：表述质量管理体系基础知识，并规定质量管理体系术语。

2）ISO 9001《质量管理体系 要求》：规定质量管理体系要求，用于证实组织具有提供满足顾客要求和适用法规要求的产品的能力，目的在于增进顾客满意度。

3）ISO 9004《质量管理体系 业绩改进指南》：提供考虑质量管理体系的有效性和改进两方面的指南，该标准的目的是促进组织业绩改进和使顾客及其他相关方满意。

4）ISO 19011《质量和（或）环境管理体系审核指南》：提供审核质量和环境管理体系的指南。

（2）1个支持性技术标准

ISO 10012：2000：测量控制系统。

（3）6个技术报告

1）ISO/TR 10006：《项目管理指南》。

2）ISO/TR 10007：《技术状态管理指南》。

3）ISO/TR 10013：《质量管理体系文件指南》。

4）ISO/TR 10014：《质量经济管理指南》。

5）ISO/TR 10015：《培训》。

6）ISO/TR 10017：《统计技术在ISO 9001：2000中的应用指南》。

（4）3个小册子

1）《质量管理原则》。

2）《选择和使用指南》。

3）《小型企业的应用》。

2. ISO 9000：2000族核心标准简介

“ISO 9000族”是国际标准化组织（ISO）在1994年提出的概念。它是指“由ISO/TC 176制定的系列国际标准”。该标准族可帮助组织实施并运行有效的质量管理体系，是质量管理体系通用的要求或指南。它不受具体的行业或经济部门的限制，可广泛适用于各种类型和规模的组织，在国内和国际贸易中促进相互理解。

（1）《质量管理体系 基础和术语》ISO 9000：2000。此标准表述了ISO 9000族标准中质量管理体系的基础，并确定了相关的术语。

标准明确了质量管理的八项原则，它是组织改进其业绩的框架，并能帮助组织获得持续成功，也是ISO 9000族质量管理体系标准的基础。标准表述了建立和运行质量管理体系应遵循的12个方面的质量管理体系基础知识。

标准给出了有关质量的术语共 80 个词条，分成 10 个部分，阐明了质量管理领域所用术语的概念，提供了术语之间的关系图。

(2)《质量管理体系 要求》ISO 9001：2000。标准提供了质量管理体系的要求，供组织需要证实其具有稳定地提供满足顾客要求和适用法律法规要求产品的能力时应用。组织可通过体系的有效应用，包括持续改进体系的过程及保证符合顾客与适用的法规要求，增强顾客满意度。

(3) 标准应用了以过程为基础的质量管理体系模式的结构，鼓励组织在建立、实施和改进质量管理体系及提高其有效性时，采用过程方法，通过满足顾客要求，增强顾客满意度。过程方法的优点是对质量管理体系中诸多单个过程之间的联系及过程的组合和相互作用进行连续的控制，以达到质量管理体系的持续改进。

(4)《质量管理体系 业绩改进指南》ISO 9004：2000。此标准以八项质量管理原则为基础，帮助组织用有效和高效的方式识别并满足顾客和其他相关方的需求和期望，实现、保持和改进组织的整体业绩，从而使组织获得成功。

(5) 该标准提供了超出 ISO 9000 要求的指南和建议，不用于认证或合同的目的，也不是 ISO 9001 的实施指南。

(6) 该标准的结构，也应用了以过程为基础的质量管理体系模式，鼓励组织在建立、实施和改进质量管理体系及提高其有效性和效率时采用过程方法，以便通过满足相关方要求来提高相关方的满意程度。

3. 我国 GB/T 19000 族标准

随着 ISO 9000 的发布和修订，我国及时、等同地发布和修订了 GB/T 19000 族国家标准。2000 版 ISO 9000 族标准发布后，我国又等同地转换为 GB/T 19000：2000 族国家标准。

4. 术语

ISO 9000：2000 中有术语 80 个，分成如下 10 个方面：

(1) 有关质量的术语 5 个：质量、要求、质量要求、等级、顾客满意。

(2) 有关管理的术语 15 个：体系、管理体系、质量管理体系、质量方针、质量目标、管理、最高管理者、质量管理、质量策划、质量控制、质量保证、质量改进、持续改进、有效性、效率。

(3) 有关组织的术语 7 个：组织、组织结构、基础设施、工作环境、顾客、供方、相关方。

(4) 有关过程和产品的术语 5 个：过程、产品、项目、设计和开发、程序。

(5) 有关特性的术语 4 个：特性、质量特性、可信性、可追溯性。

(6) 有关合格（符合）的术语 13 个：合格（符合）、不合格（不符合）、缺陷、预防措施、纠正措施、纠正、返工、降级、返修、报废、让步、偏离许可、放行。

(7) 有关文件的术语 6 个：信息、文件、规范、质量手册、质量计划、记录。

(8) 有关检查的术语 7 个：客观证据、检验、试验、验证、确认、鉴定过程、评审。

(9) 有关审核的术语 12 个：审核、审核方案、审核准则、审核证据、审核发现、审核结论、审核委托方、受审核方、审核员、审核组、技术专家、能力。

(10) 有关测量过程质量保证的术语 6 个：测量控制体系、测量过程、计量确认、测量设备、计量特性、计量职能。

1.3.3 质量管理的八项原则

GB/T 19000 质量管理体系标准是我国按等同原则，从 2000 版 ISO 9000 族国际标准转化而成的质量管理体系标准。

八项质量管理原则是 2000 版 ISO 9000 族标准的编制基础，也是世界各国质量管理成功经验的科学总结，其中不少内容与我国全面质量管理的经验吻合。它的贯彻执行能促进企业管理水平的提高，并提高顾客对其产品或服务的满意程度，帮助企业达到持续成功的目的。

质量管理的八项原则的具体内容如下：

1）以顾客为关注焦点

组织（从事一定范围生产经营活动的企业）依存于其顾客，组织应理解顾客当前的和未来的需求，满足顾客要求，并争取超越顾客的期望。

2）领导作用

领导确立本组织统一的宗旨和方向，并营造和保持员工充分参与实现组织目标的内部环境。因此领导在企业的质量管理中起着决定性的作用，只有领导重视，各项质量活动才能有效开展。

3）全员参与

各级成员都是组织之本，只有全员充分参与，才能使他们的才干为组织带来收益。产品质量是产品形成过程中全体人员共同努力的结果，其中也包含着为他们提供支持的管理、检查和行政人员的贡献。企业领导应对员工进行质量意识等各方面的教育，激发他们的积极性和责任感，为其能力、知识、经验的提高提供机会，发挥创造精神，鼓励持续改进，给予必要的物质和精神鼓励，使全员积极参与，为达到让顾客满意的目标而奋斗。

4）过程方法

将相关的资源和活动作为过程进行管理，可以更高效地得到期望的结果。任何使用资源生产活动和将输入转化为输出的一组相关联的活动都可视为过程。2000 版 ISO 9000 标准是建立在过程控制的基础上。一般在过程的输入端、过程的不同位置及输出端都存在着可以进行测量、检查的机会和控制点，对这些控制点实行测量、检测和管理，便能控制过程的有效实施。

5）管理的系统方法

将相互关联的过程作为系统加以识别、理解和管理，有助于组织提高实现其目标的有效性和效率。不同企业应根据自己的特点，建立资源管理、过程实现、测量分析改进等方面的关联关系，并加以控制，即采用过程网络的方法建立质量管理体系，实施系统管理。一般建立实施质量管理体系，包括①确定顾客期望；②建立质量目标和方针；③确定实现目标的过程和职责；④确定必须提供的资源：⑤规定测量过程有效性的方法；⑥实施测量确定过程的有效性；⑦确定防止不合格产品并消除其产生原因的措施；⑧建立和应用持续改进质量管理体系的过程。

6）持续改进

持续改进总体业绩是组织的一个永恒目标，其作用在于增强企业满足质量要求的能力，包括产品质量、过程及体系的有效性和效率的提高。持续改进是增强和满足质量要求能力的循环活动，使企业的质量管理走上良性循环的轨道。

7）基于事实的决策方法

有效的决策应建立在数据和信息分析的基础上，数据和信息分析是事实的高度提炼。以事实为依据做出决策，可防止决策失误。为此企业领导应重视数据信息的收集、汇总和分析，以便为决策提供依据。

8）与供方互利的关系

组织与供方是相互依存的，建立双方的互利关系可以增强双方创造价值的能力，供方提供的产品是企业提供产品的一个组成部分，处理好与供方的关系，涉及企业能否持续稳定提供顾客满意产品的重要问题。因此，对供方不能只讲控制，不讲合作互利，特别关键供方，更要建立互利关系，这对企业与供方双方都有利。

质量是企业之本，质量是企业赖以生存和发展的保证，当今世界的经济竞争，很大程度上取决于一个国家的产品和服务质量。质量水平的高低可以说是一个国家经济、科技、教育和管理水平的综合反映。本章主要介绍了质量管理的相关概念、八项原则和发展阶段，介绍了建设各方的责任和义务以及质量管理体系标准的产生和发展。

思考及练习题

【单选题】

1. 在建设法规的五个层次中，其法律效力从高到低依次为（　　）。

A. 建设法律、建设行政法规、建设部门规章、地方建设法规、地方建设规章

B. 建设法律、建设行政法规、建设部门规章、地方建设规章、地方建设法规

C. 建设行政法规、建设部门规章、建设法律、地方建设法规、地方建设规章

D. 建设法律、建设行政法规、地方建设法规、建设部门规章、地方建设规章

2. 以（　　）为依据做出决策，可防止决策失误。

A. 事实　　B. 数据　　C. 信息　　D. 主观判断

3.（　　）收到建设工程竣工报告后，应当组织有关单位进行竣工验收。

A. 监理单位　　B. 设计单位　　C. 施工单位　　D. 建设单位

【多选题】

1. 广义的工程质量管理，泛指建设全过程的质量管理。其管理的范围贯穿于工程建设的（　　）全过程。

A. 决策　　B. 勘察　　C. 设计

D. 施工　　E. 运行

2. 以下属于有关质量术语的是（ ）。

A. 质量管理体系　　B. 要求　　C. 质量要求

D. 等级　　E. 顾客满意

3. 质量保修书中应当明确建设工程的（ ）等。

A. 保修范围　　B. 保修经费　　C. 保修期限

D. 保修责任　　E. 保修负责人

【填空题】

1. 建设工程的保修期，自（ ）之日起计算。

2. 组织（从事一定范围生产经营活动的企业）依存于其顾客，组织应理解顾客当前的和未来的需求，满足顾客要求，并争取超越顾客的期望，是指质量管理的八项原则中（ ）的具体内容。

3. 建设工程实行总承包的，（ ）单位应当对全部建设工程质量负责。

【实训题】

某市阳光花园高层住宅1号楼，地下2层、地上24层，总建筑面积31100m^2，全现浇钢筋混凝土剪力墙结构，施工总包单位为甲，分包单位为乙，2014年9月中旬土方开挖，11月中旬完成基础底板混凝土浇筑，12月中旬完成地下2层墙体、顶板支模、钢筋绑扎及混凝土浇筑工程，2015年1月中旬基础工程全部完工，9月完成主体结构施工。

问题：

(1) 分包单位不服从管理导致生产安全事故的，总包单位和分包单位是否承担责任，如果承担责任，各承担什么责任？

(2) 在正常使用条件下，基础工程最低保修期限是多长时间？

(3) 施工现场暂时停止施工的，施工单位应当做好现场保护，所需费用由谁承担？

第 2 章　施工项目质量控制

知识目标

1. 掌握施工质量控制的三个基本原理、质量控制统计法；
2. 熟悉施工质量控制的概念、现场质量检验、建筑工程质量的影响因素；
3. 了解施工质量控制的特点、基本程序。

能力目标

1. 能够运用排列图寻找影响质量的主次因素；
2. 能够运用因果分析法分析产生质量问题的原因；
3. 能够进行现场质量检验和成品保护。

素质目标

1. 牢固树立全面、全过程和全员三全控制思想；
2. 要有事前、事中和事后三阶段控制理念。

学习重点

1. 质量控制统计法；
2. 建筑工程质量的影响因素。

学习难点

1. 质量控制统计法；
2. 现场质量检验；
3. 施工生产要素的质量控制。

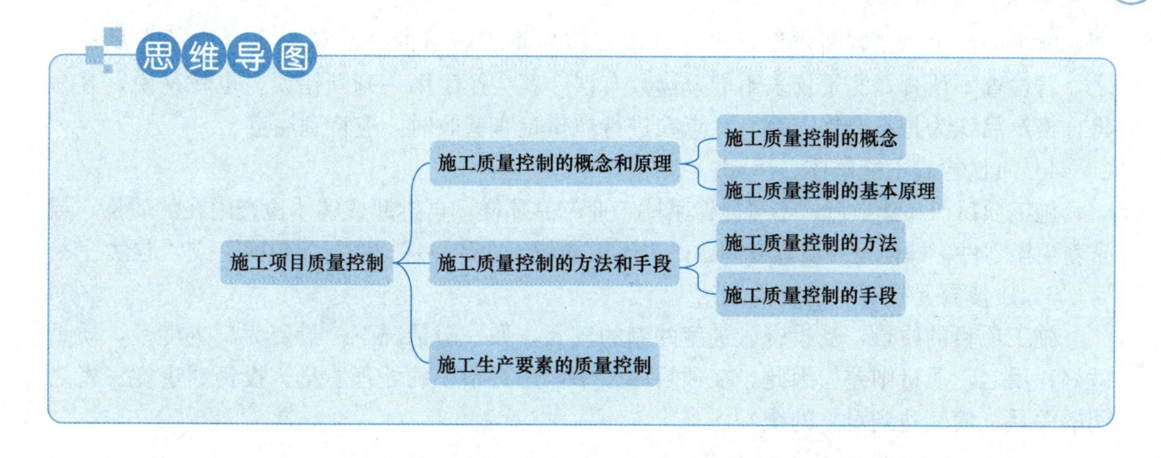

2.1 施工质量控制的概念和原理

2.1.1 施工质量控制的概念

施工质量控制是指致力于满足工程质量要求，也就是为了保证工程质量满足工程合同、规范标准所采取的一系列措施、方法和手段。工程质量要求主要表现为工程合同、设计文件、技术规范标准规定的质量标准。

1. 施工质量控制的特点

由于项目施工涉及面广，是一个极其复杂的综合过程，再加上位置固定、生产流动、结构类型不一、质量要求不一、施工方法不一、体形大、整体性强、建设周期长、受自然条件影响大等特点。因此，施工项目的质量比一般工业产品的质量更难以控制，主要表现在以下几个方面：

1）影响质量的因素多

如设计、材料、机械、地形、地质、水文、气象、施工工艺、操作方法、技术措施、管理制度等都直接影响施工项目的质量。

2）容易产生质量变异

项目施工不像工业产品生产，有固定的自动线和流水线，有规范化的生产工艺和完善的检测技术，有成套的生产设备和稳定的生产环境，有相同系列规格和相同功能的产品；同时，由于影响施工项目质量的偶然性因素和系统性因素都较多，因此，很容易产生质量变异。如材料性能微小的差异、机械设备正常的磨损、操作微小的变化、环境微小的波动等，均会引起偶然性因素的质量变异；当使用材料的规格、品种有误，施工方法不妥，操作不按规程，机械故障，仪表失灵，设计计算错误等，都会引起系统性因素的质量变异，造成工程质量事故。因此，在施工中要严防出现系统性因素的质量变异，要把质量变异控制在偶然性因素范围内。

3）容易产生第一、第二判断错误

施工项目由于工序交接多，中间产品多，隐蔽工程多，若不及时检查，事后再看表面，就容易产生第二判断错误，也就是说，容易将不合格的产品认为是合格的产品；反之，若检查不认真，测量仪表不准，读数有误，就会产生第一判断错误，也就是说，容易将合格产品认为是不合格产品。这点在进行质量检查验收时，应特别注意。

4）质量检查不能解体、拆卸

施工项目产品建成后，不可能像某些工业产品那样，再拆卸或解体检查内在的质量，或重新更换零件，即使发现质量有问题，也不可能像工业产品那样实行“包换”或“退款”。

5）质量要受投资、进度的制约

施工项目的质量，受投资、进度的制约较大，如一般情况下，投资大、进度慢，质量就好；反之，质量则差。因此，在项目施工中，还必须正确处理质量、投资、进度三者之间的关系，使其达到对立的统一。

2. 施工质量控制的基本程序

任何工程都是由分项工程、分部工程和单位工程组成，施工项目是通过一道道工序来完成的。所以，施工项目的质量控制是从工序质量到分项工程质量、分部工程质量、单位工程质量的系统控制过程；也是一个由对投入原材料的质量控制开始，直到完成工程质量检验为止的全过程的系统过程。

施工项目质量控制的基本程序划分为四个阶段：

① 第一阶段为计划控制阶段。在这一阶段主要是制定质量目标，实施方案和计划。

② 第二阶段为监督检查阶段。在按计划实施的过程中进行监督检查。

③ 第三阶段为报告偏差阶段。根据监督检查的结果，发出偏差报告。

④ 第四阶段为采取纠正行动阶段。检查纠正措施的落实情况及其效果，并进行信息的反馈。

施工单位在质量控制中，应按照这个循环程序制定质量控制的措施，按合同和有关法规的要求和标准进行质量的控制。

4. 控制类型

2.1.2 施工质量控制的基本原理

1. PDCA 原理

PDCA 循环，是人们在管理实践中形成的基本理论方法。从实践论的角度看，管理就是确定任务目标，并按照 PDCA 循环原理来实现预期目标。由此可见 PDCA 是目标控制的基本方法。

1）计划（P）

可以理解为质量计划阶段。明确目标并制订实现目标的行动方案，在建设工程项目的实施中，“计划”是指各相关主体根据其任务目标和责任范围，确定质量控制的组织制度、工作程序、技术方法、业务流程、资源配置、检验试验要求、质量记录方式、不合格处理、管理措施等具体内容和做法的文件，“计划”还须对其实现预期目标的可行性、有效性、经济合理性进行分析论证，按照规定的程序与权限审批执行。

2）实施（D）

包含两个环节，即计划行动方案的交底和按计划规定的方法与要求展开工程作业技术活动。计划交底目的在于使具体的作业者和管理者，明确计划的意图和要求，掌握标准从而规范行为，全面地执行计划的行动方案，步调一致地去努力实现预期的目标。

3）检查（C）

指对计划实施过程进行各种检查，包括作业者的自检、互检和专职管理者专检。

各类检查都包含两大方面：一是检查是否严格执行了计划的行动方案，实际条件是否发生了变化，不执行计划的原因。二是检查计划执行的结果，即产出的质量是否达到标准的要求，对此进行确认和评价。

4）处置（A）

对于质量检查所发现的质量问题或质量不合格，及时进行原因分析，采取必要的措施予以纠正，保持质量形成的受控状态。

处理分纠偏和预防两个步骤。前者是采取应急措施，解决当前的质量问题；后者是信息反馈管理部门，反思问题症结或计划时的不周，为今后类似问题的质量预防提供借鉴。

2. 三阶段控制原理

就是通常所说的事前控制、事中控制和事后控制。这三阶段控制构成了质量控制的系统过程。

1）事前控制

要求预先进行周密的质量计划。尤其是工程项目施工阶段，制订质量计划或编制施工组织设计或施工项目管理实施规划，都必须建立在切实可行、有效实现预期质量目标的基础上，作为一种行动方案进行施工部署。目前有些施工企业，尤其是一些资质较低的企业在承建中小型的一般工程项目时，往往忽略了技术质量管理的系统控制，失去企业整体技术和管理经验对项目施工计划的指导和支撑作用，这将造成质量预控的先天性缺陷。

事前控制，其内涵包括两层意思：一是强调质量目标的计划预控；二是按质量计划进行质量活动前的准备工作状态的控制。

2）事中控制

首先是对质量活动的行为约束，即对质量产生过程各项技术作业活动操作者在相关制度管理下的自我行为约束的同时，充分发挥其技术能力，去完成预定质量目标的作业任务；其次是对质量活动过程和结果，来自他人的监督控制，这里包括来自企业内部管理者的检查检验和来自企业外部的工程监理和政府质量监督部门的控制。

事中控制虽然包含自控和监控两大环节，但其关键还是要增强质量意识，发挥操作者自我约束，自我控制，即坚持质量标准是根本的，监控或他人控制是必要的补充，没有前者或用后者取代前者都是不正确的。因此在企业组织的质量活动中，通过监督机制和激励机制相结合的管理方法，来发挥操作者更好的自我控制能力，以达到质量控制的效果，是非常必要的。这也只有通过建立和实施质量体系来达到。

3）事后控制

包括对质量活动结果的评价认定和对质量偏差的纠正。从理论上分析，如果计划预控过程所制订的行动方案考虑得越是周密，事中约束监控的能力越强越严格，实现质量预期目标的可能性就越大，理想的状况就是希望做到各项作业活动“一次成功”“一次交验合格率100%”。但客观上相当部分的工程不可能达到，因为在过程中不可避免地会存在一些计划时难以预料的影响因素，包括系统因素和偶然因素。因此当出现质量实际值与目标值之间超出允许偏差时，必须分析原因，采取措施纠正偏差，保持质量受控状态。

以上三大环节，不是孤立和截然分开的，它们之间构成有机的系统过程，实质上也就是PDCA循环具体化，并在每一次滚动循环中不断提高，达到质量管理或质量控制的持续改进。

3. 三全控制管理

三全管理是来自于全面质量管理TQC的思想，同时包含在质量体系标准中，它指生产企业的质量管理应该是全面、全过程和全员参与的。这一原理对建设工程项目的质量控制，同样有理论和实践的指导意义。

1）全面质量控制

是指工程（产品）质量和工作质量的全面控制，工作质量是产品质量的保证，工作质量直接影响产品质量的形成。对于建设工程项目而言，全面质量控制还应该包括建设工程各参与主体的工程质量与工作质量的全面控制。如业主、监理、勘察、设计、施工总包、施工分包、材料设备供应商等，任何一方任何环节的怠慢疏忽或质量责任不到位都会造成对建设工程质量的影响。

2）全过程质量控制

是指根据工程质量的形成规律，从源头抓起，全过程推进。质量体系标准强调质量管理的“过程方法”管理原则。按照建设程序，建设工程从项目建议书或建设构想提出，历经项目鉴别、选择、策划、可研、决策、立项、勘察、设计、发包、施工、验收、使用等各个有机联系的环节，构成了建设项目的总过程。其中每个环节又由诸多相互关联的活动构成相应的具体过程，因此，必须掌握识别过程和应用“过程方法”进行全过程质量控制。

主要的过程有项目策划与决策过程；勘察设计过程；施工采购过程；施工组织与准备过程；检测设备控制与计量过程；施工生产的检验试验过程；工程质量的评定过程；工程竣工验收与交付过程；工程回访维修服务过程。

3）全员参与控制

从全面质量管理的观点看，无论组织内部的管理者还是作业者，每个岗位都承担着相应的质量职能，一旦确定了质量方针目标，就应组织和动员全体员工参与到实施质量方针的系统活动中去，发挥自己的角色作用。全员参与质量控制作为全面质量管理所不可或缺的重要手段就是目标管理。目标管理理论认为，总目标必须逐级分解，直到最基层岗位，从而形成自下到上，自岗位个体到部门团队的层层控制和保证关系，使质量总目标分解落到每个部门和岗位。就企业而言，如果存在哪个岗位没有自己的工作目标和质量目标，说明这个岗位就是多余的，应予调整。

2.2 施工质量控制的方法和手段

2.2.1 施工质量控制的方法

施工项目质量控制的方法，主要是审核有关技术文件、报告或报表，进行现场质量检验或必要的试验，质量控制统计法等。

1. 审核有关技术文件、报告或报表

对技术文件、报告、报表的审核，是项目经理对工程质量进行全面控制的重要手段，其具体内容为：

(1) 审核有关技术资质证明文件。

(2) 审核开工报告，并经现场核实。

(3) 审核施工方案、施工组织设计和技术措施。

(4) 审核有关材料、半成品的质量检验报告。

(5) 审核反映工序质量动态的统计资料或控制图表。

(6) 审核设计变更、修改图纸和技术核定书。

(7) 审核有关质量问题的处理报告。

(8) 审核有关应用新工艺、新材料、新技术、新结构的技术鉴定书。

(9) 审核有关工序交接检查，分项分部工程质量检查报告。

(10) 审核并签署现场有关技术签证、文件等。

2. 进行现场质量检验或必要的试验

(1) 现场质量检验的内容

1) 开工前检查。目的是检查是否具备开工条件，开工后能否连续正常施工，能否保证工程质量。

2) 工序交接检查。对于重要的工序或对工程质量有重大影响的工序，在自检、互检的基础上，还要组织专职人员进行工序交接检查。

3) 隐蔽工程检查。凡是隐蔽工程均应检查认证后方能掩盖。

4) 停工后复工前的检查。因处理质量问题或某种原因停工后需复工时，亦应经检查认可后方能复工。

5) 分项分部工程完工后，应经检查认可、签署验收记录后，才允许进行下一个工程项目施工。

6) 成品保护检查。检查成品有无保护措施，或保护措施是否可靠。

此外，负责质量工作的领导和工作人员还应经常深入现场，对施工操作质量进行巡视检查；必要时，还应进行跟班或追踪检查。

(2) 现场质量检验的方法

现场进行质量检查的方法有目测法、实测法和试验法 3 种。

1) 目测法。其手段可归纳为看、摸、敲、照 4 个字。

① 看，就是根据质量标准进行外观目测，如装饰工程墙、地砖铺的四角对缝是否垂直一致，砖缝宽度是否一致，横平竖直，又如清水墙面是否洁净，喷涂是否密实和颜色是否均匀，内墙抹灰大面及口角是否平直，地面是否光洁平整，油漆浆活表面观感，施工顺序是否合理，工人操作是否正确等，均是通过目测检查、评价。

② 摸，就是手感检查，主要用于装饰工程的某些检查项目，如水刷石、干粘石粘结牢固程度，油漆的光滑度，浆活是否掉粉，地面有无起砂等，均可通过手摸加以鉴别。

③ 敲，是运用工具进行声感检查，对地面工程、装饰工程中的水磨石、面砖、陶瓷锦砖和大理石贴面等，均应进行敲击检查，通过声音的虚实确定有无空鼓，还可根据声音的清脆或沉闷，判定属于面层空鼓或底层空鼓。此外，用手敲玻璃，如发出颤动声响，一般是底灰不满或压条不实。

④ 照，对于难以看到或光线较暗的部位，则可采用镜子反射或灯光照射的方法进行检查。

2）实测法。就是通过实测数据与施工规范及质量标准所规定的允许偏差对照，来判别质量是否合格。实测检查法的手段也可归纳为"靠、吊、量、套"4个字。

① 靠，是用直尺、塞尺检查墙面、地面、屋面的平整度。

② 吊，是用托线板及线坠吊线检查垂直度。

③ 量，是用测量工具和计量仪表等检查断面尺寸、轴线、标高、湿度、温度等的偏差。

④ 套，是以方尺套方，辅以塞尺检查，如对阴阳角的方正、踢脚线的垂直度、预制构件的方正等项目的检查，对门窗口及构配件的对角线（窜角）检查，也是套方的特殊手段。

3）试验法。指必须通过试验手段，才能对质量进行判断的检查方法。如对桩或地基的静载试验，确定其承载力；对钢结构进行稳定性试验，确定是否产生失稳现象；对钢筋焊接接头进行拉力试验，检验焊接的质量等。

3. 质量控制统计法

5. 排列图法

（1）排列图法

1）排列图的用途

排列图法是利用排列图寻找影响质量主次因素的一种有效方法。在质量管理过程中，通过抽样检查或检验试验所得到的质量问题、偏差、缺陷、不合格等统计数据，以及造成质量问题的原因分析统计数据，均可采用排列图方法进行状况描述，它具有直观、主次分明的特点。排列图又叫帕累托图或主次因素分析图，它是由两个纵坐标、一个横坐标、几个连接起来的直方形和一条曲线所组成。实际应用中，通常按累计频率划分为（0%～80%）、（80%～90%）、（90%～100%）三部分，与其对应的影响因素分别为A、B、C三类。A类为主要因素，B类为次要因素，C类为一般因素。

2）排列图的绘制

① 画横坐标。将横坐标按项目数等分，并按项目频数由大到小顺序从左至右推列。

② 画纵坐标。左侧的纵坐标表示频数，右侧纵坐标表示累计频率，要求总频数对应累计频率100%。

③ 画频数直方形。以频数为高画出各项目的直方形。

④ 画累计频率曲线。从横坐标左端点开始，依次连接各项目直方形右边线及所对应的累计频率值的交点，所得的曲线即为累计频率曲线。

⑤ 记录必要的事项。如标题、收集数据的方法和时间等。

3）排列图的观察与分析

① 观察直方图，大致可看出各项目的影响程度。排列图中的每个直方图都表示一个

质量问题或影响因素，影响程度与各直方图的高度成正比。

② 利用ABC分类法，确定主次因素。将累计频率曲线按（0%～80%）、（80%～90%）、（90%～100%）分为三部分，各曲线下面所对应的影响因素分别为A、B、C三类因素。

4）排列图的应用

排列图可以形象、直观地反映主次因素。其主要应用有：

① 按不合格品的内容分类，可以分析出造成质量问题的薄弱环节。

② 按生产作业分类，可以找出生产不合格品最多的关键过程。

③ 按生产班组或单位分类，可以分析比较各单位技术水平和质量管理水平。

④ 将采取提高质量措施前后的排列图对比，可以分析措施是否有效。

⑤ 此外还可以用于成本费用分析、安全问题分析等。

【案例2-1】

某建筑工程对房间地坪质量不合格问题进行了调查，发现有80间起砂，调查结果统计见表2.1。问题：试分析造成地坪起砂的主要原因。

地坪起砂原因调查结果　　表2.1

序号	地坪起砂的原因	出现房间数	序号	地坪起砂的原因	出现房间数
1	砂含泥量过大	16	5	水泥强度等级太低	2
2	砂粒径过细	45	6	砂浆终凝前压光不足	2
3	后期养护不良	5	7	其他	3
4	砂浆配合比不当	7			

【解题思路】

1. 根据造成地坪起砂的原因出现房间数从前到后重新排序，并计算累计频数、累计频率见表2.2。

地坪起砂原因排列表　　表2.2

项目	频数	累计频数	累计频率	项目	频数	累计频数	累计频率
砂粒径过细	45	45	56.2%	水泥强度等级太低	2	75	93.8%
砂含泥量过大	16	61	76.2%	砂浆终凝前压光不足	2	77	96.2%
砂浆配合比不当	7	68	85%	其他	3	80	100%
后期养护不良	5	73	91.3%				

2. 根据排列图的绘图步骤，绘制排列图如图2.1所示。

A类：（0%～80%）主要因素，砂粒径过细、砂含泥量过大；

B类：（80%～90%）次要因素，砂浆配合比不当；

C类：（90%～100%）一般因素，其他四项为一般因素。

综上所述，产生质量问题的主要原因是砂粒径过细、砂含泥量过大。

5）画排列图时应注意以下几个问题：

① 左侧的纵坐标可以是件数、频数，也可以是金额，也就是说可以从不同的角度去分析问题。

② 要注意分层，主要因素不应超过3个，否则不会抓住主要矛盾。

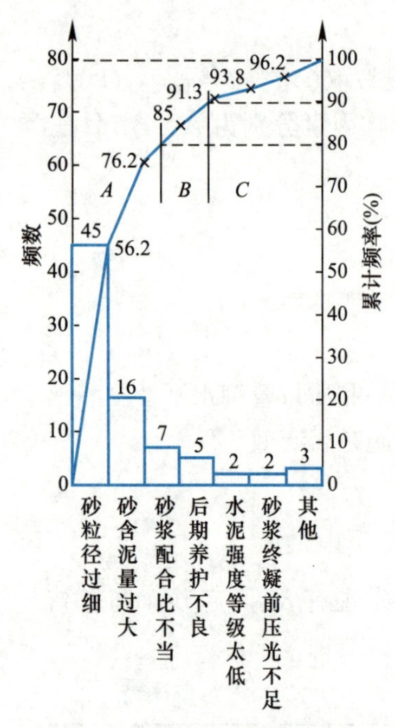

图 2.1 地坪起砂原因排列图

③ 频数很少的项目归入“其他项”，以免横轴过长，“其他项”一定放在最后。

④ 效果检验，重画排列图。针对 A 类因素采取措施后，为检查其效果，经过一段时间，需集数据重画排列图，若新画的排列图与原排列图主次换位，总的废品率（或损失）下降，说明措施得当，否则说明措施不力，未取得预期的效果。

排列图广泛应用于生产的第一线，如车间、班组或工地，项目的内容、数据、绘图时间和绘图人等资料都应在图上写清楚，使人一目了然。

(2) 因果分析法

因果分析图又叫特性要因图、鱼刺图、树枝图。这是一种逐步深入研究和讨论质量问题的图示方法。在工程实践中，任何一种质量问题的产生，往往是多种原因造成的。这些原因有大有小，把这些原因依照大小次序分别用主干、大枝、中枝和小枝图形表示出来，以便一目了然地观察出产生质量问题的原因。运用因果分析图可以帮助我们制定对策，解决工程质量存在的问题，从而达到控制质量的目的。

现以混凝土强度不足的质量问题为例，来阐明因果分析图的画法如图 2.2 所示。

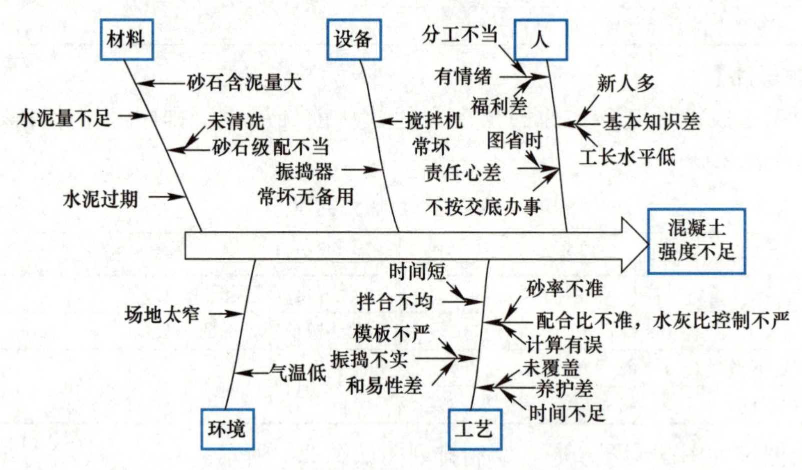

图 2.2 混凝土强度不足因果分析图

① 确定特性。特性就是需要解决的质量问题，放在主干箭头的前面。

② 确定影响质量特性的大枝。影响工程质量的因素主要是人、材料、工艺、设备和环境 5 个方面。

③ 进一步画出中、小枝，即找出中、小原因。

④ 发扬技术民主，反复讨论，补充遗漏的因素。

⑤ 针对影响质量的因素，有的放矢地制定对策，并落实到解决问题的人和时间，通过对策计划表的形式列出见表 2.3，限期改正。

对策计划表 表 2.3

项目	序号	问题存在原因	采取对策	负责人	期限
人员	1	基本知识差	① 对新工人进行教育 ② 做好技术交底工作 ③ 学习操作规程及质量标准		
	2	责任心不强，工人干活有情绪	① 加强组织工作，明确分工 ② 建立工作岗位责任制，采用挂牌制 ③ 关心职工生活		
工艺	3	配合比不准	实验室重新试配		
	4	水灰比控制不严	修理水箱、计量器		
材料	5	水泥量不足	对水泥计量进行检查		
	6	砂石含泥量大	组织人清洗过筛		
设备	7	振捣器、搅拌机常坏	增加设备、及时修理		
环境	8	场地乱	清理现场		
	9	气温低	准备草袋覆盖、保温		

(3) 直方图法

1) 直方图的主要用途

直方图法即频率分布直方图法，它是将收集到的质量数据进行分组整理，绘制成频率分布直方图，用以描述质量分布状态的一种分析方法，所以又称质量分布图法。通过直方图的观察分析，可以了解产品质量的波动情况，掌握质量特性的分布规律，以便对质量状况进行分析判断。同时可通过质量数据特征值的计算，估计施工生产过程总体的不合格品率，评价过程能力等。

2) 直方图法的应用

首先是收集当前生产过程质量特性抽检的数据，然后制作直方图进行观察分析，判断生产过程的质量状况和能力。如某工程 10 组试块的抗压强度数据 150 个，但很难直接判断其质量状况是否正常、稳定和受控情况，如将其数据整理后绘制成直方图，就可以根据正态分布的特点进行分析判断。

3) 直方图的观察分析

① 形状观察分析

是指将绘制好的直方图形状与正态分布图的形状进行比较分析，一看形状是否相似；二看分布区间的宽窄。直方图的分布形状及分布区间宽窄是由质量特性统计数据的平均值和标准偏差所决定的。

正常直方图呈正态分布，其形状特征是中间高、两边低、呈对称，如图 2.3 (a) 所示。正常直方图反映生产过程质量处于正常、稳定状态。异常直方图呈偏态分布，常见的异常直方图有：

a. 折齿型如图 2.3 (b) 所示，直方图出现参差不齐的形状，即频数不是在相邻区间减少，而是隔区间减少，形成了锯齿状。原因主要是绘制直方图时分组过多或测量仪器精度不够而造成的。

b. 陡坡型如图 2.3 (c) 所示，直方图的顶峰偏向一侧，它往往是因计数值或计量值只控制一侧界限或剔除了不合格数据造成。

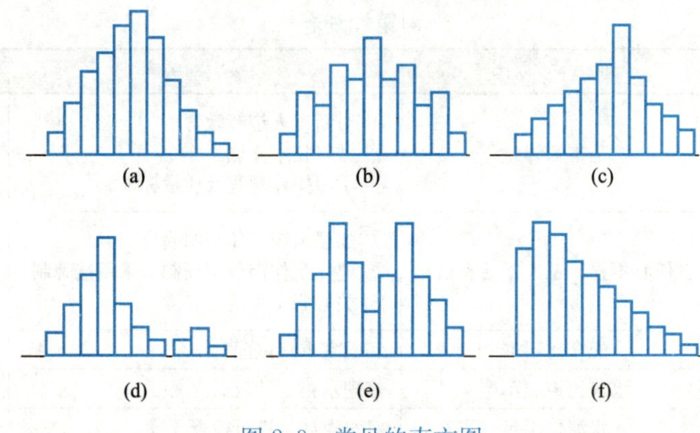

图 2.3 常见的直方图

(a) 正常型；(b) 折齿型；(c) 陡坡型；(d) 孤岛型；(e) 双峰型；(f) 峭壁型

c. 孤岛型如图 2.3（d）所示，在远离主分布中心的地方出现小的直方，形如孤岛，孤岛的存在表明生产过程出现了异常因素。

d. 双峰型如图 2.3（e）所示，直方图出现两个中心，形成双峰状。这往往是由于把来自两个总体的数据混在一起作图所造成的。

e. 峭壁型如图 2.3（f）所示，直方图的一侧出现峭壁状态。这是由于人为地剔除一些数据，进行不真实的统计造成的。

② 位置观察分析

是指将直方图的分布位置与质量控制标准的上下限范围进行比较分析，如图 2.4 所示。

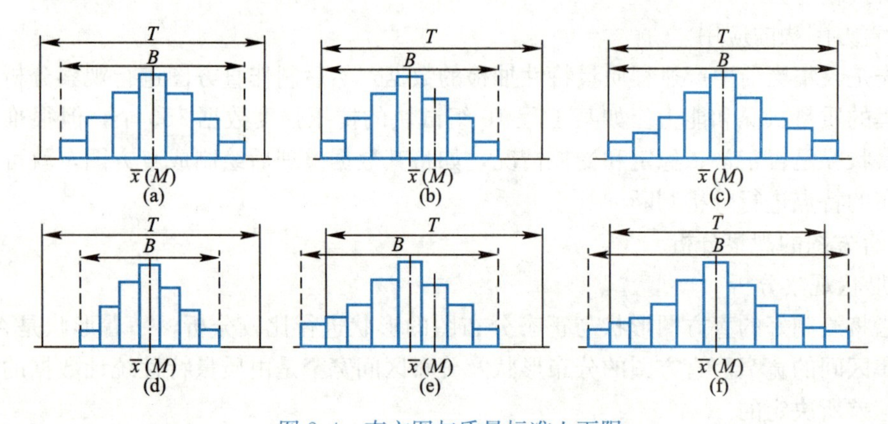

图 2.4 直方图与质量标准上下限

a. 生产过程的质量正常、稳定和受控，还必须在公差标准上、下界限范围内达到质量合格要求，只有这样的正常、稳定和受控才是经济合理的受控状态，如图 2.4（a）所示。

b. 图 2.4（b）中质量特性数据分布偏下限，易出现不合格，在管理上必须提高总体能力。

c. 图 2.4（c）中质量特性数据的分布充满上下限，质量能力处于临界状态，易出现不合格，必须分析原因，采取措施。

d. 图 2.4（d）中质量特性数据的分布居中且边界与上下限有较大的距离，说明质量能力偏大，不经济。

e. 图 2.4（e）、（f）中均已出现超出上下限的数据，说明生产过程存在质量不合格，需要分析原因，采取措施进行纠偏。

【案例 2-2】

在某高速公路的施工中，收集了一个月的混凝土试块强度资料，画出的直方图如图 2.5 所示。已知 Tu＝31MPa，TL＝23MPa，监理工程师确定的试配强度为 26.5MPa，混凝土拌制工序的施工采用两班制。

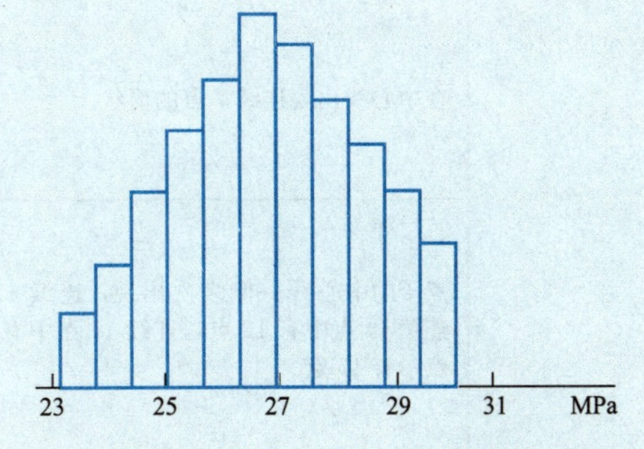

图 2.5 混凝土试块强度的直方图

问题：

1）分析了该混凝土试块强度的直方图后，得出的结论应该是：

① 该工序处于（　　）。

a. 稳定状态。

b. 不稳定状态。

c. 调整状态。

d. 时而稳定，时而不稳定状态。

② 该工程（　　）。

a. 生产向下限波动时，会出现不合格品。

b. 生产向上限波动时，会出现不合格品。

c. 试配强度不当，应适当提高试配强度，使其处于公差带中心。

d. 试配强度不当，应适当提高试配强度，使其处于直方图的分布中心。

e. 改变公差下限为 22MPa，使生产向下波动时，不致出现不合格品。

2）若直方图呈双峰型，可能是什么原因造成的？

3）若直方图呈孤岛型，可能是什么原因造成的？

4）直方图有何用途？

6.【案例2-2】分析与解答

（4）控制图法

1）控制图的用途

控制图是用样本数据来分析判断生产过程是否处于稳定状态的有效工具。它的用途主要有两个：

① 过程分析

即分析生产过程是否稳定。为此，应随机连续收集数据，绘制控制图，观察数据点分布情况并判定生产过程状态。

② 过程控制

即控制生产过程质量状态。为此，要定时抽样取得数据，将其变为点子描在图上，发现并及时消除生产过程中的失调现象，预防不合格品的产生。

2）控制图的观察分析

对控制图进行观察分析是为了判断工序是否处于受控状态，以便决定是否有必要采取措施，清除异常因素，使生产恢复到控制状态，详细判断方法见表 2.4。

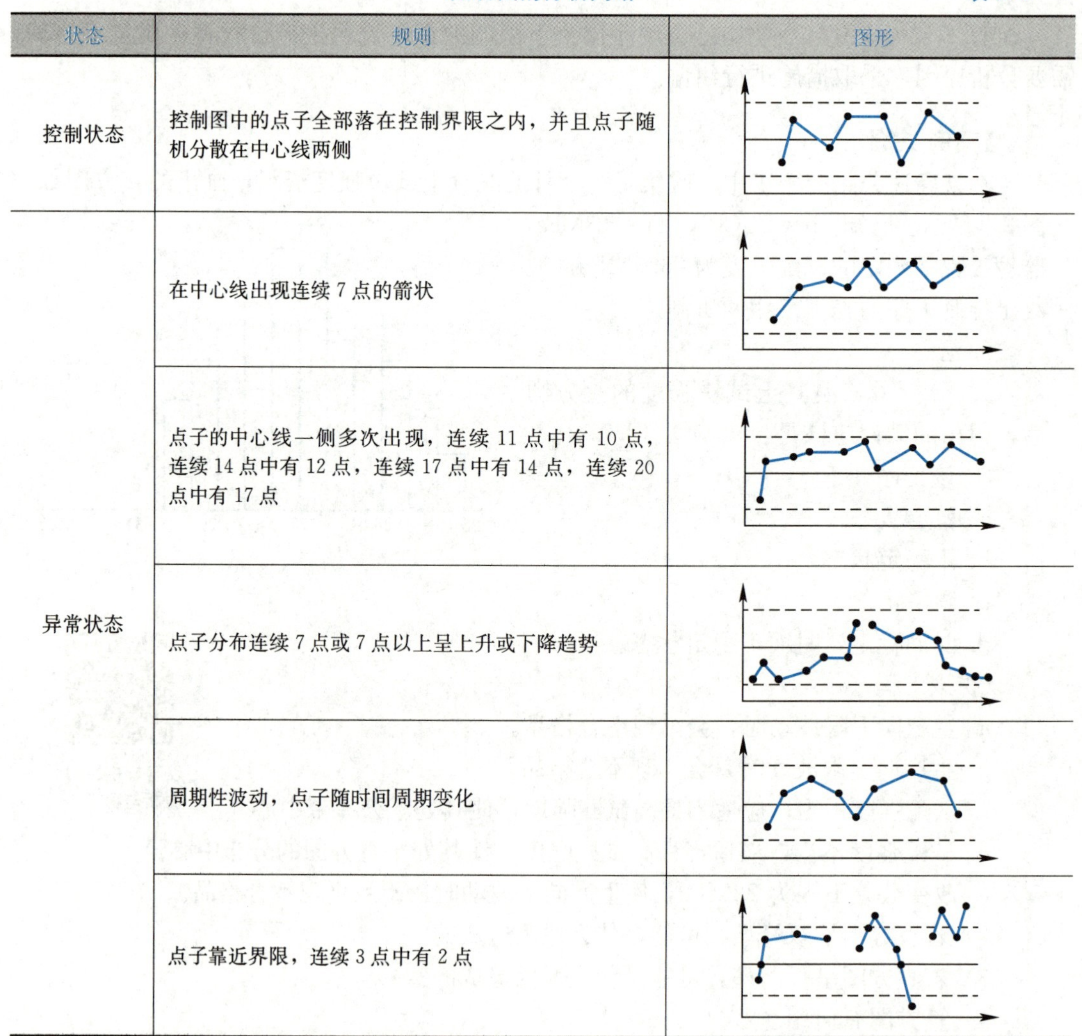

控制图的分析判断　　表 2.4

状态	规则	图形
控制状态	控制图中的点子全部落在控制界限之内，并且点子随机分散在中心线两侧	
异常状态	在中心线出现连续 7 点的箭状	
	点子的中心线一侧多次出现，连续 11 点中有 10 点，连续 14 点中有 12 点，连续 17 点中有 14 点，连续 20 点中有 17 点	
	点子分布连续 7 点或 7 点以上呈上升或下降趋势	
	周期性波动，点子随时间周期变化	
	点子靠近界限，连续 3 点中有 2 点	

排列图、直方图法是质量控制的静态分析法，反映的是质量在某一段时间里的静止状态。然而产品都是在动态的生产过程中形成的，因此，在质量控制中单用静态分析法显然是不够的，还必须有动态分析法。只有动态分析法，才能随时了解生产过程中质量的变化情况，及时采取措施，使生产处于稳定状态，起到预防出现废品的作用。控制图就是典型的动态分析法。

2.2.2 施工质量控制的手段

1. 抓好工序质量控制

工程项目的施工过程，是由一系列相互关联、相互制约的工序所构成，工序质量是基础，直接影响工程项目的整体质量。要控制工程项目施工过程的质量，首先必须控制工序的质量。

2. 质量控制点的设置

质量控制点是指为了保证施工项目质量，需要进行控制的重点、关键部位或薄弱环节，以便在一定时期内、一定条件下进行强化管理，使施工质量处于良好的受控状态。质量控制点的设置，要根据工程的重要程度，或某部位质量特性值对整个工程质量的影响程度来确定。因此，在设置质量控制点时，首先要对施工的工程对象进行全面分析、比较，以明确质量控制点；然后进一步分析所设置的质量控制点在施工中可能出现的质量问题或造成质量隐患的原因，针对存在的隐患，相应地提出对策措施予以预防。由此可见，设置质量控制点是对整个工程质量进行预控的有力措施。

质量控制点的涉及面较广，根据工程特点，视其重要性、复杂性、精确性、质量标准和要求而定，可能是结构复杂的某一工程项目，也可能是技术要求高、施工难度大的某一结构构件或分项、分部工程，还可能是影响质量关键的某一环节中的某工序或若干工序。总之，操作、材料、机械设备、施工顺序、技术参数、自然条件、工程环境等，均可作为质量控制点来设置，主要是视其对质量特征影响的大小及危害程度而定。

3. 检查检测手段

在施工项目质量控制过程中，常用的检查检测手段有以下几方面：

（1）日常性的检查，即是在现场施工过程中，质量控制人员（专业工长、质检员、技术人员）对操作人员进行操作情况及结果的检查和抽查，及时发现质量问题或质量隐患、事故苗头，以便及时进行控制。

（2）测量和检测，利用测量仪器和检测设备对建筑物水平和竖向轴线、标高、几何尺寸、方位进行控制，对建筑结构施工的有关砂浆或混凝土强度进行检测，严格控制工程质量，发现偏差及时纠正。

（3）试验及见证取样，各种材料及施工试验应符合相应规范和标准的要求，如原材料的性能，混凝土搅拌的配合比和计量，坍落度的检查和成品强度等物理力学性能及打桩的承载能力等，均需通过试验的手段进行控制。

（4）实行质量否决制度，质量检查人员和技术人员对施工中存有的问题，有权以口头方式或书面方式要求施工操作人员停工或者返工，纠正违章行为以及责令不合格的产品推倒重做。

（5）按规定的工作程序控制，预检、隐检应有专人负责，并按规定检查、做好记录，第一次使用的混凝土配合比要进行开盘鉴定，混凝土浇筑应经申请和批准，完成的分项工程质量要进行实测实量的检验评定等。

（6）对使用安全与功能的项目实行竣工抽查检测，严把分项工程质量检验评定关。

4. 成品保护措施

在施工过程中，有些分项分部工程已经完成，其他工程尚在施工，或者某些部位已经完成，其他部位正在施工，如果对已完成的成品，不采取妥善的措施加以保护，就会造成损伤，影响质量。这样，不仅会增加修补工作量，浪费工料，拖延工期；更严重的是有的损伤难以恢复到原样，成为永久性的缺陷。因此，搞好成品保护，是一个关系到确保工程质量，降低工程成本，按期竣工的重要环节。

加强成品保护，首先要教育全体职工树立质量观念，对国家、对人民负责，自觉爱护公物，尊重他人和自己的劳动成果，施工操作时要珍惜已完成的和部分完成的成品。其次要合理安排施工顺序，采取行之有效的成品保护措施。

（1）施工顺序与成品保护

合理地安排施工顺序，按正确的施工流程组织施工，是进行成品保护的有效途径之一。

1）遵循“先地下后地上”“先深后浅”的施工顺序，就不至于破坏地下管网和道路路面。

2）地下管道与基础工程相配合进行施工，可避免基础完工后再打洞挖槽、安装管道，影响质量和进度。

3）先在房心回填土后再做基础防潮层，可保护防潮层不致受填土夯实损伤。

4）装饰工程采取自上而下的流水顺序，可以使房屋主体工程完成后，有一定沉降期；先做好的屋面防水层，可防止雨水渗漏。这些都有利于保护装饰工程质量。

5）先做地面，后做顶棚、墙面抹灰，可以保护下层顶棚、墙面抹灰不致受渗水污染；在已做好的地面上施工，需对地面加以保护。若先做顶棚、墙面抹灰，后做地面时，则要求楼板灌缝密实，以免漏水污染墙面。

6）楼梯间和踏步饰面宜在整个饰面工程完成后，再自上而下地进行；门窗扇的安装通常在抹灰后进行；一般先油漆，后安装玻璃；这些施工顺序均有利于成品保护。

7）当采用单排外脚手架砌墙时，由于砖墙上面有脚手洞眼，故一般情况下内墙抹灰须待同一层外粉刷完成、脚手架拆除、洞眼填补后才能进行，以免影响内墙抹灰的质量。

8）先喷浆而后安装灯具，可避免安装灯具后又修理浆活，从而污染灯具。

9）当铺贴连续多跨的卷材防水屋面时，应按先高跨、后低跨，先远（离交通进出口）、后近，先天窗油漆、玻璃，后铺贴卷材屋面的顺序进行。这样可避免在铺好的卷材屋面上行走和堆放材料、工具等物，有利于保护屋面的质量。

以上示例说明，只要合理安排施工顺序，便可有效地保护成品的质量，也可有效地防止后道工序损伤或污染前道工序。

（2）成品保护的措施

成品保护主要有护、包、盖、封 4 种措施。

1）护：护就是提前保护，以防止成品可能发生的损伤和污染。如为了防止清水墙面污染，在脚手架、安全网横杆、进料口四周以及临近水刷石墙面上，提前钉上塑料布或纸板；清水墙楼梯踏步采用护棱角铁上下连通固定；门口在推车易碰部位，在小车轴的高度钉上防护条或槽形盖铁；进出口台阶应垫砖或方木，搭脚手板过人等。

2）包：包就是进行包裹，以防止成品被损伤或污染。如大理石或高级水磨石块柱子贴好后，应用立板包裹捆扎；楼梯扶手易污染变色，油漆前应裹纸保护；铝合金门窗应用塑料布包扎；炉片、管道污染后不好清理，应包纸保护；电气开关、插座、灯具等设备也应包裹，防止喷浆时污染等。

3）盖：盖就是表面覆盖，防止堵塞、损伤。如预制水磨石、大理石楼梯应用木板、加气板等覆盖，以防操作人员踩踏和物体磕碰；水泥地面、现浇或预制水磨石地面，应铺干锯末保护；高级水磨石地面或大理石地面，应用苫布或棉毡覆盖；落水口、排水管安装好后要加覆盖，以防堵塞；散水交活后，为保水养护并防止磕碰，可盖一层土或沙子；其他需要防晒、防冻、保温养护的项目，也要采取适当的覆盖措施。

4）封：封就是局部封闭，如预制磨石楼梯、水泥抹面楼梯施工后，应将楼梯口暂时封闭，待达到上人强度并采取保护措施后再开放；室内塑料墙纸、木地板油漆完成后，均应立即锁门；屋面防水做完后，应封闭上屋面的楼梯门或出入口；室内抹灰或浆活交活后，为调节室内温度、湿度，应有专人开关外窗等。

总之，在工程项目施工中，必须充分重视成品保护工作。道理很简单，即使生产出来的产品是优质品、上等品，若保护不好，遭受损伤或污染，那也就将会成为次品、废品、不合格品。所以，成品保护，除合理安排施工顺序，采取有效的对策、措施外，还必须加强对成品保护工作的检查。

2.3 施工生产要素的质量控制

建筑工程质量的影响因素主要有“人、材料、机械、方法和环境”五大方面，简称“人、料、机、法、环”。因此，对这五方面的因素严格予以控制是保证工程质量的关键。

（1）人的控制

人，是指直接参与工程建设的决策者、组织者、指挥者和操作者。人，作为控制的对象，可避免产生失误，作为控制的动力，应充分调动人的积极性，发挥“人的因素第一”的主导作用。

为了避免人的失误，调动人的主观能动性，增强人的责任感和质量观，达到以工作质量保证工序质量、督促工程质量的目的，除了加强政治思想教育、纪律教育、职业道德教育、专业技术知识培训，健全岗位责任制，提高劳动条件，公平合理的激励外，还需根据工程项目的特点，从确保质量出发，本着适才适用，扬长避短的原则来控制人的使用。

（2）材料质量的控制

原材料、半成品、设备是构成工程实体的基础，其质量是工程项目实体质量的组成部分。故加强原材料、半成品及设备的质量控制，不仅是提高工程质量的必要条件，也是实现工程项目投资目标和进度目标的前提。

1）材料质量控制要点

① 掌握材料信息，优选供货厂家。掌握材料质量、价格、供货能力的信息，选择好供货厂家，就可获得质量好、价格低的材料资源，从而确保工程质量，降低工程造价。材料订货、采购时，要求厂方提供质量保证文件，其质量要满足有关标准和设计的要求；交货期应满足施工及安装进度计划的要求。

质量保证文件的内容主要包括：供货总说明；产品合格证及技术说明书；质量检验证明；检测与试验单位的资质证明；不合格品或质量问题处理的说明及证明；有关图纸及技术资料等。

7. 水泥的质量控制

② 合理组织材料供应，确保施工正常进行。合理地、科学地组织材料的采购、加工、储备、运输，建立严密的计划、调度体系，加快材料的周转，减少材料的占用量，按质、按量、如期地满足建设需要，乃是提高供应效益，确保正常施工的关键环节。

③ 合理组织材料使用，减少材料损失。正确按定额计量使用材料，加强运输、仓库、

保管工作，加强材料限额管理和发放工作，健全现场材料管理制度，避免材料损失、变质，乃是确保材料质量、节约材料的重要措施。

④ 加强材料检查验收，严把材料质量关：

a. 对用于工程的主要材料，进场时必须具备正式的出厂合格证的材质化验单，如不具备或对检验证明有怀疑时，应补做检验。

b. 工程中所有各种构件，必须具有厂家批号和出厂合格证。钢筋混凝土和预应力混凝土构件，均应按规定的方法进行抽样检验。由于运输、安装等原因出现的构件质量问题，应分析研究，经处理鉴定后方能使用。

c. 凡标志不清或认为质量有问题的材料；对质量保证资料有怀疑或与合同规定不符的一般材料；由于工程重要程度决定，应进行一定比例试验的材料；需要进行追踪检验，以控制和保证其质量的材料等，均应进行抽检。对于进口的材料设备和重要工程或关键施工部位所用的材料，则应进行全部检验。

d. 材料质量抽样和检验的方法，应符合《建筑材料质量标准与管理规定》，要能反映该批材料的质量性能。对于重要构件或非匀质的材料，还应酌情增加采样的数量。

e. 在现场配制的材料，如混凝土、砂浆、防水材料、防腐材料、绝缘材料、保温材料等的配合比，应先提出试配要求。经试配检验合格后才能使用。

f. 对进口材料、设备应会同商检局检验，如核对凭证中发现问题，应取得供方和商检人员签署的商务记录，按期提出索赔。

g. 高压电缆、电压绝缘材料，要进行耐压试验。

⑤ 重视材料使用认证，防止错用或使用不合格材料：

a. 材料性能、质量标准、适用范围和对施工要求必须充分了解，以便慎重选择和使用材料。

b. 主要装饰材料及建筑配件，应在订货前要求厂家提供样品或看样订货；主要设备订货时，要审核设备清单，是否符合设计要求。

c. 凡是用于重要结构、部位的材料，使用时必须仔细地核对、认证，其材料的品种、规格、型号、性能有无错误，是否适合工程特点和满足设计要求。

d. 新材料应用，必须通过试验和鉴定；代用材料必须通过计算和充分的论证，并要符合结构构造的要求。

e. 材料认证不合格时，不许用于工程中；某些不合格的材料，如过期、受潮的水泥是否降级使用，亦需结合工程的特点予以论证，但决不允许用于重要的工程或部位。

⑥ 现场材料的管理要求：

a. 入库材料要分型号、品种、分区堆放，予以标识，分别编号。

b. 有保质期的材料要定期检查，防止过期，并做好标识。

c. 有防湿、防潮要求的材料，要有防湿、防潮措施，并要有标识。

d. 易燃易爆的物资，要专门存放，有专人负责，并有严格的消防保护措施。

e. 易损坏的材料、设备，要保护好外包装，防止损坏。

2）材料质量控制的内容

① 材料的质量标准：

材料的质量标准是衡量材料质量的尺度，也是材料验收、检验的依据。掌握材料的质量标准，才能够可靠地控制材料和工程质量。

② 材料的质量标准参见相关现行国家标准。

a. 材料质量的检验方法：

(a) 书面检验：通过对提供的材料质量保证资料、试验报告等进行审核，取得认可方能使用。

(b) 外观检验：对材料从品种、规格、标志、外形尺寸等进行直观检查，看其有无质量问题。

(c) 理化检验：借助试验设备和仪器，对材料样品的化学成分、机械性能等进行科学的鉴定。

(d) 无损检验：在不破坏材料样品的前提下，利用超声波、X射线、表面探伤仪等进行检测。

b. 材料质量检验程度。根据材料信息和保证资料的具体情况，其质量检验程度分免检、抽检和全部检查三种：

(a) 免检：就是免去质量检验过程。对有足够质量保证的一般材料，以及实践证明质量长期稳定且质量保证资料齐全的材料，可予免检。

(b) 抽检：就是按随机抽样的方法对材料进行抽样检验。当对材料的性能不清楚，或质量保证资料有怀疑，或对成批生产的构配件，均应按一定比例进行抽样检验。

(c) 全检验：对进口的材料、设备和重要工程部位的材料，以及贵重的材料，应进行全部检验，以确保材料和工程质量。

c. 材料质量检验项目。

材料质量的检验项目分为：一般试验项目：通常进行的试验项目；其他试验项目：根据需要进行的试验项目。如水泥，一般要进行标准稠度、凝结时间、抗压和抗折强度检验；若是小窑水泥，往往由于安定性不良好，则应进行安定性检验。

d. 材料质量检验的取样。材料质量检验的取样必须有代表性，即所采取样品的质量应能代表该批材料的质量。在采取试样时，必须按规定的部位、数量及采选的操作要求进行。

③ 材料的选择和使用要求。材料的选择和使用不当，均会严重影响工程质量或造成质量事故。必须针对工程特点，根据材料的性能、质量标准、适用范围和对施工要求等方面进行综合考虑，慎重地来选择和使用材料。

(3) 机械设备质量的控制

建筑机具、设备种类繁多，要依据不同的工艺特点和技术要求，选用合适的机具设备；要正确使用、管理和保养好机具设备。为此，要健全操作证制度、岗位责任制度、交接制度、技术保养制度、安全使用制度、机具设备检查制度等，确保机具设备处于最佳状态。

1) 施工机具设备的选择

施工机具设备的选择应根据工程项目的建筑结构形式、施工工艺和方法、现场施工条件、施工进度计划的要求等进行综合分析作出决定。从施工需要和保证质量的要求出发，正确确定相应类型的性能参数，选定经济合理、使用和维护保养方便的机具。

2) 施工机具设备配置的优化

施工机具设备的选择，除应考虑技术先进、经济合理、生产适用、性能可靠、使用安全方便的原则外，维修难易、能源消耗、工作效率、使用灵活也是重要的约束条件。如何从综合的使用效率来全面考虑各种类型的机械设备才能形成最有效的配套生产能力，通常应结合具体工程的情况，根据施工经验和有关的定性、定量分析方法做出优化配置的选择方案。

3）施工机具设备的动态管理

要根据工程实施的进度计划，确定各类机械设备的进场时间和退场时间。因此，首先要通过计划的安排，抓好进出场时间的控制，避免盲目调度，造成机械设备在现场的空置，降低利用率，增加施工成本。其次是要加强施工过程各类机械设备利用率和使用效率的分析，及时通过合理安排和调度，使利用率和使用效率偏低的机械设备的使用状态得到调整和改善。

4）施工机具设备的使用操作

在施工过程中，应定期对施工机械设备进行校正，以免误导操作。选择机械设备必须有与之相配套的技术操作工人。合理使用机械设备，正确地进行操作是保证施工质量的重要环节。应贯彻“人机固定”的原则，实行定机、定人、定岗位责任的制度。

5）施工机具设备的管理

承包单位制定出合理的机械化施工操作方案，综合考虑施工现场条件、建筑结构形式、机械设备性能、施工工艺和方法、施工组织与管理、建筑技术经济等各种因素，使之合理装备、配套使用、有机联系，以充分发挥建筑机械的效能，力求获得较好的综合经济效益。

机械设备进场前，承包单位应向项目监理机构报送设备进场清单，列出进场机械设备的型号、规格、数量、技术参数、设备状况、进场时间等。

机械设备进场后，根据承包单位报送的设备进场清单，项目监理机构进行现场核对，检查与施工组织设计是否相符。承包单位和项目监理机构应定期与不定期检查机械设备使用、保养记录，检查其工作状况，以保证机械设备的性能处于良好的作业状态。同时对承包单位机械设备操作人员的技术水平进行控制，尤其是从事施工测量、试验与检验的操作人员。

（4）方法的控制

这里所指的方法控制，包括所采取的技术方案、工艺流程、组织措施、检测手段、施工组织设计等的控制。尤其是施工方案正确与否，是直接影响工程项目的进度控制、质量控制、成本控制等目标是否顺利实现的关键。所以，必须结合工程实际，从技术、组织管理、工艺、操作、经济等方面进行全面分析，综合考虑，力求方案技术可行、经济合理、工艺先进、措施得力、操作方便，有利于提高质量、加快进度、降低成本。

施工阶段方法控制：施工方法是实现工程施工的重要手段，无论施工方案的制订、工艺的设计、施工组织设计的编制、施工顺序的开展和操作要求等，都必须以确保质量为目的。由于建筑工程目标产品的多样性和单件性的生产特点，使施工方案或生产方案具有很强的个性；另外，由于这类建筑工程的施工又是按照一定的施工规律循序展开，因此，通常需将工程分解成不同的部位和施工过程，分别拟定相应的施工方案来组织施工，这又使得施工方案具有技术和组织方法的共性。通过这种个性和共性的合理统一，形成特定的施工方案，是经济、安全、有效地进行工程施工的重要保证。

施工方案的正确与否，是直接影响工程项目的进度控制、质量控制、投资控制三大目标能否顺利实现的关键。往往由于施工方案考虑不周而拖延进度，影响质量，增加投资。为此，在制订和审核施工方案时，必须结合工程实际，从技术、组织、管理、工艺、操作、经济等方面进行全面分析、综合考虑，力求方案技术可行、经济合理、工艺先进、措施得力、操作方便，有利于提高质量、加快进度、降低成本。

对施工方案的控制，重点抓好以下几个方面：

① 施工方案应随工程施工进展而不断细化和深化。选择施工方案时，应拟定几个可行的方案，突出主要矛盾，对比主要优缺点，以便从中选出最佳方案。

② 对主要项目、关键部位和难度较大的项目，如新结构、新材料、新工艺、大跨度、大悬挂、高大的结构部位等，制订方案时要充分估计到可能发生的施工质量问题和处理方法。

（5）环境的控制

影响工程质量的环境因素包括以下三方面：

① 劳动作业环境：如劳动组合、劳动工具、工作面等，往往是前一工序就是后一工序的环境；

② 工程管理环境：如质量保证体系、质量管理制度等；

③ 工程自然环境：如水文、气象、温度、湿度等。

应当根据建筑工程特点和具体情况，对影响质量的环境因素，采取有效措施严加控制。尤其建筑施工现场，应建立文明施工环境，保持工件、材料堆放有序，道路畅通，工作场所清洁整齐，施工程序井井有条；建立健全质量管理措施，避免和减少管理缺陷，为确保质量和安全创造良好的条件。

1）施工现场劳动作业环境的控制

施工现场劳动作业环境，大致整个建设场地施工期间的使用规范安排，要科学合理地做好施工总平面布置图的设计，使整个建设工地的施工临时道路、给水排水及供热供气管道、供电通信线路、施工机械设备和装置、建筑材料制品的堆场和仓库、现场办公及生活或休息设施等的布置有条不紊，安全、通畅、整洁、文明，消除有害影响和相互干扰，物得其所，作用简便，经济合理；小至每一施工作业场所的材料器具堆放状况，通风照明及有害气体、粉尘的防备措施条例的落实等。这些条件是否良好，直接影响施工能否顺利进行以及施工质量。

2）施工管理环境的控制

由于工程施工是采用合同环境下的承发包生产方式，其基本的承发包模式有施工总分包模式、平行承发包模式及这两种模式的组合应用，因此一个建设项目或一个单位工程施工项目，通常是由多个承建商共同承担施工任务，不同的承发包模式和合同结构，确定了他们之间的管理关系或工作关系，这种关系能否做到明确而顺畅，就是管理环境的创造问题。虽然承包商无法左右业主对承发包模式和工程合同结构的选择，然而却有可能从主承包合同条件的拟定和评审中，从分包的选择和分包合同条件的协商中，注意管理责任和管理关系，包括协作配合管理关系的建立，合理地为施工过程创造良好的组织条件和管理环境。

管理环境控制，主要是根据承发包的合同结构，理顺各参建施工单位之间的管理关系，建立现场施工组织系统和质量管理的综合运行机制。确保施工程序的安排以及施工质量形成过程能够起到相互促进、相互制约、协调运转的作用。使质量管理体系和质量控制自检体系处于良好的状态，系统的组织机构、管理制度、检测制度、检测标准、人员配备各方面完善明确，质量责任制得到落实。此外，在管理环境的创设方面，还应注意与现场近邻的单位、居民及有关方面的协调、沟通，做好公共关系，以使他们对施工造成的干扰和不便给予必要的谅解和支持配合。

3）施工现场自然环境的控制

自然环境的控制，主要是掌握施工现场水文、地质和气象资料等信息，以便在制订施工方案、施工计划和措施时，能够从自然环境的特点和规律出发，事先做好充分的准备和采取有效措施与对策，防止可能出现的对施工作业质量不利的影响。如建立地基和基础施工对策，防止地下水、地面水对施工的影响，保证周围建筑物及地下管线的安全；从实际条件出发，做好冬、雨期施工项目的安排和防范措施；加强环境保护和建设公害的治理等。

质量控制是确保质量目标实现的重要手段，也就是说为了实现质量目标，必须采取的一系列措施、方法和手段。本章介绍了施工质量控制的三个基本原理、质量控制统计法，介绍了施工质量控制的方法、手段和建筑工程质量的影响因素。

思考及练习题

【单选题】

1.（　　）是致力于满足质量要求的一系列相关活动。

A. 质量　　B. 质量管理　　C. 质量验收　　D. 质量控制

2.（　　）包括对质量活动结果的评价认定和对质量偏差的纠正。

A. 事前控制　　B. 事中控制　　C. 事后控制　　D. 三阶段控制

3.（　　）对于难以看到或光线较暗的部位，则可采用镜子反射或灯光照射的方法进行检查。

A. 看　　B. 摸　　C. 敲　　D. 照

【多选题】

1. 现场进行质量检查的方法有（　　）。

A. 目测法　　B. 拉力试验　　C. 试验法

D. 实测法　　E. 稳定性试验

2. 材料质量的检验方法有（　　）。

A. 书面检验　　B. 外观检验　　C. 实测法

D. 无损检验　　E. 理化检验

3. 成品保护主要有（　　）措施。

A. 包　　B. 护　　C. 盖

D. 封　　　　　　　　E. 养护

【填空题】

1. 正常直方图呈（　　）分布，其形状特征是中间高、两边低、呈对称。

2. 在项目施工中，还必须正确处理质量、投资、进度三者之间的关系，使其达到（　　）。

3.（　　）包含两个环节，即计划行动方案的交底和按计划规定的方法与要求展开工程作业的技术活动。

【实训题】

某建筑工程对房间地坪质量不合格问题进行了调查，发现有60间起砂，调查结果统计见表2.5。

地坪起砂原因调查结果　　表2.5

序号	地坪起砂的原因	出现房间数	序号	地坪起砂的原因	出现房间数
1	砂含泥量过大	25	5	水泥强度等级太低	4
2	砂粒径过细	15	6	砂浆终凝前压光不足	3
3	后期养护不良	5	7	其他	2
4	砂浆配合比不当	6			

问题：试分析造成地坪起砂的主要原因。

第 3 章　建筑工程施工质量验收

知识目标

1. 掌握建筑工程验收；掌握质量验收不符合要求的处理；
2. 熟悉单位工程、分部工程、分项工程和检验批划分；
3. 了解建筑工程质量验收程序、组织。

能力目标

1. 能够进行单位工程、分部工程、分项工程和检验批划分；
2. 能够进行检验批、分项工程、分部工程和单位工程验收。

素质目标

1. 牢固树立“统一标准是各专业工程施工质量验收规范的统一准则”思想；
2. 要有法律意识，建筑工程施工质量验收规范是工程质量验收的依据。

学习重点

1. 建筑工程质量验收的划分；
2. 建筑工程施工质量验收合格的规定。

学习难点

1. 建筑工程质量验收的划分；
2. 建筑工程施工质量验收；
3. 建筑工程质量验收不符合要求的处理。

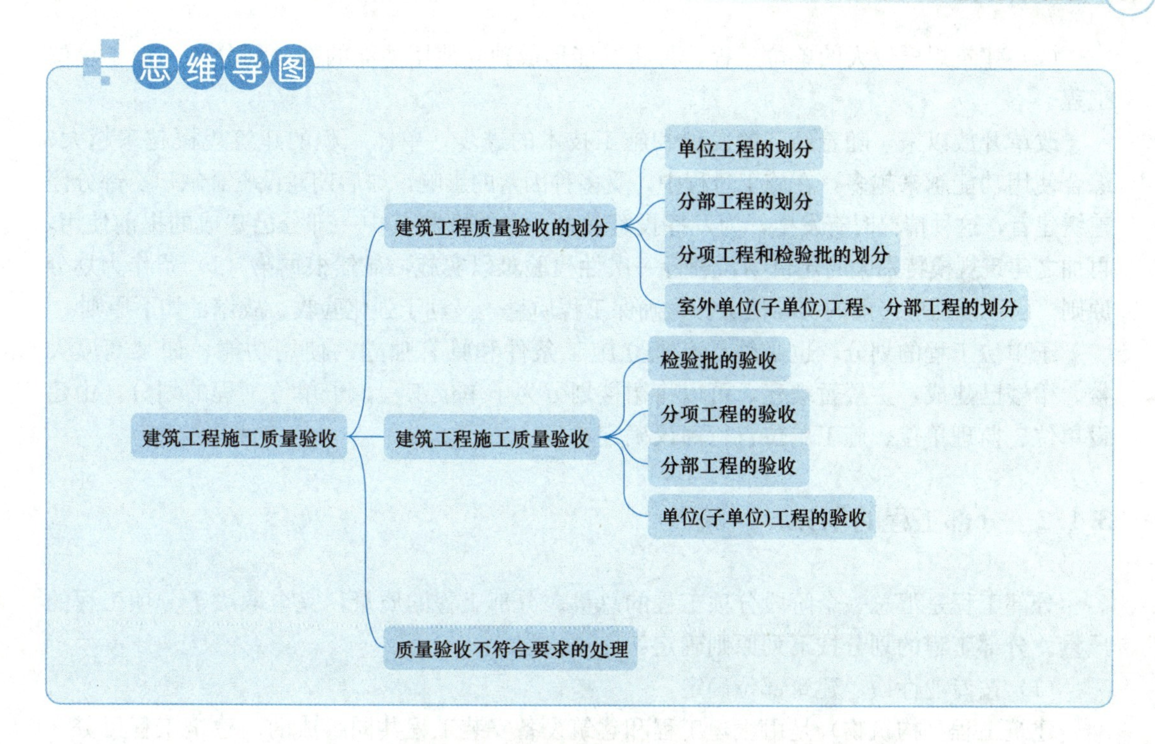

3.1　建筑工程质量验收的划分

建筑工程施工质量检查验收标准与体系由《建筑工程施工质量验收统一标准》GB 50300—2013和十四个专业验收规范组成。为了加强建筑工程质量管理，确保工程质量满足业主的期望，工程施工质量必须在统一的标准下进行检查与验收。统一标准主要包括建筑工程质量验收的划分和建筑工程验收。建筑工程施工质量验收应划分为单位工程、分部工程、分项工程和检验批。

3.1.1　单位工程的划分

8. 建筑工程施工质量验收的术语

单位工程的划分按下列原则确定：

(1) 具备独立施工条件并能形成独立使用功能的建筑物及构筑物为一个单位工程。

建筑物及构筑物的单位工程是由建筑工程和建筑设备安装工程共同组成。如住宅小区建筑群中的一栋住宅楼，学校建筑群中的一栋教学楼、办公楼等。单位工程由十个分部组成，地基与基础、主体结构、建筑装饰装修和建筑屋面四个分部工程为建筑工程，建筑给水、排水及采暖、建筑电气、智能建筑、通风与空调、电梯五个分部工程为建筑设备安装工程，另一个是建筑节能分部工程。但在单位工程中，不一定都有十个分部，如多层的一般民用住宅楼没有电梯分部工程。

（2）建筑规模较大的单位工程，可将其能形成独立使用功能的部分划分为一个子单位工程。

改革开放以来，随着经济的发展和施工技术的进步，单体工程的建筑规模越来越大，综合使用功能越来越多，在施工过程中，受多种因素的影响，如后期建设资金缺口、部分停建缓建者，这种情况时有发生，为发挥投资效益，常需要将其中一部分已建成的提前使用，再加之建筑规模特别大的建筑物，进行一次性检验难以实施，显然根据第（1）条作为划分原则，已不能适应当前的实际情况，为确保工程质量，又利于强化验收，故作了如下原则：

子单位工程的划分，也必须具有独立施工条件和具有独立的使用功能，如某商厦大楼，裙楼已建成，主楼暂缓建，可以将裙楼划分为子单位工程。子单位工程的划分，由建设单位、监理单位、施工单位自行商议确定。

3.1.2 分部工程的划分

分部工程是汇总一个阶段分项工程的总量。分部工程的质量，完全取决于分项工程的质量。分部工程的划分按下列原则确定：

（1）按专业性质、建筑部位确定。

建筑工程（构筑物）是由土建工程和建筑设备安装工程共同组成的。建筑工程可分为地基与基础、主体结构、建筑装饰装修、建筑屋面、建筑给水排水及供暖、建筑电气、智能建筑、通风与空调、电梯和建筑节能工程等十个分部。

（2）当分部工程较大或较复杂时，可按材料种类、施工特点、施工程序、专业系统及类别等划分为若干子分部工程。

建筑工程分部（子分部）工程、分项工程划分见表 3.1。

建筑工程分部（子分部）工程、分项工程划分 表 3.1

<table>
<tr><th>序号</th><th>分部工程</th><th>子分部工程</th><th>分项工程</th></tr>
<tr><td rowspan="7">1</td><td rowspan="7">地基与基础</td><td>地基</td><td>素土、灰土地基，砂和砂石地基，土工合成材料地基，粉煤灰地基，强夯地基，注浆地基，预压地基，砂石桩复合地基，高压旋喷注浆地基，水泥土搅拌桩地基，土和灰土挤密桩复合地基，水泥粉煤灰碎石桩复合地基，夯实水泥土桩复合地基</td></tr>
<tr><td>基础</td><td>无筋扩展基础，钢筋混凝土扩展基础，筏形与箱形基础，钢结构基础，钢管混凝土结构基础，型钢混凝土结构基础，钢筋混凝土预制柱基础，泥浆护壁成孔灌注桩基础，干作业成孔桩基础，长螺旋钻孔压灌桩基础，沉管灌注桩基础，钢桩基础，锚杆静压桩基础，岩石锚杆基础，沉井与沉箱基础</td></tr>
<tr><td>基坑支护</td><td>灌注桩排桩围护墙，板桩围护墙，咬合桩围护墙，型钢水泥土搅拌墙，土钉墙，地下连续墙，水泥土重力式挡墙，内支撑，锚杆，与主体结构相结合的基坑支护</td></tr>
<tr><td>地下水控制</td><td>降水与排水，回灌</td></tr>
<tr><td>土方</td><td>土方开挖，土方回填，场地平整</td></tr>
<tr><td>边坡</td><td>喷锚支护，挡土墙，边坡开挖</td></tr>
<tr><td>地下防水</td><td>主体结构防水，细部构造防水，特殊施工法结构防水，排水，注浆</td></tr>
</table>

续表

序号	分部工程	子分部工程	分项工程
2	主体结构	混凝土结构	模板，钢筋，混凝土，预应力，现浇结构，装配式结构
		砌体结构	砖砌体，混凝土小型空心砌块砌体，石砌体，配筋砌体，填充墙砌体
		钢结构	钢结构焊接，紧固件连接，钢零部件加工，钢构件组装及预拼装，单层钢结构安装，多层及高层钢结构安装，钢管结构安装，预应力钢索和膜结构，压型金属板，防腐涂料涂装，防火涂料涂装
		钢管混凝土结构	构件现场拼装，构件安装，钢管焊接，构件连接，钢管内钢筋骨架，混凝土
		型钢混凝土结构	型钢焊接，紧固件连接，型钢与钢筋连接，型钢构件组装及预拼装，型钢安装，模板，混凝土
		铝合金结构	铝合金焊接，紧固件连接，铝合金零部件加工，铝合金构件组装，铝合金构件预拼装，铝合金框架结构安装，铝合金空间网格结构安装，铝合金面板，铝合金幕墙结构安装，防腐处理
		木结构	方木与原木结构，胶合木结构，轻型木结构，木结构的防护
3	建筑装饰装修	建筑地面	基层铺设，整体面层铺设，板块面层铺设，竹面层铺设
		抹灰	一般抹灰，保温层薄抹灰，装饰抹灰，清水砌体勾缝
		外墙防水	外墙砂浆防水，涂膜防水，透气膜防水
		门窗	木门窗安装，金属门窗安装，塑料门窗安装，特种门窗安装，门窗玻璃安装
		吊顶	整体面层吊顶，板块面层吊顶，格栅吊顶
		轻质隔墙	板材隔墙，骨架隔墙，活动隔墙，玻璃隔墙
		饰面板	石板安装，陶瓷板安装，木板安装，金属板安装，塑料板安装
		饰面砖	外墙饰面砖粘贴，内墙饰面砖粘贴
		幕墙	玻璃幕墙安装，金属幕墙安装，石材幕墙安装，陶板幕墙安装
		涂饰	水性涂料涂饰，溶剂型涂料涂饰，美术涂饰
		裱糊与软包	裱糊，软包
		细部	橱柜制作与安装，窗帘盒和窗台板制作与安装，门窗套制作与安装，护栏和扶手制作与安装，花饰制作与安装
4	建筑屋面	基层与保护	找坡层和找平层，隔汽层，隔离层，保护层
		保温与隔热保护	板状材料保温层，纤维材料保温层，喷涂硬泡聚氨酯保温层，现浇泡沫混凝土保温层，种植隔热层，架空隔热层，蓄水隔热层
		防水与密封	卷材防水层，涂膜防水层，复合防水层，接缝密封防水
		瓦面与板面	烧结瓦和混凝土瓦铺装，沥青瓦铺装，金属板铺装，玻璃采光顶铺装
		细部构造	檐口，檐沟和天沟，女儿墙和山墙，水落口，变形缝，伸出屋面管道，屋面出入口，反梁过水孔，设施基座，屋脊，屋顶窗
5	建筑给水排水及供暖	详见《建筑工程施工质量验收统一标准》GB 50300—2013 附录 B	
6	通风与空调	详见《建筑工程施工质量验收统一标准》GB 50300—2013 附录 B	
7	建筑电气	详见《建筑工程施工质量验收统一标准》GB 50300—2013 附录 B	
8	智能建筑	详见《建筑工程施工质量验收统一标准》GB 50300—2013 附录 B	

续表

序号	分部工程	子分部工程	分项工程
9	建筑节能	围护系统节能	墙体节能，幕墙节能，门窗节能，屋面节能，地面节能
		供暖空调设备及管网节能	供暖节能，通风与空调设备节能，空调与供暖系统冷热源节能，空调与供暖系统管网节能
		电气动力节能	配电节能，照明节能
		监控系统节能	监测系统节能，控制系统节能
		可再生节能	地源热泵系统节能，太阳能光热系统节能，太阳能光伏节能
10	电梯	详见《建筑工程施工质量验收统一标准》GB 50300—2013 附录 B	

3.1.3 分项工程和检验批的划分

分项工程应按主要工种、材料、施工工艺、设备类别等进行划分。如瓦工的砖砌体工程、木工的模板工程、油漆工的涂饰工程；如按材料在砌体结构工程中的用途，可分为砖砌体、混凝土小型空心砌块砌体、填充墙砌体、配筋砌体。

建筑工程分项工程划分见表 3.1。

分项工程是工程的最小单位，也是质量管理的基本单元。但作为验收的最小单位是检验批，把分项工程划分成检验批进行验收，有助于及时纠正施工中出现的质量问题，确保工程质量，也符合实际的需要。关于分项工程中检验批的划分，可按如下原则确定：

（1）工程量较少的分项工程可统一划为一个检验批，地基基础分部工程中的分项工程一般划为一个检验批，安装工程一般按一个设计系统或设备组别划分为一个检验批，室外工程统一划为一个检验批。

（2）多层及高层建筑工程中主体分部的分项工程可按楼层或施工段划分检验批。

（3）单层建筑工程的分项工程可按变形缝等划分检验批。

（4）有地下层的基础工程可按不同地下层划分检验批。

（5）屋面分部工程中的分项工程可按不同楼层屋面划分不同的检验批。

（6）其他分部工程中的分项工程一般按楼层划分检验批。

（7）散水、台阶、明沟等工程含在地面检验批中。

3.1.4 室外单位（子单位）工程、分部工程的划分

室外单位（子单位）工程、分部工程的划分，可根据专业类别和工程规模进行划分。

室外单位（子单位）工程、分部工程的划分见表 3.2。

室外单位（子单位）工程、分部工程划分 表 3.2

单位工程	子单位工程	分部工程
室外设施	道路	路基、基层、面层、广场与停车场、人行道、人行地道、挡土墙、附属构筑物
	边坡	土石方、挡土墙、支护

续表

单位工程	子单位工程	分部工程
附属建筑及室外环境	附属建筑	车棚、围墙、大门、挡土墙
	室外环境	建筑小品、亭台、水景、连廊、花坛、场坪绿化、景观桥

3.2 建筑工程施工质量验收

工程质量验收应在施工单位自检合格的基础上进行，参加工程施工质量验收的各方人员应具备相应的资格，对涉及结构安全、节能、环境保护和主要使用功能的试块、试件及材料，应在进场时或施工中按规定进行见证检验，隐蔽工程在隐蔽前应由施工单位通知监理单位进行验收，并应形成验收文件，验收合格后方可继续施工，对涉及结构安全、节能、环境保护和使用功能的重要分部工程，应在验收前按规定进行抽样检验，建筑工程施工质量验收应按检验批→分项工程→分部工程→单位工程顺序进行。当专业验收规范对工程中的验收项目未作出相应规定时，应由建设单位组织监理、设计、施工等相关单位制定专项验收要求。涉及安全、节能、环境保护等项目的专项验收要求应由建设单位组织专家论证。

3.2.1 检验批的验收

9. 检验批

检验批是分项工程中最小基本单元，是分项工程质量检验的基础。检验批是指按相同的生产条件或按规定的方式汇总起来供抽样检验用的，由一定数量样本组成的检验体。检验批的划分是根据施工过程中条件相同，并有一定数量的材料、构配件或安装项目，其质量基本均匀一致进行的。通过对检验批的检验，能比较准确地反映出分项工程的质量。

检验批是由主控项目和一般项目构成。检验批是否合格，共有两个方面的检验内容：

（1）主控项目和一般项目的质量

主控项目是建筑工程中对安全、节能、环境保护和主要使用功能起决定性作用的检验项目。主控项目的合格与否，是决定检验批合格与否的关键。主控项目必须全部符合有关专业工程验收规范的规定。一般项目是除主控项目以外的检验项目，一般项目的子项也必须符合给予明确确定的质量要求。合格的检验批质量是主控项目和一般项目的质量经抽样检验合格。

（2）完整的施工操作依据、质量检查记录

在施工的工序过程中，质量资料必须完整。因资料将真实地反映了从原材料到形成实体的全过程的控制。为了能确保资料的完整性和真实的质量检查记录，还必须检查其质量管理制度。资料完整，可以证实全过程都受控，这项检查内容，是检验批合格的前提条件。

检验批的质量验收记录由施工项目专业质量检查员填写，专业监理工程师组织施工单位项目专业质量检查员、专业工长等进行验收。

检验批质量验收记录见表 3.3。

______检验批质量验收记录　　编号：______　　表 3.3

<table>
<tr><td colspan="2">单位（子单位）
工程名称</td><td></td><td>分部（子分部）
工程名称</td><td></td><td>分项工程
名称</td><td></td></tr>
<tr><td colspan="2">施工单位</td><td></td><td>项目负责人</td><td></td><td>检验批容量</td><td></td></tr>
<tr><td colspan="2">分包单位</td><td></td><td>分包单位项目
负责人</td><td></td><td>检验批部位</td><td></td></tr>
<tr><td colspan="2">施工依据</td><td colspan="2"></td><td>验收依据</td><td colspan="2"></td></tr>
<tr><td rowspan="11">主控项目</td><td colspan="2">验收项目</td><td>设计要求及规范规定</td><td>最小/实际抽样数量</td><td>检查记录</td><td>检查结果</td></tr>
<tr><td>1</td><td></td><td></td><td></td><td></td><td></td></tr>
<tr><td>2</td><td></td><td></td><td></td><td></td><td></td></tr>
<tr><td>3</td><td></td><td></td><td></td><td></td><td></td></tr>
<tr><td>4</td><td></td><td></td><td></td><td></td><td></td></tr>
<tr><td>5</td><td></td><td></td><td></td><td></td><td></td></tr>
<tr><td>6</td><td></td><td></td><td></td><td></td><td></td></tr>
<tr><td>7</td><td></td><td></td><td></td><td></td><td></td></tr>
<tr><td>8</td><td></td><td></td><td></td><td></td><td></td></tr>
<tr><td>9</td><td></td><td></td><td></td><td></td><td></td></tr>
<tr><td>10</td><td></td><td></td><td></td><td></td><td></td></tr>
<tr><td rowspan="5">一般项目</td><td>1</td><td></td><td></td><td></td><td></td><td></td></tr>
<tr><td>2</td><td></td><td></td><td></td><td></td><td></td></tr>
<tr><td>3</td><td></td><td></td><td></td><td></td><td></td></tr>
<tr><td>4</td><td></td><td></td><td></td><td></td><td></td></tr>
<tr><td>5</td><td></td><td></td><td></td><td></td><td></td></tr>
<tr><td colspan="3">施工单位
检查结果</td><td colspan="4">专业工长：
项目专业质量检查员：
年　月　日</td></tr>
<tr><td colspan="3">监理单位
验收结论</td><td colspan="4">专业监理工程师：
年　月　日</td></tr>
</table>

3.2.2　分项工程的验收

分项工程是由若干个检验批组成的。分项工程的验收是在检验批验收的基础上进行的。检验批的检验汇总资料，就能反映分项工程的质量。故只要构成分项工程的各检验批验收资料完整，且均已验收合格，则分项工程验收合格。

分项工程质量验收合格的规定：

（1）分项工程所含的检验批均应验收合格。

（2）分项工程所含检验批的质量验收记录应完整。

分项工程质量验收记录见表 3.4。

________分项工程质量验收记录　编号：______　表 3.4

<table>
<tr><td colspan="2">单位（子单位）
工程名称</td><td colspan="2"></td><td>分部（子分部）
工程名称</td><td colspan="3"></td></tr>
<tr><td colspan="2">分项工程数量</td><td colspan="2"></td><td>检验批数量</td><td colspan="3"></td></tr>
<tr><td colspan="2">施工单位</td><td colspan="2"></td><td>项目负责人</td><td></td><td>项目技术
负责人</td><td></td></tr>
<tr><td colspan="2">分包单位</td><td colspan="2"></td><td>分包单位
项目负责人</td><td></td><td>分包内容</td><td></td></tr>
<tr><td>序号</td><td>检验批
名称</td><td>检验批
容量</td><td>部位/区段</td><td colspan="2">施工单位检查结果</td><td colspan="2">监理单位验收结论</td></tr>
<tr><td>1</td><td></td><td></td><td></td><td colspan="2"></td><td colspan="2"></td></tr>
<tr><td>2</td><td></td><td></td><td></td><td colspan="2"></td><td colspan="2"></td></tr>
<tr><td>3</td><td></td><td></td><td></td><td colspan="2"></td><td colspan="2"></td></tr>
<tr><td>4</td><td></td><td></td><td></td><td colspan="2"></td><td colspan="2"></td></tr>
<tr><td>5</td><td></td><td></td><td></td><td colspan="2"></td><td colspan="2"></td></tr>
<tr><td>6</td><td></td><td></td><td></td><td colspan="2"></td><td colspan="2"></td></tr>
<tr><td>7</td><td></td><td></td><td></td><td colspan="2"></td><td colspan="2"></td></tr>
<tr><td>8</td><td></td><td></td><td></td><td colspan="2"></td><td colspan="2"></td></tr>
<tr><td>9</td><td></td><td></td><td></td><td colspan="2"></td><td colspan="2"></td></tr>
<tr><td>10</td><td></td><td></td><td></td><td colspan="2"></td><td colspan="2"></td></tr>
<tr><td>11</td><td></td><td></td><td></td><td colspan="2"></td><td colspan="2"></td></tr>
<tr><td>12</td><td></td><td></td><td></td><td colspan="2"></td><td colspan="2"></td></tr>
<tr><td>13</td><td></td><td></td><td></td><td colspan="2"></td><td colspan="2"></td></tr>
<tr><td>14</td><td></td><td></td><td></td><td colspan="2"></td><td colspan="2"></td></tr>
<tr><td>15</td><td></td><td></td><td></td><td colspan="2"></td><td colspan="2"></td></tr>
<tr><td colspan="8">说明：</td></tr>
<tr><td colspan="2">施工单位
检查结果</td><td colspan="6">项目专业技术负责人：
年　月　日</td></tr>
<tr><td colspan="2">监理单位
验收结论</td><td colspan="6">专业监理工程师：
年　月　日</td></tr>
</table>

分项工程质量应由专业监理工程师组织施工单位、项目专业技术负责人等进行验收。

3.2.3 分部工程的验收

分部工程是由若干个分项工程构成的。分部工程验收是在分项工程验收的基础上进行的，这种关系类似检验批与分项工程的关系，都具有相同或相近的性质。故分项工程验收合格且有完整的质量控制资料，是检验分部工程合格的前提。

但是，由于各分项工程的性质不尽相同，我们就不能像验收分项工程那样，主要靠检验批验收资料的汇集。在进行分部工程质量验收时，要增加两个方面的检查内容：

一是有关安全、节能、环境保护和主要使用功能的抽样检验结果应符合相应规定。

二是对观感质量的验收。观感质量的验收因受定量检查方法的限制，往往靠观察、触摸或简单量测来进行判断，定性带有主观性，只能综合给出质量评价，不下“合格”与否的简单结论。评价的结论有“好”“一般”和“差”三种，如给出“差”的结论，对造成“差”的检查点要通过返修处理等补救。

考虑以下的各种因素和影响，分部工程质量验收合格的规定：

（1）分部（子分部）工程所含分项工程的质量均应验收合格。

（2）质量控制资料应完整。

（3）有关安全、节能、环境保护和主要使用功能的抽样检验结果应符合相应规定。

（4）观感质量验收应符合要求。

分部（子分部）工程质量验收记录见表3.5。

______分部（子分部）工程质量验收记录　编号：______　表3.5

<table>
<tr><td colspan="2">单位（子单位）工程名称</td><td></td><td>子分部工程数量</td><td></td><td>分项工程数量</td><td></td></tr>
<tr><td colspan="2">施工单位</td><td></td><td>项目负责人</td><td></td><td>技术（质量）负责人</td><td></td></tr>
<tr><td colspan="2">分包单位</td><td></td><td>分包单位负责人</td><td></td><td>分包内容</td><td></td></tr>
<tr><td>序号</td><td>子分部工程名称</td><td>分项工程名称</td><td>检验批数量</td><td colspan="2">施工单位检查结果</td><td>监理单位验收结论</td></tr>
<tr><td>1</td><td></td><td></td><td></td><td colspan="2"></td><td></td></tr>
<tr><td>2</td><td></td><td></td><td></td><td colspan="2"></td><td></td></tr>
<tr><td>3</td><td></td><td></td><td></td><td colspan="2"></td><td></td></tr>
<tr><td>4</td><td></td><td></td><td></td><td colspan="2"></td><td></td></tr>
<tr><td>5</td><td></td><td></td><td></td><td colspan="2"></td><td></td></tr>
<tr><td>6</td><td></td><td></td><td></td><td colspan="2"></td><td></td></tr>
<tr><td>7</td><td></td><td></td><td></td><td colspan="2"></td><td></td></tr>
<tr><td>8</td><td></td><td></td><td></td><td colspan="2"></td><td></td></tr>
<tr><td colspan="4">质量控制资料</td><td colspan="2"></td><td></td></tr>
<tr><td colspan="4">安全和功能检验结果</td><td colspan="2"></td><td></td></tr>
<tr><td colspan="4">观感质量检验结果</td><td colspan="2"></td><td></td></tr>
<tr><td>综合验收结论</td><td colspan="6"></td></tr>
<tr><td colspan="2">施工单位
项目负责人：
年　月　日</td><td colspan="2">勘察单位
项目负责人：
年　月　日</td><td colspan="2">设计单位
项目负责人：
年　月　日</td><td>监理单位
总监理工程师：
年　月　日</td></tr>
</table>

分部（子分部）工程质量应由总监理工程师组织施工单位项目负责人和项目技术负责人等进行验收。勘察、设计单位项目负责人和施工单位技术、质量部门负责人应参加地基与基础分部工程的验收，设计单位项目负责人和施工单位技术、质量部门负责人应参加主体结构、节能分部工程的验收。

3.2.4 单位（子单位）工程的验收

单位（子单位）工程质量验收，是工程建设最终的质量验收，也称竣工验收，是全面检验工程建设是否符合设计要求和施工技术标准的终验。

单位（子单位）工程是由若干个分部工程构成的。单位（子单位）工程验收合格的前提是资料完整，构成单位工程各分部工程的质量必须达到合格。

建筑工程的观感质量的检查，由参加验收的各方共同参加，最后共同确定是否予以验收通过。

单位工程完工后，施工单位应组织有关人员进行自检。总监理工程师应组织各专业监理工程师对工程质量进行竣工预验收。存在施工质量问题时，应由施工单位整改。整改完毕后，由施工单位向建设单位提交工程竣工报告，申请工程竣工验收。建设单位收到工程竣工报告后，应由建设单位项目负责人组织监理、施工、设计、勘察等单位项目负责人进行单位工程验收。单位（子单位）工程质量竣工验收记录见表 3.6。

单位（子单位）工程质量竣工验收记录 表 3.6

<table>
<tr><td>工程名称</td><td></td><td>结构类型</td><td></td><td>层数/
建筑面积</td><td></td></tr>
<tr><td>施工单位</td><td></td><td>技术负责人</td><td></td><td>开工日期</td><td></td></tr>
<tr><td>项目负责人</td><td></td><td>项目技术
负责人</td><td></td><td>完工日期</td><td></td></tr>
<tr><th>序号</th><th>项目</th><th colspan="2">验收记录</th><th colspan="2">验收结论</th></tr>
<tr><td>1</td><td>分部工程验收</td><td colspan="2">共 分部，经查符合设计及标准规定 分部</td><td colspan="2"></td></tr>
<tr><td>2</td><td>质量控制资料核查</td><td colspan="2">共 项，经核查符合规定 项</td><td colspan="2"></td></tr>
<tr><td>3</td><td>安全和使用功能
核查及抽查结果</td><td colspan="2">共核查 项，符合规定 项，
共抽查 项，符合规定 项，
经返工处理符合规定 项</td><td colspan="2"></td></tr>
<tr><td>4</td><td>观感质量验收</td><td colspan="2">共抽查 项，达到“好”和“一般”的 项，经返修处理符合要求的 项</td><td colspan="2"></td></tr>
<tr><td colspan="2">综合验收结论</td><td colspan="4"></td></tr>
<tr><td rowspan="2">参加
验收
单位</td><td>建设单位</td><td>监理单位</td><td>施工单位</td><td>设计单位</td><td>勘察单位</td></tr>
<tr><td>（公章）
项目负责人：
年 月 日</td><td>（公章）
总监理工程师：
年 月 日</td><td>（公章）
项目负责人：
年 月 日</td><td>（公章）
项目负责人：
年 月 日</td><td>（公章）
项目负责人：
年 月 日</td></tr>
</table>

注：单位工程验收时，验收签字人员应由相应单位的法人代表书面授权。

表3.6为单位（子单位）工程质量验收汇总总表。由施工单位填写，验收结论由监理（建设）单位填写，综合验收结论由参加验收各方共同商定，由建设单位填写。填写的内容应对工程质量是否符合设计和规范要求及总体质量水平作出评价。

配合汇总表配套使用的，还有单位（子单位）工程质量控制资料核查记录（表3.7）、单位（子单位）工程安全和功能检验资料核查及主要功能抽查记录（表3.8）、单位（子单位）工程观感质量检查记录（表3.9）。

单位（子单位）工程质量控制资料核查记录 表3.7

<table>
<tr><td colspan="2">工程名称</td><td></td><td colspan="2">施工单位</td><td colspan="3"></td></tr>
<tr><td rowspan="2">序号</td><td rowspan="2">项目</td><td rowspan="2">资料名称</td><td rowspan="2">份数</td><td colspan="2">施工单位</td><td colspan="2">监理单位</td></tr>
<tr><td>核查意见</td><td>核查人</td><td>核查意见</td><td>核查人</td></tr>
<tr><td>1</td><td rowspan="10">建筑与结构</td><td>图纸会审记录、设计变更通知单、工程洽商记录</td><td></td><td></td><td rowspan="10"></td><td></td><td rowspan="10"></td></tr>
<tr><td>2</td><td>工程定位测量、放线记录</td><td></td><td></td><td></td></tr>
<tr><td>3</td><td>原材料出厂合格证书及进场检查、试验报告</td><td></td><td></td><td></td></tr>
<tr><td>4</td><td>施工试验报告及见证检测报告</td><td></td><td></td><td></td></tr>
<tr><td>5</td><td>隐蔽工程验收记录</td><td></td><td></td><td></td></tr>
<tr><td>6</td><td>施工记录</td><td></td><td></td><td></td></tr>
<tr><td>7</td><td>地基、基础、主体结构检验及抽样检测资料</td><td></td><td></td><td></td></tr>
<tr><td>8</td><td>分项、分部工程质量验收记录</td><td></td><td></td><td></td></tr>
<tr><td>9</td><td>工程质量事故调查处理资料</td><td></td><td></td><td></td></tr>
<tr><td>10</td><td>新技术论证、备案及施工记录</td><td></td><td></td><td></td></tr>
<tr><td>1</td><td rowspan="8">给水排水与供暖</td><td>图纸会审记录、设计变更通知单、工程洽商记录</td><td></td><td></td><td rowspan="8"></td><td></td><td rowspan="8"></td></tr>
<tr><td>2</td><td>原材料出厂合格证书及进场检验、试验报告</td><td></td><td></td><td></td></tr>
<tr><td>3</td><td>管道、设备强度试验、严密性试验记录</td><td></td><td></td><td></td></tr>
<tr><td>4</td><td>隐蔽工程验收记录</td><td></td><td></td><td></td></tr>
<tr><td>5</td><td>系统清洗、灌水、通水、通球试验记录</td><td></td><td></td><td></td></tr>
<tr><td>6</td><td>施工记录</td><td></td><td></td><td></td></tr>
<tr><td>7</td><td>分项、分部工程质量验收记录</td><td></td><td></td><td></td></tr>
<tr><td>8</td><td>新技术论证、备案及施工记录</td><td></td><td></td><td></td></tr>
<tr><td>1</td><td rowspan="9">通风与空调</td><td>图纸会审记录、设计变更通知单、工程洽商记录</td><td></td><td></td><td rowspan="9"></td><td></td><td rowspan="9"></td></tr>
<tr><td>2</td><td>原材料出厂合格证书及进场检验、试验报告</td><td></td><td></td><td></td></tr>
<tr><td>3</td><td>制冷、空调、水管道强度试验、严密性试验记录</td><td></td><td></td><td></td></tr>
<tr><td>4</td><td>隐蔽工程验收记录</td><td></td><td></td><td></td></tr>
<tr><td>5</td><td>制冷设备运行调试记录</td><td></td><td></td><td></td></tr>
<tr><td>6</td><td>通风、空调系统调试记录</td><td></td><td></td><td></td></tr>
<tr><td>7</td><td>施工记录</td><td></td><td></td><td></td></tr>
<tr><td>8</td><td>分项、分部工程质量验收记录</td><td></td><td></td><td></td></tr>
<tr><td>9</td><td>新技术论证、备案及施工记录</td><td></td><td></td><td></td></tr>
</table>

续表

序号	项目	资料名称	份数	施工单位		监理单位	
				核查意见	核查人	核查意见	核查人
1	建筑电气	图纸会审记录、设计变更通知单、工程洽商记录					
2		原材料出厂合格证书及进场检验、试验报告					
3		设备调试记录					
4		接地、绝缘电阻测试记录					
5		隐蔽工程验收记录					
6		施工记录					
7		分项、分部工程质量验收记录					
8		新技术论证、备案及施工记录					
1	智能建筑	图纸会审记录、设计变更通知单、工程洽商记录					
2		原材料出厂合格证书及进场检验、试验报告					
3		隐蔽工程验收记录					
4		施工记录					
5		系统功能测定及设备调试记录					
6		系统技术、操作和维护手册					
7		系统管理、操作人员培训记录					
8		系统检测报告					
9		分项、分部工程质量验收记录					
10		新技术论证、备案及施工记录					
1	建筑节能	图纸会审记录、设计变更通知单、工程洽商记录					
2		原材料出厂合格证书及进场检验、试验报告					
3		隐蔽工程验收记录					
4		施工记录					
5		外墙、外窗节能检验报告					
6		设备系统节能检测报告					
7		分项、分部工程质量验收记录					
8		新技术论证、备案及施工记录					
1	电梯	图纸会审记录、设计变更通知单、工程洽商记录					
2		设备出厂合格证书及开箱检验记录					
3		隐蔽工程验收记录					
4		施工记录					
5		接地、绝缘电阻试验记录					
6		负荷试验、安全装置检查记录					
7		分项、分部工程质量验收记录					
8		新技术论证、备案及施工记录					

续表

序号	项目	资料名称	份数	施工单位		监理单位	
				核查意见	核查人	核查意见	核查人
结论： 施工单位项目负责人：　　　　　　　　　　总监理工程师： 年　月　日　　　　　　　　　　　　　　　年　月　日							

单位（子单位）工程安全和功能检验资料核查及主要功能抽查记录　　表 3.8

工程名称			施工单位			
序号	项目	安全和功能检查项目	份数	核查意见	抽查结果	核查（抽查）人
1	建筑与结构	地基承载力检验报告				
2		桩基承载力检验报告				
3		混凝土强度试验报告				
4		砂浆强度试验报告				
5		主体结构尺寸、位置抽查记录				
6		建筑物垂直度、标高、全高测量记录				
7		屋面淋水或蓄水试验记录				
8		地下室渗漏水记录				
9		有防水要求的地面蓄水试验记录				
10		抽气（风）道检查记录				
11		外窗气密性、水密性、耐风压检测报告				
12		幕墙气密性、水密性、耐风压检测报告				
13		建筑物沉降观测测量记录				
14		节能、保温测试记录				
15		室内环境检测报告				
16		土壤氡气浓度检测报告				
1	给水排水与供暖	给水管道通水试验记录				
2		暖气管道、散热器压力试验记录				
3		卫生器具满水试验记录				
4		消防管道、散热器压力试验记录				
5		排水干管通球试验记录				
6		锅炉试运行、安全阀及报警联动测试记录				
1	通风与空调	通风、空调系统试运行记录				
2		风量、温度测量记录				
3		空气能量回收装置测试记录				
4		洁净室洁净度测试记录				
5		制冷机组试运行调试记录				

续表

<table>
<tr><th>序号</th><th>项目</th><th>安全和功能检查项目</th><th>份数</th><th>核查意见</th><th>抽查结果</th><th>核查（抽查）人</th></tr>
<tr><td>1</td><td rowspan="7">建筑电气</td><td>建筑照明通电试运行记录</td><td rowspan="7"></td><td rowspan="7"></td><td rowspan="7"></td><td rowspan="7"></td></tr>
<tr><td>2</td><td>灯具固定装置及悬吊装置的荷载强度试验记录</td></tr>
<tr><td>3</td><td>绝缘电阻测试记录</td></tr>
<tr><td>4</td><td>剩余电流动作保护器测试记录</td></tr>
<tr><td>5</td><td>应急电源装置应急持续供电记录</td></tr>
<tr><td>6</td><td>接地电阻测试记录</td></tr>
<tr><td>7</td><td>接地故障回路阻抗测试记录</td></tr>
<tr><td>1</td><td rowspan="3">智能建筑</td><td>系统试运行记录</td><td rowspan="3"></td><td rowspan="3"></td><td rowspan="3"></td><td rowspan="3"></td></tr>
<tr><td>2</td><td>系统电源及接地检测报告</td></tr>
<tr><td>3</td><td>系统接地检测报告</td></tr>
<tr><td>1</td><td rowspan="2">建筑节能</td><td>外墙节能构造检查记录或热工性能检验报告</td><td rowspan="2"></td><td rowspan="2"></td><td rowspan="2"></td><td rowspan="2"></td></tr>
<tr><td>2</td><td>设备系统节能性能检查记录</td></tr>
<tr><td>1</td><td rowspan="2">电梯</td><td>运行记录</td><td rowspan="2"></td><td rowspan="2"></td><td rowspan="2"></td><td rowspan="2"></td></tr>
<tr><td>2</td><td>安全装置检测报告</td></tr>
<tr><td colspan="7">结论：

施工单位项目负责人：　　　　　　　　　　　　　　　　　　总监理工程师：
年　月　日　　　　　　　　　　　　　　　　　　　　　　年　月　日</td></tr>
</table>

注：抽查项目由验收组协商确定。

单位（子单位）工程观感质量检查记录　　　　表 3.9

<table>
<tr><td colspan="2">工程名称</td><td colspan="2"></td><td>施工单位</td><td colspan="2"></td></tr>
<tr><th>序号</th><th colspan="2">项目</th><th colspan="2">抽查质量状况</th><th colspan="2">质量评价</th></tr>
<tr><td>1</td><td rowspan="10">建筑与结构</td><td>主体结构外观</td><td colspan="2">共检查　点，好　点，一般　点，差　点</td><td colspan="2"></td></tr>
<tr><td>2</td><td>室外墙面</td><td colspan="2">共检查　点，好　点，一般　点，差　点</td><td colspan="2"></td></tr>
<tr><td>3</td><td>变形缝、雨水管</td><td colspan="2">共检查　点，好　点，一般　点，差　点</td><td colspan="2"></td></tr>
<tr><td>4</td><td>屋面</td><td colspan="2">共检查　点，好　点，一般　点，差　点</td><td colspan="2"></td></tr>
<tr><td>5</td><td>室内墙面</td><td colspan="2">共检查　点，好　点，一般　点，差　点</td><td colspan="2"></td></tr>
<tr><td>6</td><td>室内顶棚</td><td colspan="2">共检查　点，好　点，一般　点，差　点</td><td colspan="2"></td></tr>
<tr><td>7</td><td>室内地面</td><td colspan="2">共检查　点，好　点，一般　点，差　点</td><td colspan="2"></td></tr>
<tr><td>8</td><td>楼梯、踏步、护栏</td><td colspan="2">共检查　点，好　点，一般　点，差　点</td><td colspan="2"></td></tr>
<tr><td>9</td><td>门窗</td><td colspan="2">共检查　点，好　点，一般　点，差　点</td><td colspan="2"></td></tr>
<tr><td>10</td><td>雨罩、台阶、坡道、散水</td><td colspan="2">共检查　点，好　点，一般　点，差　点</td><td colspan="2"></td></tr>
</table>

续表

序号	项目		抽查质量状况	质量评价
1	给水排水与供暖	管道接口、坡度、支架	共检查　点，好　点，一般　点，差　点	
2		卫生器具、支架、阀门	共检查　点，好　点，一般　点，差　点	
3		检查口、扫除口、地漏	共检查　点，好　点，一般　点，差　点	
4		散热器、支架	共检查　点，好　点，一般　点，差　点	
1	通风与空调	风管、支架	共检查　点，好　点，一般　点，差　点	
2		风口、风阀	共检查　点，好　点，一般　点，差　点	
3		风机、空调设备	共检查　点，好　点，一般　点，差　点	
4		管道、阀门、支架	共检查　点，好　点，一般　点，差　点	
5		水泵、冷却塔	共检查　点，好　点，一般　点，差　点	
6		绝热	共检查　点，好　点，一般　点，差　点	
1	建筑电气	配电箱、盘、板、接线盒	共检查　点，好　点，一般　点，差　点	
2		设备器具、开关、插座	共检查　点，好　点，一般　点，差　点	
3		防雷、接地、防火	共检查　点，好　点，一般　点，差　点	
1	智能建筑	机房设备安装及布局	共检查　点，好　点，一般　点，差　点	
2		现场设备安装	共检查　点，好　点，一般　点，差　点	
1	电梯	运行、平层、开关门	共检查　点，好　点，一般　点，差　点	
2		层门、信号系统	共检查　点，好　点，一般　点，差　点	
3		机房	共检查　点，好　点，一般　点，差　点	
观感质量综合评价				
结论： 施工单位项目负责人： 年　月　日			总监理工程师： 年　月　日	

注：1. 质量评价为差的项目，应进行返修。
2. 观感质量现场检查原始记录应作为本表附件。

单位（子单位）工程质量验收合格的规定：

（1）单位（子单位）工程所含分部（子分部）工程的质量均应验收合格。

（2）质量控制资料应完整。

（3）所含分部工程有关安全、节能、环境保护和主要使用功能的检测资料应完整。

（4）主要使用功能的抽查结果应符合相关专业验收规范的规定。

（5）观感质量验收应符合要求。

3.2.5 质量验收不符合要求的处理

强化对检验批的检验，一般情况下是不允许检验批不合格的存在。否则，后续的分项、分部工程质量就难以保证合格。在非正常情况下，当质量不符合要求时，处理的基本方法：

10. 工程质量不符合要求如何处理

(1) 经返工或返修的检验批，应重新进行验收。

(2) 经有资质的检测机构检测鉴定能够达到设计要求的检验批，应予以验收。

(3) 经有资质的检测机构检测鉴定达不到设计要求、但经原设计单位核算认可能够满足结构安全和使用功能的验收批，可予以验收。

(4) 经返修或加固处理的分项、分部工程，满足安全及使用功能要求时，可按技术处理方案和协商文件的要求予以验收。

(5) 经返修或加固处理仍不能满足安全或重要使用要求的分部工程、单位工程，严禁验收。

【案例 3-1】

某工程建筑面积 53000m^2，框架结构筏形基础，地下 3 层，基础埋深约为 12.8m。混凝土基础工程由某专业基础施工公司组织施工，于 2018 年 8 月开工建设，同年 10 月基础工程完工。混凝土强度等级 C35 级，在施工过程中，发现部分试块混凝土强度达不到设计要求，但对实际强度经测试论证，能够达到设计要求。

11.【案例3-1】分析与解答

问题：

(1) 该基础工程质量验收的内容是什么？

(2) 对混凝土试块强度达不到设计要求的问题是否需要进行处理？为什么？

【案例 3-2】

某综合楼主体结构采用现浇钢筋混凝土框架结构，基础形式为现浇钢筋混凝土筏形基础，地下 2 层，地上 7 层，混凝土采用 C30 级，主要受力钢筋采用 HRB400 级，在主体结构施工到第 5 层时，发现 3 层部分柱子承载能力达不到设计要求，聘请有资质的检测单位检测鉴定仍不能达到设计要求，拆除重建费用过高，时间较长，最后请原设计院核算，能够满足安全和使用要求。

12.【案例3-2】分析与解答

问题：

(1) 该混凝土分项工程质量验收的内容。

(2) 该基础工程的验收内容。

(3) 对该工程 3 层柱子的质量应如何验收？

建筑工程验收扮演着至关重要的角色，它是对建筑工程施工每道工序及全部工程完成后进行的质量评定和检验，它不仅是项目管理的一道关卡，更是确保交付高质量产品的关键步骤。通过工程施工质量验收，可以确保建筑工程符合设计要求、满足相关标准和规范。本章介绍了单位工程、分部工程、分项工程和检验批划分和验收以及质量验收不符合要求的处理。

思考及练习题

【单选题】

1. 有些地基与基础工程规模较大，内容较多，既有桩基又有地基处理，甚至基坑开挖等，可按工程管理的需要，根据《建筑工程施工质量验收统一标准》GB 50300—2013所划分的范围，确定（　　）。

A. 单位工程　　B. 子单位工程　　C. 分项工程　　D. 子分部工程

2. 通过返修或加固处理仍不能满足安全使用要求的钢结构分部工程，（　　）。

A. 应予以验收　　B. 按协商文件进行验收

C. 按处理技术方案进行验收　　D. 严禁验收

3. 钢筋分项工程应由（　　）组织施工单位项目专业技术负责人等进行验收。

A. 专职监理工程师　　B. 总监理工程师

C. 施工单位项目负责人　　D. 设计单位项目负责人

【多选题】

1. 检验批可根据施工、质量控制和专业验收需要，按（　　）进行划分。

A. 工程量　　B. 楼层　　C. 施工段

D. 变形缝　　E. 施工程序

2. 混凝土结构子分部工程结构实体检验的内容应包括（　　）。

A. 混凝土强度　　B. 钢筋保护层厚度　　C. 结构位置及尺寸偏差

D. 隐蔽工程　　E. 合同约定的项目

3. 观感质量的验收因受定量检查方法的限制，往往靠观察、触摸或简单量测来进行判断，定性带有主观性，评价的结论有（　　）。

A. 好　　B. 合格　　C. 不合格

D. 一般　　E. 差

【填空题】

1. 对有可能影响结构安全的砌体裂缝，应由有资质的（　　）检测鉴定，需返修或加固处理的，待返修或加固满足使用要求后进行二次验收。

2. 屋面分部工程中的分项工程可按不同（　　）划分不同的检验批。

3.（　　）是指按相同的生产条件或按规定的方式汇总起来供抽样检验用的，由一定数量样本组成的检验体。

【实训题】

某综合楼主体结构采用现浇钢筋混凝土框架结构，基础形式为现浇钢筋混凝土筏形基础，地下3层，采用C35混凝土，主要受力钢筋采用HRB335级，在基础施工过程中，发现部分试块混凝土强度达不到设计要求，聘请有资质的检测单位检测鉴定能达到设计要求。

问题：

(1) 该现浇钢筋混凝土筏形基础施工，混凝土分项工程质量验收应如何组织？

(2) 模板工程验收的内容是什么？

(3) 对混凝土试块强度达不到设计要求的问题是否需要进行处理？为什么？

第4章　施工质量控制实施

知识目标

1. 熟悉地基基础工程的施工质量验收；
2. 掌握砌体工程的质量验收；
3. 掌握钢筋混凝土工程的施工质量验收；
4. 掌握防水工程的施工质量验收；
5. 掌握钢结构工程的施工质量验收；
6. 掌握装饰装修工程的施工质量验收。

能力目标

1. 能编制土方工程、基坑支护工程、地基处理、桩基础工程、混凝土基础的施工质量控制措施；

2. 能编制砌体工程施工方案并能准确验收混凝土小型空心砌块和填充墙砌体工程施工质量；

3. 能编制钢筋混凝土工程施工质量控制措施，并能准确进行模板、钢筋、混凝土工程的施工质量验收；

4. 能编制屋面防水、地下防水工程的控制措施，并进行屋面、地下的卷材、涂膜防水施工质量验收，能针对常见屋面、地下、卫生间渗漏编制防治方法；

5. 能编制钢结构生产、焊接连接、安装工程的控制措施，并对钢构件成品、钢构件焊接、构件安装焊接、构件安装进行质量验收；

6. 能编制装饰装修抹灰工程、幕墙工程、涂料工程、裱糊工程的控制措施，能进行抹灰工程施工、饰面板（砖）工程施工、玻璃幕墙、涂料与裱糊施工质量验收。

素质目标

1. 具有探究学习、终身学习能力，能够适应新技术、新岗位的要求；

2. 具有规范意识、批判性思维、创新思维，具有较强的分析问题和解决问题的能力；

3. 具有参与制定技术标准与技术方案的能力，能够从事技术研发、科技成果或实验成果转化。

1. 地基基础工程的施工质量验收；
2. 砌体工程的质量验收；
3. 钢筋混凝土工程的施工质量验收；
4. 屋面与地下防水工程质量验收；
5. 钢结构连接与安装工程质量验收；
6. 抹灰工程、幕墙工程、涂料工程质量验收。

学习难点

1. 钢筋混凝土工程的施工质量验收；
2. 卷材防水工程质量控制与验收；
3. 钢结构焊缝连接质量控制与验收；
4. 玻璃幕墙质量控制与验收。

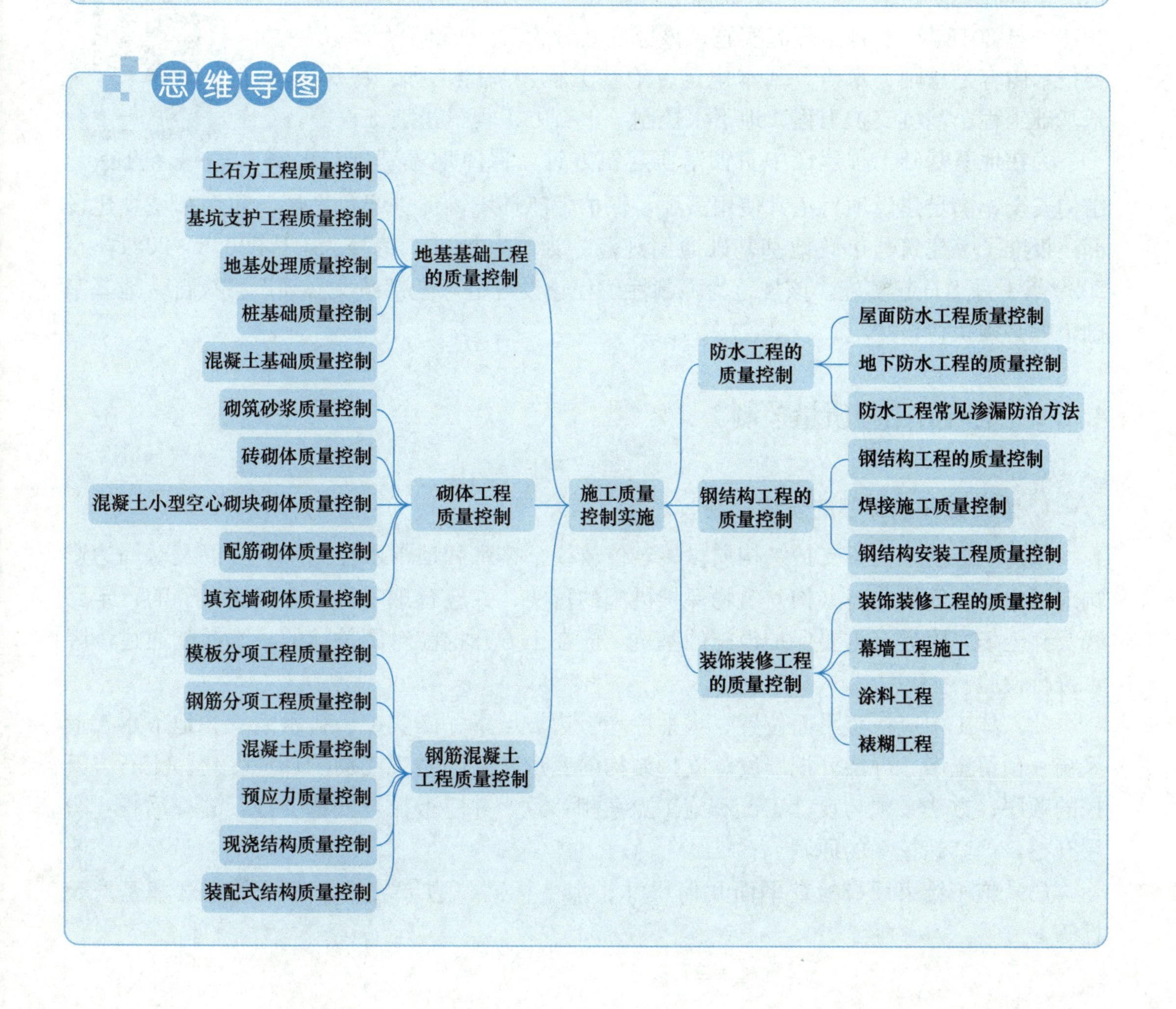

2023年12月3日，某市改建工程项目基坑边坡发生坍塌，造成3人死亡、1人受伤，直接经济损失499万元。经调查发现，事故直接原因是基坑边坡未按照设计要求进行放坡施工，并未采取有效的支护措施。

在地基基础施工过程中，首先应针对施工所在地的内外部条件展开全面的调查，其次应基于调查资料制定科学的施工方案，最后应严格控制施工过程，将施工方案落到实处，从而保证地基基础部分的施工质量符合设计要求和实际使用要求。

4.1 地基基础工程的质量控制

为加强建筑地基基础工程施工质量管理，统一建筑地基基础工程施工质量的验收，保证工程施工质量，由中华人民共和国住房和城乡建设部主编《建筑地基基础工程施工质量验收标准》，该标准为国家标准，编号为GB 50202—2018，自2018年10月1日起实施。该标准共分为10章和1个附录，主要技术内容是总则、术语、基本规定、地基工程、基础工程、特殊土地基基础工程、基坑支护工程、地下水控制、土石方工程、边坡工程等。

13. 建筑地基基础工程施工质量验收标准介绍

为在地基基础工程建设中贯彻落实建筑方针，保障地基基础与上部结构安全，满足建设项目正常使用需要，保护生态环境，促进绿色发展，住房和城乡建设部还批准了《建筑与市政地基基础通用规范》为国家标准，编号为GB 55003—2021，自2022年1月1日起实施。该规范为强制性工程建设规范，全部条文必须严格执行。地基基础工程必须执行该规范。

4.1.1 土石方工程质量控制

1. 土石方开挖工程的质量控制

(1) 施工前应检查支护结构质量、定位放线、排水和地下水控制系统，以及对周边影响范围内地下管线和建（构）筑物保护措施的落实，并应合理安排土方运输车辆的行走路线及弃土场。附近有重要保护设施的基坑，应在土方开挖前对围护体的止水性能通过预降水进行检验。

(2) 施工中应检查平面位置、水平标高、边坡坡率、压实度、排水系统、地下水控制系统、预留土墩、分层开挖厚度、支护结构的变形，并随时观测周围环境变化。土石方开挖的顺序、方法必须与设计工况和施工方案相一致，并应遵循“开槽支撑，先撑后挖，分层开挖，严禁超挖”的原则。

(3) 施工结束后应检查平面几何尺寸、水平标高、边坡坡率、表面平整度和基底土性等。

（4）土方开挖工程的质量检验标准应符合表4.1的规定。

柱基、基坑、基槽土方开挖工程的质量检验标准 表4.1

项	序	项目	允许值或允许偏差		检查方法
			单位	数值	
主控项目	1	标高	mm	0 −50	水准测量
	2	长度、宽度（由设计中心线向两边量）	mm	+200 −50	全站仪或用钢尺量
	3	坡率	设计值		目测法或用坡度尺检查
一般项目	1	表面平整度	mm	±20	用2m靠尺
	2	基底土性	设计要求		目测法或土样分析

2. 土石方回填工程的质量控制

（1）施工前应检查基底的垃圾、树根等杂物清除情况，测量基底标高、边坡坡率，检查验收基础外墙防水层和保护层等。回填料应符合设计要求，并应确定回填料含水量控制范围、铺土厚度、压实遍数等施工参数。

（2）施工中应检查排水系统，每层填筑厚度、辗迹重叠程度、含水量控制、回填土有机质含量、压实系数等。回填施工的压实系数应满足设计要求。当采用分层回填时，应在下层的压实系数经试验合格后进行上层施工。填筑厚度及压实遍数应根据土质、压实系数及压实机具确定。无试验依据时，应符合表4.2的规定。

填土施工时的分层厚度及压实遍数 表4.2

压实机具	分层厚度（mm）	每层压实遍数
平辗	250～300	6～8
振动压实机	250～350	3～4
柴油打夯	200～250	3～4
人工打夯	＜200	3～4

（3）施工结束后，应进行标高及压实系数检验。

（4）填方工程质量检验标准应符合表4.3的规定。

柱基、基坑、基槽、管沟、地（路）面基础层填方工程质量检验标准 表4.3

项	序	项目	允许值或允许偏差		检查方法
			单位	数值	
主控项目	1	标高	mm	0 −50	水准测量
	2	分层压实系数	不小于设计值		环刀法、灌水法、灌砂法
一般项目	1	回填土料	设计要求		取样检查或直接鉴别
	2	分层厚度	设计值		水准测量及抽样检查
	3	含水量	最优含水量±2%		烘干法
	4	表面平整度	mm	±20	用2m靠尺
	5	有机质含量	≤5%		灼烧减量法
	6	辗迹重叠长度	mm	500～1000	用钢尺量

4.1.2 基坑支护工程质量控制

1. 排桩支护的质量控制

（1）灌注桩排桩和止水帷幕施工前，应对原材料进行检验。灌注桩施工前应进行试成孔，试成孔数量应根据工程规模和场地地层特点确定，且不宜少于2个。灌注桩排桩施工中应加强过程控制，对成孔、钢筋笼制作与安装、混凝土灌注等各项技术指标进行检查验收。

（2）灌注桩排桩应采用低应变法检测桩身完整性，检测桩数不宜少于总桩数的20%，且不得少于5根。采用桩墙合一时，低应变法检测桩身完整性的检测数量应为总桩数的100%；采用声波透射法检测的灌注桩排桩数量不应低于总桩数的10%，且不应少于3根。当根据低应变法或声波透射法判定的桩身完整性为Ⅲ类、Ⅳ类时，应采用钻芯法进行验证。

（3）灌注桩混凝土强度检验的试件应在施工现场随机抽取。灌注桩每浇筑50m^{3}必须至少留置1组混凝土强度试件，单桩不足50m^{3}的桩，每连续浇筑12h必须至少留置1组混凝土强度试件。有抗渗等级要求的灌注桩尚应留置抗渗等级检测试件，一个级配不宜少于3组。

（4）灌注桩排桩的质量检验应符合表4.4的规定。

灌注桩排桩质量检验标准 表4.4

<table>
<tr><th rowspan="2">项</th><th rowspan="2">序</th><th rowspan="2" colspan="2">检查项目</th><th colspan="2">允许值或允许偏差</th><th rowspan="2">检查方法</th></tr>
<tr><th>单位</th><th>数值</th></tr>
<tr><td rowspan="5">主控项目</td><td>1</td><td colspan="2">孔深</td><td colspan="2">不小于设计值</td><td>测钻杆长度或用测绳</td></tr>
<tr><td>2</td><td colspan="2">桩身完整性</td><td colspan="2">设计要求</td><td>GB 50202—2018第7.2.4条</td></tr>
<tr><td>3</td><td colspan="2">混凝土强度</td><td colspan="2">不小于设计值</td><td>28d试块强度或钻芯法</td></tr>
<tr><td>4</td><td colspan="2">嵌岩深度</td><td colspan="2">不小于设计值</td><td>取岩样或超前钻孔取样</td></tr>
<tr><td>5</td><td colspan="2">钢筋笼主筋间距</td><td>mm</td><td>±10</td><td>用钢尺量</td></tr>
<tr><td rowspan="13">一般项目</td><td>1</td><td colspan="2">垂直度</td><td colspan="2">≤1/100（≤1/200）</td><td>测钻杆、用超声波或井径仪测量</td></tr>
<tr><td>2</td><td colspan="2">孔径</td><td colspan="2">不小于设计值</td><td>测钻头直径</td></tr>
<tr><td>3</td><td colspan="2">桩位</td><td>mm</td><td>≤50</td><td>开挖前量护筒，开挖后量桩中心</td></tr>
<tr><td>4</td><td colspan="2">泥浆指标</td><td colspan="2">GB 50202—2018第5.6节</td><td>泥浆试验</td></tr>
<tr><td rowspan="4">5</td><td rowspan="4">钢筋笼质量</td><td>长度</td><td>mm</td><td>±100</td><td>用钢尺量</td></tr>
<tr><td>钢筋连接质量</td><td colspan="2">设计要求</td><td>实验室试验</td></tr>
<tr><td>箍筋间距</td><td>mm</td><td>±20</td><td>用钢尺量</td></tr>
<tr><td>笼直径</td><td>mm</td><td>±10</td><td>用钢尺量</td></tr>
<tr><td>6</td><td colspan="2">沉渣厚度</td><td>mm</td><td>≤200</td><td>用沉渣仪或重锤测</td></tr>
<tr><td>7</td><td colspan="2">混凝土坍落度</td><td>mm</td><td>180～220</td><td>坍落度仪</td></tr>
<tr><td>8</td><td colspan="2">钢筋笼安装深度</td><td>mm</td><td>±100</td><td>用钢尺量</td></tr>
<tr><td>9</td><td colspan="2">混凝土充盈系数</td><td colspan="2">≥1.0</td><td>实际灌注量与理论灌注量的比</td></tr>
<tr><td>10</td><td colspan="2">桩顶标高</td><td>mm</td><td>±50</td><td>水准测量，需扣除桩顶浮浆层及劣质桩体</td></tr>
</table>

2. 板桩围护墙的质量控制

(1) 板桩围护墙施工前，应对钢板桩或预制钢筋混凝土板桩的成品进行外观检查。钢板桩围护墙的质量检验应符合表 4.5 的规定。

钢板桩围护墙质量检验标准 表 4.5

项	序	检查项目	允许值或允许偏差		检查方法
			单位	数值	
主控项目	1	桩长	不小于设计值		用钢尺量
	2	桩身弯曲率	mm	≤2%l	用钢尺量
	3	桩顶标高	mm	±100	水准测量
一般项目	1	齿槽平直度及光滑度	无电焊渣或毛刺		用 1m 长的桩段做通过试验
	2	沉桩垂直度	≤1/100		经纬仪测量
	3	轴线位置	mm	±100	用经纬仪或钢尺量
	4	齿槽咬合程度	紧密		目测法

注：l 为钢板桩设计桩长（mm）。

(2) 预制混凝土板桩围护墙的质量检验标准应符合表 4.6 的规定。

预制混凝土板桩围护墙质量检验标准 表 4.6

项	序	检查项目	允许值或允许偏差		检查方法
			单位	数值	
主控项目	1	桩长	不小于设计值		用钢尺量
	2	桩身弯曲度	mm	≤0.1%l	用钢尺量
	3	桩身厚度	mm	+10 0	用钢尺量
	4	凹凸槽尺寸	mm	±3	用钢尺量
	5	桩顶标高	mm	±100	水准测量
一般项目	1	保护层厚度	mm	±5	用钢尺量
	2	模截面相对两面之差	mm	≤5	用钢尺量
	3	桩尖对桩轴线的位移	mm	≤10	用钢尺量
	4	沉桩垂直度	≤1/100		经纬仪测量
	5	轴线位置	mm	≤100	用钢尺量
	6	板缝间隙	mm	≤20	用钢尺量

注：l 为预制混凝土板桩设计桩长（mm）。

3. 型钢水泥土搅拌墙的质量控制

(1) 型钢水泥土搅拌墙施工前，应对进场的 H 型钢进行检验。

(2) 焊接 H 型钢焊缝质量应符合设计要求和国家现行标准《钢结构焊接规范》GB 50661 的规定。

(3) 基坑开挖前应检验水泥土桩（墙）体强度，强度指标应符合设计要求。墙体强度宜采用钻芯法确定，三轴水泥土搅拌桩抽检数量不应少于总桩数的 2%，且不得少于 3 根；渠式切割水泥土连续墙抽检数量每 50 延米不应少于 1 个取芯点，且不得少于 3 个。

(4) 内插型钢的质量检验应符合表 4.7 的规定。

内插型钢的质量检验标准　　表 4.7

项	序	检查项目		允许偏差		检查方法
				单位	数值	
主控项目	1	型钢截面高度		mm	±5	用钢尺量
	2	型钢截面宽度		mm	±3	用钢尺量
	3	型钢长度		mm	±10	用钢尺量
一般项目	1	型钢挠度		mm	≤l/500	用钢尺量
	2	型钢腹板厚度		mm	≥−1	用游标卡尺量
	3	型钢翼缘板厚度		mm	≥−1	用游标卡尺量
	4	型钢顶标高		mm	±50	水准测量
	5	型钢平面位置	平行于基坑边线	mm	≤50	用钢尺量
			垂直于基坑边线	mm	≤10	用钢尺量
	6	型钢形心转角		°	≤3	用量角器量

注：l 为型钢设计长度（mm）。

4. 地下连续墙的质量控制

（1）施工前应对导墙的质量进行检查。

（2）施工中应定期对泥浆指标、钢筋笼的制作与安装、混凝土的坍落度、预制地下连续墙墙段安放质量、预制接头、墙底注浆、地下连续墙成槽及墙体质量等进行检验。

（3）兼作永久结构的地下连续墙，其与地下结构底板、梁及楼板之间连接的预埋钢筋接驳器应按原材料检验要求进行抽样复验，取每 500 套为一个检验批，每批应抽查 3 件，复验内容为外观、尺寸、抗拉强度等。

（4）混凝土抗压强度和抗渗等级应符合设计要求。墙身混凝土抗压强度试块每 100m^3 混凝土不应少于 1 组，且每幅槽段不应少于 1 组，每组为 3 件；墙身混凝土抗渗试块每 5 幅槽段不应少于 1 组，每组为 6 件。作为永久结构的地下连续墙，其抗渗质量标准可按现行国家标准《地下防水工程质量验收规范》GB 50208 的规定执行。

（5）作为永久结构的地下连续墙墙体施工结束后，应采用声波透射法对墙体质量进行检验，同类型槽段的检验数量不应少于 10%，且不得少于 3 幅。

（6）地下连续墙的质量检验标准应符合表 4.8～表 4.10 的规定。

泥浆性能指标　　表 4.8

项	序	检查项目				性能指标	检查方法
一般项目	1	新拌制泥浆		相对密度		1.03～1.10	比重计
				黏度	黏性土	20～25s	黏度计
					砂土	25～35s	
	2	循环泥浆		相对密度		1.05～1.25	比重计
				黏度	黏性土	20～30s	黏度计
					砂土	30～40s	
	3	清基（槽）后的泥浆	现浇地下连续墙	相对密度	黏性土	1.10～1.15	比重计
					砂土	1.10～1.20	
				黏度		20～30s	黏度计
				含砂率		≤7%	洗砂瓶

续表

<table>
<tr><th>项</th><th>序</th><th colspan="3">检查项目</th><th>性能指标</th><th>检查方法</th></tr>
<tr><td rowspan="3">一般项目</td><td rowspan="3">4</td><td rowspan="3">清基（槽）后的泥浆</td><td rowspan="3">预制地下连续墙</td><td>相对密度</td><td>1.10～1.20</td><td>比重计</td></tr>
<tr><td>黏度</td><td>20～30s</td><td>黏度计</td></tr>
<tr><td>pH 值</td><td>7～9</td><td>pH 试纸</td></tr>
</table>

钢筋笼制作与安装允许偏差 **表 4.9**

<table>
<tr><th rowspan="2">项</th><th rowspan="2">序</th><th rowspan="2" colspan="2">检查项目</th><th colspan="2">允许偏差</th><th rowspan="2">检查方法</th></tr>
<tr><th>单位</th><th>数值</th></tr>
<tr><td rowspan="5">主控项目</td><td>1</td><td colspan="2">钢筋笼长度</td><td>mm</td><td>±100</td><td rowspan="4">用钢尺量，每片钢筋网检查上中下 3 处</td></tr>
<tr><td>2</td><td colspan="2">钢筋笼宽度</td><td>mm</td><td>0
−20</td></tr>
<tr><td rowspan="2">3</td><td rowspan="2">钢筋笼安装标高</td><td>临时结构</td><td>mm</td><td>±20</td></tr>
<tr><td>永久结构</td><td>mm</td><td>±15</td></tr>
<tr><td>4</td><td colspan="2">主筋间距</td><td>mm</td><td>±10</td><td rowspan="2">任取一断面，连续量取间距，取平均值作为一点，每片钢筋网上测 4 点</td></tr>
<tr><td rowspan="6">一般项目</td><td>1</td><td colspan="2">分布筋间距</td><td>mm</td><td>±20</td></tr>
<tr><td rowspan="2">2</td><td rowspan="2">预埋件及槽底注浆管中心位置</td><td>临时结构</td><td>mm</td><td>≤10</td><td rowspan="2">用钢尺量</td></tr>
<tr><td>永久结构</td><td>mm</td><td>≤5</td></tr>
<tr><td rowspan="2">3</td><td rowspan="2">预埋钢筋和接驳器中心位置</td><td>临时结构</td><td>mm</td><td>≤10</td><td rowspan="2">用钢尺量</td></tr>
<tr><td>永久结构</td><td>mm</td><td>≤5</td></tr>
<tr><td>4</td><td colspan="2">钢筋笼制作平台平整度</td><td>mm</td><td>±20</td><td>用钢尺量</td></tr>
</table>

地下连续墙成槽及墙体允许偏差 **表 4.10**

<table>
<tr><th rowspan="2">项</th><th rowspan="2">序</th><th rowspan="2" colspan="2">检查项目</th><th colspan="2">允许值</th><th rowspan="2">检查方法</th></tr>
<tr><th>单位</th><th>数值</th></tr>
<tr><td rowspan="4">主控项目</td><td>1</td><td colspan="2">墙体强度</td><td colspan="2">不小于设计值</td><td>28d 试块强度或钻芯法</td></tr>
<tr><td rowspan="2">2</td><td rowspan="2">槽壁垂直度</td><td>临时结构</td><td colspan="2">≤1/200</td><td>20%超声波 2 点/幅</td></tr>
<tr><td>永久结构</td><td colspan="2">≤1/300</td><td>100%超声波 2 点/幅</td></tr>
<tr><td>3</td><td colspan="2">槽段深度</td><td colspan="2">不小于设计值</td><td>测绳 2 点/幅</td></tr>
<tr><td rowspan="12">一般项目</td><td rowspan="5">1</td><td rowspan="5">导墙尺寸</td><td>宽度（设计墙厚+40mm）</td><td>mm</td><td>±10</td><td>用钢尺量</td></tr>
<tr><td>垂直度</td><td colspan="2">≤1/500</td><td>用线锤测</td></tr>
<tr><td>导墙顶面平整度</td><td>mm</td><td>±5</td><td>用钢尺量</td></tr>
<tr><td>导墙平面定位</td><td>mm</td><td>≤10</td><td>用钢尺量</td></tr>
<tr><td>导墙顶标高</td><td>mm</td><td>±20</td><td>水准测量</td></tr>
<tr><td rowspan="2">2</td><td rowspan="2">槽段宽度</td><td>临时结构</td><td colspan="2">不小于设计值</td><td>20%超声波 2 点/幅</td></tr>
<tr><td>永久结构</td><td colspan="2">不小于设计值</td><td>100%超声波 2 点/幅</td></tr>
<tr><td rowspan="2">3</td><td rowspan="2">槽段位</td><td>临时结构</td><td>mm</td><td>≤50</td><td rowspan="2">钢尺 1 点/幅</td></tr>
<tr><td>永久结构</td><td>mm</td><td>≤30</td></tr>
<tr><td rowspan="2">4</td><td rowspan="2">沉渣厚度</td><td>临时结构</td><td>mm</td><td>≤150</td><td rowspan="2">100%测绳 2 点/幅</td></tr>
<tr><td>永久结构</td><td>mm</td><td>≤100</td></tr>
<tr><td>5</td><td colspan="2">混凝土坍落度</td><td>mm</td><td>180～220</td><td>坍落度仪</td></tr>
</table>

续表

项	序	检查项目		允许值		检查方法
				单位	数值	
一般项目	6	地下连续墙表面平整度	临时结构	mm	±150	用钢尺量
			永久结构	mm	±100	
			预制地下连续墙	mm	±20	
	7	预制墙顶标高		mm	±10	水准测量
	8	预制墙中心位移		mm	≤10	用钢尺量
	9	永久结构的渗漏水		无渗漏、线流，且≤0.1L/(m^2·d)		现场检验

5. 内支撑的质量控制

(1) 内支撑施工前，应对放线尺寸、标高进行校核。对混凝土支撑的钢筋和混凝土、钢支撑的产品构件和连接构件以及钢立柱的制作质量等进行检验。

(2) 施工中应对混凝土支撑下垫层或模板的平整度和标高进行检验。

(3) 施工结束后，对应的下层土方开挖前应对水平支撑的尺寸、位置、标高、支撑与围护结构的连接节点、钢支撑的连接节点和钢立柱的施工质量进行检验。

(4) 钢筋混凝土支撑的质量检验标准应符合表 4.11 的规定。

钢筋混凝土支撑的质量检验标准　　**表 4.11**

项	序	检查项目	允许值或允许偏差		检查方法
			单位	数值	
主控项目	1	混凝土强度	不小于设计值		28d 试块强度
	2	截面宽度	mm	+20 0	用钢尺量
	3	截面高度	mm	+20 0	用钢尺量
一般项目	1	标高	mm	±20	水准测量
	2	轴线平面位置	mm	≤20	用钢尺量
	3	支撑与垫层或模板的隔离措施	设计要求		目测法

(5) 钢支撑的质量检验标准应符合表 4.12 的规定。

钢支撑的质量检验标准　　**表 4.12**

项	序	检查项目	允许值或允许偏差		检查方法
			单位	数值	
主控项目	1	外轮廓尺寸	mm	±5	用钢尺量
	2	预加顶力	kN	±10%	应力监测
一般项目	1	轴线平面位置	mm	≤30	用钢尺量
	2	连接质量	设计要求		超声波或射线探伤

(6) 钢立柱的质量检验标准应符合表 4.13 的规定。

钢立柱的质量检验标准 表 4.13

项	序	检查项目	允许偏差		检查方法
			单位	数值	
主控项目	1	截面尺寸（立柱）	mm	≤5	用钢尺量
	2	立柱长度	mm	±50	用钢尺量
	3	垂直度	≤1/200		经纬仪测量
一般项目	1	立柱挠度	mm	≤l/500	用钢尺量
	2	截面尺寸（缀板或缀条）	mm	≥−1	用钢尺量
	3	缀板间距	mm	±20	用钢尺量
	4	钢板厚度	mm	≥−1	用钢尺量
	5	立柱顶标高	mm	±20	水准测量
	6	平面位置	mm	≤20	用钢尺量
	7	平面转角	°	≤5	用量角器量

注：l 为型钢长度（mm）。

4.1.3 地基处理质量控制

14. 素土、灰土地基质量控制

1. 素土、灰土地基质量控制

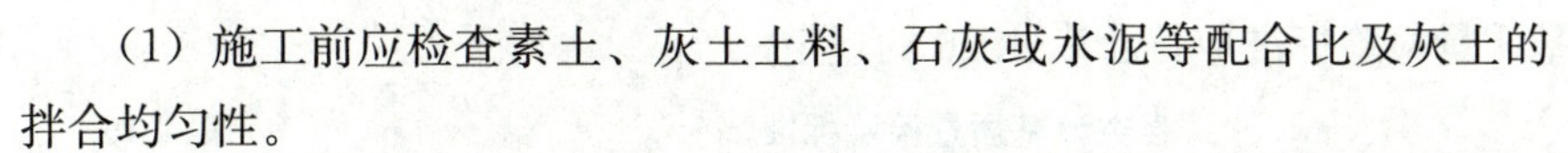
（1）施工前应检查素土、灰土土料、石灰或水泥等配合比及灰土的拌合均匀性。

（2）施工中应检查分层铺设的厚度、夯实时的加水量、夯压遍数及压实系数。

（3）施工结束后，应进行地基承载力检验。

（4）素土、灰土地基质量检验标准应符合表 4.14 的规定。

素土、灰土地基质量检验标准 表 4.14

项	序	检查项目	允许值或允许偏差		检查方法
			单位	数值	
主控项目	1	地基承载力	不小于设计值		静载试验
	2	配合比	设计值		检查拌合时的体积比
	3	压实系数	不小于设计值		环刀法
一般项目	1	石灰粒径	mm	≤5	筛析法
	2	土料有机质含量	%	≤5	灼烧减量法
	3	土颗粒粒径	mm	≤15	筛析法
	4	含水量	最优含水量±2%		烘干法
	5	分层厚度	mm	±50	水准测量

2. 砂和砂石地基质量控制

（1）施工前应检查砂、石等原材料质量和配合比及砂、石拌合的均匀性。

（2）施工中应检查分层厚度、分段施工时搭接部分的压实情况、加水量、压实遍数、压实系数。

（3）施工结束后，应进行地基承载力检验。

（4）砂和砂石地基质量检验标准应符合表4.15的规定。

砂和砂石地基质量检验标准　　表4.15

项	序	检查项目	允许值或允许偏差		检查方法
			单位	数值	
主控项目	1	地基承载力	不小于设计值		静载试验
	2	配合比	设计值		检查拌合时的体积比或重量比
	3	压实系数	不小于设计值		灌砂法、灌水法
一般项目	1	砂石料有机质含量	%	≤5	灼烧减量法
	2	砂石料含泥量	%	≤5	水洗法
	3	砂石料粒径	mm	≤50	筛析法
	4	分层厚度	mm	±50	水准测量

3. 强夯地基质量控制

（1）施工前应检查夯锤质量和尺寸、落距控制方法、排水设施及被夯地基的土质。

（2）施工中应检查夯锤落距、夯点位置、夯击范围、夯击击数、夯击遍数、每击夯沉量、最后两击的平均夯沉量、总夯沉量和夯点施工起止时间等。

（3）施工结束后，应进行地基承载力、地基土的强度、变形指标及其他设计要求指标检验。

（4）强夯地基质量检验标准应符合表4.16的规定。

强夯地基质量检验标准　　表4.16

项	序	检查项目	允许值或允许偏差		检查方法
			单位	数值	
主控项目	1	地基承载力	不小于设计值		静载试验
	2	处理后地基土的强度	不小于设计值		原位测试
	3	变形指标	设计值		原位测试
一般项目	1	夯锤落距	mm	±300	钢索设标志
	2	夯锤质量	kg	±100	称重
	3	夯击遍数	不小于设计值		计数法
	4	夯击顺序	设计要求		检查施工记录
	5	夯击击数	不小于设计值		计数法
	6	夯点位置	mm	±500	用钢尺量
	7	夯击范围（超出基础范围距离）	设计要求		用钢尺量
	8	前后两遍间歇时间	设计值		检查施工记录
	9	最后两击平均夯沉量	设计值		水准测量
	10	场地平整度	mm	±100	水准测量

4. 砂石桩复合地基质量控制

（1）施工前应检查砂石料的含泥量及有机质含量等。振冲法施工前应检查振冲器的性能，应对电流表、电压表进行检定或校准。

（2）施工中应检查每根砂石桩的桩位、填料量、标高、垂直度等。振冲法施工中尚应检查密实电流、供水压力、供水量、填料量、留振时间、振冲点位置、振冲器施工参数等。

（3）施工结束后，应进行复合地基承载力、桩体密实度等检验。

（4）砂石桩复合地基的质量检验标准应符合表 4.17 的规定。

砂石桩复合地基的质量检验标准　　表 4.17

项	序	检查项目	允许值或允许偏差		检查方法
			单位	数值	
主控项目	1	复合地基承载力	不小于设计值		静载试验
	2	桩体密实度	不小于设计值		重型动力触探
	3	填料量	%	≥−5	实际用料量与计算填料量体积比
	4	孔深	不小于设计值		测钻杆长度或用测绳
一般项目	1	填料的含泥量	%	<5	水洗法
	2	填料的有机质含量	%	≤5	灼烧减量法
	3	填料粒径	设计要求		筛析法
	4	桩间土强度	不小于设计值		标准贯入试验
	5	桩位	mm	≤0.3D	全站仪或用钢尺量
	6	桩顶标高	不小于设计值		水准测量，将顶部预留的松散桩体挖除后测量
	7	密实电流	设计值		查看电流表
	8	留振时间	设计值		用表计时
	9	褥垫层夯填度	≤0.9		水准测量

注：1. 夯填度指夯实后的褥垫层厚度与虚铺厚度的比值。

2. D 为设计桩径（mm）。

5. 水泥粉煤灰碎石桩复合地基质量控制

（1）施工前应对入场的水泥、粉煤灰、砂及碎石等原材料进行检验。

（2）施工中应检查桩身混合料的配合比、坍落度和成孔深度、混合料充盈系数等。

（3）施工结束后，应对桩体质量、单桩及复合地基承载力进行检验。

（4）水泥粉煤灰碎石桩复合地基的质量检验标准应符合表 4.18 的规定。

水泥粉煤灰碎石桩复合地基的质量检验标准　　表 4.18

项	序	检查项目	允许值或允许偏差		检查方法
			单位	数值	
主控项目	1	复合地基承载力	不小于设计值		静载试验
	2	单桩承载力	不小于设计值		静载试验
	3	桩长	不小于设计值		测桩管长度或用测绳测孔深
	4	桩径	mm	+50 0	用钢尺量
	5	桩身完整性	—		低应变检测
	6	桩身强度	不小于设计要求		28d 试块强度
一般项目	1	桩位	条基边桩沿轴线	≤(1/4)D	全站仪或用钢尺量
			垂直轴线	≤(1/6)D	
			其他情况	≤(2/5)D	

续表

项	序	检查项目	允许值或允许偏差		检查方法
			单位	数值	
一般项目	2	桩顶标高	mm	±200	水准测量，最上部 500mm 劣质桩体不计入
	3	桩垂直度	≤1/100		经纬仪测桩管
	4	混合料坍落度	mm	160～220	坍落度仪
	5	混合料充盈系数	≥1.0		实际灌注量与理论灌注量的比
	6	褥垫层夯填度	≤0.9		水准测量

注：D 为设计桩径（mm）。

4.1.4 桩基础质量控制

1. 钢筋混凝土预制桩质量控制

（1）施工前应检验成品桩构造尺寸及外观质量。

（2）施工中应检验接桩质量、锤击及静压的技术指标、垂直度以及桩顶标高等。

（3）施工结束后应对承载力及桩身完整性等进行检验。

（4）钢筋混凝土预制桩质量检验标准应符合表 4.19、表 4.20 的规定。

锤击预制桩质量检验标准　　表 4.19

项	序	检查项目	允许值或允许偏差		检查方法
			单位	数值	
主控项目	1	承载力	不小于设计值		静载试验、高应变法等
	2	桩身完整性	—		低应变法
一般项目	1	成品桩质量	表面平整，颜色均匀，掉角深度小于 10mm，蜂窝面积小于总面积的 0.5%		查产品合格证
	2	桩位	GB 50202—2018 表 5.1.2		全站仪或用钢尺量
	3	电焊条质量	设计要求		查产品合格证
	4	接桩：焊缝质量	GB 50202—2018 表 5.10.4		GB 50202—2018 表 5.10.4
		电焊结束后停歇时间	min	≥8（3）	用表计时
		上下节平面偏差	mm	≤10	用钢尺量
		节点弯曲矢高	同桩体弯曲要求		用钢尺量
	5	收锤标准	设计要求		用钢尺量或查沉桩记录
	6	桩顶标高	mm	±50	水准测量
	7	垂直度	≤1/100		经纬仪测量

注：括号中为采用二氧化碳气体保护焊时的数值。

2. 泥浆护壁成孔灌注桩质量控制

（1）施工前应检验灌注桩的原材料及桩位处的地下障碍物处理资料。

（2）施工中应对成孔、钢筋笼制作与安装、水下混凝土灌注等各项质量指标进行检查验收；嵌岩桩应对桩端的岩性和入岩深度进行检验。

静压预制桩质量检验标准 **表 4.20**

项	序	检查项目	允许值或允许偏差		检查方法
			单位	数值	
主控项目	1	承载力	不小于设计值		静载试验、高应变法等
	2	桩身完整性	—		低应变法
一般项目	1	成品桩质量	GB 50202—2018 表 5.5.4-1		查产品合格证
	2	桩位	GB 50202—2018 表 5.1.2		全站仪或用钢尺量
	3	电焊条质量	设计要求		查产品合格证
	4	接桩：焊缝质量	GB 50202—2018 表 5.10.4		GB 50202—2018 表 5.10.4
		电焊结束后停歇时间	min	≥6（3）	用表计时
		上下节平面偏差	min	≤10	用钢尺量
		节点弯曲矢高	同桩体弯曲要求		用钢尺量
	5	终压标准	设计要求		现场实测或查沉桩记录
	6	桩顶标高	mm	±50	水准测量
	7	垂直度	≤1/100		经纬仪测量
	8	混凝土灌芯	设计要求		查灌注量

注：电焊结束后停歇时间项括号中为采用二氧化碳气体保护焊时的数值。

（3）施工后应对桩身完整性、混凝土强度及承载力进行检验。

（4）泥浆护壁成孔灌注桩质量检验标准应符合表 4.21 的规定。

泥浆护壁成孔灌注桩质量检验标准 **表 4.21**

项	序	检查项目		允许值或允许偏差		检查方法
				单位	数值	
主控项目	1	承载力		不小于设计值		静载试验
	2	孔深		不小于设计值		用测绳或井径仪测量
	3	桩身完整性		—		钻芯法，低应变法，声波透射法
	4	混凝土强度		不小于设计值		28d 试块强度或钻芯法
	5	嵌岩深度		不小于设计值		取岩样或超前钻孔取样
一般项目	1	垂直度		GB 50202—2018 表 5.1.4		用超声波或井径仪测量
	2	孔径		GB 50202—2018 表 5.1.4		用超声波或井径仪测量
	3	桩位		GB 50202—2018 表 5.1.4		全站仪或用钢尺开挖前量护筒，开挖后量桩中心
	4	泥浆指标	相对密度（黏土或砂性土中）	1.10～1.25		用比重计测，清孔后在距孔底 500mm 处取样
			含砂率	%	≤8	洗砂瓶
			黏度	s	18～28	黏度计
	5	泥浆面标高（高于地下水位）		m	0.5～1.0	目测法
	6	钢筋笼质量	主筋间距	mm	±10	用钢尺量
			长度	mm	±100	用钢尺量
			钢筋材质检验	设计要求		抽样送检
			箍筋间距	mm	±20	用钢尺量
			钢筋笼直径	mm	±10	用钢尺量

续表

项	序	检查项目		允许值或允许偏差		检查方法
				单位	数值	
一般项目	7	沉渣厚度	端承桩	mm	≤50	用沉渣仪或重锤测
			摩擦桩	mm	≤150	
	8	混凝土坍落度		mm	180～220	坍落度仪
	9	钢筋笼安装深度		mm	+100 0	用钢尺量
	10	混凝土充盈系数		≥1.0		实际灌注量与计算灌注量的比
	11	桩顶标高		mm	+30 −50	水准测量，需扣除桩顶浮浆层及劣质桩体
	12	后注浆	注浆终止条件	注浆量不小于设计要求		查看流量表
				注浆量不小于设计要求80%，且注浆压力达到设计值		查看流量表，检查压力表读数
			水胶比	设计值		实际用水量与水泥等胶凝材料的重量比
	13	扩底桩	扩底直径	不小于设计值		井径仪测量
			扩底高度	不小于设计值		

3. 长螺旋钻孔压灌桩质量控制

(1) 施工前应对放线后的桩位进行检查。

(2) 施工中应对桩位、桩长、垂直度、钢筋笼笼顶标高等进行检查。

(3) 施工结束后应对混凝土强度、桩身完整性及承载力进行检验。

(4) 长螺旋钻孔压灌桩质量检验标准应符合表4.22的规定。

长螺旋钻孔压灌桩质量检验标准　　表4.22

项	序	检查项目	允许值或允许偏差		检查方法
			单位	数值	
主控项目	1	承载力	不小于设计值		静载试验
	2	混凝土强度	不小于设计值		28d试块强度或钻芯法
	3	桩长	不小于设计值		施工中量钻杆长度，施工后钻芯或低应变法检测
	4	桩径	不小于设计值		用钢尺量
	5	桩身完整性	—		低应变法
一般项目	1	混凝土坍落度	mm	160～220	坍落度仪
	2	混凝土充盈系数	≥1.0		实际灌注量与理论灌注量的比
	3	垂直度	≤1/100		经纬仪测量或线锤测量
	4	桩位	GB 50202—2018表5.1.4		全站仪或用钢尺量
	5	桩顶标高	mm	+30 −50	水准测量
	6	钢筋笼笼顶标高	mm	±100	水准测量

4. 沉管灌注桩质量控制

(1) 施工前应对放线后的桩位进行检查。

（2）施工中应对桩位、桩长、垂直度、钢筋笼笼顶标高、拔管速度等进行检查。

（3）施工结束后应对混凝土强度、桩身完整性及承载力进行检验。

（4）沉管灌注桩质量检验标准应符合表 4.23 的规定。

沉管灌注桩质量检验标准　　表 4.23

项	序	检查项目	允许值或允许偏差		检查方法
			单位	数值	
主控项目	1	承载力	不小于设计值		静载试验
	2	混凝土强度	不小于设计要求		28d 试块强度或钻芯法
	3	桩身完整性	—		低应变法
	4	桩长	不小于设计值		施工中量钻杆或套管长度，施工后钻芯法或低应变法
一般项目	1	桩径	GB 50202—2018 表 5.1.4		用钢尺量
	2	混凝土坍落度	mm	80～100	坍落度仪
	3	垂直度	≤1/100		经纬仪测量
	4	桩位	GB 50202—2018 表 5.1.4		全站仪或用钢尺量
	5	拔管速度	m/min	1.2～1.5	用钢尺量及秒表
	6	桩顶标高	mm	+30 −50	水准测量
	7	钢筋笼笼顶标高	mm	±100	水准测量

5. 钢桩质量控制

（1）施工前应对桩位、成品桩的外观质量进行检验。

（2）施工中应进行打入（静压）深度、收锤标准、终压标准及桩身（架）垂直度、接桩质量、接桩间歇时间及桩顶完整状况检查；电焊质量除应进行常规检查外，尚应做10%的焊缝探伤检查；每层土每米进尺锤击数、最后 1.0m 进尺锤击数、总锤击数、最后三阵贯入度、桩顶标高、桩尖标高等检查。

（3）施工结束后应进行承载力检验。

（4）钢桩施工质量检验标准应符合表 4.24 的规定。

钢桩施工质量检验标准　　表 4.24

项	序	检查项目		允许值或允许偏差		检查方法
				单位	数值	
主控项目	1	承载力		不小于设计值		静载试验、高应变法等
	2	钢桩外径或断面尺寸	桩端	mm	≤0.5%D	用钢尺量
			桩身	mm	≤0.1%D	
	3	桩长		不小于设计值		用钢尺量
	4	矢高		mm	≤1‰l	用钢尺量
一般项目	1	桩位		GB 50202—2018 表 5.1.2		全站仪或用钢尺量
	2	垂直度		≤1/100		经纬仪测量
	3	端部平整度		mm	≤2（H 型桩≤1）	用水平尺量

续表

项	序	检查项目		允许值或允许偏差		检查方法
				单位	数值	
一般项目	4	H钢桩的方正度		mm	$h \geqslant 300$：$T+T' \leqslant 8$ $h<300$：$T+T' \leqslant 6$	用钢尺量
	5	端部平面与桩身中心线的倾斜值		mm	≤2	用水平尺量
	6	上下节桩错口	钢管桩外径≥700mm	mm	≤3	用钢尺量
			钢管桩外径<700mm	mm	≤2	用钢尺量
			H型钢桩	mm	≤1	用钢尺量
	7	焊缝	咬边深度	mm	≤0.5	焊缝检查仪
			加强层高度	mm	≤2	焊缝检查仪
			加强层宽度	mm	≤3	焊缝检查仪
	8	焊缝电焊质量外观		无气孔，无焊瘤，无裂缝		目测法
	9	焊缝探伤检验		设计要求		超声波或射线探伤
	10	焊接结束后停歇时间		min	≥1	用表计时
	11	节点弯曲矢高		mm	$<1‰l$	用钢尺量
	12	桩顶标高		mm	±50	水准测量
	13	收锤标准		设计要求		用钢尺量或查沉桩记录

注：l为两节桩长（mm）；D为外径或边长（mm）。

4.1.5 混凝土基础质量控制

1. 钢筋混凝土扩展基础质量控制

（1）施工前应对放线尺寸进行检验。

（2）施工中应对钢筋、模板、混凝土、轴线等进行检验。

（3）施工结束后，应对混凝土强度、轴线位置、基础顶面标高进行检验。

（4）钢筋混凝土扩展基础质量检验标准应符合表4.25的规定。

钢筋混凝土扩展基础质量检验标准 表4.25

项	序	检查项目	允许偏差		检查方法
			单位	数值	
主控项目	1	混凝土强度	不小于设计值		28d试块强度
	2	轴线位置	mm	≤15	经纬仪或用钢尺量

续表

项	序	检查项目	允许偏差		检查方法
			单位	数值	
一般项目	1	L（或 B）≤30	mm	±5	用钢尺量
		30＜L（或 B）≤60	mm	±10	
	2	60＜L（或 B）≤90	mm	±15	
		L（或 B）＞90	mm	±20	
		基础顶面标高	mm	±15	水准测量

注：L 为长度（m）；B 为宽度（m）。

2. 筏形与箱形基础质量控制

（1）施工前应对放线尺寸进行检验。

（2）施工中应对轴线、预埋件、预留洞中心线位置、钢筋位置及钢筋保护层厚度进行检验。

（3）施工结束后，应对筏形和箱形基础的混凝土强度、轴线位置、基础顶面标高及平整度进行验收。

（4）筏形和箱形基础质量检验标准应符合表 4.26 的规定。

筏形和箱形基础质量检验标准　表 4.26

项	序	检查项目	允许偏差		检查方法
			单位	数值	
主控项目	1	混凝土强度	不小于设计值		28d 试块强度
	2	轴线位置	mm	≤15	经纬仪或用钢尺量
一般项目	1	基础顶面标高	mm	±15	水准测量
	2	平整度	mm	±10	用 2m 靠尺
	3	尺寸	mm	+15 −10	用钢尺量
	4	预埋件中心位置	mm	≤10	用钢尺量
	5	预留洞中心线位置	mm	≤15	用钢尺量

（5）大体积混凝土施工过程中应检查混凝土的坍落度、配合比、浇筑的分层厚度、坡度以及测温点的设置，上下两层的浇筑搭接时间不应超过混凝土的初凝时间。养护时混凝土结构构件表面以内 50～100mm 位置处的温度与混凝土结构构件内部的温度差值不宜大于 25℃，且与混凝土结构构件表面温度的差值不宜大于 25℃。

4.2　砌体工程质量控制

为加强建筑工程的质量管理，统一砌体结构工程施工质量的验收，保证工程质量，国家制定《砌体结构工程施工质量验收规范》，编号为 GB 50203—2011，自 2012 年 5 月 1 日起实施。该规范适用于建筑工程的砖、石、小砌块等砌体结构工程的施工质量验收，不适用于铁路、公路和水工建筑等砌石工程。砌体结构工程施工中的技术文件和承包合同对施工质量验收的要求不得低于《砌体结构工程施工质量验收规范》的规定。

15. 砌体结构工程施工质量验收规范介绍

4.2.1 砌筑砂浆质量控制

1. 水泥原材料质量控制

(1) 水泥进场时应对其品种、等级、包装或散装仓号、出厂日期等进行检查，并应对其强度、安定性进行复验，其质量必须符合现行国家标准《通用硅酸盐水泥》GB 175 的有关规定。

(2) 当在使用中对水泥质量有怀疑或水泥出厂超过三个月（快硬硅酸盐水泥超过一个月）时，应复查试验，并按复验结果使用。

16. 水泥和砂的质量控制

(3) 不同品种的水泥，不得混合使用。

(4) 水泥抽检数量按同一生产厂家、同品种、同等级、同批号连续进场的水泥，袋装水泥不超过 200t 为一批，散装水泥不超过 500t 为一批，每批抽样不少于一次。检查产品合格证、出厂检验报告和进场复验报告。

2. 砂浆用砂质量要求

(1) 宜采用过筛中砂，不应混有草根、树叶、树枝、塑料、煤块、炉渣等杂物；

(2) 砂中含泥量、泥块含量、石粉含量、云母、轻物质、有机物、硫化物、硫酸盐及氯盐含量（配筋砌体砌筑用砂）等应符合现行行业标准《普通混凝土用砂、石质量及检验方法标准》JGJ 52 的有关规定；

(3) 人工砂、山砂及特细砂，应经试配能满足砌筑砂浆技术条件要求。

3. 砂浆用水质量要求

拌制砂浆用水的水质，应符合现行行业标准《混凝土用水标准》JGJ 63 的有关规定。

4. 砂浆配制及搅拌要求

(1) 砌筑砂浆应进行配合比设计。当砌筑砂浆的组成材料有变更时，其配合比应重新确定。

(2) 施工中不应采用强度等级小于 M5 水泥砂浆替代同强度等级水泥混合砂浆，如需替代，应将水泥砂浆提高一个强度等级。

(3) 在砂浆中掺入的砌筑砂浆增塑剂、早强剂、缓凝剂、防冻剂、防水剂等砂浆外加剂，其品种和用量应经有资质的检测单位检验和试配确定。

(4) 配制砌筑砂浆时，各组分材料应采用质量计量，水泥及各种外加剂配料的允许偏差为±2%；砂、粉煤灰、石灰膏等配料的允许偏差为±5%。

(5) 砌筑砂浆应采用机械搅拌，搅拌时间自投料完起算应符合下列规定：

① 水泥砂浆和水泥混合砂浆不得少于 120s；

② 水泥粉煤灰砂浆和掺用外加剂的砂浆不得少于 180s；

③ 掺增塑剂的砂浆，其搅拌方式、搅拌时间应符合现行行业标准《砌筑砂浆增塑剂》JG/T 164 的有关规定；

④ 干混砂浆及加气混凝土砌块专用砂浆宜按掺用外加剂的砂浆确定搅拌时间或按产品说明书采用。

现场拌制的砂浆应随拌随用，拌制的砂浆应在3h内使用完毕；当施工期间最高气温超过30℃时，应在2h内使用完毕。预拌砂浆及蒸压加气混凝土砌块专用砂浆的使用时间应按照厂方提供的说明书确定。

5. 砌筑砂浆试块强度验收要求

(1) 砌筑砂浆试块强度验收时其强度合格标准应符合下列规定：

① 同一验收批砂浆试块强度平均值应大于或等于设计强度等级值的1.10倍；

② 同一验收批砂浆试块抗压强度的最小一组平均值应大于或等于设计强度等级值的85%。

注：a. 砌筑砂浆的验收批，同一类型、强度等级的砂浆试块不应少于3组；同一验收批砂浆只有1组或2组试块时，每组试块抗压强度平均值应大于或等于设计强度等级值的1.10倍；对于建筑结构的安全等级为一级或设计使用年限为50年及以上的房屋，同一验收批砂浆试块的数量不得少于3组；

b. 砂浆强度应以标准养护，28d龄期的试块抗压强度为准；

c. 制作砂浆试块的砂浆稠度应与配合比设计一致。

(2) 抽检数量：每一检验批且不超过250m³砌体的各类、各强度等级的普通砌筑砂浆，每台搅拌机应至少抽检一次。验收批的预拌砂浆、蒸压加气混凝土砌块专用砂浆，抽检可为3组。

(3) 检验方法：在砂浆搅拌机出料口或在湿拌砂浆的储存容器出料口随机取样制作砂浆试块（现场拌制的砂浆，同盘砂浆只应作1组试块），试块标养28d后作强度试验。预拌砂浆中的湿拌砂浆稠度应在进场时取样检验。

(4) 当施工中或验收时出现下列情况，可采用现场检验方法对砂浆或砌体强度进行实体检测，并判定其强度：

① 砂浆试块缺乏代表性或试块数量不足；

② 对砂浆试块的试验结果有怀疑或有争议；

③ 砂浆试块的试验结果，不能满足设计要求；

④ 发生工程事故，需要进一步分析事故原因。

4.2.2　砖砌体质量控制

1. 一般规定

(1) 用于清水墙、柱表面的砖，应边角整齐，色泽均匀。

(2) 砌体砌筑时，混凝土多孔砖、混凝土实心砖、蒸压灰砂砖、蒸压粉煤灰砖等块体的产品龄期不应少于28d。

(3) 有冻胀环境和条件的地区，地面以下或防潮层以下的砌体，不应采用多孔砖。

(4) 不同品种的砖不得在同一楼层混砌。

(5) 砌筑烧结普通砖、烧结多孔砖、蒸压灰砂砖、蒸压粉煤灰砖砌体时，砖应提前

1～2d 适度湿润，严禁采用干砖或处于吸水饱和状态的砖砌筑，烧结类块体的相对含水率以 60%～70%为宜；混凝土多孔砖及混凝土实心砖不需浇水湿润，但在气候干燥炎热的情况下，宜在砌筑前对其喷水湿润。其他非烧结类块体的相对含水率 40%～50%。

（6）采用铺浆法砌筑砌体，铺浆长度不得超过 750mm；当施工期间气温超过 30℃时，铺浆长度不得超过 500mm。

（7）240mm 厚承重墙的每层墙的最上一皮砖，砖砌体的阶台水平面上及挑出层的外皮砖，应整砖丁砌。

（8）多孔砖的孔洞应垂直于受压面砌筑。半盲孔多孔砖的封底面应朝上砌筑。

（9）竖向灰缝不应出现瞎缝、透明缝和假缝。

（10）砖砌体施工临时间断处补砌时，必须将接槎处表面清理干净，洒水湿润，并填实砂浆，保持灰缝平直。

2. 主控项目

（1）砖和砂浆的强度等级必须符合设计要求。

抽检数量：每一生产厂家，烧结普通砖、混凝土实心砖每 15 万块，烧结多孔砖、混凝土多孔砖、蒸压灰砂砖及蒸压粉煤灰砖每 10 万块各为一验收批，不足上述数量时按 1 批计，抽检数量为 1 组。

检验方法：查砖和砂浆试块试验报告。

（2）砌体灰缝砂浆应密实饱满，砖墙水平灰缝的砂浆饱满度不得低于 80%；砖柱水平灰缝和竖向灰缝饱满度不得低于 90%。

抽检数量：每检验批抽查不应少于 5 处。

检验方法：用百格网检查砖底面与砂浆的粘结痕迹面积，每处检测 3 块砖，取其平均值。

（3）砖砌体的转角处和交接处应同时砌筑，严禁无可靠措施的内外墙分砌施工。在抗震设防烈度为 8 度及 8 度以上地区，对不能同时砌筑而又必须留置的临时间断处应砌成斜槎，普通砖砌体斜槎水平投影长度不应小于高度的 2/3，多孔砖砌体的斜槎长高比不应小于 1/2。斜槎高度不得超过一步脚手架的高度。

抽检数量：每检验批抽查不应少于 5 处。

检验方法：观察检查。

（4）非抗震设防及抗震设防烈度为 6 度、7 度地区的临时间断处，当不能留斜槎时，除转角处外，可留直槎，但直槎必须做成凸槎，且应加设拉结钢筋，拉结钢筋应符合下列规定：

① 每 120mm 墙厚放置 1ϕ6 拉结钢筋（120mm 厚墙应放置 2ϕ6 拉结钢筋）；

② 间距沿墙高不应超过 500mm，且竖向间距偏差不应超过 100mm；

③ 埋入长度从留槎处算起每边均不应小于 500mm，对抗震设防烈度 6 度、7 度的地区，不应小于 1000mm；

④ 末端应有 90°弯钩，如图 4.1 所示。

抽检数量：每检验批抽查不应少于 5 处。

检验方法：观察和尺量检查。

3. 一般项目

（1）砖砌体组砌方法应正确，内外搭砌，上、下错缝。清水墙、窗间墙无通缝；混水

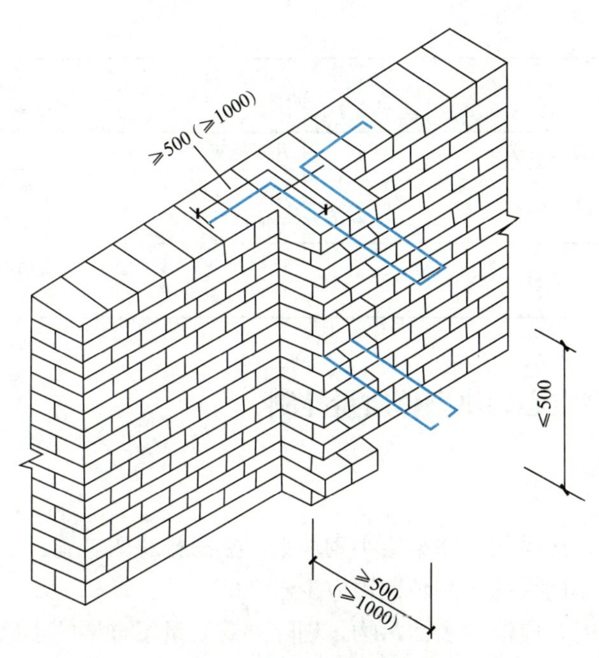

图 4.1　直槎处拉结钢筋示意

墙中不得有长度大于 300mm 的通缝，长度 200～300mm 的通缝每间不超过 3 处，且不得位于同一面墙体上。砖柱不得采用包心砌法。

抽检数量：每检验批抽查不应少于 5 处。

检验方法：观察检查。砌体组砌方法抽检每处应为 3～5m。

(2) 砖砌体的灰缝应横平竖直，厚薄均匀，水平灰缝厚度及竖向灰缝宽度宜为 10mm，但不应小于 8mm，也不应大于 12mm。

抽检数量：每检验批抽查不应少于 5 处。

检验方法：水平灰缝厚度用尺量 10 皮砖砌体高度折算；竖向灰缝宽度用尺量 2m 砌体长度折算。

砖砌体尺寸、位置的允许偏差及检验应符合表 4.27 的规定。

砖砌体尺寸、位置的允许偏差及检验　　表 4.27

<table>
<tr><th>项</th><th colspan="3">项目</th><th>允许偏差
(mm)</th><th>检验方法</th><th>抽检数量</th></tr>
<tr><td>1</td><td colspan="3">轴线位移</td><td>10</td><td>用经纬仪和尺或用其他测量仪器检查</td><td>承重墙、柱全数检查</td></tr>
<tr><td>2</td><td colspan="3">基础、墙、柱顶面标高</td><td>±15</td><td>用水准仪和尺检查</td><td>不应少于 5 处</td></tr>
<tr><td rowspan="3">3</td><td rowspan="3">墙面垂直度</td><td colspan="2">每层</td><td>5</td><td>用 2m 托线板检查</td><td>不应少于 5 处</td></tr>
<tr><td rowspan="2">全高</td><td>10m</td><td>10</td><td rowspan="2">用经纬仪、吊线和尺或其他测量仪器检查</td><td rowspan="2">外墙全部阳角</td></tr>
<tr><td>10m</td><td>20</td></tr>
<tr><td rowspan="2">4</td><td rowspan="2">表面平整度</td><td colspan="2">清水墙、柱</td><td>5</td><td rowspan="2">用 2m 靠尺和楔形塞尺检查</td><td rowspan="2">不应少于 5 处</td></tr>
<tr><td colspan="2">混水墙、柱</td><td>8</td></tr>
<tr><td rowspan="2">5</td><td rowspan="2">水平灰缝平直度</td><td colspan="2">清水墙</td><td>7</td><td rowspan="2">拉 5m 线和尺检查</td><td rowspan="2">不应少于 5 处</td></tr>
<tr><td colspan="2">混水墙</td><td>10</td></tr>
</table>

续表

项	项目	允许偏差（mm）	检验方法	抽检数量
6	门窗洞口高、宽（后塞口）	±10	用尺检查	不应少于5处
7	外墙上下窗口偏移	20	以底层窗口为准，用经纬仪或吊线检查	不应少于5处
8	清水墙游丁走缝	20	以每层第一皮砖为准，用吊线和尺检查	不应少于5处

4.2.3 混凝土小型空心砌块砌体质量控制

1. 一般规定

（1）施工前，应按房屋设计图编绘小砌块平、立面排块图，施工中应按排块图施工。

（2）施工采用的小砌块的产品龄期不应少于28d。

（3）砌筑小砌块时，应清除表面污物，剔除外观质量不合格的小砌块。

（4）砌筑小砌块砌体，宜选用专用小砌块砌筑砂浆。

（5）底层室内地面以下或防潮层以下的砌体，应采用强度等级不低于C20（或Cb20）的混凝土灌实小砌块的孔洞。

（6）砌筑普通混凝土小型空心砌块砌体，不需对小砌块浇水湿润，如遇天气干燥炎热，宜在砌筑前对其喷水湿润；对轻骨料混凝土小砌块，应提前浇水湿润，块体的相对含水率宜为40%～50%。雨天及小砌块表面有浮水时，不得施工。

（7）承重墙体使用的小砌块应完整、无破损、无裂缝。

（8）小砌块墙体应孔对孔、肋对肋错缝搭砌。单排孔小砌块的搭接长度应为块体长度的1/2；多排孔小砌块的搭接长度可适当调整，但不宜小于小砌块长度的1/3，且不应小于90mm。墙体的个别部位不能满足上述要求时，应在灰缝中设置拉结钢筋或钢筋网片，但竖向通缝仍不得超过两皮小砌块。

（9）小砌块应将生产时的底面朝上反砌于墙上。

（10）小砌块墙体宜逐块坐（铺）浆砌筑。

（11）在散热器、厨房和卫生间等设备的卡具安装处砌筑的小砌块，宜在施工前用强度等级不低于C20（或Cb20）的混凝土将其孔洞灌实。

（12）每步架墙（柱）砌筑完后，应随即刮平墙体灰缝。

2. 主控项目

（1）小砌块和芯柱混凝土、砌筑砂浆的强度等级必须符合设计要求。

抽检数量：每一生产厂家，每1万块小砌块为一验收批，不足1万块按一批计，抽检数量为1组；用于多层以上建筑的基础和底层的小砌块抽检数量不应少于2组。

检验方法：检查小砌块和芯柱混凝土、砌筑砂浆试块试验报告。

（2）砌体水平灰缝和竖向灰缝的砂浆饱满度，按净面积计算不得低于90%。

抽检数量：每检验批抽查不应少于5处。

检验方法：用专用百格网检测小砌块与砂浆粘结痕迹，每处检测3块小砌块，取其平均值。

（3）墙体转角处和纵横交接处应同时砌筑。临时间断处应砌成斜槎，斜槎水平投影长度不应小于斜槎高度。施工洞口可预留直槎，但在洞口砌筑和补砌时，应在直槎上下搭砌的小砌块孔洞内用强度等级不低于C20（或Cb20）的混凝土灌实。

抽检数量：每检验批抽查不应少于5处。

检验方法：观察检查。

（4）小砌块砌体的芯柱在楼盖处应贯通，不得削弱芯柱截面尺寸；芯柱混凝土不得漏灌。

抽检数量：每检验批抽查不应少于5处。

检验方法：观察检查。

3. 一般项目

（1）砌体的水平灰缝厚度和竖向灰缝宽度宜为10mm，但不应小于8mm，也不应大于12mm。

抽检数量：每检验批抽查不应少于5处。

检验方法：水平灰缝厚度用尺量5皮小砌块的高度折算；竖向灰缝宽度用尺量2m砌体长度折算。

（2）小砌块砌体尺寸、位置的允许偏差应按表4.27的规定执行。

4.2.4　配筋砌体质量控制

1. 一般规定

（1）施工配筋小砌块砌体剪力墙，应采用专用的小砌块砌筑砂浆砌筑，专用小砌块灌孔混凝土浇筑芯柱。

（2）设置在灰缝内的钢筋，应居中置于灰缝内，水平灰缝厚度应大于钢筋直径4mm以上。

2. 主控项目

（1）钢筋的品种、规格、数量和设置部位应符合设计要求。

检验方法：检查钢筋的合格证书、钢筋性能复试试验报告、隐蔽工程记录。

（2）构造柱、芯柱、组合砌体构件、配筋砌体剪力墙构件的混凝土及砂浆的强度等级应符合设计要求。

抽检数量：每检验批砌体，试块不应少于1组，验收批砌体试块不得少于3组。

检验方法：检查混凝土和砂浆试块试验报告。

（3）构造柱与墙体的连接应符合下列规定：

① 墙体应砌成马牙槎，马牙槎凹凸尺寸不宜小于60mm，高度不应超过300mm，马牙槎应先退后进，对称砌筑；马牙槎尺寸偏差每一构造柱不应超过2处；

② 预留拉结钢筋的规格、尺寸、数量及位置应正确，拉结钢筋应沿墙高每隔500mm设2ϕ6，伸入墙内不宜小于600mm，钢筋的竖向移位不应超过100mm，且竖向移位每一构造柱不得超过2处；

③ 施工中不得任意弯折拉结钢筋。

抽检数量：每检验批抽查不应少于5处。

检验方法：观察检查和尺量检查。

（4）配筋砌体中受力钢筋的连接方式及锚固长度、搭接长度应符合设计要求。

抽检数量：每检验批抽查不应少于5处。

检验方法：观察检查。

3. 一般项目

（1）构造柱一般尺寸允许偏差及检验方法应符合表4.28的规定。

构造柱一般尺寸允许偏差及检验方法　　表4.28

项次	项目			允许偏差（mm）	检验方法
1	中心线位置			10	用经纬仪和尺检查或用其他测量仪器检查
2	层间错位			8	用经纬仪和尺检查或用其他测量仪器检查
3	垂直度	每层		10	用2m托线板检查
		全高	⩽10m	15	用经纬仪、吊线和尺检查或用其他测量仪器检查
			＞10m	20	

抽检数量：每检验批抽查不应少于5处。

（2）设置在砌体灰缝中钢筋的防腐保护应符合设计的规定，且钢筋防护层完好，不应有肉眼可见裂纹、剥落和擦痕等缺陷。

抽检数量：每检验批抽查不应少于5处。

检验方法：观察检查。

（3）网状配筋砖砌体中，钢筋网规格及放置间距应符合设计规定。每一构件钢筋网沿砌体高度位置超过设计规定一皮砖厚不得多于一处。

抽检数量：每检验批抽查不应少于5处。

检验方法：通过钢筋网成品检查钢筋规格，钢筋网放置间距采用局部剔缝观察，或用探针刺入灰缝内检查，或用钢筋位置测定仪测定。

（4）钢筋安装位置的允许偏差及检验方法应符合表4.29的规定。

钢筋安装位置的允许偏差及检验方法　　表4.29

项目		允许偏差（mm）	检验方法
受力钢筋保护层厚度	网状配筋砌体	±10	检查钢筋网成品，钢筋网放置位置局部剔缝观察，或用探针刺入灰缝内检查，或用钢筋位置测定仪测定
	组合砖砌体	±5	支模前观察与尺量检查
	配筋小砌块砌体	±10	浇筑灌孔混凝土前观察与尺量检查
配筋小砌块砌体墙凹槽中水平钢筋间距		±10	钢尺量连续三档，取最大值

抽检数量：每检验批抽查不应少于5处。

4.2.5 填充墙砌体质量控制

1. 一般规定

（1）砌筑填充墙时，轻骨料混凝土小型空心砌块和蒸压加气混凝土砌块的产品龄期不应少于 28d，蒸压加气混凝土砌块的含水率宜小于 30%。

(2) 烧结空心砖、蒸压加气混凝土砌块、轻骨料混凝土小型空心砌块等的运输、装卸过程中，严禁抛掷和倾倒；进场后应按品种、规格堆放整齐，堆置高度不宜超过 2m。蒸压加气混凝土砌块在运输及堆放中应防止雨淋。

(3) 吸水率较小的轻骨料混凝土小型空心砌块及采用薄灰砌筑法施工的蒸压加气混凝土砌块，砌筑前不应对其浇（喷）水湿润；在气候干燥炎热的情况下，对吸水率较小的轻骨料混凝土小型空心砌块宜在砌筑前喷水湿润。

(4) 采用普通砌筑砂浆砌筑填充墙时，烧结空心砖、吸水率较大的轻骨料混凝土小型空心砌块应提前 1～2d 浇（喷）水湿润。蒸压加气混凝土砌块采用蒸压加气混凝土砌块砌筑砂浆或普通砌筑砂浆砌筑时，应在砌筑当天对砌块砌筑面喷水湿润。块体湿润程度宜符合下列规定：

① 烧结空心砖的相对含水率 60%～70%；

② 吸水率较大的轻骨料混凝土小型空心砌块、蒸压加气混凝土砌块的相对含水率 40%～50%。

(5) 在厨房、卫生间、浴室等处采用轻骨料混凝土小型空心砌块、蒸压加气混凝土砌块砌筑墙体时，墙底部宜现浇混凝土坎台，其高度宜为 150mm。

(6) 填充墙拉结筋处的下皮小砌块宜采用半盲孔小砌块或用混凝土灌实孔洞的小砌块；薄灰砌筑法施工的蒸压加气混凝土砌块砌体，拉结筋应放置在砌块上表面设置的沟槽内。

(7) 蒸压加气混凝土砌块、轻骨料混凝土小型空心砌块不应与其他块体混砌，不同强度等级的同类块体也不得混砌。

(8) 填充墙砌体砌筑，应待承重主体结构检验批验收合格后进行。填充墙与承重主体结构间的空（缝）隙部位施工，应在填充墙砌筑 14d 后进行。

2. 主控项目

(1) 烧结空心砖、小砌块和砌筑砂浆的强度等级应符合设计要求。

抽检数量：烧结空心砖每 10 万块为一验收批，小砌块每 1 万块为一验收批，不足上述数量时按一批计，抽检数量为 1 组。

检验方法：查砖、小砌块进场复验报告和砂浆试块试验报告。

(2) 填充墙砌体应与主体结构可靠连接，其连接构造应符合设计要求，未经设计同意，不得随意改变连接构造方法。每一填充墙与柱的拉结筋的位置超过一皮块体高度的数量不得多于一处。

(3) 填充墙与承重墙、柱、梁的连接钢筋，当采用化学植筋的连接方式时，应进行实体检测。锚固钢筋拉拔试验的轴向受拉非破坏承载力检验值应为 6.0kN。抽检钢筋在检验值作用下应基材无裂缝、钢筋无滑移宏观裂损现象；持荷 2min 期间荷载值降低不大于 5%。

抽检数量：按表 4.30 确定。

检验方法：原位试验检查。

3. 一般项目

(1) 填充墙砌体尺寸、位置的允许偏差及检验方法应符合表 4.31 的规定。

检验批抽检锚固钢筋样本最小容量　　表 4.30

检验批的容量	样本最小容量
≤90	5
91～150	8
151～280	13
281～500	20
501～1200	32
1201～3200	50

填充墙砌体尺寸、位置的允许偏差及检验方法　　表 4.31

项次	项目		允许偏差（mm）	检验方法
1	轴线位移		10	用尺检查
2	垂直度（每层）	≤3m	5	用 2m 托线板或吊线、尺检查
		>3m	10	
3	表面平整度		8	用 2m 靠尺和楔形尺检查
4	门窗洞口高、宽（后塞口）		±10	用尺检查
5	外墙上、下窗口偏移		20	用经纬仪或吊线检查

抽检数量：每检验批抽查不应少于 5 处。

（2）填充墙砌体的砂浆饱满度及检验方法应符合表 4.32 的规定。

填充墙砌体的砂浆饱满度及检验方法　　表 4.32

砌体分类	灰缝	饱满度及要求	检验方法
空心砖砌体	水平	≥80%	采用百格网检查块体底面或侧面砂浆的粘结痕迹面积
	垂直	填满砂浆，不得有透明缝、瞎缝、假缝	
蒸压加气混凝土砌块、轻骨料混凝土小型空心砌块砌体	水平	≥80%	
	垂直	≥80%	

抽检数量：每检验批抽查不应少于 5 处。

（3）填充墙留置的拉结钢筋或网片的位置应与块体皮数相符合。拉结钢筋或网片应置于灰缝中，埋置长度应符合设计要求，竖向位置偏差不应超过一皮高度。

抽检数量：每检验批抽查不应少于 5 处。

检验方法：观察和用尺量检查。

（4）砌筑填充墙时应错缝搭砌，蒸压加气混凝土砌块搭砌长度不应小于砌块长度的 1/3；轻骨料混凝土小型空心砌块搭砌长度不应小于 90mm；竖向通缝不应大于 2 皮。

抽检数量：每检验批抽查不应少于 5 处。

检验方法：观察检查。

（5）填充墙的水平灰缝厚度和竖向灰缝宽度应正确，烧结空心砖、轻骨料混凝土小型空心砌块砌体的灰缝应为 8～12mm；蒸压加气混凝土砌块砌体当采用水泥砂浆、水泥混合砂浆或蒸压加气混凝土砌块砌筑砂浆时，水平灰缝厚度和竖向灰缝宽度不应超过 15mm；当蒸压加气混凝土砌块砌体采用蒸压加气混凝土砌块粘结砂浆时，水平灰缝厚度和竖向灰缝宽度宜为 3～4mm。

抽检数量：每检验批抽查不应少于 5 处。

检验方法：水平灰缝厚度用尺量 5 皮小砌块的高度折算；竖向灰缝宽度用尺量 2m 砌体长度折算。

4.3 钢筋混凝土工程质量控制

为加强建筑工程质量管理，统一混凝土结构工程施工质量的验收，保证工程施工质量，住房和城乡建设部发布国家标准《混凝土结构工程施工质量验收规范》，编号为 GB 50204—2015，自 2015 年 9 月 1 日起实施。该规范适用于建筑工程混凝土结构施工质量的验收。混凝土结构工程施工质量的验收除应执行该规范外，尚应符合国家现行有关标准的规定。

17. 混凝土结构工程施工质量验收规范介绍

4.3.1 模板分项工程质量控制

1. 一般规定

（1）模板工程应编制施工方案。爬升式模板工程、工具式模板工程及高大模板支架工程的施工方案，应按有关规定进行技术论证。

（2）模板及支架应根据安装、使用和拆除工况进行设计，并应满足承载力、刚度和整体稳固性要求。

（3）模板及支架拆除应符合现行国家标准《混凝土结构工程施工规范》GB 50666 的规定和施工方案的要求。

2. 模板安装主控项目

（1）模板及支架用材料的技术指标应符合国家现行有关标准的规定。进场时应抽样检验模板和支架材料的外观、规格和尺寸。

检查数量：按国家现行相关标准的规定确定。

检验方法：检查质量证明文件，观察，尺量。

（2）现浇混凝土结构模板及支架的安装质量，应符合国家现行有关标准的规定和施工方案的要求。

检查数量：按国家现行相关标准的规定确定。

检验方法：按国家现行有关标准的规定执行。

（3）后浇带处的模板及支架应独立设置。

检查数量：全数检查。

检验方法：观察。

（4）支架竖杆和竖向模板安装在土层上时，应符合下列规定：

① 土层应坚实、平整，其承载力或密实度应符合施工方案的要求；

② 应有防水、排水措施；对冻胀性土，应有预防冻融措施；

③ 支架竖杆下应有底座或垫板。

检查数量：全数检查。

检验方法：观察；检查土层密实度检测报告、土层承载力验算或现场检测报告。

3. 模板安装一般项目

18. 模板安装一般项目

（1）模板安装质量应符合下列规定：

① 模板的接缝应严密；

② 模板内不应有杂物、积水或冰雪等；

③ 模板与混凝土的接触面应平整、清洁；

④ 用作模板的地坪、胎膜等应平整、清洁，不应有影响构件质量的下沉、裂缝、起砂或起鼓；

⑤ 对清水混凝土及装饰混凝土构件，应使用能达到设计效果的模板。

检查数量：全数检查。

检验方法：观察。

（2）隔离剂的品种和涂刷方法应符合施工方案的要求。隔离剂不得影响结构性能及装饰施工；不得沾污钢筋、预应力筋、预埋件和混凝土接槎处；不得对环境造成污染。

检查数量：全数检查。

检验方法：检查质量证明文件；观察。

（3）模板的起拱应符合现行国家标准《混凝土结构工程施工规范》GB 50666 的规定，并应符合设计及施工方案的要求。

检查数量：在同一检验批内，对梁，跨度大于 18m 时应全数检查，跨度不大于 18m 时应抽查构件数量的 10%，且不应少于 3 件；对板，应按有代表性的自然间抽查 10%，且不应少于 3 间；对大空间结构，板可按纵、横轴线划分检查面，抽查 10%，且不应少于 3 面。

检验方法：水准仪或尺量。

（4）现浇混凝土结构多层连续支模应符合施工方案的规定。上下层模板支架的竖杆宜对准。竖杆下垫板的设置应符合施工方案的要求。

检查数量：全数检查。

检验方法：观察。

（5）固定在模板上的预埋件和预留孔洞不得遗漏，且应安装牢固。有抗渗要求的混凝土结构中的预埋件，应按设计及施工方案的要求采取防渗措施。

预埋件和预留孔洞的位置应满足设计和施工方案的要求。当设计无具体要求时，其位置偏差应符合表 4.33 的规定。

预埋件和预留孔洞的安装允许偏差　　表 4.33

项目		允许偏差（mm）
预埋板中心线位置		3
预埋管、预留孔中心线位置		3
插筋	中心线位置	5
	外露长度	+10，0

续表

项目		允许偏差（mm）
预埋螺栓	中心线位置	2
	外露长度	+10，0
预留洞	中心线位置	10
	尺寸	+10，0

注：检查中心线位置时，沿纵、横两个方向量测，并取其中偏差的较大值。

检查数量：在同一检验批内，对梁、柱和独立基础，应抽查构件数量的10%，且不应少于3件；对墙和板，应按有代表性的自然间抽查10%，且不应少于3间；对大空间结构墙可按相邻轴线间高度5m左右划分检查面，板可按纵、横轴线划分检查面，抽查10%，且均不应少于3面。

检验方法：观察，尺量。

(6) 现浇结构模板安装的允许偏差及检验方法应符合表4.34的规定。

检查数量：在同一检验批内，对梁、柱和独立基础，应抽查构件数量的10%，且不应少于3件；对墙和板，应按有代表性的自然间抽查10%，且不应少于3间；对大空间结构，墙可按相邻轴线间高度5m左右划分检查面，板可按纵、横轴线划分检查面，抽查10%，且均不应少于3面。

现浇结构模板安装的允许偏差及检验方法　　表4.34

项目		允许偏差（mm）	检验方法
轴线位置		5	尺量
底模上表面标高		±5	水准仪或拉线、尺量
模板内部尺寸	基础	±10	尺量
	柱、墙、梁	±5	尺量
	楼梯相邻踏步高差	5	尺量
柱、墙垂直度	层高≤6m	8	经纬仪或吊线、尺量
	层高>6m	10	经纬仪或吊线、尺量
相邻模板表面高差		2	尺量
表面平整度		5	2m靠尺和塞尺量测

注：检查轴线位置，当有纵横两个方向时，沿纵、横两个方向量测，并取其中偏差的较大值。

(7) 预制构件模板安装的允许偏差及检验方法应符合表4.35的规定。

检查数量：首次使用及大修后的模板应全数检查；使用中的模板应抽查10%，且不应少于5件，不足5件的应全数检查。

预制构件模板安装的允许偏差及检验方法　　表4.35

项目		允许偏差（mm）	检验方法
长度	梁、板	±4	尺量两侧边，取其中较大值
	薄腹梁、桁架	±8	
	柱	0，−10	
	墙板	0，−5	
宽度	板、墙板	0，−5	尺量两端及中部，取其中较大值
	梁、薄腹梁、桁架	+2，−5	

续表

项目		允许偏差（mm）	检验方法
高（厚）度	板	+2，−3	尺量两端及中部，取其中较大值
	墙板	0，−5	
	梁、薄腹梁、桁架、柱	+2，−5	
侧向弯曲	梁、板、柱	L/1000 且≤15	拉线、尺量最大弯曲处
	墙板、薄腹梁、桁架	L/1500 且≤15	
板的表面平整度		3	2m 靠尺和塞尺量测
相邻两板表面高低差		1	尺量
对角线差	板	7	尺量两对角线
	墙板	5	
翘曲	板、墙板	L/1500	水平尺在两端量测
设计起拱	薄腹梁、桁架、梁	±3	拉线、尺量跨中

注：L 为构件长度（mm）。

4.3.2 钢筋分项工程质量控制

钢筋分项工程包含钢筋原材料、钢筋加工、钢筋连接和钢筋安装四项。

1. 一般规定

（1）浇筑混凝土之前，应进行钢筋隐蔽工程验收。隐蔽工程验收应包括下列主要内容：

① 纵向受力钢筋的牌号、规格、数量、位置；

② 钢筋的连接方式、接头位置、接头质量、接头面积百分率、搭接长度、锚固方式及锚固长度；

③ 箍筋、横向钢筋的牌号、规格、数量、间距、位置，箍筋弯钩的弯折角度及平直段长度；

④ 预埋件的规格、数量和位置。

（2）钢筋、成型钢筋进场检验，当满足下列条件之一时，其检验批容量可扩大一倍：

① 获得认证的钢筋、成型钢筋；

② 同一厂家、同一牌号、同一规格的钢筋，连续三批均一次检验合格；

③ 同一厂家、同一类型、同一钢筋来源的成型钢筋，连续三批均一次检验合格。

2. 钢筋原材料主控项目

（1）钢筋进场时，应按国家现行标准的规定抽取试件作屈服强度、抗拉强度、伸长率、弯曲性能和重量偏差检验，检验结果应符合相应标准的规定。

检查数量：按进场批次和产品的抽样检验方案确定。

检验方法：检查质量证明文件和抽样检验报告。

（2）成型钢筋进场时，应抽取试件作屈服强度、抗拉强度、伸长率和重量偏差检验，检验结果应符合国家现行相关标准的规定。

对由热轧钢筋制成的成型钢筋，当有施工单位或监理单位的代表驻厂监督生产过程，并提供原材钢筋力学性能第三方检验报告时，可仅进行重量偏差检验。

检查数量：同一厂家、同一类型、同一钢筋来源的成型钢筋，不超过30t为一批，每批中每种钢筋牌号、规格均应至少抽取1个钢筋试件，总数不应少于3个。

检验方法：检查质量证明文件和抽样检验报告。

(3) 对按一、二、三级抗震等级设计的框架和斜撑构件（含梯段）中的纵向受力普通钢筋应采用HRB400E、HRB500E、HRBF400E或HRBF500E钢筋，其强度和最大力下总伸长率的实测值应符合下列规定：

① 抗拉强度实测值与屈服强度实测值的比值不应小于1.25；

② 屈服强度实测值与屈服强度标准值的比值不应大于1.30；

③ 最大力下总伸长率不应小于9%。

检查数量：按进场的批次和产品的抽样检验方案确定。

检验方法：检查抽样检验报告。

3. 钢筋原材料一般项目

(1) 钢筋应平直、无损伤，表面不得有裂纹、油污、颗粒状或片状老锈。

检查数量：全数检查。

检验方法：观察。

(2) 成型钢筋的外观质量和尺寸偏差应符合国家现行相关标准的规定。

检查数量：同一厂家、同一类型的成型钢筋，不超过30t为一批，每批随机抽取3个成型钢筋。

检验方法：观察，尺量。

(3) 钢筋机械连接套筒、钢筋锚固板以及预埋件等的外观质量应符合国家现行相关标准的规定。

检查数量：按国家现行相关标准的规定确定。

检验方法：检查产品质量证明文件；观察，尺量。

4. 钢筋加工主控项目

(1) 钢筋弯折的弯弧内直径应符合下列规定：

① 光圆钢筋，不应小于钢筋直径的2.5倍；

② 400MPa级带肋钢筋，不应小于钢筋直径的4倍；

③ 500MPa级带肋钢筋，当直径为28mm以下时不应小于钢筋直径的6倍，当直径为28mm及以上时不应小于钢筋直径的7倍；

④ 箍筋弯折处尚不应小于纵向受力钢筋的直径。

检查数量：同一设备加工的同一类型钢筋，每工作班抽查不应少于3件。

检验方法：尺量。

(2) 纵向受力钢筋的弯折后平直段长度应符合设计要求。光圆钢筋末端做180°弯钩时，弯钩的平直段长度不应小于钢筋直径的3倍。

检查数量：同一设备加工的同一类型钢筋，每工作班抽查不应少于3件。

检验方法：尺量。

(3) 箍筋、拉筋的末端应按设计要求做弯钩，并应符合下列规定：

① 对一般结构构件，箍筋弯钩的弯折角度不应小于90°，弯折后平直段长度不应小于

箍筋直径的 5 倍；对有抗震设防要求或设计有专门要求的结构构件，箍筋弯钩的弯折角度不应小于 135°，弯折后平直段长度不应小于箍筋直径的 10 倍；

② 圆形箍筋的搭接长度不应小于其受拉锚固长度，且两末端弯钩的弯折角度不应小于 135°，弯折后平直段长度对一般结构构件不应小于箍筋直径的 5 倍，对有抗震设防要求的结构构件不应小于箍筋直径的 10 倍；

③ 梁、柱复合箍筋中的单肢箍筋两端弯钩的弯折角度均不应小于 135°，弯折后平直段长度应符合本条第 1 款对箍筋的有关规定。

检查数量：同一设备加工的同一类型钢筋，每工作班抽查不应少于 3 件。

检验方法：尺量。

5. 钢筋加工一般项目

钢筋加工的形状、尺寸应符合设计要求，其偏差应符合表 4.36 的规定。

检查数量：同一设备加工的同一类型钢筋，每工作班抽查不应少于 3 件。

检验方法：尺量。

钢筋加工的允许偏差 **表 4.36**

项目	允许偏差（mm）
受力钢筋沿长度方向的净尺寸	±10
弯起钢筋的弯折位置	±20
箍筋外廓尺寸	±5

6. 钢筋连接主控项目

（1）钢筋的连接方式应符合设计要求。

检查数量：全数检查。

检验方法：观察。

（2）钢筋采用机械连接或焊接连接时，钢筋机械连接接头、焊接接头的力学性能、弯曲性能应符合国家现行有关标准的规定。接头试件应从工程实体中截取。

检查数量：按现行行业标准《钢筋机械连接技术规程》JGJ 107 和《钢筋焊接及验收规程》JGJ 18 的规定确定。

检验方法：检查质量证明文件和抽样检验报告。

（3）钢筋采用机械连接时，螺纹接头应检验拧紧扭矩值，挤压接头应量测压痕直径，检验结果应符合现行行业标准《钢筋机械连接技术规程》JGJ 107 的相关规定。

检查数量：按现行行业标准《钢筋机械连接技术规程》JGJ 107 的规定确定。

检验方法：采用专用扭力扳手或专用量规检查。

7. 钢筋连接一般项目

（1）钢筋接头的位置应符合设计和施工方案要求。有抗震设防要求的结构中，梁端、柱端箍筋加密区范围内不应进行钢筋搭接。接头末端至钢筋弯起点的距离不应小于钢筋直径的 10 倍。

检查数量：全数检查。

检验方法：观察，尺量。

(2) 钢筋机械连接接头、焊接接头的外观质量应符合现行行业标准《钢筋机械连接技术规程》JGJ 107 和《钢筋焊接及验收规程》JGJ 18 的规定。

检查数量：按现行行业标准《钢筋机械连接技术规程》JGJ 107 和《钢筋焊接及验收规程》JGJ 18 的规定确定。

检验方法：观察，尺量。

(3) 当纵向受力钢筋采用机械连接接头或焊接接头时，同一连接区段内纵向受力钢筋的接头面积百分率应符合设计要求；当设计无具体要求时，应符合下列规定：

① 受拉接头，不宜大于 50%；受压接头，可不受限制；

② 直接承受动力荷载的结构构件中，不宜采用焊接；当采用机械连接时，不应超过 50%。

检查数量：在同一检验批内，对梁、柱和独立基础，应抽查构件数量的 10%，且不应少于 3 件；对墙和板，应按有代表性的自然间抽查 10%，且不应少于 3 间；对大空间结构，墙可按相邻轴线间高度 5m 左右划分检查面，板可按纵横轴线划分检查面，抽查 10%，且均不应少于 3 面。

检验方法：观察，尺量。

注：1. 接头连接区段是指长度为 35d 且不小于 500mm 的区段，d 为相互连接两根钢筋的直径较小值。

2. 同一连接区段内纵向受力钢筋接头面积百分率为接头中点位于该连接区段内的纵向受力钢筋截面面积与全部纵向受力钢筋截面面积的比值。

(4) 当纵向受力钢筋采用绑扎搭接接头时，接头的设置应符合下列规定：

① 接头的横向净间距不应小于钢筋直径，且不应小于 25mm。

② 同一连接区段内，纵向受拉钢筋的接头面积百分率应符合设计要求；当设计无具体要求时，应符合下列规定：

a. 梁类、板类及墙类构件，不宜超过 25%；基础筏板，不宜超过 50%。

b. 柱类构件，不宜超过 50%。

c. 当工程中确有必要增大接头面积百分率时，对梁类构件，不应大于 50%。

检查数量：在同一检验批内，对梁、柱和独立基础，应抽查构件数量的 10%，且不应少于 3 件；对墙和板，应按有代表性的自然间抽查 10%，且不应少于 3 间；对大空间结构，墙可按相邻轴线间高度 5m 左右划分检查面，板可按纵横轴线划分检查面，抽查 10%，且均不应少于 3 面。

检验方法：观察，尺量。

注：1. 接头连接区段是指长度为 1.3 倍搭接长度的区段。搭接长度取相互连接两根钢筋中较小直径计算。

2. 同一连接区段内纵向受力钢筋接头面积百分率为接头中点位于该连接区段长度内的纵向受力钢筋截面面积与全部纵向受力钢筋截面面积的比值。

(5) 梁、柱类构件的纵向受力钢筋搭接长度范围内箍筋的设置应符合设计要求；当设计无具体要求时，应符合下列规定：

① 箍筋直径不应小于搭接钢筋较大直径的 1/4；

② 受拉搭接区段的箍筋间距不应大于搭接钢筋较小直径的 5 倍，且不应大于 100mm；

③ 受压搭接区段的箍筋间距不应大于搭接钢筋较小直径的 10 倍，且不应大于 200mm；

④ 当柱中纵向受力钢筋直径大于 25mm 时，应在搭接接头两个端面外 100mm 范围内各设置两道箍筋，其间距宜为 50mm。

检查数量：在同一检验批内，应抽查构件数量的 10%，且不应少于 3 件。

检验方法：观察，尺量。

8. 钢筋安装主控项目

（1）钢筋安装时，受力钢筋的牌号、规格和数量必须符合设计要求。

检查数量：全数检查。

检验方法：观察，尺量。

（2）钢筋应安装牢固。受力钢筋的安装位置、锚固方式应符合设计要求。

检查数量：全数检查。

检验方法：观察，尺量。

9. 钢筋安装一般项目

钢筋安装偏差及检验方法应符合表 4.37 的规定，受力钢筋保护层厚度的合格点率应达到 90%及以上，且不得有超过表中数值 1.5 倍的尺寸偏差。

检查数量：在同一检验批内，对梁、柱和独立基础，应抽查构件数量的 10%，且不应少于 3 件；对墙和板，应按有代表性的自然间抽查 10%，且不应少于 3 间；对大空间结构，墙可按相邻轴线间高度 5m 左右划分检查面，板可按纵、横轴线划分检查面，抽查 10%，且均不应少于 3 面。

钢筋安装允许偏差和检验方法　　表 4.37

<table>
<tr><th colspan="2">项目</th><th>允许偏差（mm）</th><th>检验方法</th></tr>
<tr><td rowspan="2">绑扎钢筋网</td><td>长、宽</td><td>±10</td><td>尺量</td></tr>
<tr><td>网眼尺寸</td><td>±20</td><td>尺量连续三档，取最大偏差值</td></tr>
<tr><td rowspan="2">绑扎钢筋骨架</td><td>长</td><td>±10</td><td>尺量</td></tr>
<tr><td>宽、高</td><td>±5</td><td>尺量</td></tr>
<tr><td rowspan="3">纵向受力钢筋</td><td>锚固长度</td><td>−20</td><td>尺量</td></tr>
<tr><td>间距</td><td>±10</td><td rowspan="2">尺量两端、中间各一点，取最大偏差值</td></tr>
<tr><td>排距</td><td>±5</td></tr>
<tr><td rowspan="3">纵向受力钢筋、箍筋的混凝土保护层厚度</td><td>基础</td><td>±10</td><td>尺量</td></tr>
<tr><td>柱、梁</td><td>±5</td><td>尺量</td></tr>
<tr><td>板、墙、壳</td><td>±3</td><td>尺量</td></tr>
<tr><td colspan="2">绑扎箍筋、横向钢筋间距</td><td>±20</td><td>尺量连续三档，取最大偏差值</td></tr>
<tr><td colspan="2">钢筋弯起点位置</td><td>20</td><td>尺量</td></tr>
<tr><td rowspan="2">预埋件</td><td>中心线位置</td><td>5</td><td>尺量</td></tr>
<tr><td>水平高差</td><td>+3，0</td><td>塞尺量测</td></tr>
</table>

注：检查中心线位置时，沿纵、横两个方向量测，并取其中偏差的较大值。

4.3.3 混凝土质量控制

1. 一般规定

(1) 混凝土强度应按现行国家标准《混凝土强度检验评定标准》GB/T 50107 的规定分批检验评定。划入同一检验批的混凝土，其施工持续时间不宜超过 3 个月。检验评定混凝土强度时，应采用 28d 或设计规定龄期的标准养护试件。试件成型方法及标准养护条件应符合现行国家标准《混凝土物理力学性能试验方法标准》GB/T 50081 的规定。采用蒸汽养护的构件，其试件应先随构件同条件养护，然后再置入标准养护条件下继续养护至 28d 或设计规定龄期。

(2) 当采用非标准尺寸试件时，应将其抗压强度乘以尺寸折算系数，折算成边长为 150mm 的标准尺寸试件抗压强度。尺寸折算系数应按现行国家标准《混凝土强度检验评定标准》GB/T 50107 采用。

(3) 混凝土有耐久性指标要求时，应按现行行业标准《混凝土耐久性检验评定标准》JGJ/T 193 的规定检验评定。

(4) 大批量、连续生产的同一配合比混凝土，混凝土生产单位应提供基本性能试验报告。

2. 混凝土原材料主控项目

(1) 水泥进场时，应对其品种、代号、强度等级、包装或散装编号、出厂日期等进行检查，并应对水泥的强度、安定性和凝结时间进行检验，检验结果应符合现行国家标准《通用硅酸盐水泥》GB 175 的相关规定。

检查数量：按同一厂家、同一品种、同一代号、同一强度等级、同一批号且连续进场的水泥，袋装不超过 200t 为一批，散装不超过 500t 为一批，每批抽样数量不应少于一次。

检验方法：检查质量证明文件和抽样检验报告。

(2) 混凝土外加剂进场时，应对其品种、性能、出厂日期等进行检查，并应对外加剂的相关性能指标进行检验，检验结果应符合现行国家标准《混凝土外加剂》GB 8076 和《混凝土外加剂应用技术规范》GB 50119 等的规定。

检查数量：按同一厂家、同一品种、同一性能、同一批号且连续进场的混凝土外加剂，不超过 50t 为一批，每批抽样数量不应少于一次。

检验方法：检查质量证明文件和抽样检验报告。

3. 混凝土原材料一般项目

(1) 混凝土用矿物掺合料进场时，应对其品种、技术指标、出厂日期等进行检查，并应对矿物掺合料的相关技术指标进行检验，检验结果应符合国家现行有关标准的规定。

检查数量：按同一厂家、同一品种、同一技术指标、同一批号且连续进场的矿物掺合料，粉煤灰、石灰石粉、磷渣粉和钢铁渣粉不超过 200t 为一批，粒化高炉矿渣粉和复合矿物掺合料不超过 500t 为一批，沸石粉不超过 120t 为一批，硅灰不超过 30t 为一批，每批抽样数量不应少于一次。

检验方法：检查质量证明文件和抽样检验报告。

（2）混凝土原材料中的粗骨料、细骨料质量应符合现行行业标准《普通混凝土用砂、石质量及检验方法标准》JGJ 52 的规定，使用经过净化处理的海砂应符合现行行业标准《海砂混凝土应用技术规范》JGJ 206 的规定，再生混凝土骨料应符合现行国家标准《混凝土用再生粗骨料》GB/T 25177 和《混凝土和砂浆用再生细骨料》GB/T 25176 的规定。

检查数量：按现行行业标准《普通混凝土用砂、石质量及检验方法标准》JGJ 52 的规定确定。

检验方法：检查抽样检验报告。

（3）混凝土拌制及养护用水应符合现行行业标准《混凝土用水标准》JGJ 63 的规定。采用饮用水时，可不检验；采用中水、搅拌站清洗水、施工现场循环水等其他水源时，应对其成分进行检验。

检查数量：同一水源检查不应少于一次。

检验方法：检查水质检验报告。

4. 混凝土拌合物主控项目

（1）预拌混凝土进场时，其质量应符合现行国家标准《预拌混凝土》GB/T 14902 的规定。

检查数量：全数检查。

检验方法：检查质量证明文件。

（2）混凝土拌合物不应离析。

检查数量：全数检查。

检验方法：观察。

（3）混凝土中氯离子含量和碱总含量应符合现行国家标准《混凝土结构设计标准》GB/T 50010 的规定和设计要求。

检查数量：同一配合比的混凝土检查不应少于一次。

检验方法：检查原材料试验报告和氯离子、碱的总含量计算书。

（4）首次使用的混凝土配合比应进行开盘鉴定，其原材料、强度、凝结时间、稠度等应满足设计数量：同一配合比的混凝土检查不应少于一次。

检验方法：检查开盘鉴定资料和强度试验报告。

5. 混凝土拌合物一般项目

（1）混凝土拌合物稠度应满足施工方案的要求。对同一配合比混凝土，取样应符合下列规定：每拌制 100 盘且不超过 100m^3 时，取样不得少于一次；每工作班拌制不足 100 盘时，取样不得少于一次；每次连续浇筑超过 1000m^3 时，每 200m^3 取样不得少于一次；每一楼层取样不得少于一次。

检验方法：检查稠度抽样检验记录。

（2）混凝土有耐久性指标要求时，应在施工现场随机抽取试件进行耐久性检验，其检验结果应符合国家现行有关标准的规定和设计要求。

检验方法：检查试件耐久性试验报告。

（3）混凝土有抗冻要求时，应在施工现场进行混凝土含气量检验，其检验结果应符合国家现行有关标准的规定和设计要求。

检验方法：检查混凝土含气量检验报告。

6. 混凝土施工主控项目

(1) 混凝土的强度等级必须符合设计要求。

(2) 用于检验混凝土强度的试件应在浇筑地点随机抽取。对同一配合比混凝土，取样与试件留置应符合下列规定：

① 每拌制 100 盘且不超过 $100m^3$ 时，取样不得少于一次；

② 每工作班拌制不足 100 盘时，取样不得少于一次；

③ 连续浇筑超过 $1000m^3$ 时，每 $200m^3$ 取样不得少于一次；

④ 每一楼层取样不得少于一次；

⑤ 每次取样应至少留置一组试件。

检验方法：检查施工记录及混凝土强度试验报告。

7. 混凝土施工一般项目

(1) 后浇带的留设位置应符合设计要求。后浇带和施工缝的留设及处理方法应符合施工方案要求。

检查数量：全数检查。

检验方法：观察。

(2) 混凝土浇筑完毕后应及时进行养护，养护时间以及养护方法应符合施工方案要求。

检查数量：全数检查。

检验方法：观察，检查混凝土养护记录。

4.3.4 预应力质量控制

1. 一般规定

(1) 浇筑混凝土之前，应进行预应力隐蔽工程验收。隐蔽工程验收应包括预应力筋的品种、规格、级别、数量和位置；成孔管道的规格、数量、位置、形状、连接以及灌浆孔、排气兼泌水孔；局部加强钢筋的牌号、规格、数量和位置；预应力筋锚具和连接器及锚垫板的品种、规格、数量和位置。

(2) 预应力筋、锚具、夹具、连接器、成孔管道的进场检验，当满足下列条件之一时，其检验批容量可扩大一倍：

① 获得认证的产品；

② 同一厂家、同一品种、同一规格的产品，连续三批均一次检验合格。

(3) 预应力筋张拉机具及压力表应定期维护。张拉设备和压力表应配套标定和使用，标定期限不应超过半年。

2. 预应力材料主控项目

(1) 预应力筋进场时，应按国家现行标准的规定抽取试件作抗拉强度、伸长率检验，其检验结果应符合相应标准的规定。

检查数量：按进场的批次和产品的抽样检验方案确定。

检验方法：检查质量证明文件和抽样检验报告。

（2）无粘结预应力钢绞线进场时，应进行防腐润滑脂量和护套厚度的检验，检验结果应符合现行行业标准《无粘结预应力钢绞线》JG/T 161 的规定。

经观察认为涂包质量有保证时，无粘结预应力筋可不作油脂量和护套厚度的抽样检验。

检查数量：按现行行业标准《无粘结预应力钢绞线》JG/T 161 的规定确定。

检验方法：观察，检查质量证明文件和抽样检验报告。

（3）预应力筋用锚具应和锚垫板、局部加强钢筋配套使用，锚具、夹具和连接器进场时，应按现行行业标准《预应力筋用锚具、夹具和连接器应用技术规程》JGJ 85 的相关规定对其性能进行检验，检验结果应符合该标准的规定。

锚具、夹具和连接器用量不足检验批规定数量的 50%，且供货方提供有效的试验报告时，可不作静载锚固性能试验。

检查数量：按现行行业标准《预应力筋用锚具、夹具和连接器应用技术规程》JGJ 85 的规定确定。

检验方法：检查质量证明文件、锚固区传力性能试验报告和抽样检验报告。

（4）处于三 a、三 b 类环境条件下的无粘结预应力筋用锚具系统，应按现行行业标准《无粘结预应力混凝土结构技术规程》JGJ 92 的相关规定检验其防水性能，检验结果应符合该标准的规定。

检查数量：同一品种、同一规格的锚具系统为一批，每批抽取 3 套。

检验方法：检查质量证明文件和抽样检验报告。

（5）孔道灌浆用水泥应采用硅酸盐水泥或普通硅酸盐水泥，水泥、外加剂的质量应分别符合规范规定；成品灌浆材料的质量应符合现行国家标准《水泥基灌浆材料应用技术规范》GB/T 50448 的规定。

检查数量：按进场批次和产品的抽样检验方案确定。

检验方法：检查质量证明文件和抽样检验报告。

3. 预应力材料一般项目

（1）预应力筋进场时，应进行外观检查，其外观质量应符合下列规定：

① 有粘结预应力筋的表面不应有裂纹、小刺、机械损伤、氧化铁皮和油污等，展开后应平顺、不应有弯折；

② 无粘结预应力钢绞线护套应光滑、无裂缝，无明显褶皱；轻微破损处应外包防水塑料胶带修补，严重破损者不得使用。

检查数量：全数检查。

检验方法：观察。

（2）预应力筋用锚具、夹具和连接器进场时，应进行外观检查，其表面应无污物、锈蚀、机械损伤和裂纹。

检查数量：全数检查。

检验方法：观察。

（3）预应力成孔管道进场时，应进行管道外观质量检查、径向刚度和抗渗漏性能检验，其检验结果应符合下列规定：

① 金属管道外观应清洁，内外表面应无锈蚀、油污、附着物、孔洞；金属波纹管不应有不规则褶皱，咬口应无开裂、脱扣；钢管焊缝应连续；

② 塑料波纹管的外观应光滑、色泽均匀，内外壁不应有气泡、裂口、硬块、油污、附着物、孔洞及影响使用的划伤；

③ 径向刚度和抗渗漏性能应符合现行行业标准《预应力混凝土桥梁用塑料波纹管》JT/T 529 和《预应力混凝土用金属波纹管》JG/T 225 的规定。

检查数量：外观应全数检查；径向刚度和抗渗漏性能的检查数量应按进场的批次和产品的抽样检验方案确定。

检验方法：观察，检查质量证明文件和抽样检验报告。

4. 预应力制作与安装主控项目

（1）预应力筋安装时，其品种、规格、级别和数量必须符合设计要求。

检查数量：全数检查。

检验方法：观察，尺量。

（2）预应力筋的安装位置应符合设计要求。

检查数量：全数检查。

检验方法：观察，尺量。

5. 预应力制作与安装一般项目

（1）预应力筋端部锚具的制作质量应符合下列规定：

① 钢绞线挤压锚具挤压完成后，预应力筋外端露出挤压套筒的长度不应小于 1mm；

② 钢绞线压花锚具的梨形头尺寸和直线锚固段长度不应小于设计值；

③ 钢丝镦头不应出现横向裂纹，镦头的强度不得低于钢丝强度标准值的 98%。

检查数量：对挤压锚，每工作班抽查 5%，且不应少于 5 件；对压花锚，每工作班抽查 3 件；对钢丝镦头强度，每批钢丝检查 6 个镦头试件。

检验方法：观察，尺量，检查镦头强度试验报告。

（2）预应力筋或成孔管道的安装质量应符合下列规定：

① 成孔管道的连接应密封；

② 预应力筋或成孔管道应平顺，并应与定位支撑钢筋绑扎牢固；

③ 当后张有粘结预应力筋曲线孔道波峰和波谷的高差大于 300mm，且采用普通灌浆工艺时，应在孔道波峰设置排气孔；

④ 锚垫板的承压面应与预应力筋或孔道曲线末端垂直，预应力筋或孔道曲线末端直线段长度应符合表 4.38 规定。

预应力筋曲线起始点与张拉锚固点之间直线段最小长度　　表 4.38

预应力筋张拉控制力 N（kN）	$N \leqslant 1500$	$1500 < N \leqslant 6000$	$N > 6000$
直线段最小长度（mm）	400	500	600

检查数量：第①～③款应全数检查，第④款应抽查预应力束总数的 10%，且不少于 5 束。

检验方法：观察，尺量。

（3）预应力筋或成孔管道定位控制点的竖向位置偏差应符合表4.39的规定，其合格点率应达到90%及以上，且不得有超过表中数值1.5倍的尺寸偏差。

检查数量：在同一检验批内，应抽查各类型构件总数的10%，且不少于3个构件，每个构件不应少于5处。

检验方法：尺量。

预应力筋或成孔管道定位控制点的竖向位置允许偏差　　表4.39

构件截面高（厚）度（mm）	$h\leqslant300$	$300<h\leqslant1500$	$h>1500$
允许偏差（mm）	±5	±10	±15

6. 张拉和放张主控项目

（1）预应力筋张拉或放张前，应对构件混凝土强度进行检验。同条件养护的混凝土立方体试件抗压强度应符合设计要求，当设计无要求时应符合下列规定：

① 应达到配套锚固产品技术要求的混凝土最低强度且不应低于设计混凝土强度等级值的75%；

② 对采用消除应力钢丝或钢绞线作为预应力筋的先张法构件，不应低于30MPa。

检查数量：全数检查。

检验方法：检查同条件养护试件抗压强度试验报告。

（2）对后张法预应力结构构件，钢绞线出现断裂或滑脱的数量不应超过同一截面钢绞线总根数的3%，且每根断裂的钢绞线断丝不得超过一丝；对多跨双向连续板，其同一截面应按每跨计算。

检查数量：全数检查。

检验方法：观察，检查张拉记录。

（3）先张法预应力筋张拉锚固后，实际建立的预应力值与工程设计规定检验值的相对允许偏差为±5%。

检查数量：每工作班抽查预应力筋总数的1%，且不应少于3根。

检验方法：检查预应力筋应力检测记录。

7. 张拉和放张一般项目

（1）预应力筋张拉质量应符合下列规定：

① 采用应力控制方法张拉时，张拉力下预应力筋的实测伸长值与计算伸长值的相对允许偏差为±6%；

② 最大张拉应力应符合现行国家标准《混凝土结构工程施工规范》GB 50666的规定。

检查数量：全数检查。

检验方法：检查张拉记录。

（2）先张法预应力构件，应检查预应力筋张拉后的位置偏差，张拉后预应力筋的位置与设计位置的偏差不应大于5mm，且不应大于构件截面短边边长的4%。

检查数量：每工作班抽查预应力筋总数的3%，且不应少于3束。

检验方法：尺量。

（3）锚固阶段张拉端预应力筋的内缩量应符合设计要求；当设计无具体要求时，应符合表4.40的规定。

检查数量：每工作班抽查预应力筋总数的3%，且不应少于3束。

检验方法：尺量。

张拉端预应力筋的内缩量限值 表4.40

<table>
<tr><th colspan="2">锚具类别</th><th>内缩量限值（mm）</th></tr>
<tr><td rowspan="2">支承式锚具
（镦头锚具等）</td><td>螺母缝隙</td><td>1</td></tr>
<tr><td>每块后加垫板的缝隙</td><td>1</td></tr>
<tr><td colspan="2">锥塞式锚具</td><td>5</td></tr>
<tr><td rowspan="2">夹片式锚具</td><td>有顶压</td><td>5</td></tr>
<tr><td>无顶压</td><td>6～8</td></tr>
</table>

8. 灌浆及封锚主控项目

（1）预留孔道灌浆后，孔道内水泥浆应饱满、密实。

检查数量：全数检查。

检验方法：观察，检查灌浆记录。

（2）灌浆用水泥浆的性能应符合下列规定：

① 3h自由泌水率宜为0，且不应大于1%，泌水应在24h内全部被水泥浆吸收；

② 水泥浆中氯离子含量不应超过水泥重量的0.06%；

③ 当采用普通灌浆工艺时，24h自由膨胀率不应大于6%；当采用真空灌浆工艺时，24h自由膨胀率不应大于3%。

检查数量：同一配合比检查一次。

检验方法：检查水泥浆性能试验报告。

（3）现场留置的灌浆用水泥浆试件的抗压强度不应低于30MPa。每组应留取6个边长为70.7mm的立方体试件，并应标准养护28d；试件抗压强度应取6个试件的平均值；当一组试件中抗压强度最大值或最小值与平均值相差超过20%时，应取中间4个试件强度的平均值。

检查数量：每工作班留置一组。

检验方法：检查试件强度试验报告。

（4）锚具的封闭保护措施应符合设计要求。当设计无要求时，外露锚具和预应力筋的混凝土保护层厚度不应小于：一类环境时20mm，二a、二b类环境时50mm，三a、三b类环境时80mm。

检查数量：在同一检验批内，抽查预应力筋总数的5%，且不应少于5处。

检验方法：观察，尺量。

9. 灌浆及封锚一般项目

后张法预应力筋锚固后，锚具外预应力筋的外露长度不应小于其直径的1.5倍，且不应小于30mm。

检查数量：在同一检验批内，抽查预应力筋总数的3%，且不应少于5束。

检验方法：观察，尺量。

4.3.5 现浇结构质量控制

1. 一般规定

(1) 现浇结构质量验收应在拆模后、混凝土表面未作修整和装饰前进行，并应作出记录；

(2) 已经隐蔽的不可直接观察和量测的内容，可检查隐蔽工程验收记录；

(3) 修整或返工的结构构件或部位应有实施前后的文字及图像记录；

(4) 现浇结构的外观质量缺陷应由监理单位、施工单位等各方根据其对结构性能和使用功能影响的严重程度确定。

2. 外观质量主控项目

现浇结构的外观质量不应有严重缺陷。对已经出现的严重缺陷，应由施工单位提出技术处理方案，并经监理单位认可后进行处理；对裂缝或连接部位的严重缺陷及其他影响结构安全的严重缺陷，技术处理方案尚应经设计单位认可。对经处理的部位应重新验收。

检查数量：全数检查。

检验方法：观察，检查处理记录。

3. 外观质量一般项目

现浇结构的外观质量不应有一般缺陷。对已经出现的一般缺陷，应由施工单位按技术处理方案进行处理。对经处理的部位应重新验收。

检查数量：全数检查。

检验方法：观察，检查处理记录。

4. 位置和尺寸偏差主控项目

(1) 现浇结构不应有影响结构性能或使用功能的尺寸偏差；混凝土设备基础不应有影响结构性能和设备安装的尺寸偏差。

(2) 对超过尺寸允许偏差且影响结构性能和安装、使用功能的部位，应由施工单位提出技术处理方案，经监理、设计单位认可后进行处理。对经处理的部位应重新验收。

检查数量：全数检查。

检验方法：量测，检查处理记录。

5. 位置和尺寸偏差一般项目

(1) 现浇结构的位置和尺寸偏差及检验方法应符合表4.41的规定。

检查数量：按楼层、结构缝或施工段划分检验批。在同一检验批内，对梁、柱和独立基础，应抽查构件数量的10%，且不应少于3件；对墙和板，应按有代表性的自然间抽查10%，且不应少于3间；对大空间结构，墙可按相邻轴线间高度5m左右划分检查面，板可按纵、横轴线划分检查面，抽查10%，且均不应少于3面；对电梯井，应全数检查。

(2) 现浇设备基础的位置和尺寸应符合设计和设备安装的要求。其位置和尺寸偏差及检验方法应符合表4.42的规定。

检查数量：全数检查。

现浇结构位置和尺寸允许偏差及检验方法　　　表 4.41

<table>
<tr><th colspan="3">项目</th><th>允许偏差（mm）</th><th>检验方法</th></tr>
<tr><td rowspan="3">轴线位置</td><td colspan="2">整体基础</td><td>15</td><td>经纬仪及尺量</td></tr>
<tr><td colspan="2">独立基础</td><td>10</td><td>经纬仪及尺量</td></tr>
<tr><td colspan="2">柱、墙、梁</td><td>8</td><td>尺量</td></tr>
<tr><td rowspan="4">垂直度</td><td rowspan="2">层高</td><td>≤6m</td><td>10</td><td>经纬仪或吊线、尺量</td></tr>
<tr><td>>6m</td><td>12</td><td>经纬仪或吊线、尺量</td></tr>
<tr><td colspan="2">全高（H）≤300m</td><td>H/30000+20</td><td>经纬仪、尺量</td></tr>
<tr><td colspan="2">全高（H）>300m</td><td>H/10000 且≤80</td><td>经纬仪、尺量</td></tr>
<tr><td rowspan="2">标高</td><td colspan="2">层高</td><td>±10</td><td>水准仪或拉线、尺量</td></tr>
<tr><td colspan="2">全高</td><td>±30</td><td>水准仪或拉线、尺量</td></tr>
<tr><td rowspan="3">截面尺寸</td><td colspan="2">基础</td><td>+15，−10</td><td>尺量</td></tr>
<tr><td colspan="2">柱、梁、板、墙</td><td>+10，−5</td><td>尺量</td></tr>
<tr><td colspan="2">楼梯相邻踏步高差</td><td>6</td><td>尺量</td></tr>
<tr><td rowspan="2">电梯井</td><td colspan="2">中心位置</td><td>10</td><td>尺量</td></tr>
<tr><td colspan="2">长、宽尺寸</td><td>+25.0</td><td>尺量</td></tr>
<tr><td colspan="3">表面平整度</td><td>8</td><td>2m 靠尺和塞尺量测</td></tr>
<tr><td rowspan="4">预埋件
中心位置</td><td colspan="2">预埋板</td><td>10</td><td>尺量</td></tr>
<tr><td colspan="2">预埋螺栓</td><td>5</td><td>尺量</td></tr>
<tr><td colspan="2">预埋管</td><td>5</td><td>尺量</td></tr>
<tr><td colspan="2">其他</td><td>10</td><td>尺量</td></tr>
<tr><td colspan="3">预留洞、孔中心线位置</td><td>15</td><td>尺量</td></tr>
</table>

注：1. 检查轴线、中心线位置时，沿纵、横两个方向测量，并取其中偏差的较大值。
2. H 为全高，单位为 mm。

现浇设备基础位置和尺寸允许偏差及检验方法　　　表 4.42

<table>
<tr><th colspan="2">项目</th><th>允许偏差（mm）</th><th>检验方法</th></tr>
<tr><td colspan="2">坐标位置</td><td>20</td><td>经纬仪及尺量</td></tr>
<tr><td colspan="2">不同平面标高</td><td>0，−20</td><td>水准仪或拉线、尺量</td></tr>
<tr><td colspan="2">平面外形尺寸</td><td>±20</td><td>尺量</td></tr>
<tr><td colspan="2">凸台上平面外形尺寸</td><td>0，−20</td><td>尺量</td></tr>
<tr><td colspan="2">凹槽尺寸</td><td>+20，0</td><td>尺量</td></tr>
<tr><td rowspan="2">平面水平度</td><td>每米</td><td>5</td><td>水平尺、塞尺量测</td></tr>
<tr><td>全长</td><td>10</td><td>水准仪或拉线、尺量</td></tr>
<tr><td rowspan="2">垂直度</td><td>每米</td><td>5</td><td>经纬仪或吊线、尺量</td></tr>
<tr><td>全高</td><td>10</td><td>经纬仪或吊线、尺量</td></tr>
<tr><td rowspan="4">预埋地脚螺栓</td><td>中心位置</td><td>2</td><td>尺量</td></tr>
<tr><td>顶标高</td><td>+20，0</td><td>水准仪或拉线、尺量</td></tr>
<tr><td>中心距</td><td>±2</td><td>尺量</td></tr>
<tr><td>垂直度</td><td>5</td><td>吊线、尺量</td></tr>
<tr><td rowspan="3">预埋地脚螺栓孔</td><td>中心线位置</td><td>10</td><td>尺量</td></tr>
<tr><td>截面尺寸</td><td>+20，0</td><td>尺量</td></tr>
<tr><td>深度</td><td>+20，0</td><td>尺量</td></tr>
</table>

续表

项目		允许偏差（mm）	检验方法
预埋地脚螺栓孔	垂直度	h/100 且≤10	吊线、尺量
预埋活动地脚螺栓锚板	中心线位置	5	尺量
	标高	＋20，0	水准仪或拉线、尺量
	带槽锚板平整度	5	直尺、塞尺量测
	带螺纹孔锚板平整度	2	直尺、塞尺量测

注：1. 检查坐标、中心线位置时，应沿纵、横两个方向测量，并取其中偏差的较大值。
2. h 为预埋地脚螺栓孔孔深，单位为mm。

4.3.6 装配式结构质量控制

1. 一般规定

（1）装配式结构连接节点及叠合构件浇筑混凝土之前，应进行隐蔽工程验收。隐蔽工程验收应包括混凝土粗糙面的质量，键槽的尺寸、数量、位置；钢筋的牌号、规格、数量、位置、间距，箍筋弯钩的弯折角度及平直段长度；钢筋的连接方式、接头位置、接头数量、接头面积百分率、搭接长度、锚固方式及锚固长度；预埋件、预留管线的规格、数量、位置。

（2）装配式结构的接缝施工质量及防水性能应符合设计要求和国家现行相关标准的要求。

2. 预制构件主控项目

（1）预制构件的质量应符合前述钢筋、模板、混凝土等分项工程的质量验收要求，同时满足国家现行相关标准的规定和设计的要求。

检查数量：全数检查。

检验方法：检查质量证明文件或质量验收记录。

（2）预制构件的外观质量不应有严重缺陷，且不应有影响结构性能和安装、使用功能的尺寸偏差。

检查数量：全数检查。

检验方法：观察，尺量；检查处理记录。

（3）预制构件上的预埋件、预留插筋、预埋管线等的规格和数量以及预留孔、预留洞的数量应符合设计要求。

检查数量：全数检查。

检验方法：观察。

3. 预制构件一般项目

（1）预制构件应有标识。

检查数量：全数检查。

检验方法：观察。

（2）预制构件的外观质量不应有一般缺陷。

检查数量：全数检查。

检验方法：观察，检查处理记录。

（3）预制构件的尺寸允许偏差及检验方法应符合表4.43的规定；设计有专门规定时，尚应符合设计要求。施工过程中临时使用的预埋件，其中心线位置允许偏差可取表4.43中规定数值的2倍。

检查数量：同一类型的构件，不超过100件为一批，每批应抽查构件数量的5%，且不应少于3件。

预制构件尺寸的允许偏差及检验方法　　　　表4.43

项目			允许偏差（mm）	检验方法
长度	楼板、梁、柱、桁架	<12m	±5	尺量
		≥12m且<18m	±10	
		≥18m	±20	
	墙板		±4	
宽度、高（厚）度	楼板、梁、柱、桁架		±5	尺量一端及中部，取其中偏差绝对值较大处
	墙板		±4	
表面平整度	楼板、梁、柱、墙板内表面		5	2m靠尺和塞尺量测
	墙板外表面		3	
侧向弯曲	楼板、梁、柱		L/750且≤20	拉线、直尺量测最大侧向弯曲处
	墙板、桁架		L/1000且≤20	
翘曲	楼板		L/750	调平尺在两端量测
	墙板		L/1000	
对角线	楼板		10	尺量两个对角线
	墙板		5	
预留孔	中心线位置		5	尺量
	孔尺寸		±5	
预留洞	中心线位置		10	尺量
	洞口尺寸、深度		±10	
预埋件	预埋板中心线位置		5	尺量
	预埋板与混凝土面平面高差		0，−5	
	预埋螺栓		2	
	预埋螺栓外露长度		+10，−5	
	预埋套筒、螺母中心线位置		2	
	预埋套筒、螺母与混凝土面平面高差		±5	
预留插筋	中心线位置		5	尺量
	外露长度		+10，−5	
键槽	中心线位置		5	尺量
	长度、宽度		±5	
	深度		±10	

注：1. L为构件长度，单位为mm。
2. 检查中心线、螺栓和孔道位置偏差时，沿纵、横两个方向量测，并取其中偏差较大值。

（4）预制构件的粗糙面的质量及键槽的数量应符合设计要求。

检查数量：全数检查。

检验方法：观察。

4.4 防水工程的质量控制

建筑防水是指对建筑物进行防水处理，以保护建筑结构不受水分侵蚀和损坏的一项工程技术。建筑防水可以防止建筑物的墙体、屋顶、地下室等部位发生漏水现象，从而确保室内环境干燥、卫生、健康。

为了加强建筑屋面工程质量管理，统一屋面工程的质量验收，保证其功能和质量，中华人民共和国住房和城乡建设部批准《屋面工程质量验收规范》为国家标准，编号为 GB 50207—2012，自 2012 年 10 月 1 日起实施。该规范适用于房屋建筑屋面工程的质量验收。

4.4.1 屋面防水工程质量控制

屋面防水工程应根据建筑物的类别、重要程度、使用功能要求确定防水等级，并应按相应等级进行防水设防；对防水有特殊要求的建筑屋面，应进行专项防水设计。屋面防水有Ⅰ、Ⅱ两个等级，对应的设防要求分别是两道防水设防和一道防水设防。屋面防水常见种类有卷材防水屋面，涂膜防水屋面和刚性防水屋面等。

屋面工程所采用的防水、保温隔热材料应有合格证书和性能检测报告，材料的品种规格、性能等应符合现行国家产品标准和设计要求。屋面施工前，要编制施工方案，建立各道工序的自检，交接检和专职人员检查的“三检”制度，并有完整的检查记录。伸出屋面的管道、设备或预埋件应在防水层施工前安设好。每道工序完成后，应经监理单位检查验收合格后方可进行下道工序的施工。屋面工程的防水应由经资质审查合格的防水专业队伍进行施工，作业人员应持有当地建筑行政主管部门颁发的上岗证。

材料进场后，施工单位应按规定取样复检，提交试验报告。不得在工程中使用不合格材料。屋面的保温层和防水层严禁在雨天、雪天和五级以上大风下施工，温度过低也不宜施工，屋面工程完工后，应对屋面细部构造接缝，保护层等进行外观检验，并用淋水或蓄水进行检验，防水层不得有渗漏或积水现象。

下面就屋面防水工程常用做法的施工质量控制要点进行介绍。

1. 卷材屋面防水工程施工质量控制

（1）材料质量检查

防水卷材现场抽样复验应遵守下列规定：

1）同一品种、牌号、规格的卷材，抽验数量为：大于 1000 卷取 5 卷，500～1000 卷抽取 4 卷，100～499 卷抽取 3 卷，小于 100 卷抽取 2 卷。

2）将抽验的卷材开卷进行规格、外观质量检验，全部指标达到标准规定时，即为合格。其中如有一项指标达不到要求，即应在受检产品中加倍取样复验，全部达到标准规定为合格。复验时有一项指标不合格，则判定该产品外观质量为不合格。

3）卷材的物理性能应检验下列项目：

a. 沥青防水卷材：拉力、耐热度、柔性、不透水性。

b. 高聚物改性沥青防水卷材：拉伸性能、耐热度、柔性、不透水性。

c. 合成高分子防水卷材：拉伸强度、断裂伸长率、低温弯折性、不透水性。

4）胶粘剂物理性能应检验下列项目：

a. 改性沥青胶粘剂：粘结剥离强度。

b. 合成高分子胶粘剂：粘结剥离强度，粘结剥离强度浸水后保持率。

防水卷材一般可用卡尺、卷尺等工具进行外观质量的测试。用手拉伸可进行强度、延伸率、回弹力的测试，重要的项目应送质量监督部门认定的检测单位进行测试。

（2）施工质量检查

1）卷材防水屋面的质量要求：

a. 屋面不得有渗漏和积水现象。

b. 屋面工程所用的合成高分子防水卷材必须符合质量标准和设计要求，以便能达到设计所规定的耐久使用年限。

c. 坡屋面和平屋面的坡度必须准确，坡度的大小必须符合设计要求。平屋面不得出现排水不畅和局部积水现象。

d. 找平层应平整坚固，表面不得有酥软、起砂、起皮等现象，平整度不应超过 5mm。

e. 屋面的细部构造和节点是防水的关键部位，所以，其做法必须符合设计要求和规范的规定，节点处的封固应严密，不得开缝、翘边、脱落。水落口及突出屋面设施与屋面连接处，应固定牢靠，密封严实。

f. 绿豆砂、细砂、蛭石、云母等松散材料保护层和涂料保护层覆盖应均匀，粘结应牢固；刚性整体保护层与防水层之间应设隔离层，表面分格缝、分离缝留设应正确；块体保护层应铺砌平整，勾缝平密，分格缝、分离缝留设位置、宽度应正确。

g. 卷材铺贴方法、方向和搭接顺序应符合规定，搭接宽度应正确，卷材与基层、卷材与卷材之间粘结应牢固，接缝缝口、节点部位密封应严密，无皱折、鼓包翘边。

h. 卷材搭接缝应符合下列规定：平行屋脊的卷材搭接缝应顺流水方向，卷材搭接宽度应符合表 4.44 的规定；相邻两幅卷材短边搭接缝应错开，且不得小于 500mm；上下层卷材长边搭接缝应错开，且不得小于幅宽的 1/3。

卷材搭接宽度（mm）　表 4.44

<table>
<tr><th colspan="2">卷材类别</th><th>搭接宽度</th></tr>
<tr><td rowspan="4">合成高分子防水卷材</td><td>胶粘剂</td><td>80</td></tr>
<tr><td>胶粘带</td><td>50</td></tr>
<tr><td>单缝焊</td><td>60，有效焊接宽度不小于 25</td></tr>
<tr><td>双缝焊</td><td>80，有效焊接宽度 10×2+空腔宽</td></tr>
<tr><td rowspan="2">高聚物改性沥青防水卷材</td><td>胶粘剂</td><td>100</td></tr>
<tr><td>自粘胶</td><td>80</td></tr>
</table>

i. 保温层厚度、含水率、表观密度应符合设计要求。

2）卷材防水屋面的质量检查

a. 卷材防水屋面工程施工中应做好从屋面结构层、找平层、节点构造直至防水屋施工完毕的分项工程交接检查，未经检查验收合格的分项工程，不得进行后续施工。

b. 对于多道设防的防水层，包括涂膜、卷材、刚性材料等，每一道防水层完成后，应进行检查，每道防水层均应符合质量要求，不渗水，才能进行下一道防水层的施工。使其真正起到多道设防的效果。

c. 检验屋面有无渗漏或积水，排水系统是否畅通，可在雨后或持续淋水 2h 以后进行。有可能有蓄水作用的屋面宜作蓄水 24h 检验。

d. 卷材屋面的节点做法、接缝密封的质量是屋面防水的关键部位，是质量检查的重点部位，节点处理不当或造成渗漏；接缝密封不好会出现裂缝、翘边、张口，最终导致渗漏；保护层质量低劣或厚度不够，会出现松散脱落、龟裂爆皮，失去保护作用，导致防水层过早老化而降低使用年限。所以，对这些项目，应进行认真的外观检查，不合格的，应重做。

e. 找平层的平整度，用 2mm 直尺检查，面层与直尺间的最大空隙不应超过 5mm，空隙仅允许平缓变化，每米长度内不多于一处。

f. 对于用卷材作防水层的蓄水屋面，种植屋面应作蓄水 24h 检验。

2. 涂膜屋面防水的施工质量控制

（1）材料质量检查

进场的防水涂料和胎体增强材料抽样复验应符合下列规定：

1）同一规格、品种的防水涂料，每 10t 为一批，不足 10t 者按一批进行抽检；胎体增强材料，每 $3000m^2$ 为一批，不足 $3000m^2$ 者按一批进行抽检。

2）防水涂料应检查延伸或断裂延伸率、固体含量、柔性、不透水性和耐热度；胎体增强材料应检查拉力和延伸率。

（2）施工质量检查

1）涂膜防水屋面的质量要求

a. 屋面不得有渗漏和积水现象。

b. 为保证屋面涂膜防水层的使用年限，所用防水涂料应符合质量标准和涂膜防水的设计要求。

c. 屋面坡度应准确，排水系统应通畅。

d. 找平层表面平整度应符合要求，不得有酥松、起砂、起皮、尖锐棱角现象。

细部节点做法应符合设计要求，封固应严密，不得开缝、翘边。水落口及突出屋面设施与屋面连接处，应固定牢靠、密封严实。

e. 涂膜防水层不应有裂纹、脱皮、流淌、鼓泡、胎体外露和皱皮等现象，与基层应粘结牢固，厚度应符合规范要求。

f. 胎体材料的铺设方法和搭接方法应符合要求；上下层胎体不得互相垂直铺设，搭接缝应错开，间距不应小于幅宽的 1/3。

g. 松散材料保护层、涂料保护层应覆盖均匀严密、粘结牢固。刚性整体保护层与防水层间应设置隔离层，其表面分格缝的留设应正确。

2）涂膜防水屋面的质量检查

a. 屋面工程施工中应对结构层、找平层、细部节点构造，以及施工中的每遍涂膜防水层、附加防水层、节点收头、保护层等做分项工程的交接检查；未经检查验收合格，不得进行后续施工。

b. 涂膜防水层或与其他材料进行复合防水施工时，每一道涂层完成后，应由专人进行检查，合格后方可进行下一道涂层和下一道防水层的施工。

c. 检验涂膜防水层有无渗漏和积水、排水系统是否通畅，应雨后或持续淋水 2h 以后进行。有可能有蓄水作用的屋面宜作蓄水检验，其蓄水时间不宜少于 24h。淋水或蓄水检验应在涂膜防水层完全固化后再进行。

d. 涂膜防水屋面的涂膜厚度，可用针刺或测厚仪控测等方法进行检验；每 $100m^2$ 的屋面不应少于 1 处；每一屋面不应少于 3 处，并取其平均值评定。

e. 找平层的平整度，应用 2m 直尺检查；面层与直尺间最大空隙不应大于 5mm；空隙应平缓变化，每米长度内不应多于一处。

4.4.2　地下防水工程的质量控制

地下防水工程是防止地下水对地下构筑物或建筑物基础的长期浸透，保证地下构筑或地下室使用功能正常的一项重要工程。由于地下工程常年受到地表水、潜水、上层滞水、毛细管水等的作用，所以，对地下工程防水的处理比屋面防水工程要求更高、防水技术难度更大，一般应遵循“防、排、截、堵”结合，刚柔相济，因地制宜，综合治理的原则，根据使用要求、自然环境条件及结构形式等因素确定。地下工程的防水应采用经过试验、检测和鉴定并经实践检验质量可靠的材料，行之有效的新技术、新工艺，一般可采用钢筋混凝土结构自防水、卷材防水和涂膜防水等技术措施，现就后两种措施的质量控制和验收加以介绍。

1. 地下工程卷材防水施工质量控制

卷材防水层适用于受侵蚀性介质作用或受振动作用的地下工程；卷材防水层应铺设在主体结构的迎水面。卷材防水层应采用高聚物改性沥青防水卷材和合成高分子防水卷材。所选用的基层处理剂、胶粘剂、密封材料等均应与铺贴的卷材相匹配。铺贴防水卷材前，清扫应干净、干燥，并应涂刷基层处理剂；当基面潮湿时，应涂刷湿固化型胶粘剂或潮湿界面隔离剂。

基层阴阳角应做成圆弧或 45°坡角，其尺寸应根据卷材品种确定；在转角处、变形缝、施工缝、穿墙管等部位应铺贴卷材加强层，加强层宽度不应小于 500mm。防水卷材的搭接宽度应符合表 4.45 的要求。铺贴双层卷材时，上下两层和相邻两幅卷材的接缝应错开 1/3～1/2 幅宽，且两层卷材不得相互垂直铺贴。

防水卷材的搭接宽度　　表 4.45

卷材品种	搭接宽度（mm）
弹性体改性沥青防水卷材	100
改性沥青聚乙烯胎防水卷材	100

续表

卷材品种	搭接宽度（mm）
自粘聚合物改性沥青防水卷材	80
三元乙丙橡胶防水卷材	100/60（胶粘剂/胶结带）
聚氯乙烯防水卷材	60/80（单面焊/双面焊）
	100（胶粘剂）
聚乙烯丙纶复合防水卷材	100（粘结料）
高分子自粘胶膜防水卷材	70/80（自粘胶/胶结带）

冷粘法铺贴卷材应符合下列规定：胶粘剂涂刷应均匀，不得露底，不堆积；根据胶粘剂的性能，应控制胶粘剂涂刷与卷材铺贴的间隔时间。铺贴时不得用力拉伸卷材，排除卷材下面的空气，辊压粘结牢固；铺贴卷材应平整、顺直，搭接尺寸准确，不得有扭曲、皱折；卷材接缝部位应采用专用胶粘剂或胶结带满粘，接缝口应用密封材料封严，其宽度不应小于 10mm。

热熔法铺贴卷材应符合下列规定：火焰加热器加热卷材应均匀，不得加热不足或烧穿卷材；卷材表面热熔后应立即滚铺，排除卷材下面的空气，并粘结牢固；铺贴卷材应平整、顺直，搭接尺寸准确，不得有扭曲、皱折；卷材接缝部位应溢出热熔的改性沥青胶料，并粘结牢固，封闭严密。

自粘法铺贴卷材应符合下列规定：铺贴卷材时，应将有黏性的一面朝向主体结构；外墙、顶板铺贴时，排除卷材下面的空气，并粘结牢固；铺贴卷材应平整、顺直，搭接尺寸准确，不得有扭曲、皱折；立面卷材铺贴完成后，应将卷材端头固定，并应用密封材料封严；低温施工时，宜对卷材和基面采用热风适当加热，然后铺贴卷材。

卷材接缝采用焊接法施工应符合下列规定：焊接前卷材应铺放平整，搭接尺寸准确，焊接缝的结合面应清扫干净；焊接前应先焊长边搭接缝，后焊短边搭接缝；控制热风加热温度和时间，焊接处不得漏焊、跳焊或焊接不牢；焊接时不得损害非焊接部位的卷材。

卷材防水层完工并经验收合格后应及时做保护层。保护层应符合下列规定：顶板的细石混凝土保护层与防水层之间宜设置隔离层。细石混凝土保护层厚度：机械回填时不宜小于 70mm，人工回填时不宜小于 50mm；底板的细石混凝土保护层厚度不应小于 50mm；侧墙宜采用软质保护材料或铺抹 20mm 厚 1：2.5 水泥砂浆。

卷材防水层分项工程检验批的抽检数量，应按铺贴面积每 100m^2 抽查 1 处，每处 10m^2，且不得少于 3 处。

2. 地下工程涂膜防水质量控制

涂料防水层适用于受侵蚀性介质作用或受振动作用的地下工程；有机防水涂料宜用于主体结构的迎水面，无机防水涂料宜用于主体结构的迎水面或背水面。有机防水涂料应采用反应型、水乳型、聚合物水泥等涂料；无机防水涂料应采用掺外加剂、掺合料的水泥基防水涂料或水泥基渗透结晶型防水涂料。

有机防水涂料基面应干燥。当基面较潮湿时，应涂刷湿固化型胶粘剂或潮湿界面隔离剂；无机防水涂料施工前，基面应充分润湿，但不得有明水。涂料防水层的施工应符合下列规定：

（1）多组分涂料应按配合比准确计量，搅拌均匀，并应根据有效时间确定每次配制的用量；

(2) 涂料应分层涂刷或喷涂，涂层应均匀，涂刷应待前遍涂层干燥成膜后进行；每遍涂刷时应交替改变涂层的涂刷方向，同层涂膜的先后搭压宽度宜为30～50mm；

(3) 涂料防水层的甩槎处接缝宽度不应小于100mm，接涂前应将其甩槎表面处理干净；

(4) 采用有机防水涂料时，基层阴阳角处应做成圆弧；在转角处、变形缝、施工缝、穿墙管等部位应增加胎体增强材料和增涂防水涂料，宽度不应小于50mm；

(5) 胎体增强材料的搭接宽度不应小于100mm，上下两层和相邻两幅胎体的接缝应错开1/3幅宽，且上下两层胎体不得相互垂直铺贴。

涂料防水层完工并经验收合格后应及时做保护层。保护层应符合下列规定：顶板的细石混凝土保护层与防水层之间宜设置隔离层。细石混凝土保护层厚度：机械回填时不宜小于70mm，人工回填时不宜小于50mm；底板的细石混凝土保护层厚度不应小于50mm；侧墙宜采用软质保护材料或铺抹20mm厚1：2.5水泥砂浆。

涂料防水层分项工程检验批的抽检数量，应按铺贴面积每$100m^2$抽查1处，每处$10m^2$，且不得少于3处。

4.4.3 防水工程常见渗漏防治方法

19. 滴水不漏，防水层和接缝密封

1. 常见屋面渗漏防治方法

造成屋面渗漏的原因是多方面的，包括设计、施工、材料质量、维修管理等。要提高屋面防水工程的质量，应以材料为基础，以设计为前提，以施工为关键，并加强维护，对屋面工程进行综合治理。

(1) 屋面渗漏的原因

1) 山墙、女儿墙和突出屋面的烟囱等墙体与防水层相交部渗漏雨水。

其原因是节点做法过于简单，垂直面卷材与屋面卷材没有很好地分层搭接，或卷材收口处开裂，在冬季不断冻结，夏天炎热溶化，使开口增大，并延伸至屋面基层，造成漏水。此外，由于卷材转角处未做成圆弧形、钝角或角太小，女儿墙压顶砂浆等级低，滴水线未做或没有做好等原因，也会造成渗漏。

2) 天沟漏水：其原因是天沟长度大，纵向坡度小，雨水口少，雨水斗四周卷材粘贴不严，排水不畅，造成漏水。

3) 屋面变形缝处漏水：其原因是处理不当，如薄钢板凸棱安反，薄钢板安装不牢，泛水坡度不当等造成漏水。

4) 挑檐、檐口处漏水：其原因是檐口砂浆未压住卷材，封口处卷材张口，檐口砂浆开裂，下口滴水线未做好而造成漏水。

5) 雨水口处漏水：其原因是雨水口处斗安装过高，泛水坡度不够，使雨水沿雨水斗外侧流入室内，造成渗漏。

6) 厕所、厨房的通气管根部处漏水：其原因是防水层未盖严，或包管高度不够，在油毡上口未缠麻丝或钢丝，油毡没有做压毡保护层，使雨水沿出气管进入室内造成渗漏。

7）大面积漏水：其原因是屋面防水层找坡不够，表面凹凸不平，造成屋面积水而渗漏。

（2）屋面渗漏的预防及治理办法

1）遇上女儿墙压顶开裂时，可铲除开裂压顶的砂浆，重抹水泥砂浆，并做好滴水线，有条件者可换成预制钢筋混凝土压顶板。突出屋面的烟囱、山墙、管根等与屋面交接处、转角处做成钝角，垂直面与屋面的卷材应分层搭接，对已漏水的部位，可将转角渗漏处的卷材割开，并分层将旧卷材烤干剥离，清除原有沥青胶。

2）出屋面管道：管根处做成钝角，并建议设计单位加做防雨罩，使油毡在防雨罩下收头。

3）檐口漏雨：将檐口处旧卷材掀起，用24号镀锌薄钢板将其钉于檐口，将新卷材贴于薄钢板。

4）雨水口漏雨渗水：将雨水斗四周卷材铲除，检查短管是否紧贴基层板面或铁水盘。如短管浮搁在找平层上，则将找平层凿掉，清除后安装好短管，再用搭槎法重做三毡四油防水层，然后进行雨水斗附近卷材的收口和包贴。

5）对于大面积渗漏屋面，针对不同原因可采用不同方法治理，一般有以下两种方法：

第一种方法，是将原豆石保护层清扫一遍，去掉松动的浮石，抹20mm厚水泥砂浆找平层，然后做一布三油乳化沥青（或氯丁胶乳沥青）防水层和黄砂（或粗砂）保护层。

第二种方法，是按上述方法将基屋处理好后，将一布三油改为二毡二油防水层，再做豆石保护层。第一层油毡应干铺于找平层上，只在四周女儿墙和通风道处卷起，与基层粘贴。

2. 地下防水工程渗漏及防治方法

地下防水工程，常常由于设计考虑不周，选材不当或施工质量差而造成渗漏，直接影响生产和使用。渗漏水易发生的部位主要在施工缝、蜂窝、麻面、裂缝、变形缝及穿墙管道等处。渗漏水的形式主要有孔洞漏水、裂缝漏水、防水面渗水或是上述几种渗漏水的综合。因此，堵漏前必须先查明其原因，确定其位置，弄清水压大小，然后根据不同情况采取不同的防治措施。

（1）渗漏部位及原因

1）防水混凝土结构渗漏的部位及原因

由于模板表面粗糙或清理不干净，模板浇水湿润不够，隔离剂涂刷不均匀，接缝不严，振捣混凝土不密实等原因，致使混凝土出现蜂窝、孔洞、麻面而引起渗漏。墙板和底板及墙板与墙板之间的施工缝处理不当而造成地下水沿施工缝渗入。由于混凝土中砂石含泥量大、养护不及时等，产生干缩和温度裂缝而造成渗漏。混凝土内的预埋件及管道穿墙处未作认真处理而致使地下水渗入。

2）卷材防水层渗漏部位及原因

由于保护墙和地下工程主体结构沉降不同，致使粘在保护墙上的防水卷材被撕裂而造成漏水。卷材的压力和搭接头宽度不够，搭接不严，结构转角处卷材铺贴不严实，后浇或后砌结构时卷材被破坏，或由于卷材韧性较差、结构不均匀沉降而造成卷材被破坏，也会产生渗漏，另外还有管道处的卷材与管道粘结不严，出现张口翘边现象而引起渗漏。

3）变形缝处渗漏原因

止水带固定方法不当，埋设位置不准确或在浇筑混凝土时被挤动，止水带两翼的混凝土包裹不严，特别是底板止水带下面的混凝土振捣不实；钢筋过密，浇筑混凝土时下料和止水带周围的木屑杂物等未清理干净，混凝土中形成薄弱的夹层，均会造成渗漏。

（2）堵漏技术

堵漏技术就是根据地下防水工程特点，针对不同程度的渗漏水情况，选择相应的防水材料和堵漏方法，进行防水结构渗漏水处理。在拟定处理渗水措施时，应本着将大漏变小漏、片漏变孔漏、线漏变点漏，将漏水部位汇集于一点或数点，最后堵塞的方法进行。

对防水混凝土工程的修补堵漏，通常采用的方法是用促凝剂和水泥拌制成的快凝水泥胶浆，进行快速堵漏或大面积修补。近年来，采用膨胀水泥（或掺膨胀剂）作为防水修补材料，其抗渗堵漏效果更好。对混凝土的微小裂缝，则采用化学灌浆堵漏技术。

3. 厨、卫间渗漏及防治方法

厨、卫生间用水频繁，防水处理不当就会发生渗漏。主要表现在楼板管道滴漏水、地面积水、墙壁潮湿渗水，甚至下层顶板和墙壁也出现滴水等现象。治理卫生间的渗漏，必须先查找渗漏的部位和原因，然后采取有效的针对措施。

（1）板面及墙面渗水

1）原因

混凝土、砂浆施工的质量不良，存在微孔渗漏；板面、隔墙出现轻微裂缝；防水涂层施工质量不好或被损坏。

2）堵漏措施

a. 拆除卫生间渗漏部位饰面材料，涂刷防水涂料。

b. 如有开裂现象，则应对裂缝先进行增强防水处理，再刷防水涂料，增强处理一般采用贴缝法、填缝法和填缝加贴缝法。贴缝法主要适用于微小的裂缝，可刷防水涂料并加贴纤维材料或布条，作防水处理。填缝法主要用于较显著的裂缝，施工时要先进行扩缝处理，将缝扩展成15mm×15mm左右的V形槽，清理干净后刮填嵌缝材料，填缝加贴缝法除采用填缝处理外，在缝表面再涂刷防水涂料，并粘纤维材料处理。

c. 当渗漏不严重，饰面拆除困难，也可直接在其表面刮涂透明或彩色聚氨酯防水涂料。

（2）卫生洁具及穿楼板管道、排水管口等部位渗漏

1）原因

细部处理方法欠妥，卫生洁具及管口周边填塞不严；管口连接件老化；由于振动及砂浆、混凝土收缩等原因，出现裂隙；卫生洁具及管口周边未作弹性材料处理，或施工时嵌缝材料及防水涂料粘结不牢；嵌缝材料及防水涂层被拉裂或拉离粘结面。

2）堵漏措施

a. 将漏水部位彻底清理，刮填弹性嵌缝材料。

b. 在渗漏部位涂刷防水涂料，并粘贴纤维材料增强。

c. 更换老化管口连接件。

4.5 钢结构工程的质量控制

4.5.1 钢结构工程的质量控制

1. 钢结构工程制作项目施工质量控制

（1）钢结构工程构件生产质量控制内容

1）制造厂的技术资质条件和制造范围；

2）构件生产的质量保证体系；

3）构件技术资料；

4）对构件进行抽样检查。

（2）钢结构工程构件生产质量控制要点

1）构件厂必须严格按国家制定的技术规范和设计要求进行生产，不得乱套图纸和随意修改设计，不得任意使用代用材料。

2）凡实行生产许可证的钢结构工程，企业应有建管部门颁发的产品许可证，方可进行生产。

3）企业生产新产品，应先进行试生产，经有关部门鉴定，产品质量和技术性能符合设计要求，方可进行生产、销售和使用。

4）构件出厂，必须符合下述条件：

符合规定的标准和设计要求，有构件厂质量检验部门签认的产品合格证。有特殊要求的构件，出厂前必须在构件上标设明显标志。出厂构件应有明显的构件编号标记，以利质量监督检查。构件出厂应提交下列资料：

a. 施工图和设计变更文件，设计变更的内容应在施工图中相应部位注明。

b. 制作中对技术问题处理的协议文件。

c. 钢材、连接材料和涂装的质量证明书或试验报告。

d. 焊接工艺评定报告。

e. 高强度螺栓摩擦面抗滑移系数试验报告、焊缝无损检验报告及涂层检测资料。

f. 主要构件验收记录。

g. 预拼装记录。

h. 构件发运和包装清单。

2. 钢结构工程制作项目质量检验要点

注意计量器具的统一（构件加工厂，现场施工方、监理方统一用检定合格的量具，并采用标准的使用方法）。

注意制作过程的要求：在前一制作工艺经检验合格后才能进行后一工艺施工。

注意成品检查质量：

1）成品制作精度检查必须在下列情况完成后进行：

a. 制作过程中出现的损坏和变形应去除和完全矫正，达到允许偏差之内。

b. 必要的理化试验、无损检测符合标准规定。

c. 构件符合图纸要求，不再进行修正和焊接。

2）加强对连接部位的检查。

3）正确测量钢构件的起拱值。

4）认真确认加工和安装的基准点、基准线、误差应在允许偏差以内。

5）构件加工相关资料完整有效。

4.5.2 焊接施工质量控制

20. 钢材的主要性能

1. 焊接质量检验内容

（1）质量检验内容

1）焊接前质量检验：母材和焊接材料的确认与必要的复验；焊接部位的质量和合适的夹具；焊接设备和仪器的正常运行情况；焊接规范的调整和必要的试验评定；焊工操作技术水平的考核。

2）焊接过程中的质量检验：焊接工艺参数是否稳定；焊条、焊剂是否正确烘干；焊接材料选用是否正确；焊接设备运行是否正常；焊接热处理是否及时。

3）焊接后质量检验：焊缝外形尺寸；缺陷的目测；焊接接头的质量检验，破坏性试验，金相试验，其他，非破坏性试验，无损检测，强度及致密性试验；焊接区域的清除工作。

（2）焊接质量控制的基本内容

1）焊工资格核查。

2）焊接工艺评定试验的核查。

3）核查焊接工艺规程和标准的合理性。

4）抽查焊接施工过程和产品的最终质量。

5）核查无损检测、焊接试验评定单位的资质。

（3）焊接施工质量控制注意事项

1）必须是由合格的焊工按合适的焊接工艺施工。

2）注意实施预防焊接变形和内应力的措施。

3）焊接材料应严格按规定烘焙与取出。

4）焊接区装配应符合质量要求。

2. 焊接无损检测

（1）内部缺陷无损检测

焊缝内部缺陷的无损检测应符合下列规定：

1）采用超声波检测时，超声波检测设备、工艺要求及缺陷评定等级应符合现行国家标准《钢结构焊接规范》GB 50661—2011 的规定；

2）当不能采用超声波探伤或对超声波检测结果有疑义时可采用射线检测验证，射线检测技术应符合现行国家标准《焊缝无损检测 射线检测 第 1 部分：X 和伽玛射线的胶片技术》GB/T 3323.1 或《焊缝无损检测 射线检测 第 2 部分：使用数字化探测器的 X 和伽玛射线技术》GB/T 3323.2 的规定，缺陷评定等级应符合现行国家标准《钢结构焊接规范》GB 50661 的规定；

3）焊接球节点网架、螺栓球节点网架及圆管 T、K、Y 节点焊缝的超声波探伤方法及缺陷分级应符合国家和行业现行标准的有关规定。

（2）内部缺陷无损检测

设计要求的一、二级焊缝应进行内部缺陷的无损检测，一、二级焊缝的质量等级和检测要求应符合表 4.46 的规定。

检查数量：全数检查。

检验方法：检查超声波或射线探伤记录。

一、二级焊缝的质量等级和检测要求 表 4.46

焊缝质量等级		一级	二级
内部缺陷超声波探伤	缺陷评定等级	Ⅱ	Ⅲ
	检验等级	B 级	B 级
	检测比例	100%	20%
内部缺陷射线探伤	缺陷评定等级	Ⅱ	Ⅲ
	检验等级	B 级	B 级
	检测比例	100%	20%

注：二级焊缝检测比例的计数方法应按以下原则确定：工厂制作焊缝按照焊缝长度计算百分比，且探伤长度不小于 200mm；当焊缝长度小于 200mm 时，应对整条焊缝探伤；现场安装焊缝应按照同一类型、同一施焊条件的焊缝条数计算百分比，且不应少于 3 条焊缝。

T 形接头、十字接头、角接接头等要求焊透的对接和角接组合焊缝（图 4.2），其加强焊脚尺寸 h 不应小于 $t/4$ 且不大于 10mm，其允许偏差为 0～4mm。

检查数量：资料全数检查，同类焊缝抽查 10%，且不应少于 3 条。

检验方法：观察检查，用焊缝量规抽查测量。

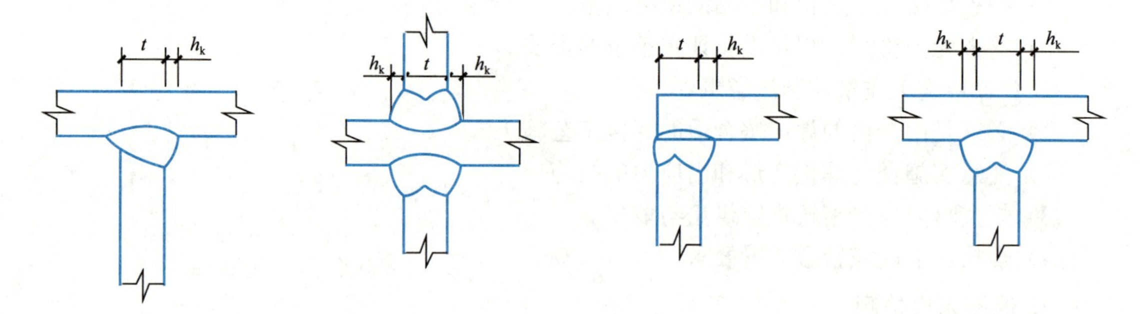

图 4.2 对接和角接组合焊缝

3. 焊接外观检查

焊接外观检查方法主要采用：目视观察，用焊缝检验尺检查。采用肉眼或低倍放大镜、标准样板和量规等检测工具检查焊缝外观，其外形尺寸等相关参数应符合表 4.47 和表 4.48 的规定。

无疲劳验算要求的钢结构焊缝外观质量要求　　表 4.47

检验项目	焊缝质量等级		
	一级	二级	三级
裂纹	不允许	不允许	不允许
未焊满	不允许	≤0.2mm+0.02t 且≤1mm，每 100mm 长度焊缝内未焊满累积长度≤25mm	≤0.2mm＋0.04t 且≤2mm，每 100mm 长度焊缝内未焊满累积长度≤25mm
根部收缩	不允许	≤0.2mm＋0.02t 且≤1mm，长度不限	≤0.2mm+0.04t 且≤2mm，长度不限
咬边	不允许	≤0.05t 且≤0.5mm，连续长度≤100mm，且焊缝两侧咬边总长≤10%焊缝全长	≤0.1t 且≤1mm，长度不限
电弧擦伤	不允许	不允许	允许存在个别电弧擦伤
接头不良	不允许	缺口深度≤0.05t 且≤0.5mm，每 1000mm 长度焊缝内不得超过 1 处	缺口深度≤0.1t 且≤1mm，每 1000mm 长度焊缝内不得超过 1 处
表面气孔	不允许	不允许	每 50mm 长度焊缝内允许存在直径<0.4t 且≤3mm 的气孔 2 个，孔距应≥6 倍孔径
表面夹渣	不允许	不允许	深≤0.2t，长≤0.5t 且≤20mm

注：t 为接头较薄件母材厚度。

有疲劳验算要求的钢结构焊缝外观质量要求　　表 4.48

检验项目	焊缝质量等级		
	一级	二级	三级
裂纹	不允许	不允许	不允许
未焊满	不允许	不允许	≤0.2mm＋0.02t 且≤1mm，每 100mm 长度焊缝内未焊满累积长度≤25mm
根部收缩	不允许	不允许	≤0.2mm+0.02t 且≤1mm，长度不限
咬边	不允许	≤0.05t 且≤0.3mm，连续长度≤100mm，且焊缝两侧咬边总长≤10%焊缝全长	≤0.1t 且≤0.5mm，长度不限
电弧擦伤	不允许	不允许	允许存在个别电弧擦伤
接头不良	不允许	不允许	缺口深度≤0.05t 且≤0.5mm，每 1000m 长度焊缝内不得超过 1 处
表面气孔	不允许	不允许	直径小于 1.0mm，每米不多于 3 个，间距不小于 20mm
表面夹渣	不允许	不允许	深≤0.2t，长≤0.5t 且≤20mm

注：t 为接头较薄件母材厚度。

检查数量：承受静荷载的二级焊缝每批同类构件抽查 10%，承受静荷载的一级焊缝和承受动荷载的焊缝每批同类构件抽查 15%且不应少于 3 件；被抽查构件中，每一类型焊缝应按条数抽查 5%，且不应少于 1 条；每条应抽查 1 处，总抽查数不应少于 10 处。

检验方法：观察检查或使用放大镜、焊缝量规和钢尺检查，当有疲劳验算要求时，采用渗透或磁粉探伤检查。

焊缝外观尺寸要求应符合表 4.49 和表 4.50 的规定。

检查数量：承受静荷载的二级焊缝每批同类构件抽查 10%，承受静荷载的一级焊缝和承受动荷载的焊缝每批同类构件抽查 15%，且不应少于 3 件；被抽查构件中，每种焊缝应按条数各抽查 5%，但不应少于 1 条；每条应抽查 1 处，总抽查数不应少于 10 处。

检验方法：用焊缝量规检查。

无疲劳验算要求的钢结构对接焊缝与角焊缝外观尺寸允许偏差（mm）　　表 4.49

序号	项目	示意图	外观尺寸允许偏差	
			一级、二级	三级
1	对接焊缝余高 C		$B<20$ 时，C 为 0～3.0；$B\geqslant 20$ 时，C 为 0～4.0	$B<20$ 时，C 为 0～3.5；$B\geqslant 20$ 时，C 为 0～5.0
2	对接焊缝错边 Δ		$\Delta<0.1t$，且 $\leqslant 2.0$	$\Delta<0.15t$，且 $\leqslant 3.0$
3	角焊缝余高 C		$h_f\leqslant 6$ 时，C 为 0～1.5；$h_f>6$ 时，C 为 0～3.0	
4	对接和角接组合焊缝余高 C		$h_k\leqslant 6$ 时，C 为 0～1.5；$h_k>6$ 时，C 为 0～3.0	

注：B 为焊缝宽度；t 为对接接头较薄件母材厚度。

有疲劳验算要求的钢结构焊缝外观尺寸允许偏差　　表 4.50

项目	焊缝种类	外观尺寸允许偏差
焊脚尺寸	对接与角接组合焊缝 h_k	0 +2.0mm
	角焊缝 h_f	−1.0mm +2.0mm
	手工焊角焊缝 h_f（全长的 10%）	−1.0mm +3.0mm
焊缝高低差	角焊缝	≤2.0mm（任意 25mm 范围高低差）
余高	对接焊缝	≤2.0mm（焊缝宽 $b\leqslant 20$mm）
		≤3.0mm（$b>20$mm）
余高铲磨后表面	横向对接焊缝	表面不高于母材 0.5mm
		表面不低于母材 0.3mm
		粗糙度 50μm

4. 不合格焊缝的修补工作原则

由于各单位管理水平不同，焊工技术素质差别以及环境影响，难免产生不合格的焊缝，但不合格的焊缝是不允许存在的，一旦发生不合格焊缝，必须按返修工艺及时进行返修。

（1）焊缝出现裂缝。裂缝是焊缝的致命缺陷，必须彻底清除后进行补焊。但是在补焊前应查明产生冷、热裂缝的原因，制定返修工艺措施，严禁焊工自行返工处理，以防裂缝再次发生。

（2）经检查不合格的焊缝应及时返修，但返修将严重影响焊缝整体质量，增加局部应力。因此，焊缝同一部位的返修次数不宜超过两次。如超过两次，应挑选技能良好的焊工按返修工艺返修。特别是低合金结构钢焊缝的返修工作，在第一次返修时就要引起重视。

（3）施焊过程中或焊后检查中发现有害缺陷的焊缝处，应进行清除后再焊接。

（4）由于焊接引起母材上出现裂纹时，原则上应更换母材，但经有关技术人员认可也可以进行局部修补处理。

（5）凡不合格焊缝修补后应重新进行检查。必须达到合格质量标准才能使用。

4.5.3 钢结构安装工程质量控制

1. 质量检验

安装过程中质量检查人员应分阶段及时进行检查，验证自检互检记录数据的可靠性，判定质量是否合格的问题，应及时分析原因，提出纠正措施，对系统问题，应及时提出预防措施，以便在下一步施工中及时改进。质量检查人员在检查时应根据现行质量检验标准进行检查。

2. 单层、多高层钢结构安装工程

（1）基础和地脚螺栓（锚栓）

建筑物定位轴线、基础上柱的定位轴线和标高应满足设计要求。当设计无要求时应符合表4.51的规定。

检查数量：全数检查。

检验方法：用经纬仪、水准仪、全站仪和钢尺现场实测。

建筑物定位轴线、基础上柱的定位轴线和标高的允许偏差（mm） 表4.51

项目	允许偏差	图例
建筑物定位轴线	l/20000，且不应大于3.0	l l
基础上柱的定位轴线	1.0	Δ Δ

续表

项目	允许偏差	图例
基础上柱底标高	±3.0	基准点

基础顶面直接作为柱的支承面或以基础顶面预埋钢板或支座作为柱的支承面时，其支承面、地脚螺栓（锚栓）位置的允许偏差应符合表 4.52 的规定。

检查数量：按柱基数抽查 10%，且不应少于 3 个。

检验方法：用经纬仪、水准仪、全站仪、水平尺和钢尺实测。

支承面、地脚螺栓（锚栓）位置的允许偏差（mm）　　表 4.52

项目		允许偏差
支承面	标高	±3.0
	水平度	l/1000
地脚螺栓（锚栓）	螺栓中心偏移	5.0
预留孔中心偏移		10.0

采用坐浆垫板时，坐浆垫板的允许偏差应符合表 4.53 的规定。

检查数量：按柱基数抽查 10%，且不应少于 3 个。

检验方法：用水准仪、全站仪、水平尺和钢尺现场实测。

坐浆垫板的允许偏差（mm）　　表 4.53

项目	允许偏差
顶面标高	0 −3.0
水平度	l/1000
平面位置	20.0

注：l 为垫板长度。

地脚螺栓（锚栓）规格、位置及紧固应满足设计要求，地脚螺栓（锚栓）的螺纹应有保护措施。

检查数量：全数检查。

检验方法：现场观察。

地脚螺栓（锚栓）尺寸的偏差应符合表 4.54 的规定。检查数量：按基础数抽查 10%，且不应少于 3 处，检验方法：用钢尺现场实测。

地脚螺栓（锚栓）尺寸的允许偏差（mm）　　表 4.54

螺栓（锚栓）直径	项目	
	螺栓（锚栓）外露长度	螺栓（锚栓）螺纹长度
$d \leqslant 30$	0 +1.2d	0 +1.2d
$d > 30$	0 +1.0d	0 +1.0d

(2) 钢柱安装

钢柱几何尺寸应满足设计要求并符合本标准的规定。运输、堆放和吊装等造成的钢构件变形及涂层脱落，应进行矫正和修补。

检查数量：按钢柱数抽查10%，且不应少于3个。

检验方法：用拉线、钢尺现场实测或观察。

设计要求顶紧的构件或节点、钢柱现场拼接接头接触面不应少于70%密贴，且边缘最大间隙不应大于0.8mm。

检查数量：按节点或接头数抽查10%，且不应少于3个。

检验方法：用钢尺及0.3mm和0.8mm厚的塞尺现场实测。

钢柱等主要构件的中心线及标高基准点等标记应齐全。

检查数量：按同类构件或钢柱数抽查10%，且不应少于3件。

检验方法：观察检查。

钢柱安装的允许偏差应符合表4.55的规定。

检查数量：按钢柱数抽查10%，且不应少于3件。

检验方法：应符合表4.55的规定。

钢柱安装的允许偏差（mm） 表4.55

项目		允许偏差	图例	检验方法
柱脚底座中心线对定位轴线的偏移 Δ		5.0		用吊线和钢尺等实测
柱子定位轴线 Δ		1.0		—
柱基准点标高	有吊车梁的柱	+3.0 −5.0	基准点	用水准仪等实测
	无吊车梁的柱	+5.0 −8.0		
弯曲矢高		H/1200，且不大于15.0	—	用经纬仪或拉线和钢尺等实测

续表

<table>
<tr><th colspan="3">项目</th><th>允许偏差</th><th>图例</th><th>检验方法</th></tr>
<tr><td rowspan="3">柱轴线垂直度</td><td colspan="2">单层柱</td><td>H/1000，且不大于 25.0</td><td rowspan="3"></td><td rowspan="3">用经纬仪或吊线和钢尺等实测</td></tr>
<tr><td rowspan="2">多层柱</td><td>单节柱</td><td>H/1000，且不大于 10.0</td></tr>
<tr><td>柱全高</td><td>35.0</td></tr>
<tr><td colspan="3">钢柱安装偏差</td><td>3.0</td><td></td><td>用钢尺等实测</td></tr>
<tr><td colspan="3">用一层柱的各柱顶高度差 Δ</td><td>5.0</td><td></td><td>用全站仪、水准仪等实测</td></tr>
</table>

柱的工地拼接接头焊缝组间隙的允许偏差，应符合表 4.56 的规定。

检查数量：按同类节点数抽查 10%，且不应少于 3 个。

检验方法：钢尺检查。

柱的工地拼接接头焊缝组间隙的允许偏差（mm） 表 4.56

项目	允许偏差
无垫板间隙	+3.0 0
有垫板间隙	+3.0 −2.0

钢柱表面应干净，结构主要表面不应有疤痕、泥沙等污垢。

检查数量：按同类构件数抽查 10%，且不应少于 3 件。

检验方法：观察检查。

(3) 钢屋（托）架、钢梁（桁架）安装

钢屋（托）架、钢梁（桁架）的几何尺寸偏差和变形应满足设计要求并符合相关标准的规定。运输、堆放和吊装等造成的钢构件变形及涂层脱落，应进行矫正和修补。

检查数量：按钢梁数抽查 10%，且不应少于 3 个。

检验方法：用拉线、钢尺现场实测或观察。

钢屋（托）架、钢桁架、钢梁、次梁的垂直度和侧向弯曲矢高的允许偏差应符合表 4.57 的规定。

检查数量：按同类构件数抽查 10%，且不应少于 3 个。

检验方法：用吊线、拉线、经纬仪和钢尺现场实测。

钢屋（托）架、钢桁架、钢梁、次梁的垂直度和侧向弯曲矢高的允许偏差（mm）　　表 4.57

<table>
<tr><th>项目</th><th colspan="2">允许偏差</th><th>图例</th></tr>
<tr><td>跨中的垂直度</td><td colspan="2">$h/250$，且不大于 15.0</td><td>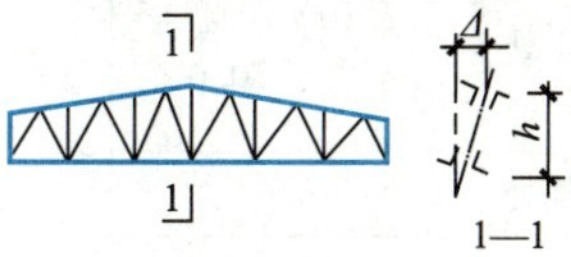
</td></tr>
<tr><td rowspan="3">侧向弯曲矢高 f</td><td>$l \leqslant 30$m</td><td>$l/1000$，且不大于 10.0</td><td rowspan="3">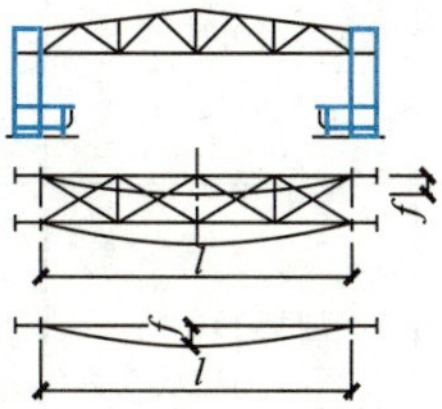
</td></tr>
<tr><td>30m$<l \leqslant$60m</td><td>$l/1000$，且不大于 30.0</td></tr>
<tr><td>$l>$60m</td><td>$l/1000$，且不大于 50.0</td></tr>
</table>

当钢桁架（或梁）安装在混凝土柱上时，其支座中心对定位轴线的偏差不应大于10mm；当采用大型混凝土屋面板时，钢架（或梁）间距的偏差不应大于10mm。

检查数量：按同类构件数抽查10%，且不应少于3个。

检验方法：用拉线和钢尺现场实测。

钢吊车梁或直接承受动力荷载的类似构件，其安装的允许偏差应符合表4.58的规定。

检查数量：按钢吊车梁数抽查10%，且不应少于3个。

检验方法：应符合表4.58的规定。

钢吊车梁安装的允许偏差（mm）　　表 4.58

<table>
<tr><th colspan="2">项目</th><th>允许偏差</th><th>图例</th><th>检验方法</th></tr>
<tr><td colspan="2">梁的跨中垂直度 Δ</td><td>$h/500$</td><td>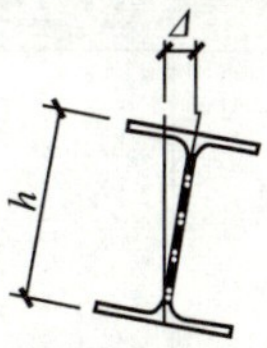
</td><td>用吊线和钢尺检查</td></tr>
<tr><td colspan="2">侧向弯曲矢高</td><td>$l/1500$，且不大于 10.0</td><td rowspan="2">—</td><td rowspan="3">用拉线和钢尺检查</td></tr>
<tr><td colspan="2">垂直上拱矢高</td><td>10.0</td></tr>
<tr><td rowspan="2">两端支座中心位移 Δ</td><td>安装在钢柱上时，对牛腿中心的偏移</td><td>5.0</td><td rowspan="3">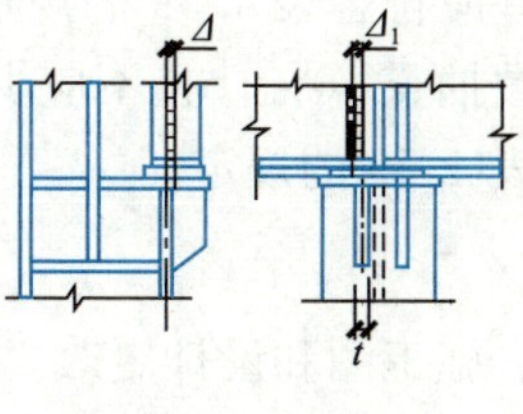
</td></tr>
<tr><td>安装在混凝土柱上时，对定位轴线的偏移</td><td>5.0</td><td></td></tr>
<tr><td colspan="2">吊车梁支座加劲板中心与柱子承压加劲板中心的偏移 $Δ_1$</td><td>$t/2$</td><td>用吊线和钢尺检查</td></tr>
</table>

续表

<table>
<tr><th colspan="2">项目</th><th>允许偏差</th><th>图例</th><th>检验方法</th></tr>
<tr><td rowspan="2">同跨间内同一横截面吊车梁顶面高差Δ</td><td>支座处</td><td>l/1000，且不大于 10.0</td><td rowspan="2">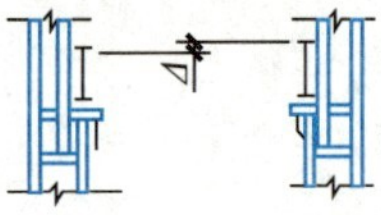</td><td rowspan="3">用经纬仪、水准仪和钢尺检查</td></tr>
<tr><td>其他处</td><td>15.0</td></tr>
<tr><td colspan="2">同跨间内同一横截面下挂式吊车梁底面高差Δ</td><td>10.0</td><td>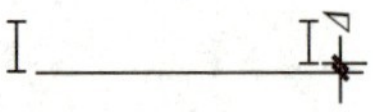</td></tr>
<tr><td colspan="2">同列相邻两柱间吊车梁顶面高差Δ</td><td>l/1500，且不大于 10.0</td><td>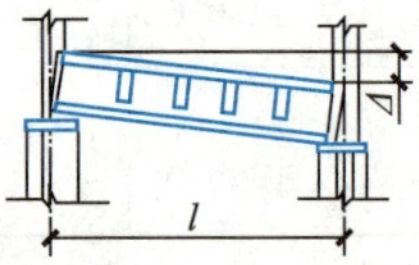</td><td>用水准仪和钢尺检查</td></tr>
<tr><td rowspan="3">相邻两吊车梁接头部位Δ</td><td>中心错位</td><td>3.0</td><td rowspan="3">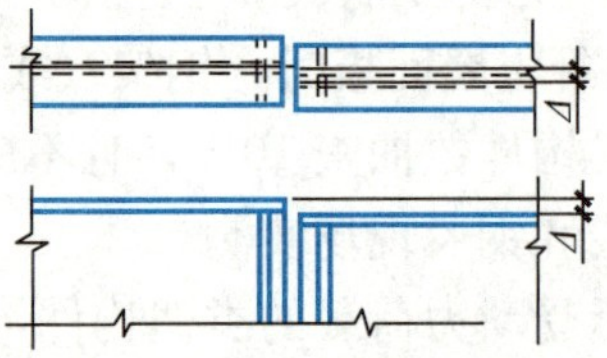</td><td rowspan="3">用钢尺检查</td></tr>
<tr><td>上承式顶面高差</td><td>1.0</td></tr>
<tr><td>下承式底面高差</td><td>1.0</td></tr>
<tr><td colspan="2">同跨间任意一截面的吊车梁中心跨距Δ</td><td>±10.0</td><td>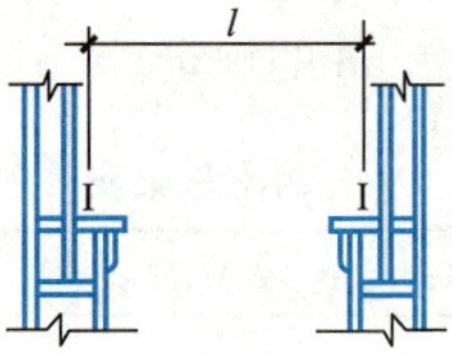</td><td>用经纬仪和光电测距仪检查；跨度小时，可用钢尺检查</td></tr>
<tr><td colspan="2">轨道中心对吊车梁腹板轴线的偏移Δ</td><td>t/2</td><td>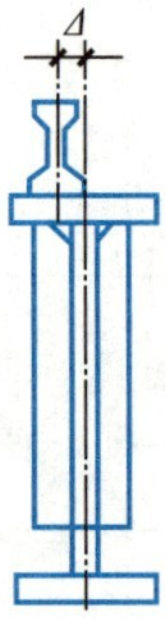</td><td>用吊线和钢尺检查</td></tr>
</table>

钢梁安装的允许偏差应符合表 4.59 的规定。

检查数量：按钢梁数抽查 10%，且不应少于 3 个。

检验方法：应符合表 4.59 的规定。

3. 质量验收资料

（1）钢结构竣工图、施工图和设计更改文件。

（2）材料的质量证明书和试验报告。

（3）隐藏工程中间验收记录、安装质量评定资料和分项工程竣工验收记录。

钢梁安装的允许偏差（mm） 表 4.59

项目	允许偏差	图例	检验方法
同一根梁两端顶面的高差Δ	l/1000，且不大于10.0	Δ l	用水准仪检查
主梁与次梁上表面的高差Δ	±2.0	Δ	用直尺和钢尺检查

（4）焊缝质量检验资料，焊工编号或标志。

（5）高强度螺栓施工检查记录。

（6）钢结构工程试验记录（当设计有规定时提供）。

备注：资料必须真实、有效、及时、正确和完整。钢结构工程施工的质量验收，应严格执行《钢结构工程施工质量验收标准》GB 50205—2020和其他相关现行质量标准。

4.6 装饰装修工程的质量控制

4.6.1 装饰装修工程的质量控制

抹灰是指将各种砂浆、装饰性石屑浆、石子浆等涂抹在建筑物的墙面、顶棚等部位的表面上的工作。按使用材料和装饰数量分为一般抹灰和装饰抹灰，其中一般抹灰按质量分为普通抹灰和高级打灰，装饰抹灰根据面层做法不同主要有水刷石、水磨石、斩假石、干粘石、喷涂、仿石、彩色抹灰等，另外抹灰工程按部位不同，又分为墙面抹灰、顶棚抹灰和外墙抹灰三类。

抹灰工程一般分为三个构造层次，即底层、中层和面层，施工工序一般包括基层处理、做灰饼、冲标筋、做阳角护角、抹底层灰、抹中导灰、抹面层灰等，后一道工序必须在前一道工序验收合格后进行。

1. 抹灰工程施工质量控制

抹灰工程必须在墙体检查合格后方可进行。对抹灰工程的质量检查，首先应查阅设计图纸，了解设计对抹灰工程的具体要求。同时还应检查原材料质保书和复试报告，对进入现场的材料进行质量把关。

21. 抹灰石膏工程

对抹灰工程还应加强施工过程中的检查。底层抹灰时，应注意检查墙体基层是否清理干净、浇水湿润，门、窗框与洞口的缝是否嵌密实，室内抹灰前阳角护角线必须完成。一般抹灰工程应按要求分层进行，不得一次完成，并按规范要求严格控制每层抹灰的厚度，同时应严格控制抹灰层的总厚度，这样可避免抹灰的空鼓与开裂。空鼓与开裂是抹灰工程的主要质量通病，其产生的主要原因有：

（1）基层处理不当，清理不干净；抹灰前浇水不透。

（2）墙面平整度差，一次抹灰太厚或未分层抹灰或分层抹灰间隔时间太近。

（3）水泥砂浆面层粉在石灰砂浆底层上。

（4）面层抹灰或装饰抹灰的中层抹灰表面未划毛、太光滑。

（5）装饰抹灰前未按要求在中层砂浆上刮水泥浆以增加粘结度。

（6）夏季施工砂浆失水过快。

为了有效地防止抹灰层的空鼓与开裂，在监督控制中应加强检查：

（1）抹灰前的基层处理。抹灰前基层是否处理干净，浇水湿透。对不平整的墙面须剔凿平整，凹陷处用1∶3水泥砂浆找平，然后按要求分层抹灰。当由于墙面不平整，造成抹灰厚度超过规范和设计要求时，应加钉钢丝网片补强措施，并适当增加抹灰层数，以防止抹灰的空鼓开裂脱落。

（2）抹灰材料的选用。水泥砂浆抹灰各层用料是否一致，对水泥砂浆抹灰各层必须用相同的砂浆或是水泥用量偏大的混合砂浆。

（3）中层抹灰的表面是否平整毛糙。装饰抹灰前是否按要求刮水泥浆处理。

（4）夏季抹灰应避免在日光暴晒下进行。

在抹灰工程的施工中，应注意预留洞、电气槽及管道背后等处的质量，检查时应特别注意这些部位。

检查抹灰工程的空鼓，可用小锤在抽查部位任意轻击，对空鼓而不裂的，面积小于 $200cm^2$ 的可不计，对空鼓大于 $200cm^2$ 以上的或空鼓又开裂的，必须进行整修。在检查抹灰表面时，可对所检查部位进行观察和手摸，同时可用2m托线板和楔形塞尺等辅助工具检查抹灰表面的平整度和垂直度。

检查数量：室外以4m左右高为一检查层，每20m长抽查一处（每处3延长米），但不少于3处。室内按有代表性的自然间抽查10%，过道按10延长米、礼堂、厂房等大间可按两轴线为一间，但不少于3间。

一般抹灰工程质量的允许偏差和检验方法应符合表4.60的规定。

一般抹灰工程质量的允许偏差和检验方法 **表4.60**

项次	项目	允许偏差（mm）		检验方法
		普通抹灰	高级抹灰	
1	立面垂直度	4	3	用2m垂直检测尺检查
2	表面平整度	4	3	用2m靠尺和塞尺检查
3	阴阳角方正	4	3	用200mm直角检测尺检查
4	分格条（缝）直线度	4	3	拉5m线，不足5m拉通线，用钢直尺检查
5	墙裙、勒脚上口直线度	4	3	拉5m线，不足5m拉通线，用钢直尺检查

注：1. 普通抹灰，本表第3项阴角方正可不检查。

2. 顶棚抹灰，本表第2项表面平整度可不检查，但应平顺。

2. 饰面板（砖）工程施工质量控制

饰面工程是建筑装饰装修工程最常见分项工程，它是指块料面层镶贴（或安装）在墙、柱表面和地面形成的装饰面层，包括饰面砖和饰面板两大类，其中饰面砖包括釉面瓷砖、陶瓷锦砖、玻璃锦砖、外墙面砖、地板砖等。饰面板又分为天然气石材板（花岗石板、大理石板和青石板等），金属饰面板（不锈钢板、钛金板、铝合金板、涂层钢板等），以及木质饰面板等。

检查时，首先查看设计图纸，了解设计对饰面板（砖）工程所选用的材料、规格、颜色、施工方法的要求，对工程所用材料检查其是否有产品出厂合格证或试验报告，特别对工程中所使用的水泥、胶粘剂，干挂饰面板和金属饰面板骨架所用的钢材、不锈钢连接件、膨胀螺栓等应严格把关。对钢材的焊接应检查焊缝的试验报告。当在高层建筑外墙饰面板采用干挂法安装时，采用膨胀螺栓固定不锈钢连接件，还应检查膨胀螺栓的抗拔试验报告，以保证饰面板安装安全可靠。

在对饰面板的检查中，外墙面采用干挂法施工时，应检查是否按要求做防水处理，如有遗漏应督促施工单位及时补做。检查不锈钢连接件的固定方法、每块饰面板的连接点数量是否符合设计要求。当连接件与建筑物墙面预埋件焊接时，应检查焊缝长度、厚度、宽度等是否符合设计要求，焊缝是否做防锈处理。对饰面板的销钉孔，应检查是否有隐性裂缝，深度是否满足要求。饰面板销钉孔的深度应为上下两块板的孔深加上板的接缝宽度稍大于销钉的长度，否则会因上块板的重量通过销钉传到下块板上，而引起饰面板损坏。

饰面板施铺时，着重检查钢筋网片与建筑物墙面的连接、饰面板与钢筋网片的绑扎是否牢固，检查钢筋焊缝长度、钢筋网片的防锈处理。施工中应检查饰面板灌浆是否按规定分层进行。

在饰面砖的检查中，应注意检查墙面基层的处理是否符合要求，这直接会影响饰面砖的镶贴质量。可用小锤检查基层的水泥抹灰有否空鼓，发现有空鼓应立即铲掉重做（板条墙除外），检查处理过的墙面是否平整、毛糙。

为了保证建筑工程面砖的粘结质量，外墙饰面砖应进行粘结强度的检验。每 $300m^2$ 同类墙体取 1 组试样，每组 3 个，每楼层不得少于 1 组；不足 $300m^2$ 每二楼层取 1 组。每组试样的平均粘结强度不应小于 0.4MPa；每组可有一个试样的粘结强度小于 0.4MPa，但不应小于 0.3MPa。

对金属饰面板应着重检查金属骨架是否严格按设计图纸施工，安装是否牢固。检查焊缝的长度、宽度、高度、防锈措施是否符合设计要求。

石板安装的允许偏差和检验方法应符合表 4.61 的规定。陶瓷板安装的允许偏差和检验方法应符合表 4.62 的规定。木板安装的允许偏差和检验方法应符合表 4.63 的规定。内墙饰面砖粘贴的允许偏差和检验方法应符合表 4.64 的规定。外墙饰面砖粘贴的允许偏差和检验方法应符合表 4.65 的规定。

石板安装的允许偏差和检验方法　　表 4.61

项次	项目	允许偏差（mm）			检验方法
		光面	剁斧石	蘑菇石	
1	立面垂直度	2	3	3	用 2m 垂直检测尺检查

续表

项次	项目	允许偏差（mm）			检验方法
		光面	剁斧石	蘑菇石	
2	表面平整度	2	3	—	用2m靠尺和塞尺检查
3	阴阳角方正	2	4	4	用200mm直角检测尺检查
4	接缝直线度	2	4	4	拉5m线，不足5m拉通线，用钢直尺检查
5	墙裙、勒脚上口直线度	2	3	3	
6	接缝高低差	1	3	—	用钢直尺和塞尺检查
7	接缝宽度	1	2	2	用钢直尺检查

陶瓷板安装的允许偏差和检验方法 表4.62

项次	项目	允许偏差（mm）	检验方法
1	立面垂直度	2	用2m垂直检测尺检查
2	表面平整度	2	用2m靠尺和塞尺检查
3	阴阳角方正	2	用200mm直角检测尺检查
4	接缝直线度	2	拉5m线，不足5m拉通线，用钢直尺检查
5	墙裙、勒脚上口直线度	2	拉5m线，不足5m拉通线，用钢直尺检查
6	接缝高低差	1	用钢直尺和塞尺检查
7	接缝宽度	1	用钢直尺检查

木板安装的允许偏差和检验方法 表4.63

项次	项目	允许偏差（mm）	检验方法
1	立面垂直度	2	用2m垂直检测尺检查
2	表面平整度	1	用2m靠尺和塞尺检查
3	阴阳角方正	2	用200mm直角检测尺检查
4	接缝直线度	2	拉5m线，不足5m拉通线，用钢直尺检查
5	墙裙、勒脚上口直线度	2	拉5m线，不足5m拉通线，用钢直尺检查
6	接缝高低差	1	用钢直尺和塞尺检查
7	接缝宽度	1	用钢直尺检查

内墙饰面砖粘贴的允许偏差和检验方法 表4.64

项次	项目	允许偏差（mm）	检验方法
1	立面垂直度	2	用2m垂直检测尺检查
2	表面平整度	3	用2m靠尺和塞尺检查
3	阴阳角方正	3	用200mm直角检测尺检查
4	接缝直线度	2	拉5m线，不足5m拉通线，用钢直尺检查
5	接缝高低差	1	用钢直尺和塞尺检查
6	接缝宽度	1	用钢直尺检查

外墙饰面砖粘贴的允许偏差和检验方法 表4.65

项次	项目	允许偏差（mm）	检验方法
1	立面垂直度	3	用2m垂直检测尺检查
2	表面平整度	4	用2m靠尺和塞尺检查
3	阴阳角方正	3	用200mm直角检测尺检查

续表

项次	项目	允许偏差（mm）	检验方法
4	接缝直线度	3	拉5m线，不足5m拉通线，用钢直尺检查
5	接缝高低差	1	用钢直尺和塞尺检查
6	接缝宽度	1	用钢直尺检查

4.6.2 幕墙工程施工

随着社会经济的发展，高层、超高层建筑增多，为了标新立异的需求，幕墙工程脱颖而出，并成为高层、超高层建筑外墙装饰的主流，因其能体现其建筑与众不同的特征，其主要特点是装饰艺术效果良好，自重轻、施工方便、工期短，更能反映建筑物及其使用者的实力，但也存在造价高，抗震、抗风性能较弱的缺点，尤其是以光玻璃幕墙对周围环境形成光污染。

虽然幕墙是近代科学的产物，但其发展速度极快，当前主要有玻璃幕墙、金属幕墙和石材幕墙三大类，其中玻璃幕墙已形成系列，包括明框、半隐框、隐框玻璃幕墙和全玻幕墙四种形式，并具备了较成熟的施工方法，本小节主要介绍玻璃幕墙施工质量控制。

1. 玻璃幕墙的一般要求

幕墙施工工艺流程为：测量、放线；调整和后置预埋件；确认主体结构轴线和各面中心线以中心线为基准向两侧排基准竖线；按图样要求安装钢连接件和立柱、校正误差，钢连接件满焊固定、表面防腐处理，安装横框；上、下边封修；安装玻璃组件；安装开启窗扇；填充泡沫棒并注胶；清洁、整理；检查、验收。

（1）弹线定位

由专业技术人员操作，确定玻璃幕墙的位置，这是保证工程安装质量的第一道关键性工序。弹线工作是以建筑物轴线为准，依据设计要求先将骨架的位置线弹到主体结构上，以确定竖向杆件的位置。工程主体部分，以中部水平线为基准，向上下返线，每层水平线确定后，即可用水平仪抄平横向节点的标高。以上测量结果应与主体工程施工测量轴线一致，如主体结构轴线误差大于规定的允许偏差时，则在征得监理和设计人员的同意后调整装饰工程的轴线，使其符合装饰设计及构造的需要。

（2）钢连接件安装

作为外墙装饰工程施工的基础，钢连接件的预埋钢板应尽量采用原主体结构预埋钢板，无条件时可采用后置钢锚板加膨胀螺栓的方法，但要经过试验决定其承载力。目前应用化学浆锚螺栓代替普通膨胀螺栓效果较好。玻璃幕墙与主体结构连接的钢构件一般采用三维可调连接件，其特点是对预埋件埋设的精度要求不很高，安装骨架时，上下左右及幕墙平面垂直度等可自如调整。

（3）框架安装

将立柱先与连接件连接，连接件再与主体结构预埋件连接，并进行调整、固定。立柱安装标高偏差不应大于3mm，轴线前后偏差不应大于2mm，左右偏差不应大于3mm。相邻两根立柱安装标高偏差不应大于3mm，同层立柱的最大标高偏差不应大于5mm；相邻两根立柱的距离偏差不应大于2mm。

同一层横梁安装由下向上进行，当安装完一层高度时，进行检查调整校正固定，符合质量要求后固定。相邻两根横梁的水平标高偏差不应大于1mm。同层横梁标高偏差：当一幅幕墙宽度小于或等于35m时，不应大于5mm；当一幅幕墙宽度大于35m时，不应大于7mm。

横梁与立柱相连处应垫弹性橡胶垫片，用于消除横向热胀冷缩应力以及变形造成的横竖杆间的摩擦响声。

（4）玻璃安装

玻璃安装前将表面尘土污物擦干净，所采用镀膜玻璃镀膜面朝向室内，玻璃与构件不得直接接触，以防止玻璃因温度变化引起胀缩导致破坏。玻璃四周与构件凹槽底应保持一定空隙，每块玻璃下部应设不少于2块的弹性定位垫块（如氯丁橡胶等），垫块宽度与槽口宽度相同，长度不小于100mm。隐框玻璃幕墙用经过设计确定的铝压板，用不锈钢螺钉固定玻璃组合件，然后在玻璃拼缝处用发泡聚乙烯垫条填充空隙。塞入的垫条表面应凹入玻璃外表面5mm左右，再用耐候密封胶封缝，胶缝须均匀、饱满，一般注入深度在5mm左右，并使用修胶工具修整。之后揭除遮盖压边胶带并清洁玻璃及主框表面。玻璃副框与主框间设橡胶条隔离，其断口留在四角，斜面断开后拼成预定的设计角度，并用胶粘接牢固，提高其密封性能。

（5）玻璃幕墙与主体结构之间缝隙处理

窗间墙、窗槛墙之间采用防火材料堵塞，隔离挡板采用1.5mm厚钢板，并涂防火涂料2遍。接缝处用防火密封胶封闭，保证接缝处的严密。

（6）避雷设施的安装

在安装立柱时应按设计要求进行防雷体系的可靠连接。均压环应与主体结构避雷系统相连，预埋件与均压环通过截面积不小于48mm^{2}的圆钢或扁钢连接。圆钢或扁钢与预埋件均压环进行搭接焊接，焊缝长不小于75mm。位于均压环所在层的每个立柱与支座之间应用宽度不小于24mm、厚度不小于2mm的铝条连接，保证其导电电阻小于10Ω。

2. 玻璃幕墙施工质量控制

（1）幕墙施工企业的要求

承接幕墙施工的企业，除必须具备相应的资质等级外，其施工的幕墙类型必须是在经核定的许可证范围之内，或经具有相应的幕墙专业设计资质单位设计的幕墙类型。

（2）安装要点控制施工

1）定位放线

玻璃幕墙的测量放线应与主体结构测量放线相配合，其中心线和标高点由主体结构单位提供并校核准确。

水平标高要逐层从地面基点引上，以免误差积累，由于建筑物随气温变化产生侧移，测量应每天定时进行。

放线应沿楼板外沿弹出墨线或用钢琴线定出幕墙平面基准线，从基准线测出一定距离为幕墙平面。以此线为基确定立柱的前后位置，从而决定整片幕墙的位置。

2）骨架安装

骨架安装在放线后进行。骨架的固定是用连接件将骨架与主体结构相连。固定方式一般有两种：一般是在主体结构上预埋铁件，将连接件与预埋铁件焊牢；另一种是在主体结构上钻孔，然后用膨胀螺栓将连接件与主体结构相连。

连接件一般用型钢加工而成，其形状可因不同的结构类型，不同的骨架形式，不同的安装部位而有所不同，但无论何种形状的连接件，均应固定在牢固可靠的位置上，然后安装骨架。骨架一般是先安竖杆件（立柱），待竖向杆件就位后，再安装横向杆件。

a. 立柱的安装

立柱先连接好连接件，再将连接件点焊在主体结构的预埋钢板上，然后调整位置，立柱的垂直度可用锤球控制，位置调整准确后，将支撑立柱的钢牛腿焊牢在预埋件上。

立柱一般根据施工运输条件，可以是一层楼高或二层楼高为一整根。接头应有一定空隙，采用套筒连接法。

b. 横梁的安装

横向杆件的安装，宜在竖向杆件安装后进行。如果横竖杆件均是型钢一类的材料，可以采用焊接，也可以采用螺栓或其他办法连接。当采用焊接时，大面积骨架需焊接的部位较多，因受热不均，容易引起骨架变形，故应注意焊接的顺序及操作。如有可能，应尽量减少现场的焊接工作量。螺栓连接是将横向杆件用螺栓固定在竖向杆件的铁码上。

铝合金型材骨架，其横梁与竖框的连接，一般是通过铝拉铆钉与连接件进行固定。连接件多为角铝或角钢，其中一条肢固定在横梁上，另一条肢固定竖框。对不露骨架的隐框玻璃幕墙，其立柱与横梁往往采用型钢，使用特制的铝合金连结板与型钢骨架用螺栓连接，型钢骨架的横竖杆件采用连结件连接隐蔽于玻璃背面。

3）玻璃安装

在安装前，应清洁玻璃，四边的铝框也要清除污物，以保证嵌缝耐候胶可靠粘结。玻璃镀膜面层应朝室内方向。

当玻璃在 $3m^2$ 以内时，一般可采用人工安装。玻璃面积过大，重量很大时，应采用真空吸等机械安装。

玻璃不能与其他构件直接接触时，四周必须有空隙，下部应有定位的垫块，垫块宽度与槽口相同，长度不小于100mm。

隐框幕墙构件下部应设两个金属支托，支托不应凸出到玻璃的外面。

4）耐候胶嵌缝

玻璃板材或金属板材安装后，板材之间的间隙，必须用耐候胶嵌缝，予以密封，防止气体渗透和雨水渗漏。

4.6.3　涂料工程

1. 涂料工程施工技术要求

（1）材料的质量要求

1）涂料（包括水溶性、溶剂型、乳液涂料）

涂料工程所用的涂料和半成品（包括施涂现场配制的），均应有品名、种类、颜色、制作时间、贮存有效期、使用说明和产品合格证。内墙涂料要求耐碱性、耐水性、耐粉化性良好，及有一定的透气性。外墙涂料要求耐水性、耐污染性和耐候性良好。

2）腻子

涂料工程使用的腻子的塑性和易涂性应满足施工要求，干燥后应坚固，不得粉化、起皮和开裂。并按基层、底涂料和面涂料的性能配套使用。处于潮湿环境的腻子应具有耐水性。

（2）涂料对基层的要求

涂料工程墙面基层，表面应平整洁净，并有足够的强度，不得酥松、脱皮、起砂、粉化等。混凝土和抹灰表面施涂溶剂型涂料时，含水率不得大于8%，和乳液涂料时，含水率不得大于10%，木料制品含水率不得大于12%。

（3）涂料工程的施工要求

严格按施工工序操作，选择正确的施工方法。

2. 涂料工程施工质量控制

涂料工程施工前，首先应检查基层是否平整，表面尘埃、油渍及附着砂浆等是否清扫干净，以防止批刮腻子后，产生腻子起皮、空鼓，最终影响涂料工程质量。对金属构件、螺钉等应检查是否进行了防锈处理。还应检查基层的含水率是否符合规范要求。核对设计图纸。了解设计对涂料工程的要求，检查进场涂料的品种、颜色是否符合要求，检查涂料的产品合格证、使用说明、生产日期和有效期。对产品质量有怀疑时，可取样做复试，合格后方可使用。

对批刮所用的腻子，应检查是否与基层墙面、使用部位和使用的涂料相匹配。在涂料工程施工中，应注意检查每一遍腻子（或涂料）施工时，上一遍的腻子（或涂料）是否干燥，并打磨平整。还应督促施工人员，在涂料施涂前和施涂过程中，应经常搅拌涂料，以避免产生涂层厚薄不一，色泽不匀现象。

在施工中还应注意施工环境。当施工现场尘土飞扬、太阳光直接照射、气温过高或过低、湿度过大时，应阻止施工人员进行涂料工程的施工，以保证涂料工程的质量。

（1）水性涂料涂饰工程施工质量控制

水性涂料涂饰工程所用涂料的品种、型号和性能应符合设计要求及国家现行标准的有关规定。

检验方法：检查产品合格证书、性能检验报告、有害物质限量检验报告和进场验收记录。

水性涂料涂饰工程的颜色、光泽、图案应符合设计要求。

检验方法：观察。

水性涂料涂饰工程应涂饰均匀、粘结牢固，不得漏涂、透底、开裂、起皮和掉粉。

检验方法：观察、手摸检查。

薄涂料的涂饰质量和检验方法应符合表4.66的规定。

薄涂料的涂饰质量和检验方法　　表4.66

项次	项目	普通涂饰	高级涂饰	检验方法
1	颜色	均匀一致	均匀一致	观察
2	光泽、光滑	光泽基本均匀，光滑无挡手感	均匀一致，光滑	
3	泛碱、咬色	允许少量轻微	不允许	
4	流坠、疙瘩	允许少量轻微	不允许	
5	砂眼、刷纹	允许少量轻微砂眼、刷纹通顺	无砂眼，无刷纹	

厚涂料的涂饰质量和检验方法应符合表 4.67 的规定。

厚涂料的涂饰质量和检验方法　　表 4.67

项次	项目	普通涂饰	高级涂饰	检验方法
1	颜色	均匀一致	均匀一致	观察
2	光泽	光泽基本均匀	均匀一致	
3	泛碱、咬色	允许少量轻微	不允许	
4	点状分布	—	疏密均匀	

复层涂料的涂饰质量和检验方法应符合表 4.68 的规定。

复层涂料的涂饰质量和检验方法　　表 4.68

项次	项目	质量要求	检验方法
1	颜色	均匀一致	观察
2	光泽	基本均匀	
3	泛碱、咬色	不允许	
4	喷点疏密程度	均匀，不允许连片	

墙面水性涂料涂饰工程的允许偏差和检验方法应符合表 4.69 的规定。

墙面水性涂料涂饰工程的允许偏差和检验方法　　表 4.69

项次	项目	允许偏差（mm）					检验方法
		薄涂料		厚涂料		复层涂饰	
		普通涂饰	高级涂饰	普通涂饰	高级涂饰		
1	立面垂直度	3	2	4	3	5	用 2m 垂直检测尺检查
2	表面平整度	3	2	4	3	5	用 2m 靠尺和塞尺检查
3	阴阳角方正	3	2	4	3	4	用 200mm 直角检测尺检查
4	装饰线、分色线直线度	2	1	2	1	3	拉 5m 线，不足 5m 拉通线，用钢直尺检查
5	墙裙、勒脚上口直线度	2	1	2	1	3	拉 5m 线，不足 5m 拉通线，用钢直尺检查

（2）溶剂型涂料涂饰工程

溶剂型涂料涂饰工程所选用涂料的品种、型号和性能应符合设计要求及国家现行标准的有关规定。

检验方法：检查产品合格证书、性能检验报告、有害物质限量检验报告和进场验收记录。

溶剂型涂料涂饰工程的颜色、光泽、图案应符合设计要求。

检验方法：观察。

溶剂型涂料涂饰工程应涂饰均匀、粘结牢固，不得漏涂、透底、开裂、起皮和反锈。

检验方法：观察、手摸检查。

色漆的涂饰质量和检验方法应符合表 4.70 的规定。

色漆的涂饰质量和检验方法　表 4.70

项次	项目	普通涂饰	高级涂饰	检验方法
1	颜色	均匀一致	均匀一致	观察
2	光泽、光滑	光泽基本均匀，光滑无挡手感	光泽均匀一致，光滑	观察、手摸检查
3	刷纹	刷纹通顺	无刷纹	观察
4	裹棱、流坠、皱皮	明显处不允许	不允许	观察

清漆的涂饰质量和检验方法应符合表 4.71 的规定。

清漆的涂饰质量和检验方法　表 4.71

项次	项目	普通涂饰	高级涂饰	检验方法
1	颜色	基本一致	均匀一致	观察
2	木纹	棕眼刮平，木纹清楚	棕眼刮平，木纹清楚	观察
3	光泽、光滑	光泽基本均匀，光滑无挡手感	光泽均匀一致，光滑	观察、手摸检查
4	刷纹	无刷纹	无刷纹	观察
5	裹棱、流坠、皱皮	明显处不允许	不允许	观察

墙面溶剂型涂料涂饰工程的允许偏差和检验方法应符合表 4.72 的规定。

墙面溶剂型涂料涂饰工程的允许偏差和检验方法　表 4.72

项次	项目	允许偏差（mm）				检验方法
		色漆		清漆		
		普通涂饰	高级涂饰	普通涂饰	高级涂饰	
1	立面垂直度	4	3	3	2	用 2m 垂直检测尺检查
2	表面平整度	4	3	3	2	用 2m 靠尺和塞尺检查
3	阴阳角方正	4	3	3	2	用 200mm 直角检测尺检查
4	装饰线、分色线直线度	2	1	2	1	拉 5m 线，不足 5m 拉通线，用钢直尺检查
5	墙裙、勒脚上口直线度	2	1	2	1	拉 5m 线，不足 5m 拉通线，用钢直尺检查

4.6.4 裱糊工程

1. 裱糊工程施工技术要求

(1) 材料的质量要求

1) 壁纸、墙布

壁纸、墙布要求整洁，图案清晰，颜色均匀，花纹一致，具有产品出厂合格证。运输和贮存时，不得日晒雨淋，也不得贮存在潮湿处，以防发霉。压延壁纸和墙布应平放；发泡壁纸和复合壁纸则应竖放。

2) 胶粘剂

胶粘剂有成品和现场调制两种。胶粘剂应按壁纸、墙布的品种选用，要求具有一定的防霉和耐久性。当现场调制时，应当天调制当天用完。胶粘剂应盛放在塑料桶内。

(2) 墙面基层的要求及处理

1) 混凝土、抹灰基层

混凝土、抹灰基层要求干燥，其含水率小于8%。将基层表面的污垢、尘土清除干净，泛碱部位，宜使用9%的稀醋酸中和、清洗。然后在基层表面满批腻子，腻子应坚实牢固，不得粉化、起皮和裂缝，待完全干燥后用砂皮纸磨平、磨光，扫去浮灰。批嵌腻子的遍数可视基层平整度情况而定。为了防止裱糊时基层吸水过快，可预先在批嵌过的基层涂一层聚合物：水=1：1的胶水。

2) 木基层

木基层的含水率应小于12%。首先将基层表面的污垢、尘土清扫干净，在接缝处粘贴接缝带并批嵌腻子，干燥后用砂皮纸磨平，扫去浮灰，然后涂刷一遍涂料（一般为清油涂料)。木基层也可根据设计要求和木基层的具体情况满批腻子，做法和要求同混凝土、抹灰基层。

(3) 裱糊工程的施工与质量要求

壁纸、墙布裱糊前，应将突出基层表面的设备或附件卸下。裱糊时先在墙面阴角或门框边弹出垂直基准线，以此作为裱糊第一幅壁纸、墙布的基准，将裁割好的壁纸浸水或刷清水，使其吸水伸张（浸水的壁纸应拿出水池，抖掉明水，静置20min后再裱糊)，然后在墙面和壁纸背面同时刷胶，刷胶不宜太厚，应均匀一致。再将壁纸上墙，对齐拼缝、拼花，从上而下用刮板刮平压实。对于发泡或复合壁纸宜用干净的白棉丝或毛巾赶平压实，上下边多出的壁纸，用刀裁割整齐，并将溢出的少量胶粘剂揩干净。

裱糊时如对花拼缝不足一幅的应裱糊在较暗或不明显部位。对开关、插座等突出墙面设备，裱糊前应先卸下，待裱糊完毕，在盒子处用壁纸刀对角划一十字开口，十字开口尺寸应小于盒子对角线尺寸，然后将壁纸翻入盒内，装上盖板等设备。

壁纸和墙布每裱糊2～3幅，或遇阴阳角时，要吊线检查垂直情况，以防造成累计误差。裱糊好的壁纸、墙布必须粘贴牢固，表面色泽一致，不得有气泡、空鼓、裂缝、翘边、皱折和斑污，斜视时无痕迹；表面平整，无波纹起伏，与挂镜线、贴脸板和踢脚板紧接，不得有缝隙；各幅拼接横平竖直，拼接处花纹、图案吻合，不离缝，不搭接，距墙面1.5m处正视，不显拼缝；阴阳转角垂直，棱角分明，阴角处搭接顺光，阳角处无接缝。

对于带背胶壁纸，裱糊时无需在壁纸背面和墙面上刷胶粘剂，可在水中浸泡数分钟后，直接粘贴。

对于玻璃纤维墙布、无纺墙布，无需在背面刷胶，可直接将胶粘剂涂于墙上即可裱糊，以免胶粘剂印透表面，出现胶痕。

2. 裱糊工程的质量控制

裱糊工程的基层处理得好坏，关系到整个裱糊工程的好坏，因此在裱糊工程的质量检查中，首先应检查基层的含水率是否符合规范要求。对基层进行批嵌前，应检查基层表面的污垢、尘土是否清理干净，以防止批嵌后腻子起皮、空鼓。对阴阳角方正和垂直度误差较大的基层，可先用石膏腻子进行批嵌处理，使阴阳角方正、垂直。第二遍批嵌，应待第一遍批嵌的腻子完全干燥，并磨平扫清浮灰后方可进行，当检查发现第一遍腻子未干燥时应阻止第二遍腻子的批嵌。

壁纸、墙布，一幅裱糊结束后，应及时检查，发现壁纸与墙面空鼓起泡时，可及时用注射器针头对准空鼓处刺穿，先排出气后，再注入适量的胶粘剂，刮平压实壁纸、墙布；检查发现壁纸、墙布有皱折时，要趁其未干，用湿毛巾轻拭表面，让其湿润后，用手慢慢把皱折处抚平；对于因垂直偏差过多造成较大的皱折，可将壁纸、墙布裁开拼接或搭接。

壁纸、墙布的种类、规格、图案、颜色和燃烧性能等级应符合设计要求及国家现行标准的有关规定。

检验方法：观察；检查产品合格证书、进场验收记录和性能检验报告。

裱糊工程基层处理质量应符合高级抹灰的要求。

检验方法：检查隐蔽工程验收记录和施工记录。

裱糊后各幅拼接应横平竖直，拼接处花纹、图案应吻合，应不离缝、不搭接、不显拼缝。

检验方法：距离墙面 1.5m 处观察。

壁纸、墙布应粘贴牢固，不得有漏贴、补贴、脱层、空鼓和翘边。

检验方法：观察；手摸检查。

裱糊后的壁纸、墙布表面应平整，不得有波纹起伏、气泡、裂缝、皱折；表面色泽应一致，不得有斑污，斜视时应无胶痕。

检验方法：观察；手摸检查。

壁纸、墙布与装饰线、踢脚板、门窗框的交接处应吻合、严密、顺直。与墙面上电气槽、盒的交接处套割应吻合，不得有缝隙。

检验方法：观察。

壁纸、墙布边缘应平直整齐，不得有纸毛、飞刺。

检验方法：观察。

壁纸、墙布阴角处应顺光搭接，阳角处应无接缝。

检验方法：观察。

裱糊工程的允许偏差和检验方法应符合表 4.73 的规定。

裱糊工程的允许偏差和检验方法　　表 4.73

项次	项目	允许偏差（mm）	检验方法
1	表面平整度	3	用 2m 靠尺和塞尺检查
2	立面垂直度	3	用 2m 垂直检测尺检查
3	阴阳角方正	3	用 200mm 直角检测尺检查

小结

建设工程的质量形成于建设活动的各个阶段，只有对每个阶段的每个工序步骤给予高度的重视，严格按照各施工质量验收规范的验收要点编制施工方案和相关技术措施，才能够真正使建设工程质量风险防患于未然。本节讲述了地基基础工程、砌体工程、钢筋混凝土工程、防水工程、钢结构工程、装饰装修工程的施工质量验收要点，实际工程一定要结合相关质量验收要点进行质量控制，从而保证建筑工程的质量。

思考及练习题

【单选题】

1. 灰土地基、砂和砂石地基分层厚度允许偏差为（　　）mm。

A. 50　　B. −50

C. ±50　　D. ±100

2. 现场拌制的砂浆应随拌随用，拌制的砂浆应在（　　）h内使用完毕。

A. 2　　B. 3

C. 4　　D. 8

3. 混凝土小型空心砌块砌体工程施工时所用的小砌块的产品龄期不应少于（　　）d。

A. 14　　B. 28

C. 60　　D. 90

4. 屋面防水工程应根据建筑物的类别、重要程度、使用功能要求确定防水等级，屋面防水有（　　）等级。

A. Ⅰ、Ⅱ两个

B. Ⅰ、Ⅱ、Ⅲ三个

C. Ⅰ、Ⅱ、Ⅲ、Ⅳ四个

D. Ⅰ、Ⅱ、Ⅲ、Ⅳ、Ⅴ五个

5. 地下防水弹性体改性沥青防水卷材搭接宽度为（　　）mm。

A. 80　　B. 100　　C. 120　　D. 150

6. 检验屋面有无渗漏或积水，排水系统是否畅通，可在雨后或持续淋水（　　）以后进行。有可能作蓄水检验的屋面宜作蓄水（　　）检验。

A. 1h，12h　　B. 2h，12h　　C. 2h，24h　　D. 2h，36h

7. 检查抹灰工程的空鼓，可用小锤在抽查部位任意轻击，对空鼓而不裂的，面积小于（　　）cm^2 的可不计，对空鼓大于（　　）cm^2 以上的或空鼓又开裂的，必须进行整修。

A. 100，100　　B. 200，200　　C. 300，300　　D. 400，400

8. 当玻璃在（　　）m^2 以内时，一般可采用人工安装。玻璃面积过大，重量很大时，应采用真空吸等机械安装。

A. 1　　B. 2　　C. 3　　D. 4

【多选题】

1. 混凝土在（　　）过程中严禁加水。

A. 搅拌　　B. 运输　　C. 输送

D. 浇筑　　E. 养护

2. 高聚物改性沥青防水卷材应进行哪些性能检测？（　　）

A. 拉伸性能　　B. 耐热度　　C. 柔性

D. 不透水性　　E. 徐变

3. 山墙、女儿墙和突出屋面的烟囱等墙体与防水层相交部渗漏雨水可能原因是（　　）。

A. 节点做法过于简单，垂直面卷材与屋面卷材没有很好地分层搭接

B. 卷材收口处开裂，在冬季不断冻结，夏天炎热溶化，使开口增大，并延伸至屋面基层

C. 未有效设置防水钢板

D. 由于卷材转角处未做成圆弧形、钝角或角太小

E. 女儿墙压顶砂浆等级低，滴水线未做或没有做好

4. 焊接质量控制的基本内容有（　）。

A. 焊工资格核查

B. 焊接工艺评定试验的核查

C. 核查焊接工艺规程和标准的合理性

D. 抽查焊接施工过程和产品的最终质量

E. 核查无损检测、焊接试验评定单位的资质

5. 建筑物定位轴线、基础上柱的定位轴线和标高应满足设计要求，其检验方法使用的仪器有（　）。

A. 经纬仪　　B. 水准仪　　C. 全站仪

D. 钢尺　　E. 靠尺

【填空题】

1. 土石方开挖的顺序、方法必须与设计工况和施工方案相一致，并应遵循（　）、（　）、（　）和（　）的原则。

2. 灌注桩排桩应采用低应变法检测桩身完整性，检测桩数不宜少于总桩数的（　），且不得少于（　）根。

3. 采用铺浆法砌筑砌体，铺浆长度不得超过（　）mm；当施工期间气温超过30℃时，铺浆长度不得超过（　）。

4. 在厨房、卫生间、浴室等处采用轻骨料混凝土小型空心砌块、蒸压加气混凝土砌块砌筑墙体时，墙底部宜现浇混凝土坎台，其高度宜为（　）mm。

5. 抹灰工程一般分为三个构造层次，即（　）、（　）和（　），施工工序一般包括基层处理，做灰饼、冲标筋、做阳角护角、抹底层灰、抹中导灰、抹面层灰等，后一道工序必须在前一道工序验收合格后进行。

6. 屋面卷材铺贴时，搭接缝应符合：平行屋脊的卷材搭接缝应顺流水方向；相邻两幅卷材短边搭接缝应错开，且不得小于500mm；上下层卷材长边搭接缝应错开，且不得小于幅宽的（　）。

7. 需要做防水施工的找平层的平整度，应用（　）m直尺检查；面层与直尺间最大空隙不应大于5mm；空隙应平缓变化，每米长度内不应多于一处。

【思考题】

1. 浇筑混凝土之前，应进行钢筋隐蔽工程验收。隐蔽工程验收应包括的内容有哪些？

2. 用于检验混凝土强度的试件应在浇筑地点随机抽取。对同一配合比混凝土，取样与试件留置应符合哪些规定？

3. 屋面防水的质量控制要点有哪些？

4. 屋面涂膜施工的质量控制要点有哪些？

5. 地下防水的质量控制要点有哪些?

6. 钢结构施工质量控制要点有哪些?

【实训题】

根据现行国家标准《建筑地基基础工程施工质量验收标准》GB 50202 的要求，编制土方工程施工质量控制措施。

第5章　建筑工程质量事故的处理

知识目标

1. 掌握建筑工程质量事故的概念；
2. 掌握建筑工程施工质量事故的特点；
3. 掌握建筑工程施工质量事故的分类。

能力目标

1. 能完成地基基础工程质量事故分析与处理；
2. 能完成砌体结构工程质量事故分析与处理；
3. 能完成钢筋混凝土工程质量事故分析与处理；
4. 能完成钢结构工程质量事故分析与处理；
5. 能完成屋面防水工程质量事故分析与处理。

素质目标

1. 掌握建筑工程项目质量与安全管理等技术技能，具有解决现场质量问题和进行现场创新的能力，能解决岗位现场较复杂的安全问题；

2. 掌握建筑工程质量事故分析与处理的要点，能够编制相应的技术文件，具备建筑工程项目事故分析与处理的能力；

3. 具有参与制订相应技术规程与技术方案的能力，能够从事技术研发、科技成果或实验成果转化；

4. 具有批判性思维、创新思维、创业意识，具有较强的分析问题和解决问题的能力。

学习重点

1. 砌体常见裂缝的分析与处理；
2. 混凝土工程质量事故的分析与处理；
3. 钢筋工程质量事故的分析与处理；
4. 模板工程质量事故的分析与处理；

5. 钢结构失稳引起的事故的分析与处理；
6. 钢结构火灾事故的分析与处理；
7. 钢结构锈蚀事故的分析与处理；
8. 刚性平屋面的防水质量问题分析；
9. 钢筋混凝土坡屋面的防水质量问题分析；
10. 柔性卷材屋面的防水质量问题分析。

学习难点

1. 混凝土工程质量事故的分析与处理；
2. 模板工程质量事故的分析与处理；
3. 钢结构失稳引起的事故的分析与处理；
4. 柔性卷材屋面的防水质量问题分析。

思维导图

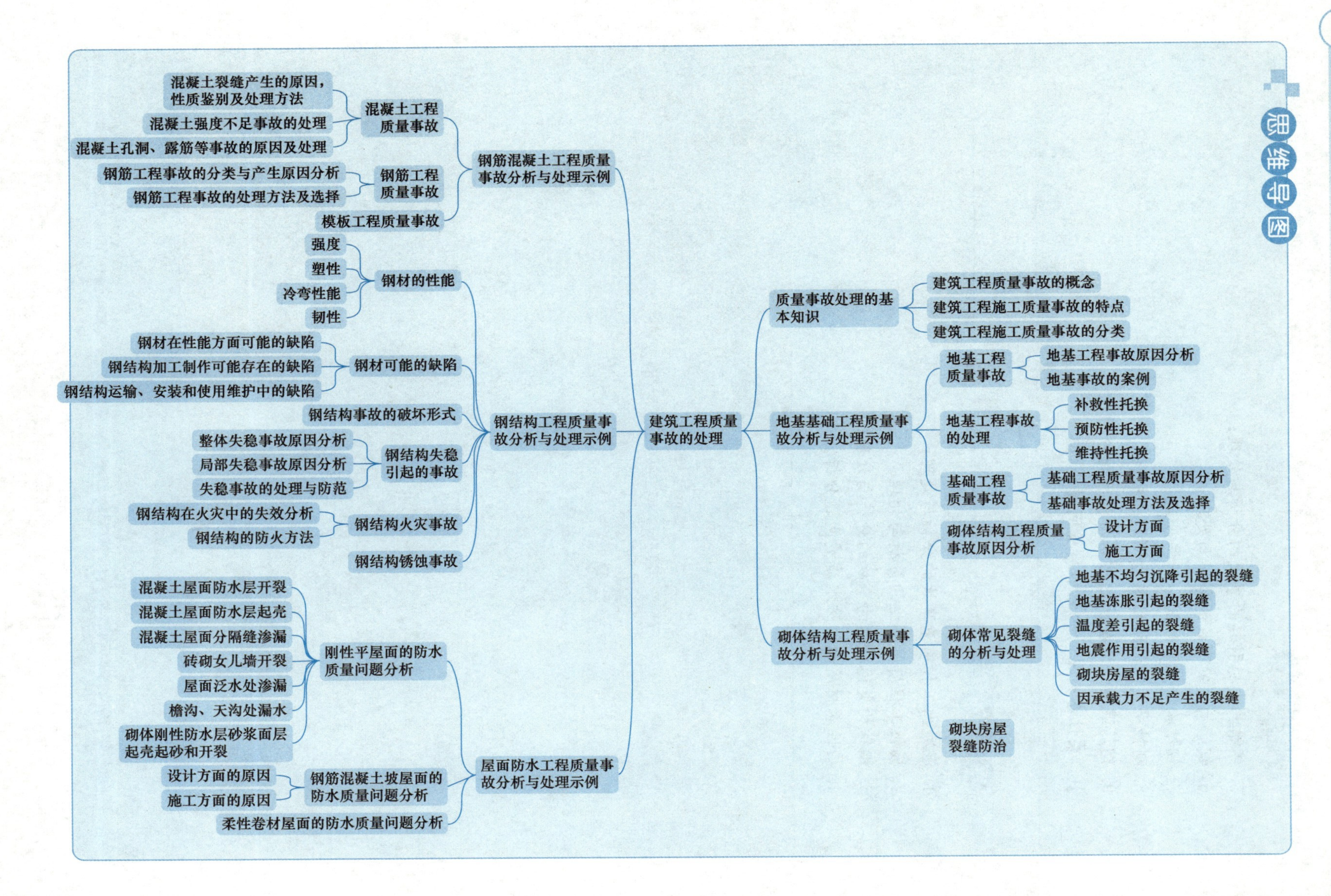
建筑工程质量事故的处理
质量事故处理的基本知识
建筑工程质量事故的概念
建筑工程施工质量事故的特点
建筑工程施工质量事故的分类
地基基础工程质量事故分析与处理示例
地基工程质量事故
地基工程事故原因分析
地基事故的案例
地基工程事故的处理
补救性托换
预防性托换
维持性托换
基础工程质量事故
基础工程质量事故原因分析
基础事故处理方法及选择
砌体结构工程质量事故分析与处理示例
砌体结构工程质量事故原因分析
设计方面
施工方面
砌体常见裂缝的分析与处理
地基不均匀沉降引起的裂缝
地基冻胀引起的裂缝
温度差引起的裂缝
地震作用引起的裂缝
砌块房屋的裂缝
因承载力不足产生的裂缝
砌块房屋裂缝防治
钢筋混凝土工程质量事故分析与处理示例
混凝土工程质量事故
混凝土裂缝产生的原因，性质鉴别及处理方法
混凝土强度不足事故的处理
混凝土孔洞、露筋等事故的原因及处理
钢筋工程质量事故
钢筋工程事故的分类与产生原因分析
钢筋工程事故的处理方法及选择
模板工程质量事故
钢结构工程质量事故分析与处理示例
钢材的性能
强度
塑性
冷弯性能
韧性
钢材可能的缺陷
钢材在性能方面可能的缺陷
钢结构加工制作可能存在的缺陷
钢结构运输、安装和使用维护中的缺陷
钢结构事故的破坏形式
钢结构失稳引起的事故
整体失稳事故原因分析
局部失稳事故原因分析
失稳事故的处理与防范
钢结构火灾事故
钢结构在火灾中的失效分析
钢结构的防火方法
钢结构锈蚀事故
屋面防水工程质量事故分析与处理示例
刚性平屋面的防水质量问题分析
混凝土屋面防水层开裂
混凝土屋面防水层起壳
混凝土屋面分隔缝渗漏
砖砌女儿墙开裂
屋面泛水处渗漏
檐沟、天沟处漏水
砌体刚性防水层砂浆面层起壳起砂和开裂
钢筋混凝土坡屋面的防水质量问题分析
设计方面的原因
施工方面的原因
柔性卷材屋面的防水质量问题分析

5.1 质量事故处理的基础知识

自中华人民共和国成立以来，我国进行了大规模的社会主义建设，特别是实行改革开放政策以来建造的一些建筑物，总建筑面积已超过 60 亿 m^2，成绩显著。这些建筑物在时间上虽然没有超过使用年限，但由于设计上的失误、施工质量较差、使用不合理、管理不善、环境因素等原因，使得一些建筑物提前出现了老化，不能完成预定的功能，有的建筑物虽为近年来才建成，也出现了质量事故；存在有很多隐患，有的已经成为“危房”而无法继续使用，有的甚至倒塌，造成了重大人员伤亡事故，给国家财产和人民生命造成了损失。鉴于这些原因，必须通过调查事故情况，分析事故产生的原因和规律，采取有效的措施，并使广大建筑从业人员掌握一些典型事故的分析处理技术，对常见的质量问题和事故事先加以预防，有助于在今后的建设工程中少犯错误，使工程质量得到充分的保障。

5.1.1 建筑工程质量事故的概念

22. 妙手回春，质量通病及其防治

“百年大计，质量第一”是建筑工程实施中的座右铭。《建筑法》是中国确保建筑工程质量和安全的国家法律，是使建筑业“有法可依、有法必依、执法必严、违法必究”的依据，使中国建筑工程的实施过程走上制度化、科学化、规范化和法治化的道路。

为保证建筑工程的质量，在《建筑法》中明确规定：“建筑工程勘察、设计、施工的质量必须符合国家有关建筑工程安全标准的要求”；“建筑物在合理使用寿命内，必须确保地基基础和主体结构的质量”；“交付竣工验收的建筑工程，必须符合规定的建筑工程质量标准”。建筑工程的分项分部工程和单位工程，凡是不符合规定的建筑工程质量标准者，均应视为存在质量问题。住房和城乡建设部也明确指出：“凡工程质量达不到合格标准的工程，必须进行返修、加固或报废”。

住房和城乡建设部规定：“凡工程质量达不到合格标准的工程，必须进行返修、加固或报废，由此而造成的直接经济损失在 10 万元以上的称为重大质量事故；直接经济损失在 10 万元以下，5000 元（含 5000 元）以上的为一般质量事故；经济损失不足 5000 元的列为质量问题。”按照《建筑结构可靠性设计统一标准》GB 50068—2018，建筑结构必须满足以下各项功能的要求：

（1）能承受正常施工和正常使用时可能出现的各种作用；

（2）在正常使用时具有良好的工作性能；

（3）在正常维护条件下具有足够的耐久性；

（4）在偶然作用（如地震作用、爆炸作用、撞击作用等）发生时及发生后，结构仍能保持必要的整体稳定性。

为了使建筑工程质量事故定义具有可操作性，结合住房和城乡建设部规定和《建筑结构可靠性设计统一标准》GB 50068—2018 的要求，本书定义：凡工程产品质量没有满足某个规定的要求，就称之为质量不合格或存在质量问题；建筑工程经常出现的（频率较高），因材料自身缺陷或工艺不完善、不按规范工艺施工，对建筑安全无影响或影响甚微的质量问题，称为质量通病；没有满足某个预期的使用要求或合理的期望或建筑施工质量中不符合规定要求的检验项、检验点，就称之为质量缺陷；由于建筑工程质量不合格引发的人身伤亡事故，或使建筑物造成设计有效使用年限内不可补救的缺陷、并因此而引发较大的经济损失事件，称之为建筑工程质量事故。

5.1.2 建筑工程施工质量事故的特点

根据我国有关质量、质量管理和质量保证方面的国家标准的定义，凡工程产品质量没有满足某个规定的要求，就称之为质量不合格；而没有满足某个预期的使用要求或合理的期望（包括与安全性有关的要求），则称之为质量缺陷。在建设工程中通常所称的工程质量缺陷，一般是指工程不符合国家或行业现行有关技术标准、设计文件及合同中对质量的要求。

由于工程质量不合格和质量缺陷，而造成或引发经济损失、工期延误或危及人的生命和社会正常秩序的事件，称为工程质量事故。

工程质量事故具有复杂性、严重性、可变性和多发性的特点。

1. 复杂性

在建筑业产品中，为满足各种特定的使用功能要求，适应自然和人文环境的需要，其种类繁多。我国幅员辽阔，各地区气候、地质、水文等条件相差很大，同种类型的建筑工程，由于所处地区不同、施工条件不同，可形成诸多复杂的技术问题和工程质量事故。建筑生产与一般工业相比有产品固定，生产流动；产品多样，结构类型不一，露天作业多，自然条件复杂多变；材料品种、规格多，材料性能各异；多工种、多专业交叉施工，相互干扰大；工艺要求不同、施工方法各异、技术标准不一等特点。因此，影响工程质量的因素繁多，造成质量事故的原因错综复杂，即使是同一类质量事故，而原因却可能截然不同。例如，就墙体开裂质量事故而言，其产生的原因就可能是：设计计算有误；地基不均匀沉降；或温度应力、地震作用、冻涨力的作用；也可能是施工质量低劣、偷工减料或材料不良等等。所以使得对质量事故进行分析，判断其性质、原因及发展，确定处理方案与措施等都增加了复杂性。

2. 严重性

工程质量事故的发生，往往会给相关单位带来诸多困难，轻者影响工程顺利进行、拖延工期、增加工程费用，重者则会留下隐患成为危险的建筑，影响作用功能或不能使用，更严重的还会引起建筑物的失稳、倒塌，造成人民生命、财产的巨大损失。所以对于建筑工程质量事故问题不能掉以轻心，必须高度重视，加强对工程建筑质量的监督管理，防患于未然，力争将事故消灭在萌芽状态之中，以确保建筑物的安全作用。

3. 可变性

许多建筑工程的质量事故出现后，其质量状态并非稳定于发现时的初始状态，而是有可能随时间、环境、施工情况等而不断地发展、变化着。例如，钢筋混凝土大梁上出现的裂缝，其数量、宽度和长度会随着周围环境温度、湿度的变化而变化，或随着荷载大小和荷载持续时间而变化，甚至有的细微裂缝也可能逐步发展成构件的断裂，以致造成工程倒塌。因此，有些在初始阶段并不严重的质量问题，如不及时处理和纠正，有可能发展成严重的质量事故，例如，开始时微细的裂缝可能发展为结构断裂或建筑物倒塌事故。所以在分析、处理工程质量事故时，一定要注意质量事故的多变性，应及时采取可靠的措施，防止事故进一步恶化；或加强观测与试验，取得可靠数据，预测未来发展的趋向。

4. 多发性

工程质量事故的多发性有两层涵义，一是有些工程质量事故像“常见病”“多发病”一样经常发生，被称为工程质量通病。这些问题不会引起构件断裂、建筑物倒塌等严重的后果，但由于其影响建筑产品的正常使用，也应予以充分重视。例如，混凝土裂缝、砂浆强度不足、预制构件开裂、房屋卫生间和房顶的渗漏等。二是有些表征相同或相近的严重工程质量事故重复发生。例如悬挑结构断裂倒塌事故。

5.1.3 建筑工程施工质量事故的分类

建筑工程质量事故的分类方法有多种，既可按造成损失严重程度划分，又可按其产生的原因划分，也可按其造成的后果或事故责任区分。各部门、各专业工程甚至各地区在不同时期界定和划分质量事故的标准尺度也不一样。国家现行标准对工程质量通常采用按照损失严重程度进行分类，其基本分类如下：

质量问题：凡是工程质量不合格，必须进行返修、加固或报废处理，由此造成直接经济损失低于5000元的。

（1）一般质量事故：凡具备下列条件之一者为一般质量事故。

1）直接经济损失在5000元（含5000元）以上，不满5万元的；

2）影响使用功能和工程结构安全，造成永久质量缺陷的。

（2）严重质量事故：凡具备下列条件之一者为严重质量事故。

1）直接经济损失在5万元（含5万元）以上，不满10万元的；

2）严重影响使用功能或工程结构安全，存在重大质量隐患的；

3）事故性质恶劣或造成2人以下重伤的。

（3）重大质量事故：凡具备下列条件之一者为重大质量事故，属建筑工程重大事故范畴。

1）工程倒塌或报废；

2）由于质量事故，造成人员死亡或重伤3人以上；

3）直接经济损失10万元以上。

按国家建设行政主管部门规定建设工程重大事故分为四个等级。工程建设过程中或由于勘察设计、监理、施工等过失造成工程质量低劣，而在交付使用后发生的重大质量事故，或因工程质量达不到合格标准，而需加固补强、返工或报废，直接经济损失10万元以上的重大质量事故。此外，由于施工安全问题，如施工脚手架、平台倒塌，机械倾覆、触电、火灾等造成建设工程重大事故。建筑工程重大事故分为以下四级：

1）凡造成死亡30人以上，或直接经济损失300万元以上为一级；

2）凡造成死亡10人以上29人以下，或直接经济损失100万元以上，不满300万元为二级；

3）凡造成死亡 3 人以上 9 人以下，或重伤 20 人以上或直接经济损失 30 万元以上，不满 100 万元为三级；

4）凡造成死亡 2 人以下，或重伤 3 人以上 19 人以下或直接经济损失 10 万元以上，不满 30 万元为四级。

（4）特别重大事故：凡具备国务院发布的《特别重大事故调查程序暂行规定》所发生一次死亡 30 人及其以上，或直接经济损失达 500 万元及其以上，或其他性质特别严重的情况之一均属特别重大事故。

5.2 地基基础工程质量事故分析与处理示例

在建筑结构的建筑和使用过程中，由于地基和基础工程的质量问题，使建筑物墙体和楼盖开裂影响使用，有碍观瞻并使人有不安全的感觉，更有甚者是建筑物倒塌的事故。在建筑结构的设计和施工过程中，人们普遍认为最难驾驭的并不是上部结构，而是该工程的地基和基础工程的问题，建筑物的上部结构尽管千变万化，复杂万分，但是电子计算机得到普遍应用，今天，它们基本上都是在设计和施工中可以被预知和掌握。而对于建筑群所在场地的地下土层分布则不然，一般地说，人们只能在设计前通过几个钻孔的土样的试验得知极少数信息，也只能在施工后，槽底的钎探结果了解其表层信息，至于更深层更全面的情况却不能全面掌握，往往凭经验加以处理，这就会产生误差，甚至错误造成对建筑物建成后的损坏，而且，地基基础都是地下隐蔽工程，建筑工程竣工后，难以检查，使用期间出现事故的苗头也不易察觉，一旦发生事故难以补救，甚至造成灾难性的后果。

5.2.1 地基工程质量事故

23. 基坑支护案例分析

地基事故可分为天然地基上的事故和人工地基上的事故两类。无论是天然地基上的事故还是人工地基上的事故，按其性质都可概括为地基强度和变形两大问题。地基强度问题引起的地基事故主要表现在地基承载力不足或地基丧失稳定性或斜坡丧失稳定性。地基变形问题引起的地基事故经常发生在软土、湿陷性黄土、膨胀土、季节性冻土等地区。

1. 地基工程事故原因分析

（1）地质勘察深度不足或者根本不勘察

设计基础前，规范要求应对地基进行勘察，为设计提供地基土质情况，承载力大小，水位高低，土层分布，有无局部异常现象等资料。如某建筑公司住宅楼，由于地基未勘察，土质不明，致使该工程正好建在一条暗河上，造成基础沉陷失去稳定，最终倒塌。

（2）基础设计不调查、不计算

一栋建筑物的基础，应根据地基土壤的性质，外部荷载，基础材料和形状来确定基础底面的尺寸，使基础底面应力小于地基土的容许承载力；使地基土变形值小于容许变形值，从而保证建筑物上部结构的安全和正常使用。如某县一栋四层钢筋混凝土框架厂房，当工程接近完工时，突然倒塌，造成严重的经济损失，究其原因是地基基础既未勘察又未计算，致使每个基础底面处的实际平均压力超过了容许承载力的 2.7 倍。

(3) 软弱地基不处理

软弱地基是指压缩层主要由淤泥质土、冲填土、杂填土或高压缩性土层构成的地基。由于其压缩量很小，在荷载作用下变形较大。因此，在软弱地基上建造房屋就必须注意减小基础的沉降，使之控制在允许范围内。如大连某县医院住院部由于基础坐落在未经处理的淤泥上，使基础严重沉陷，墙体出现 100 多条裂缝，影响使用。

(4) 忽视寒冷地区地基土的冻胀

在寒冷地区，基础埋置的最小深度要根据地基土的冻胀深度来确定，以免基础遭受冻害。如吉林省某县公安局办公楼遭受冻害，使该建筑物的墙体多处开裂，裂缝宽度有 20mm。

(5) 基础埋置深度不足

基础的埋置深度除在寒冷地区内要考虑地基土的冻胀程度外，还要考虑工程地质和水文条件，考虑相邻建筑物或构筑物的基础深度，还与基础的形式和构造相关，与传统地基的荷载大小和性质相关。然后，经过计算，在安全可靠和最经济的条件下确定其埋置深度。一般情形埋深大，造价较高，埋深小，不能保证建筑物的稳定性，通常不小于 0.5m。如某住宅小区五栋住宅楼有的基础坐落在没有开挖的草皮上，致使施工中就出现沉陷，墙体开裂，不得不推倒重建。

(6) 地基基础缺乏防护、防水、排水措施

地基基础应尽量避免在雨期施工，必须在雨期施工时，应采用技术措施保证地面水不流入基坑，已流入基坑的水要及时排出。如地下水位高于基坑（槽）底面时，也应采取排水或降低地下水位措施，使基坑（槽）保持无积水状态，被水浸泡的地基表层土要将其松软浸泡的部分铲去。基础施工完毕后，应分层夯实回填土。

(7) 不按图纸规范施工，粗制滥造

如某油库工程基础设计是钢筋混凝土预制桩，桩长 10m，混凝土强度等级 C30，但施工单位却私自将桩长改为 8.5m，混凝土强度等级改为 C20。桩顶也未配制钢筋，致使打桩时，桩顶被打烂。

2. 地基事故的案例

【案例 5-1】

某市修建一座库房楼，该库房为两层的楼房，平面呈一字形，东西向长 47.28m，南北向宽 10.68m，高 7.5m。库房正中为楼梯间，东西各两大间，每间长 10.89m、宽 10.20m。中部有两个独立柱基，内外墙均为条形基础。此楼在使用一年后，库房西侧二楼墙上即发现有裂缝。此后裂缝数量增多，裂缝宽度扩展。据详细调查统计，大裂缝已有 33 条，有的裂缝长度超过 1.80m，宽度达 10～30mm，且地面多处开裂。6 年之后，再度调查，发现裂缝长达 3.20m，裂缝宽度为 8～10mm，且内外贯通，说明 6 年多来库房的沉降一直都在发展。

1) 事故原因分析

原勘察失误是事故的主因，原勘察报告虽有钻孔资料，但仅有库房对角线的 41 号、46 号孔分别深 5.10m、5.35m，其余 5 个孔只有 2m 多，远不及基础受压层深度。更值得

注意的是有2个孔已穿过有机土和泥炭层，但却未做记录，在报告中未说明，只是简单地建议地基计算强度为$f_k=100kN/m^2$，这是该库房发生严重质量问题的根源。设计人员对这份粗糙的勘察报告，并未提出补做勘察的要求。此外，按规范规定对于三层和三层以上的房屋，其长高比$L/H=47.28/7.5=6.3$，此值远大于2.5，导致房屋的整体刚度过小，对地基过大、不均匀沉降的调整能力太弱。设计人员又未采取加强上部结构刚度的有力结构措施，也是导致墙体开裂的重要原因。

2）应吸取的教训

①工程勘察工作做得粗糙；②地基的选择和处理方法不当，未能使房屋坐落在比较均匀的天然或人工地基上；③上部结构整体刚度弱。此外，在勘察时要重视对钻孔深度的选择，必须按照设计要求确定合适的钻孔深度。如果由于勘察量不足，钻孔和深坑布点少，再加上钻孔深度不够，以致不能表达出土的不均匀性和层理的不一致性，就有可能引起建筑的翘曲和弯折而出现裂缝，造成危害和浪费。

5.2.2 地基工程事故的处理

一般对地基事故的处理都采用托换技术。托换技术是指对原有建筑物的地基和基础进行处理和加固，或在原有建筑物基础上需要修建地下工程，以及邻近处需要建造新工程而影响到原有建筑物安全问题的处理技术的总称。

根据实际工程对托换的不同要求，托换工程可分为三种不同类型：

1. 补救性托换

凡因原有建筑物基础下地基土不能满足承载力和变形要求，而需要将原有基础加深至比较好的持力层上；或因软土层很厚，而加深原基础又会遇到地下水，给施工带来困难，采用扩大原基础底面积的托换，如图5.1所示。

2. 预防性托换

如果原有建筑的地基土能满足地基承载力和变形要求，但由于在其邻近处要修建较深的新建筑物基础，包括深基坑的开挖和隧道穿越，因而需要将原有建筑物基础加深、桩基托换或进行地基土灌浆加固等托换措施，其中也包括平行于原有建筑物的基础而修筑比较深的墙体的侧向托换。侧向托换可采用地下连续墙、板桩墙或网状结构树根桩等托换措施，如图5.2所示。

3. 维持性托换

在新建的建筑物基础上预先设计好顶升措施，以适应事后产生不容许出现的地基差异沉降值时，设置千斤顶调整差异沉降的方式，称为维持性托换。

上述三种托换技术中，补救性托换不仅可以用于原有建筑物的地基事故处理，而且可用于旧房的加层改造，补救性托换还可以是加深基础和扩大原有基础底面积的托换措施，因此这种托换量大面广，在托换工程中所占比例很大。

5.2.3 基础工程质量事故

由于基础工程的质量问题而引起的上部结构（房屋）的开裂、倾斜甚至影响使用的事故屡见不鲜，甚至个别地区造成房屋的倒塌事故，涉及人员和财产安全。基础工程事故常见的有基础错位、基础变形、混凝土基础孔洞类型。

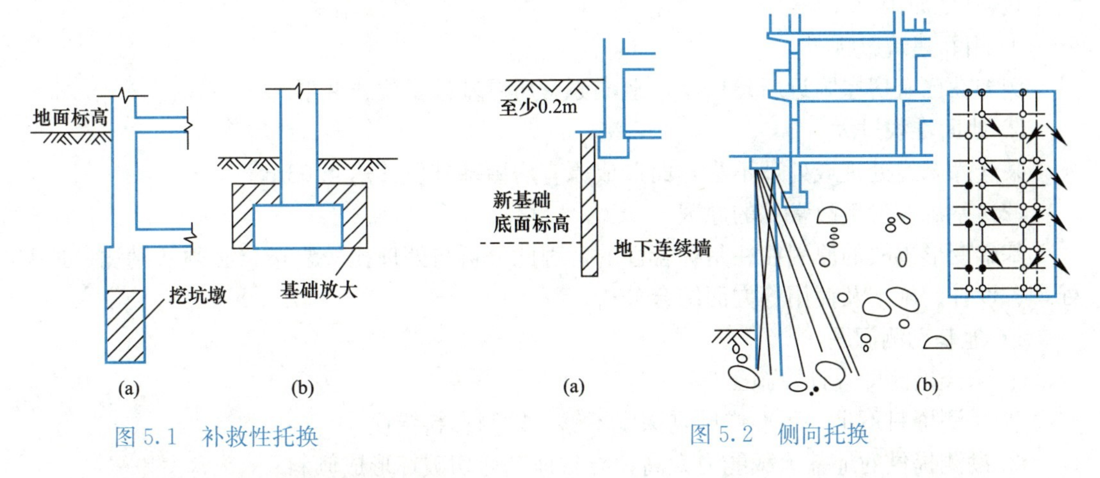

图 5.1　补救性托换

图 5.2　侧向托换

1. 基础工程质量事故原因分析

分析基础工程质量事故的原因是一项复杂的工作，它涉及的内容是多方面的，而且各种原因之间又相互交叉、相互影响。一般情况下我们将引起基础工程事故的原因归纳为勘察、设计、施工不当或环境和使用情况改变等几个方面。

（1）基础错位事故常见的原因

1）勘测失误

常见的有滑坡造成基础错位，地基及下卧层勘探不清所造成的过量下沉和变形等。

2）设计错误

设计草图错误或制图时错误，审图时又未发现所以也没有纠正；设计措施不当，诸如软弱地基未作适当处理，对湿陷性地基上的建筑物，无可靠的防水措施，又无相应的结构措施；对软硬不均匀地基上的建筑物，采用不适当的建筑结构方案等；土建施工图与水、电或设备图不一致。有的因设计各工种配合不良造成，有的则因土建施工图发出后，设备型号变更或当时提供给土建的资料不正确，又未作及时纠正而造成；设计时考虑不周到，施工中途进行图纸更改。

3）施工问题

① 测量放线错误

包括看图错误、测量错误、测量标志移位、施工放线误差大及误差积累。错位事故很大一部分是看错图，最常见的是把基础中心线看成轴线而出错。在建筑和结构施工图中，不是所有的轴线都与中心线重合。对设计图纸不熟悉、施工中又马虎的人容易犯这种错误。测量错误中最常见的是读错尺，这种偏差数值往往较大，施工中更应注意。在基础施工中控制点设在模板或脚手架上，导致出错，属于测量标志移位。

② 施工工艺不良

例如用推土机平整场地，并进行压实，而填土厚度又较大时，往往产生这类质量问题。还有基础工程完成后进行土方回填，若不是两侧均匀回填，往往造成基础移位或倾斜，有的甚至导致基础破裂。

③ 施工中地基处理不当

例如地基长期暴露，或浸水，或扰动后，未作适当处理。

4）其他原因

① 相邻建筑影响

例如在已有房屋附近新建房屋，造成原有房屋基础错位或变形。

② 地面堆载过大

某仓库未经处理或处理不当，而造成原有房屋基础位移达 4.66m。

（2）基础变形事故常见的原因

基础变形事故的原因往往是综合性的，因此分析与处理比较复杂，必须从勘测、地基处理、设计、施工及使用等方面综合分析。

1）地基勘测问题

① 未经勘测即设计、施工。

② 勘测资料不足、不准或勘测深度不够，勘测资料错误。

③ 勘测提供的地基承载能力太高，导致地基剪切破坏形成倾斜。

④ 土坡失稳导致地基破坏，造成基础倾斜。

2）地下水条件变化

① 施工中人工降低地下水位，导致地基不均匀下沉。

② 地基浸水，包括地面水渗漏入地基后引起附加沉降，基坑长期泡水后承载力降低而产生的不均匀下沉，形成倾斜。

③ 建筑物使用后，大量抽取地下水，造成建筑物下沉。

3）设计问题

① 建造在软土或湿陷性黄土地基上，设计没有采取必要的措施，造成基础产生过大的沉降。

② 地基土质不均匀，其物理力学性能相差较大，或地基土层厚薄不匀，压缩变形差大。

③ 建筑物的上部结构荷载差异大，建筑物体形复杂，导致不均匀下沉。

④ 建筑物上部结构荷载重心与基础底板形心的偏心距过大，加剧了偏心荷载的影响，增大了不均匀沉降。

⑤ 建筑物整体刚度差，对地基不均匀沉降较敏感。

⑥ 整板基础的建筑物，当原地面标高差很大时，基础室外两侧回填土厚度相差过大，会增加底板的附加偏心荷载。

⑦ 挤密桩长度差异大，导致同一建筑物下的地基加固效果明显不均匀。

4）施工问题

① 施工顺序及方法不当，例如建筑物各部分施工先后顺序错误；在已有建筑物或基础底板基坑附近，大量被置换的土方或建筑材料，造成建筑物下沉或倾斜。

② 人工降低地下水位影响。

③ 施工时扰动和破坏了地基持力层的土壤结构，使其抗剪强度降低。

④ 打桩顺序错误，相邻桩施工间歇时间过短，打桩质量控制不严等原因，造成桩基础倾斜或产生过大沉降。

⑤ 施工中各种外力，尤其是水平力的作用，导致基础倾斜。

⑥ 室内地面大量的不均匀堆载，造成基础倾斜。

【案例 5-2】 意大利比萨斜塔

(1) 工程及事故概况

比萨斜塔为八层建筑，总高 55m，因严重倾斜、伽利略在此做过自由落体试验而闻名世界。它是意大利中部城市比萨城内大教堂的一座钟楼，四周空旷，是一个独立建筑物。比萨斜塔自 1173 年 9 月 8 日破土动工，至 1178 年建至第四层中部高约 29m 时，因塔身明显倾斜，被迫停工。在斜塔施工中断 94 年后，于 1272 年复工，直至 1278 年完成第七层，塔高 48m，又停工。经再次中断 82 年后，于 1360 年第二次复工，直至 1370 年竣工。人们可以看出，该塔第七、八层之间有一个转折。

比萨斜塔呈圆柱形，塔身 1～6 层用优质大理石砌成，塔顶 7～8 层用砖和轻石料砌成。塔身内径 7.65m，砌体较厚：第一层为 4.1m，第 2～6 层为 2.6m。基础底面为圆环形，外径 19.35m，内径 4.51m。该塔每层设有圆柱和精美的花纹，整个斜塔是一座艺术精品。全塔总荷重为 145MN，地基承受的接触压力高达 500kPa。目前北侧沉降量约为 900mm，南侧沉降量为 2700mm。比萨斜塔向南倾斜，倾角约为 5.5°，塔顶离开竖向中心线的水平距离已超过 5m，其基础底面的倾斜值为 0.093，是我国规范允许值的十多倍。由此可见，比萨斜塔严重倾斜已达到危险的边缘。

比萨斜塔地基土的分布情况是：表层为 1.60m 厚的耕植土，下面为 5.4m 厚的粉砂层(即斜塔的持力层)，其下还有 3m 厚的粉土层和 30m 厚的黏土层，地下水埋深 1.8m，位于粉砂层顶部。

(2) 事故原因分析

比萨斜塔倾斜的主要原因是：

① 斜塔基础底面位于 2 层粉砂中。由于施工不慎，南侧粉砂局部外挤，造成偏心荷载，使斜塔南侧附加应力大于北侧，导致该塔向南倾斜。

② 斜塔基底压力高达 500kPa，超过地基持力层粉砂的承载力，地基产生塑性变形，使塔下沉。塔南侧接触压力大于北侧，南侧塑性变形必然大于北侧，使塔的倾斜加剧。

③ 斜塔地基中的黏土层厚达 30m，位于地下水位以下，处于饱和状态。在斜塔的长期重荷作用下，土体发生蠕变，也使斜塔继续缓慢倾斜。

④ 有一时期在比萨平原深层抽水，地下水位下降，相当于大面积加载，这是斜塔倾斜的主要原因。在 20 世纪 60 年代后期 70 年代早期，观察地下水位下降，同时测得钟塔的倾斜率增加。为了斜塔的安全，将地下水位恢复至天然高程后，斜塔的倾斜率也回到常值。

(3) 事故处理方法

① 卸荷处理。为了减轻钟塔地基荷重，1838—1839 年，于钟塔周围开挖一个环形基坑。基坑量测宽度约 3.5m，其深度塔北侧为 0.90m，南侧为 2.70m。基坑底部位于钟塔基础外伸的三个台阶以下，铺有不规则的块石。基坑外围用规整条石垂直向砌筑。

② 防水与灌水泥浆。为防止雨水下渗，于 1933—1935 年对环形基坑做防水处理，同时对基础环用水泥灌浆加强。

由于比萨斜塔的加固处理难度大，既要保持钟塔的倾斜，又要不扰动地基避免危险，还要加固地基，使斜塔安然无恙，所以，彻底的处理方案还一直在研究试验中。

2. 基础事故处理方法及选择

（1）基础错位事故处理方法

1）吊移法

将错位基础与地基分离后，用起重设备将基础吊离原位。然后，一方面按照正确的基础位置处理好地基，另一方面清理基础底面。在这两项工作都完成后，再将基础吊装到正确位置上。为了确保基础与地基的接触紧密，可采用坐浆安装。必要时，还可进行压力灌浆。此法通常适用于上部结构尚未施工、现场原有所需起重设备、基础有足够的强度和抗裂性能的情况。

2）顶推法

用千斤顶将错位基础推移到正确位置，然后在基底处作水泥压力灌浆，保证基础与地基之间接触紧密。此法适用于上部结构尚未施工、有适用的顶推设备、顶推后坐力所需的支护设施较简单的情况。

3）顶推牵拉法

当基础与上部结构同时产生错位时，常采用千斤顶将基础移到正确位置，同时，在上部适当位置设置钢丝绳，用花篮螺栓或手动葫芦进行牵拉，使上部结构与基础整体复位。

4）扩大法

将错位基础局部拆除后，按正确位置扩大基础。此法适用于错位的基础不影响其他地下工程、基础允许留设施工缝的情况。

5）托换法

当上部结构完成后，发现基础错位严重时，可用临时支撑体系支托上部结构，然后分离基础与柱的连接，纠正基础错位。最后，再将柱与处于正确位置的基础相连接。这类方法的施工周期较长，耗资较大，且影响正常生产。

6）其他方法

① 拆除重做。基础事故严重者只能拆除重做。

② 结构验算。基础错位偏差既不影响结构安全和使用要求，又不妨碍施工的事故，通过结构验算，并经设计单位同意时，通过修改上部结构的设计来确保使用要求和结构安全。

③ 修改设计。基础错位后，通过修改上部结构的设计来确保使用要求和结构安全。

（2）基础变形事故的处理方法

1）通过地基处理，矫正基础变形。所用方法有沉井法、浸水法、降水法、掏土法、振动局部液化法、注入外加剂使地基土膨胀法、地基应力解除法、水平挤密桩法等。

2）顶升纠偏法。包括从基础上加千斤顶顶升纠偏；地面上切断墙、柱进行顶升纠偏等。

3）预留纠偏法。包括抽砂法、预留千斤顶顶升法等。

4）顶推或吊移法。包括用千斤顶或其他机械设备将变形基础推移到正确位置，以及用吊装设备将错位基础吊移纠正变形等。

5）卸荷法。通过局部卸荷调整地基不均匀下沉，达到矫正变形的目的。

6）反压法。通过局部加荷调整地基不均匀沉降而实现纠偏。

7）加固基础法。包括抬墙梁法；沉井、沉箱法；锚桩静压桩法；压入桩法等。

选择纠正基础变形的方法时应注意以下几点：

① 准确查清基础变形原因。除要认真查阅原设计图纸、地质报告和施工记录等有关资料外，还应深入了解施工中的实际情况。必要时补做勘测，彻底查明地基土质及基础状况，找出基础变形的准确原因，为正确选择处理方案提供可靠依据。

② 优选处理方案。通过技术经济比较，选用合理、经济方案。

③ 认真做好矫正变形前的准备工作。在纠偏施工前，要根据方案做现场试验，用来验证所选用的方案的可行性和确定施工参数。

【案例 5-3】 某市计量局测试中心楼的基础错位

（1）工程及事故概况

该测试中心楼第一单元为五层框架结构，有 12 个钢筋混凝土柱基础。混凝土基础上为简支基础梁。基础梁上砌筑框架房屋外墙，西侧走廊外墙为条形砂垫层砖基础。室内有一地下储粪坑，在安装 2 层框架梁、板的钢模时，发现建筑物轴线偏移。经复测，混凝土基础普遍错位，偏位最大值 690mm，房屋轴线已呈平行四边形。基础及柱构造如图 5.3 所示，地基为黏土，承载力 [R]=180kPa。

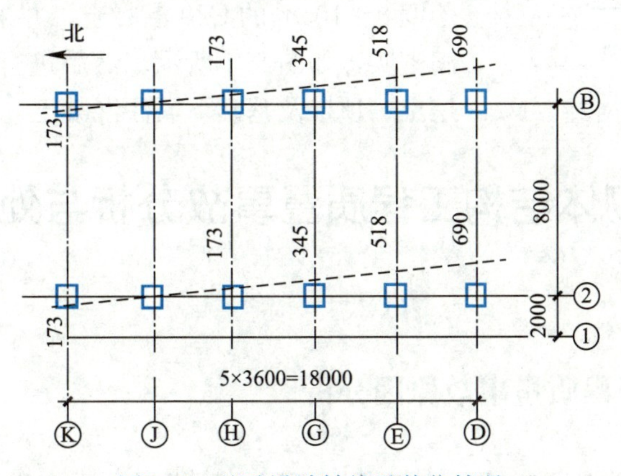

图 5.3　基础设计轴线及偏位情况

（2）事故原因分析

该事故纯属施工放线有误，不需加固地基，只需将偏位基础纠正过来即可。

（3）事故处理方法

经过多种方案比较，选择用千斤顶平移办法纠偏。其要点如下：

1）确定所需顶推力。由基础和柱的构造图可知，其自重力 G=39t，重心位于底面上 609mm 处的中心线上。根据原设计图得知，该混凝土基础下有 10cm 左右的碎石垫层，因而取摩擦系数 μ=0.8，即顶推力 $P=\mu G$=324kN。本工程用一台 200t 油压千斤顶，两台丝杆千斤顶，200t 千斤顶是顶推主机，回落行程用 2 台丝杆千斤顶，阻止基础反弹回来。

2）顶推着力点和后背设计。顶推着力点位于基础重心以下，作用在底盘侧壁立面二分之一高度处。

推力 P 取 324kN，顶推时的倾覆力矩为：

$$Ph_1=97.2\text{kN}\cdot\text{m}$$

自重力 G=399kN，顶推时的稳定力矩为：

$$Gh_2=877.8\text{kN}\cdot\text{m}$$

显然，稳定力矩远大于倾覆力矩，千斤顶顶推时基础只会平移向前。

后背着力面积 $P/[R]$=1.8m，而实际达4.8m，后背土体没有发生破坏。千斤顶及顶铁必须置于水平板上，如基础底盘侧壁无垂直面则必须加工。

3）纠偏操作步骤：

① 正确基础轴线的重新施测。为此需打控制桩，并在桩子相邻的两面上吊垂直线标出列、行线，检查柱子原有的垂直度。由于②轴与①轴的基础交点J2与储粪池墙壁相距仅9cm，不能架设千斤顶，征得设计同意，①轴的两个基础不能作顶推，只推其余10个。

② 顶推顺序的确定。先顶推②轴线，后推③轴线。挖土、顶推纠偏均按此顺序，保证了都有坚固的后背土体。

③ 纠偏控制。根据控制桩位拉出轴线，用它检查顶推情况，测量顶推后柱子是否已到达正确位置，并作出记录。②轴线的5个基础顶推到预定位置，统一检查验收后，即着手对基础下面的脱空部位进行处理。基础下被牵动的松土全部挖除，灌注坍落度8～10cm的C20混凝土，并采用二次振捣法使其充满密实，如图5.4所示。然后进行③轴线管5个基础的挖土、顶推及基础下灌注混凝土。

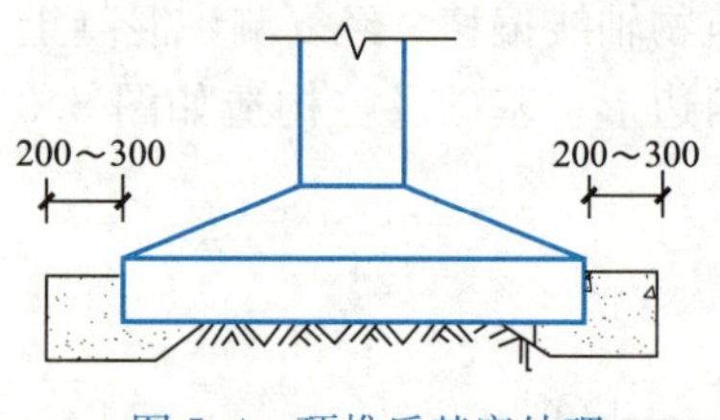

图5.4 顶推后基底处理

5.3 砌体结构工程质量事故分析与处理示例

5.3.1 砌体结构工程质量事故原因分析

24.若即若离，填充墙砌体工程

由于砌体结构材料来源广泛，施工可以不用大型机械，手工操作比例大，相对造价低廉，因而得到广泛应用。许多住宅、办公楼、学校、医院等单层或多层建筑大多采用砖、石或砌块墙体和钢筋混凝土楼盖组成的混合结构体系。近年来发生砌体结构的事故比重较大，引起事故的原因很多，主要有以下几个方面：

1. 设计方面

（1）设计马虎，不够细心。有许多是套用图纸，应用时未经校核。有时参考了别的图纸，但荷载增加了，或截面减少了而未作计算。有的虽然作了计算，但因少算或漏算荷载，使实际设计的砌体承载力不足，如再遇上施工质量不佳，常常引起房屋倒塌。

（2）整体方案欠佳，尤其是未注意空旷房屋承载力的降低因素。一些机关会议室、礼堂、食堂或农村企业车间，层高大，横墙少，大梁下局部压力大，若采用砌体结构应慎重设计、精心施工。目前，随着农村经济的发展，农用礼堂、车间采用的空旷房屋结构迅速增加，但未重视有关空旷房屋的严格要求，造成事故很多。

(3) 有的设计人员注意了墙体总的承载力的计算，但忽视了墙体高厚比和局部承压的计算。高厚比不足也会引起事故，这是因为高厚比过大的墙体过于单薄，容易引起失稳破坏。支承大梁的墙体，总体上承载力可满足要求，但大梁下的砖柱、窗间墙的局部承压强度不足，如不设计梁垫，或设置梁垫尺寸过小，则会引起局部砌体被压碎，进而造成整个墙体的倒塌。

(4) 未注意构造要求。重计算、轻构造是没有经验的工程师的一些不良倾向。在构造措施中，圈梁的布置、构造柱的设置可提高砌体结构的整体安全性。在意外事故发生时可避免或减轻人员伤亡及财产损失，千万要注意。

2. 施工方面

(1) 砌筑质量差。砌体结构为手工操作，其强度高低与砌筑质量有密切关系。施工管理不善、质量把关不严是造成砌体结构事故的重要原因。例如：施工中雇用非技术工人砌筑，砌出墙体达不到施工验收规范的要求。其中，砌体接槎不正确、砂浆不饱满、上下通缝过长、砖柱采用包心砌法等引起的事故频率很高。

(2) 在墙体上任意开洞，或拆了脚手架，脚手架未及时填好或填补不实，过多地削弱了断面。

(3) 有的墙体比较高，横墙间距又大，在其未封顶时，未形成整体结构，处于长悬臂状态。施工中如不注意临时支撑，则遇上大风等不利因素将造成失稳破坏。

(4) 对材料质量把关不严。对砖的强度等级未经严格检查，砂浆配合比不准、含有杂质过多，因而造成砂浆强度不足，从而导致砌体承载力下降，严重的会引起倒塌。

5.3.2　砌体常见裂缝的分析与处理

砌体工程中最常见的事故是裂缝，是非常普遍的质量事故之一。砌体轻微细小裂缝影响外观和使用功能，严重的裂缝影响砌体的承载力，甚至引起倒塌。在很多情况下裂缝的发生与发展往往是大事故的先兆，对此必须认真分析，妥善处理。要求对质量问题的分析力求全面、准确、客观；对事故的性质、危害、原因、责任都不能遗漏；要有科学的论证和判断；言之有理，论之有据。砌体中发生裂缝的原因主要有地基不均匀沉降、地基不均匀冻胀、温度变化引起的伸缩、地震等灾害作用以及砌体本身承载力不足等5个方面。

1. 地基不均匀沉降引起的裂缝

房屋的全部荷载最终通过基础传给地基，而地基在荷载作用下，其应力随深度而扩散，深度愈大，扩散愈大，应力愈小；在同一深度处，也总是中间最大，向两端逐渐减小。也正是由于土壤这种应力的扩散作用，即使地基地层非常均匀，房屋地基应力分布仍然是不均匀的，从而使房屋地基产生不均匀沉降，即房屋中部沉降多，两端沉降少，形成微向下凹的盆状曲面的沉降分布。在地质较好、较均匀，且房屋的长高比不大的情况下，房屋地基不均匀沉降的差值是比较小的，一般对房屋的安全使用不会产生多大的影响。但房屋修建在淤泥土质或软塑状态的黏性土上时，由于土的强度低、压缩性大，房屋的绝对沉降量和相对不均匀沉降量都可能比较大。如果房屋设计的长度比较大，整体刚度差，而对地基又未进行加固处理，那么墙体就有可能出现严重的裂缝。裂缝对称地发生在纵墙的两端，向沉降较大的方向倾斜，沿着门窗洞口约呈 45°，呈八字形，且房屋的上部裂缝小，下部裂缝大，如图 5.5 所示。这种裂缝，必然是地基附加应力作用使地基产生不均匀沉降而形成的。

当房屋地基土层分布不均匀，土质差别较大时，则往往在不同土层的交接处或同一土层厚薄不一处出现明显的不均匀沉降，造成墙体开裂，其裂缝上大下小，向土质较软或土层较厚的方向倾斜，如图 5.6 所示。

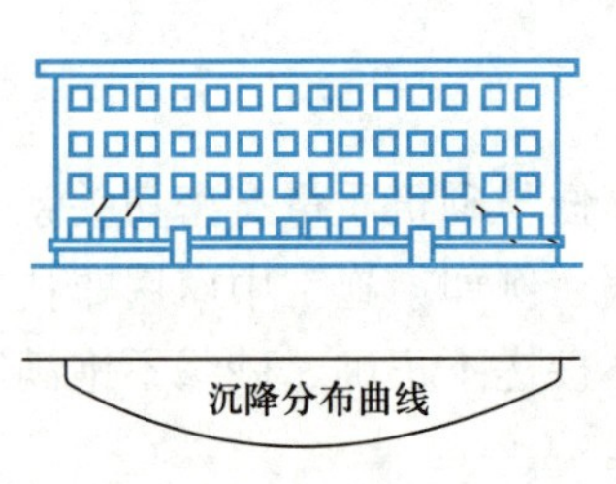

图 5.5 附加应力引起地基不均匀沉降裂缝

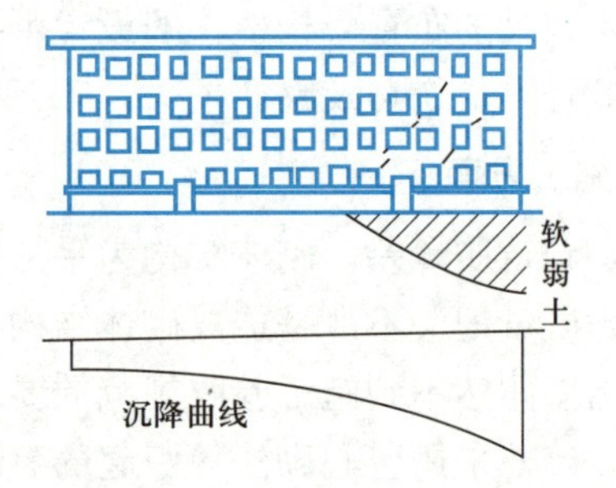

图 5.6 地基土层分布不均

在房屋高差较大或荷载差异较大的情况下，当未留设沉降缝时，也容易在高低和荷重不同的部位产生较大的不均匀沉降裂缝。此时，裂缝位于层数低荷载轻的部分，并向上朝着层数高荷载重的部分倾斜，如图 5.7 所示。

当房屋两端土质压缩性大，中部小时，沉降分布曲线将呈凸性，此时，往往除了在纵墙两端出现向外倾斜裂缝外，也常在纵墙顶部出现竖向裂缝，如图 5.8 所示。

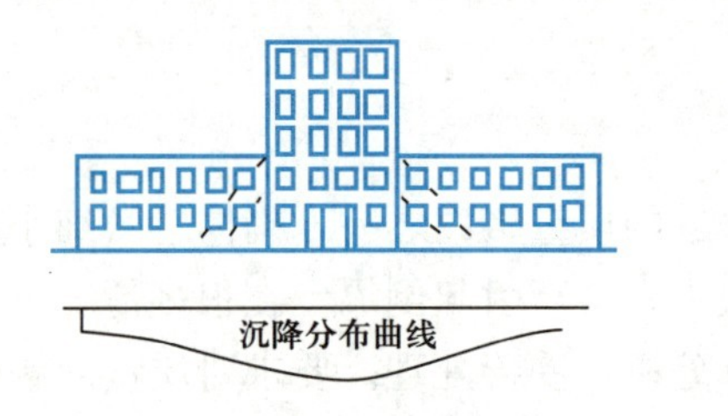

图 5.7 房屋荷载差异大时地基不均匀沉降

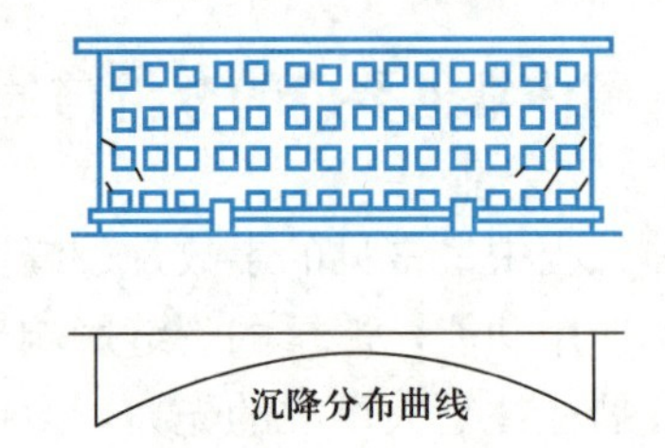

图 5.8 地基两端沉降大中部小时地基不均匀沉降

在多层房屋中，当底层窗台过宽时，也往往容易因荷载由窗间墙集中传递，使地基不均匀沉降，致使窗台在地基反力作用下反向弯曲，引起窗台中部的竖向裂缝。

此外，新建房屋的基础若位于原有房屋基础之下，则要求新、旧基础底面的高差 h 与净距 L 的比值应小于 0.5～1；否则，由于新建房屋的荷载作用使地基沉降而引起原有房屋、墙体开裂。同理，在施工相邻的高层和低层房屋时，亦应本着先高、重，后低、轻的原则组织施工；否则，若先施工了低层房屋后施工了高层房屋，则也会造成低层房屋墙体开裂。

从以上分析可知，裂缝的分布与墙体的长高比有密切关系，长高比大的房屋因刚度差，抵抗变形能力差，故容易出现裂缝；因纵墙的长高比大于横墙的长高比，所以大部分裂缝发生在纵墙上。裂缝的分布与地基沉降分布曲线密切有关，当沉降分布曲线为凹形时，裂缝较多的发生在房屋的下部，裂缝宽度下大上小；当沉降分布曲线为凸形时，裂缝较多的发生在房屋的上部，裂缝宽度上大下小。裂缝分布与墙体的受力特点密切相关，在门窗洞口处，平面转折处、层高变化处，由于应力集中，往往也就容易出现裂缝；又因墙体是受剪破坏，其主拉应力为 45°，所以裂缝也呈 45°倾斜。

为了防止地基不均匀沉降引起墙体开裂，首先应处理好软土地基和不均匀地基，但在拟定地基加固和处理方案时，又应将地基处理和上部结构处理结合起来考虑，使其能共同工作；不能单纯从地基处理出发，否则，不仅费用大，而效果亦差。在上部结构处理上有：改变建筑物体形；简化建筑物平面；合理设沉降缝；加强房屋整体刚度（如增加横墙、增设圈梁、采用筏形基础、箱形基础等）；采用轻型结构、柔性结构等。

2. 地基冻胀引起的裂缝

地基土上层温度降到 0℃以下时，冻胀性土中的上部水开始冻结，下部水由于毛细管作用不断上升在冻结层中形成冰晶，体积膨胀，向上隆起。隆起的程度与冻结层厚度及地下水位高低有关，一般隆起可达几毫米至几十毫米，其折算冻胀力可达 2×10^{6} MPa，而且往往是不均匀的，建筑物的自重往往难以抗拒，因而建筑物的某一局部就被顶了起来，引起房屋开裂。

这类冻胀裂缝在寒冷地区的一、二层小型建筑物中很常见。若设计员对冻胀的危害性认识不足，认为是小建筑，基础埋浅一点就可以了；或者施工人员素质欠佳，遇到冻土很坚硬，难以开挖，就擅自抬高基础埋深，从而造成冻胀裂缝。此外，有些建筑物的附属结构，如门斗、台阶、花坛等往往设计或施工不够精心，埋深不够，常造成冻胀裂缝。一些冻胀引起的裂缝如图 5.9 所示。

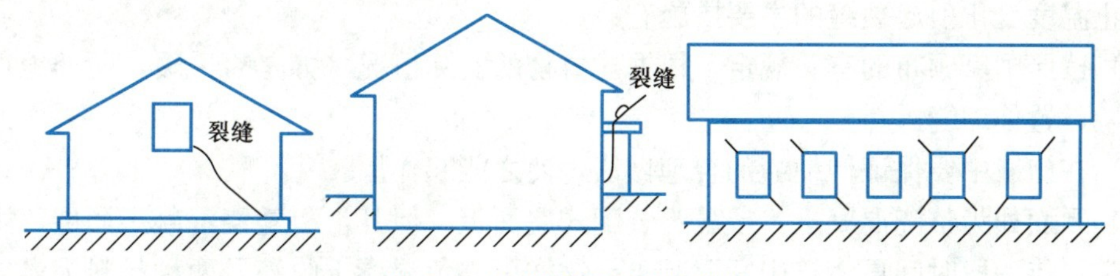

图 5.9 地基冻胀引起的裂缝

防止冻胀引起裂缝的主要措施有：

(1) 一定要将基础的埋置深度计算到冰冻线以下。不要因为是中小型建筑或附属结构而把基础置于冰冻线以上。有时，设计人员对室内隔墙基础因有采暖而未置于冰冻线以下，从而引起事故。应注意在施工时，或交付使用前即有发生冻胀事故的可能，并采取适当措施。

(2) 在某些情况下，当基础不能做到冰冻线以下时，应采取换土（换成非冻胀土）等措施消除土的冻胀。

(3) 用单独基础，采用基础梁承担墙体重量，其两端支承于单独基础上。基础梁下面应留有一定孔隙，防止土的冻胀顶裂基础和砖墙。

3. 温差引起的裂缝

热胀冷缩是绝大多数物体的基本物理性能，砌体也不例外。由于温度变化不均匀使砌体产生不均匀收缩，或者砌体的伸缩受到约束时，则会引起砌体开裂，如图 5.10 所示。

常见的是砌体长度过长，砌体伸缩在上层较大而在基础处受约束而较小，从而引起开裂。故应按规范要求设置伸缩缝。

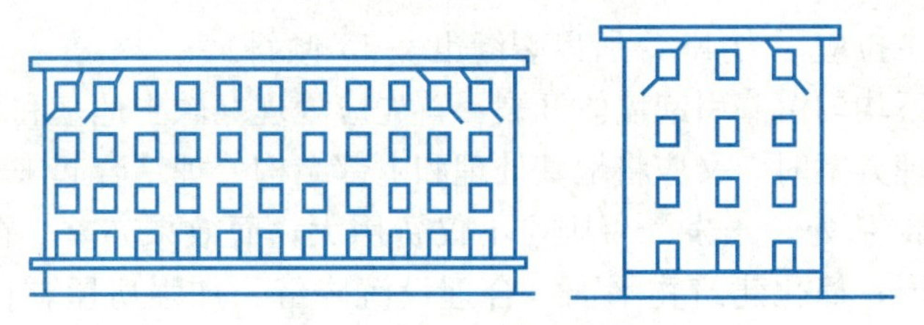

图 5.10 温差引起的裂缝

此外，由于混凝土屋盖、混凝土圈梁与砌体的温度膨胀系数不同，在温度变化时会使墙体产生裂缝。裂缝位置往往出现在房屋顶部附近，以两端为最常见；裂缝在纵墙和横墙上都可能出现，在寒冷地区越冬又未采暖的房屋有可能在下部出现冷缩裂缝。位于房屋长度中部附近的竖向裂缝也可能属于此类裂缝。裂缝形态最常见的是斜裂缝，形状有一端宽另一端细和中间宽两端细两种；其次是水平裂缝，多数呈断续状，中间宽两端细，在厂房与生活间连接处的裂缝与屋面形状有关，接近水平状较多，裂缝一般是连续的，缝宽变化不大；第三是竖向裂缝，多因纵向收缩产生，缝宽变化不大。裂缝出现的时间大多数在经过夏季或冬季后形成。裂缝的发展变化随气温或环境温度变化，在温度最高或最低时，裂缝宽度、长度最大，数量最多，但不会无限制地扩展恶化。出现此类裂缝的建筑物特征是：屋盖的保温隔热差，屋盖对砌体的约束大；当地温差大，建筑物过长，又无变形缝。建筑物的变形往往与建筑物的横向变形有关，与建筑物的竖向变形无关。

防止温度变化引起裂缝的主要措施有：

(1) 按照国家颁布的有关规定，根据建筑物的实际情况（如是否采暖，所处地点温度变化等）设置伸缩缝。

(2) 在施工中要保证伸缩缝的合理做法，使之能起作用。

(3) 屋面如为整浇混凝土，或虽为装配式屋面板，但其上有整浇混凝土面层，则要留好施工带，待一段时间再浇筑中间混凝土，这样可避免混凝土收缩及两种材料因温度线膨胀系数不同而引起的不协调变形，从而避免裂缝。

(4) 在屋面保温层施工时，从屋面结构施工完到做完保温层之间有一段时间间隔，这期间如遇高温季节则易因温度变化急剧而致裂。故屋面施工最好避开高温季节。

(5) 遇有长的现浇屋面混凝土挑檐、圈梁时，可分段施工，预留伸缩缝，以避免混凝土伸缩对墙体的不良影响。

4. 地震作用引起的裂缝

与钢结构和混凝土结构相比，砌体结构的抗震性是较差的。地震烈度为 6 度时，对砌体结构就有破坏性，对设计不合理或施工质量差的房屋就会引起裂缝。当遇到 7～8 度地震时，砌体结构的墙体大多会产生不同程度的裂缝，标准低的一些砌体房屋还会发生倒塌。

地震引起的墙体裂缝大多呈“X”形，如图 5.11 所示。这是由于墙体受到反复作用的剪力所引起的。除“X”形裂缝外，在地震作用下也会产生水平裂缝与垂直裂缝，特别是对内外墙咬槎不好的情况下，在内外墙交接处很易产生竖直裂缝，甚至整个纵墙外倾或倒塌。

对砌体结构，要求在地震作用下不产生任何裂缝一般是做不到的。但设计和施工中采

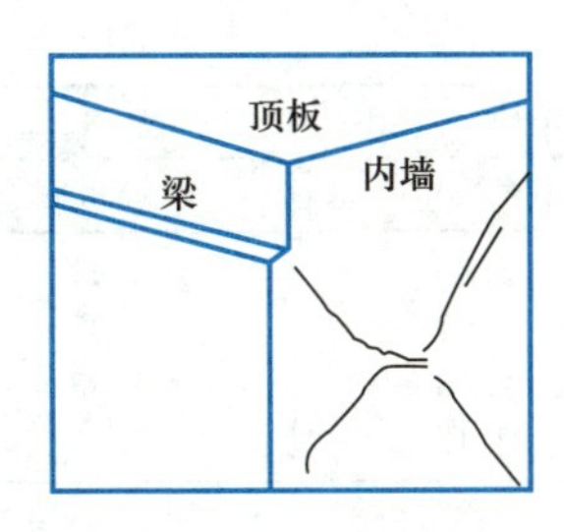

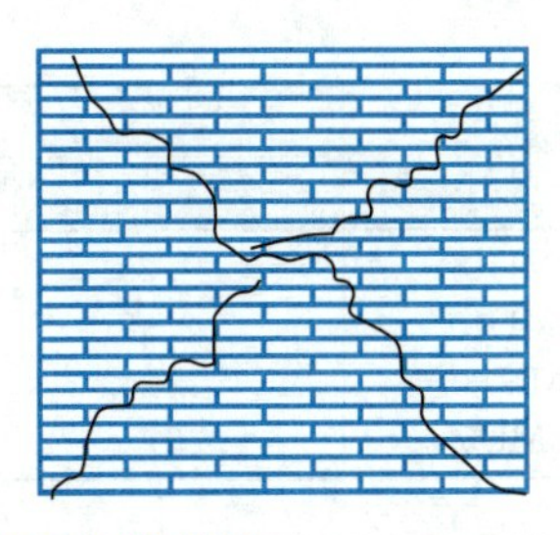

图 5.11　地震作用引起的裂缝

取一定措施，做到在地震作用下少开裂，不大开裂，并做到“大震不倒，中震可修，小震不坏”是可能的。能采取的措施主要有：

(1) 应按《建筑抗震设计标准（2024 年版）》GB/T 50011—2010 要求设置圈梁，注意圈梁应闭合，遇有洞口时要满足搭接要求。圈梁截面高度不应小于 120mm，6.7 度地震区纵筋至少 4ϕ8，8 度地震区则至少 4ϕ10，9 度地震区为 4ϕ12，箍筋间距不宜大于 250mm。遇到地基不良，空旷房屋等还应适当加强。

(2) 设置构造柱。其截面不应小于 240mm×180mm，主筋一般为 4ϕ14（转角处可用 8ϕ10），箍筋间距不宜大于 250mm，且柱上下端应加密。对 7 度地震超过 6 层，8 度地震超过 5 层及 9 度地震，箍筋间距不应超过 200mm。构造柱应与圈梁连接，下边不设单独基础，但应伸入室外地面 500mm 或锚入地下。

构造柱往往与砌体组合在一起。这时应特别注意振捣密实，不留孔洞，竖筋位置正确，与墙体拉结可靠，应该有一面是外露的，以便拆模后检查。

5. 砌块房屋的裂缝

混凝土小型空心砌块是一种新型的建筑材料，它的出现给古老的砌体结构注入了新的生命力。由于它的诸多优点，已经成为替代传统的黏土砖最有竞争力的墙体材料。根据调查发现，小型砌块房屋的裂缝比砖砌体房屋多而且更为普遍，引起了工程界的重视。砌块房屋建成和使用之后，由于种种原因可能出现各种各样的墙体裂缝。从大的方面来说墙体裂缝可分为受力裂缝与非受力裂缝两大类。在各种荷载直接作用下墙体产生的相应形式的裂缝称为受力裂缝。而由于砌体收缩、温湿度变化、地基沉降不均匀等引起的裂缝则为非受力裂缝，又称变形裂缝。

(1) 小型砌块砌体的力学性能特点

小型砌块砌体与砖砌体相比，力学性能有着明显的差异。在相同的块体和砂浆强度等级下，小型砌块砌体的抗压强度比砖砌体高许多，见表 5.1。这是因为砌块高度比砖高 3 倍，不像砖砌体那样受到块材抗折指标的制约。

砌体抗压强度设计值（MPa）　表 5.1

砌体种类	块体强度等级	砂浆强度等级			
		M10	M7.5	M5	M2.5
砖砌体	MU15	2.44	2.19	1.94	1.69
	MU10	1.99	1.79	1.58	1.38
	MU7.5	1.73	1.55	1.37	1.19

续表

砌体种类	块体强度等级	砂浆强度等级			
		M10	M7.5	M5	M2.5
小型空心砌块砌体	MU15	4.29	3.85	3.41	2.97
	MU10	2.98	2.67	2.37	2.06
	MU7.5	2.30	2.06	1.83	1.59
	MU5		2.43	1.27	1.10

但是，相同砂浆强度等级下小砌块砌体的抗拉、抗剪强度却比砖砌体小了很多，沿齿缝截面弯拉强度仅为砖砌体的30%，沿通缝弯拉强度仅为砖砌体的45%～50%，抗剪强度仅为砖砌体的50%～55%，如表5.2所示。因此，在相同受力状态下，小型砌块砌体抵抗拉力和剪力的能力要比砖砌体小很多，所以更容易开裂。这个特点往往没有被人重视。

砌体抗拉、抗剪强度设计值（MPa） **表5.2**

受力形式	砌体种类	砂浆强度等级			
		M10	M7.5	M5	M2.5
轴拉	砖砌体	0.20	0.17	0.14	0.10
	砌块砌体	0.10	0.08	0.07	0.05
齿缝弯拉	砖砌体	0.36	0.31	0.25	0.18
	砌块砌体	0.12	0.10	0.08	0.06
通缝弯拉	砖砌体	0.18	0.15	0.12	0.09
	砌块砌体	0.08	0.07	0.06	0.04
抗剪	砖砌体	0.18	0.15	0.12	0.09
	砌块砌体	0.10	0.08	0.07	0.05

此外，小型砌块砌体的竖缝比砖砌体高3倍，加大了其薄弱环节更容易产生应力集中。

(2) 砌块房屋裂缝的特点

黏土砖是烧结而成的，成品后干缩性极小，所以砖砌体房屋的收缩问题一般可不予考虑。小型空心砌块则是混凝土拌合料经浇筑、振捣、养护而成的。混凝土在硬化过程中逐渐失水而干缩，其干缩量因材料和成型质量而异，并随时间增长而逐渐减小。以普通混凝土砌块为例，在自然养护条件下，成型28d后，收缩趋于稳定，其干缩率为0.03%～0.035%，含水率在50%～60%。砌成砌体后，在正常使用条件下，含水率继续下降，可达10%，其干缩率为0.018%～0.027%，干缩率的大小与砌块上墙时含水率有关，也与温度有关。

对于干缩已趋稳定的普通混凝土砌块，如再次被水浸湿后，会再次发生干缩，通常称为第二干缩。普通混凝土砌块在含水饱和后的第二干缩，其稳定时间比成型硬化过程的第一干缩时间要短，一般约为15d，第二干缩的收缩率约为第一干缩的80%。

砌块上墙后的干缩，引起砌体干缩，而在砌体内部产生一定的收缩应力，当砌体的抗拉、抗剪强度不足以抵抗收缩应力时，就会产生裂缝。

因砌块干缩而引起的墙体裂缝，这在小型砌块房屋是比较普遍的。在内、外墙，在房屋各层均可能出现。干缩裂缝形态一般有两种，即在墙体中部出现的阶梯形裂缝和环块材周边灰缝的裂缝，如图5.12所示。

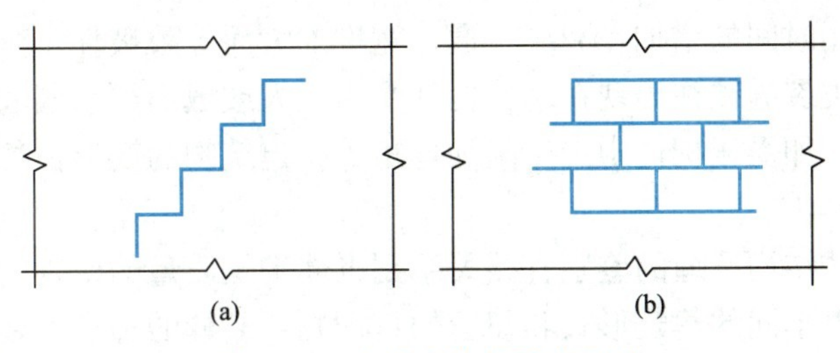

图 5.12　砌块砌体的干缩裂缝

由于砌筑砂浆的强度等级不高，灰缝不饱满，干缩引起的裂缝往往呈发丝状而分散在灰缝隙中，清水墙时不易被发现，当有粉刷抹面时便显得比较明显。干缩引起的裂缝宽度不大，且裂缝宽度较均匀。

砌块上墙时如含水率较大，经过一段时间后，砌体含水率降低，便可能出现干缩裂缝。即使已砌筑完工的砌体无干缩裂缝，但当砌块因某种原因再次被水浸湿后，出现第二干缩，砌体仍可能产生裂缝。

砌块的含湿量是影响干缩裂缝的主要因素，所以国外对砌块的含湿率（指与最大总吸水量的百分比）有较严格的规定。日本要求各种砌块的含水率均不超过40%。美国和加拿大等国，则根据使用砌块地区的湿度环境和砌块的线收缩系数等提出不同要求。例如美国规定混凝土砌块线收缩系数不大于0.03%时，对于高湿环境允许的砌块含水率为45%；中湿环境为40%；干燥环境时要求含水率不大于35%。所以，对于应用于建筑工程中砌筑用的砌块在上墙前必须保持干燥。

混凝土小型砌块的线胀比黏土砖砌体大一倍，因此，小型砌块砌体对温度的敏感性比砖砌体高很多，从而更容易因温度变形而引起裂缝。

6. 因承载力不足产生的裂缝

如果砌体的承载力不足，则在荷载作用下，将出现各种裂缝，以致出现压碎、断裂、崩塌等现象，使建筑物处于极不安全的状态。这类裂缝的出现，很可能导致结构失效，所以应注意观测，主要是观察裂缝宽度和长度随时间的发展情况，在观测的基础上认真分析原因，及时采取有效措施，以避免重大事故的发生。图5.13列出了一些典型的因承载力不足引起的裂缝。因承载力不足而产生的裂缝必须加固。

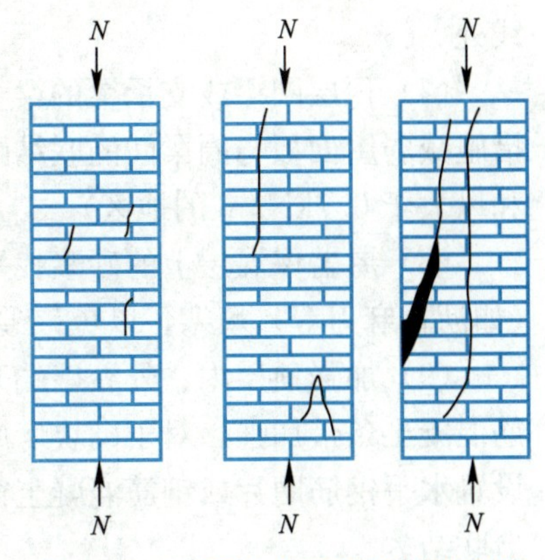

图 5.13　因承载力不足引起的裂缝

裂缝位置多数出现在砌体应力较大部位，在多层建筑中，底层较多见，但其他各层也可能发生。轴心受压柱的裂缝往往在柱下部1/3高度附近，出现在柱上下端的较少。梁或梁垫下砌体裂缝大多数是局部承压强度不足而造成的。裂缝形态特征是受压构件裂缝方向与应力一致，裂缝中间宽两端细；受拉裂缝与应力垂直，较常见的是沿灰缝开裂；受弯裂缝在构件的受拉区外边缘较宽，受压区不明显，多数沿灰缝开展，砖砌平拱在弯矩和剪力共同作用下可能产生斜裂缝；受剪裂缝与剪力方向一致。裂缝出现大多数发生在荷载突然增加时，例如大梁拆除支撑，水池、筒仓启用等。裂缝的发展变化受压构件开始出现断续的细裂缝，随荷载或作用时间的增加，裂缝贯通，宽度加大而导致破坏。其他荷载裂缝可随荷载增减而变化。此类裂缝往往出现在结构构件受力较大或截面严重削弱的部位；超载或产生附加内力的部位，如受压构件中产生附加弯矩等。建筑物的变形往往与横向或竖向变形无明显关系。

综上所述，砌体结构裂缝的鉴别直接关系到砌体砌筑质量的鉴别，从工程的角度来说意义重大，故应针对不同的建筑形式和裂缝的特征判断裂缝的种类，之后采取不同的措施进行加固。

5.3.3 砌块房屋裂缝防治

(1) 由于砌块及其砌体的温度变形和干缩变形均比较大，而抗拉、抗剪强度又比较低，所以伸缩缝间距限制理应比砖砌体严格，过去规范的规定与砖砌体房屋取相同的限值显然是不恰当的，现在颁布的《砌体结构设计规范》GB 50003—2011 已对此作出修改。从国外来看，伸缩缝最大间距的控制是比较严的。美国规定当砌块墙体有水平筋时，间距为 12～18m，当同时有水平及竖向筋时，最大限值为 30m。苏联规定，由于混凝土砌块的线胀系数为砖的两倍，故砌块房屋的伸缩缝间距只为砖石房屋的 1/2。

(2) 在砌块生产方面应加强质量控制。砌块成型后采用自然养护必须达到 28d，采用蒸汽养护达到规定强度后，必须停放 14d 后方可出厂。

(3) 砌块房屋施工方面也要加强管理。砌块进入施工现场后，要分类分型号堆放，并要加遮盖，不被雨淋，不受水浸，如砌块受湿，应再增加 15d 的停放期，方可使用。尽量做到顶层墙体砌筑与屋面板施工应安排在天气条件大致相同的时间进行。

(4) 增强基础圈梁刚度，适当增加平面上圈梁布置的密度。

(5) 确保屋面保温层的隔热效果，防止屋面防水层失效、渗漏。

(6) 在屋盖上设分格缝。分格缝位置纵向在房屋两端第一开间处，横向在屋脊分水线处。

(7) 顶层圈梁或支承梁的梁垫均不得与层面板整浇。增加圈梁的平面布置密度。采取措施减弱屋面板与圈梁间的联结强度，如设置滑动层或缓冲层等（不适用于抗震设防地区和风大于 0.7kN/m 的地区）。

(8) 屋盖保温层上的砂浆找平层与周边女儿墙间应断开，留出沟槽，用松软防水材料（如沥青麻刀等）填塞，以免该砂浆找平层因温度变形推挤外墙和女儿墙。

(9) 加强顶层内、外纵墙端开间门窗洞口周边的刚度。对于砖砌体房屋可局部采取钢筋混凝土条带加强。对于砌块房屋可在顶层端开间门窗洞边设置钢筋混凝土芯柱，窗台下设置水平钢筋网片或钢筋混凝土窗台板带，芯柱与圈梁及水平钢筋网片之间要有可靠的构造联结。

5.4 钢筋混凝土工程质量事故分析与处理示例

在我国发生的建筑工程的质量事故中，钢筋混凝土结构占了主要的部分。钢筋混凝土工程质量事故可以分为混凝土工程质量事故、钢筋工程质量事故、模板工程质量事故、装配工程质量事故、局部倒塌质量事故等。

5.4.1　混凝土工程质量事故

25. 现浇混凝土结构工程实测实量

混凝土工程质量事故常见的有混凝土裂缝、混凝土强度不足、混凝土缺陷和构件错位、变形等。造成混凝土工程质量事故的原因有原材料问题、混凝土配合比问题、施工工艺问题、施工管理问题、使用不当等。

1. 混凝土裂缝产生的原因、性质鉴别及处理方法

混凝土裂缝是一个很普遍的现象，研究结果与大量工程实践都说明混凝土结构的裂缝是不可避免的，对于普通钢筋混凝土受弯构件，在荷载达到30%～40%的设计荷载时，就可能开裂。因此，在钢筋混凝土设计计算理论中，除对裂缝有严格要求的构件外，一般构件，如受弯构件，是允许带裂缝工作的。事实上常见的一些裂缝，如温度收缩裂缝、混凝土受拉区宽度不大的裂缝等，一般都不危及建筑结构安全。因此，混凝土裂缝并非都是事故，也并非均需处理。但过宽的裂缝对结构有较大危害，所以，过宽的裂缝要进行处理。

对于裂缝事故处理必须从形成裂缝的原因、性质、危害的分析与鉴别着手。分清裂缝是否需要处理的界限，正确掌握处理原则，合理选择处理的方法和时间，这些都是处理混凝土裂缝事故的关键。

(1) 裂缝产生的原因

引起裂缝的原因很多，可归结成三大类：第一类，由外荷载引起的裂缝，也称为结构性裂缝、受力裂缝，其裂缝与荷载相关，预示结构承载力可能不足或存在严重问题。第二类，由变形引起的裂缝，也称非结构性裂缝，如温度变化、混凝土收缩、地基不均匀沉降等因素引起的裂缝。第三类，是其他因素引起的，比如酸碱化学腐蚀、内部钢筋锈蚀、火灾或高温作用、地震等造成的裂缝。

1) 非结构性裂缝产生的原因

① 塑性裂缝

混凝土浇灌好后开始逐渐凝聚，由流体逐渐变为塑态，然后硬化变为固态，在塑态阶段产生的裂缝通称为塑性裂缝，是各类现浇钢筋混凝土结构中，经常发现的一种早期裂缝。其主要有如下两种产生原因：

a. 混凝土骨料沉落裂缝。混凝土浇筑时，在振动器和重力作用下，水泥浆上升，骨料开始下沉，骨料沉落过程若受钢筋、预埋件及模板表面的阻力，或两部件沉落不同而产生的一种裂缝。这种裂缝大多出现在混凝土浇筑后0.5～3h之间。这种裂缝沿着梁上面或楼板上面钢筋位置出现，裂缝深度通常达到钢筋表面，或在侧模板移动上表面，或在结构的变截面处、梁板交接处、梁柱交接处及板肋交接处的表面，深度一般不超过20～25mm。

b. 塑性收缩裂缝。混凝土仍处于塑性状态时，由于混凝土表面水分蒸发过快而产生的裂缝。这类裂缝均在表面出现，形状不规则多在横向，长短不一，约在50～750mm，间距约在50～90mm，又称为龟裂，类似干燥的泥浆面的裂缝。

② 收缩裂缝

混凝土凝固过程中，多余水分蒸发，体积缩小称为干缩。同时，水泥和水起水化作用逐渐硬化而形成水泥骨料不断紧密而体积缩小，称为凝缩（也称自收缩）。干缩和凝缩总称为收缩，收缩以干缩为主。收缩裂缝发生在混凝土面层上，裂缝浅而细，宽度多在0.05～0.2mm 之间。对于梁、板类构件，多沿短边方向，均匀分布于相邻的两根钢筋之间并与钢筋平行。大体积混凝土在平面部位较为多见，侧面也常出现，预制构件多发生在箍筋位置上。对于高度较大的钢筋混凝土梁，由于腰筋放得过稀，在腰部产生竖向裂缝，且多集中在构件中部，中间宽两头细，至梁的上缘及下缘附近逐渐消失，梁底一般没有裂缝。

③ 温度裂缝

钢筋混凝土结构随温度变化产生的变形在受到约束时，在混凝土内部产生应力，当应力超过混凝土的抗拉强度，混凝土即会出现裂缝，此裂缝称为温度裂缝。混凝土温度裂缝有以下特点：

a. 裂缝发生在板上时，多为贯穿裂缝；发生在梁上时，多为表面裂缝。

b. 梁板式结构或长度较大的结构，裂缝多是平行于短边。

c. 大面积结构，裂缝多是纵横交错。

d. 裂缝宽度大小不一，一般在 0.5mm 以下，且沿结构全长没有多大变化。

e. 裂缝宽度受温度变化影响较明显，冬季较宽，夏季较细。

f. 大多数温度裂缝沿结构截面高度呈上宽下窄状，但个别也有下宽上窄情况。遇上下边缘区配筋较多的结构，有时也出现中间宽、两端窄的菱形裂缝。

g. 裂缝发生前会发出断弦、断索似的声音。

④ 地基不均匀沉降裂缝

地基不均匀沉降裂缝的产生是由于结构地基土质不匀、松软，或回填土不实或浸水而造成不均匀沉降所致。此类裂缝多为深进或贯穿性裂缝，其走向与沉陷情况有关，一般沿与地面垂直或呈 30°～45°角方向发展。较大的地基不均匀沉降裂缝，往往有一定的错位，裂缝宽度往往与沉降量成正比关系。裂缝宽度受温度变化的影响较小。地基变形稳定之后，裂缝也基本趋于稳定。地基沉降引起上部结构裂缝有一定规律的，裂缝的位置和分布情况与沉降曲线密切相关，和砌体结构类似。

⑤ 施工缝处理不当引起的裂缝

浇灌钢筋混凝土结构时，由于条件限制，不能连续浇灌，在新旧混凝土间形成一条接缝，称为施工缝。施工缝位置不当或对施工缝的处理不当，往往在收缩或受力变形后呈现裂缝，如图 5.14 所示。

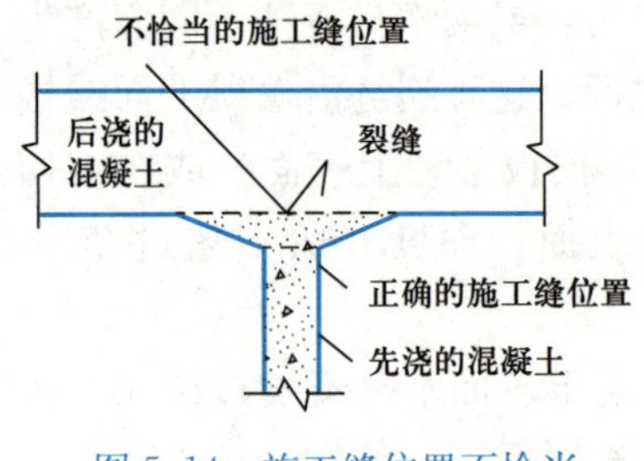

图 5.14 施工缝位置不恰当引起的裂缝

2）结构性裂缝产生的原因

结构性裂缝是由荷载引起的，其裂缝与荷载相对应，是承载力不足的结果，其裂缝形式有多种多样，主要原因如下：

① 设计原因为主的裂缝

a. 钢筋锚固长度不够产生的裂缝。受拉钢筋必须有足够的锚固长度，否则会产生钢筋滑移裂缝，钢筋得不到充分利用。

b. 计算简图与实际受力不符引起的开裂。要进行房屋结构设计，首先要根据结构的实际受力状态进行抽象和简化，得出计算简图，然后才能进行计算。选定结构和计算简图时，一方面要反映结构的工作情况，从实际出发，分清主次，得出合理的计算简图；另一方面，在选定计算简图后，还应采取适当的构造措施，使所设计的结构体现出计算简图的要求。若计算简图选取不当，就会引起结构事故。

② 施工原因为主的裂缝

a. 钢筋配置位置不当的裂缝。在钢筋混凝土结构中，钢筋配置位置是否正确，直接关系到结构的强度、刚度和裂缝的宽度，钢筋位置不正确时，不但使构件的承载能力降低，变形增加，而且会大大增加裂缝的宽度，严重的还会使梁、板有折断的危险。

b. 模板不善引起的裂缝。例如，模板过干、混凝土初凝受振、模板标高调整引起的裂缝、模板下陷引起的裂缝、支模方法不对引起的裂缝、模板尺寸错误、支模不牢、模板歪斜、滑模工艺不当等。

c. 原材料问题引起的裂缝。例如，水泥安定性不合格、水泥养护不当、砂石级配太差、砂石含泥量大、使用了反应性骨料、不适当地掺入了氯盐等。

d. 施工超载引起的裂缝。施工期间在楼层上堆放材料、机具等，有时超过设计允许范围，尤其施工尚未完毕，混凝土强度偏低，各构件间连接尚未完全形成，一旦超载，轻者使建好的构件出现裂缝，重者可能倒塌。

e. 施工质量粗糙低劣引起的裂缝。例如，混凝土配合比不良、浇筑顺序不当、浇筑方法不当、浇筑速度过快、保护层太厚或太薄、早期受冻、早期受振、过早加载、养护差、构件吊装工艺不当等，都会引起结构的裂缝甚至造成建筑的倒塌事故。

f. 预应力构件的裂缝。主要有以下几种：肋刚度差引起的裂缝、蒸养时产生的裂缝、先张法放张钢筋时产生的裂缝、运输时措施不当引起的裂缝、堆垛不当引起的裂缝、预应力锚具不合格引起的裂缝、施加预应力过早引起的裂缝等。

g. 施工顺序不当引起的裂缝。施工单位往往根据设计图纸只考虑施工方便而确定施工顺序，理解不透设计意图，施工过程改变原结构受力，引起结构裂缝。

3）使用原因为主的裂缝

主要有改变使用条件引起的裂缝，如将原设计不上人的屋面改作跳舞场；将住宅悬挑阳台改作密置大型盆花的花房，或改为厨房；将居室改作会客厅，将承重砖墙拆除，原圈梁变为承重梁等；在建筑结构上任意开洞、凿孔引起的裂缝；任意加层；安装了原设计未考虑的额外设备，用动力荷载较大的设备代替原设计的设备；对粉尘较大的车间，使用中未及时清扫屋面积灰，而使结构构件出现裂缝和过大变形；年久失修等。

4）其他原因引起的裂缝

例如，高温、火灾事故、钢筋腐蚀裂缝、地震作用引起的裂缝等。

（2）裂缝性质鉴别

混凝土开裂原因很多，在工程实践中最常见的几种裂缝是温度、收缩裂缝。而且，由于结构受力、温度收缩和地基变形所引起的裂缝危害及处理方法差异甚大。因此，来讲述这几类裂缝的鉴别要点。

1）温度裂缝

温度裂缝是气候变化导致的裂缝，平屋顶建筑由于日照温差引起混凝土墙的裂缝一般发生在屋盖下及其附近位置，长条形建筑的两端较严重，多数是斜裂缝，一般上宽下窄，或靠窗口处较宽，逐渐减小；由于日照温差造成的梁、板裂缝，主要都出现在屋盖结构中，梁板或长度较大的结构，温度裂缝方向一般平行短边，裂缝形状一般是一端宽一端窄，有的缝宽变化不大；由使用中高温影响而产生的裂缝，往往在离热源近的表面较严重。因气温变化而产生的温度裂缝，在温度最高（或最低）时，裂缝宽度和长度最大、数量最多，但这种裂缝不会无限扩展恶化。

2）收缩裂缝

收缩裂缝是由于混凝土干缩与收缩时逐步形成的，早期的裂缝出现在混凝土终凝前，混凝土早期收缩裂缝主要出现在裸露表面；混凝土硬化以后的收缩裂缝在建筑结构中部附近较多，两端较少见。早期收缩裂缝呈不规则状；混凝土硬化后的裂缝方向往往与结构或构件轴线垂直，其形状多数是两端细中间宽，在平板类构件中有的缝宽度变化不大。当混凝土浸水或受潮后，体积会产生膨胀，因此收缩裂缝随着环境湿度而变化。

3）荷载裂缝

荷载裂缝一般在荷载突然增加时出现，如结构拆模、安装设备、结构超载等。荷载裂缝都出现在应力最大位置附近，如梁跨中下部和连续梁支座附近上部的竖向裂缝，很可能是弯曲受拉造成的。又如支座附近或集中荷载作用点附近的斜裂缝，多数可能是剪力和弯矩共同作用而造成。出现在梁弯矩最大处附近受压区的裂缝，很可能是混凝土截面太小，配筋率太高而造成的。受拉裂缝与主应力垂直，如梁弯曲受拉裂缝方向与梁轴线垂直，其一端宽，另一端细；又如拉杆中裂缝与构件轴线垂直，同一条裂缝宽度变化不大。支座附近的剪切裂缝，一般沿 45°方向向跨中上方伸展。受压而产生的裂缝方向一般与压力方向平行，裂缝形状多数为两端细中间宽。扭曲裂缝呈斜向螺旋状，缝宽度变化一般不大。冲切裂缝常与冲切力呈 45°左右斜向开展。

4）地基变形裂缝

地基变形裂缝多数出现在房屋建成后不久，一般在建筑物下部出现较多，裂缝位置都在沉降曲线曲率较大处，随着时间及地基变形的发展而变化，裂缝尺寸加大，数量增多，地基稳定后，裂缝不再扩展。单层厂房因地面荷载过大，地基发生不均匀沉降，可导致柱下部和上柱根部附近开裂；相邻柱出现较大沉降时，也可能把屋盖构件拉裂。裂缝方向与地基变形所产生的主应力方向垂直，在墙上多数是斜裂缝，竖向及水平裂缝很少见；在梁或板上多数出现垂直裂缝，也有少数的斜裂缝；在柱上常见的是水平裂缝，这些裂缝的形状一般都是一端宽，另一端细。

（3）危害严重的裂缝及其特征

可能引起柱、梁、板、框架等构件断裂或倒塌的危害严重的裂缝主要有以下几类：

1）柱

① 出现裂缝、保护层部分剥落、主筋外露。

② 一侧产生明显的水平裂缝，另一侧混凝土被压碎，主筋外露。

③ 出现明显的交叉裂缝。

2）墙

墙中间部位产生明显的交叉裂缝，或伴有保护层脱落。

3）梁

① 简支梁、连续梁跨中附近的底面出现横断裂缝，其一侧向上延伸达 1/2 梁高以上；或其上面出现多条明显的水平裂缝，保护层脱落、下面伴有竖向裂缝。

② 梁支撑部位附近出现明显的斜裂缝，这是一种危险裂缝。当裂缝扩展延伸达 1/3 梁高以上时，或出现斜裂缝的同时，受压区还出现水平裂缝，则可能导致梁断裂而破坏。

③ 连续梁支撑部位附近上面出现明显的横断裂缝，其一侧向下延伸达 1/3 梁高以上；或上面出现竖向裂缝，同时下面出现水平裂缝。

④ 悬臂梁固定端附近出现明显的竖向裂缝或斜裂缝。

4）框架

① 框架柱与框架梁上出现的与前述柱及梁的危险裂缝相同的裂缝。

② 框架转角附近出现的竖裂缝、斜裂缝或交叉裂缝。

5）板

① 出现与受拉主筋方向垂直的横断裂缝，并向受压区方向延伸。

② 悬臂板固定端附近上面出现明显的裂缝，其方向与受拉主筋垂直。

③ 现浇板上面周边产生明显裂缝，或下面产生交叉裂缝。

除上述这些危害严重的裂缝外，凡裂缝宽度超过设计规范的允许值，都应认真分析，并适当处理。

(4) 裂缝的处理原则及方法

裂缝处理应遵循下述原则：

1）查清建筑结构的实际状况、裂缝现状和发展变化情况。全面认真地分析裂缝产生的原因以及裂缝的性质，正确区别受力和变形两类不同性质的裂缝。对原因与性质一时不清的裂缝，只要结构不会恶化，可以进一步观测或试验，待性质明确后再适当处理。

2）仔细观察裂缝的变化，寻找裂缝变化规律，以此作为选择处理方法的依据。

3）明确处理目的，满足使用要求。针对不同的裂缝选择合理的处理方法，既要严格遵循设计和施工规范的有关规定，又要经济合理，切实可行；除了结构安全外，还应注意结构构件的刚度、尺寸、空间等方面的使用要求，以及气密性、防渗漏、洁净度和美观方面的要求等。

4）选择恰当的时间处理裂缝。若是受力裂缝则应及时进行处理；若是地基变形引起的裂缝则最好待裂缝稳定后再进行处理；温度变形裂缝宜在裂缝最宽时处理；对危及结构安全的裂缝，应尽早处理。

5）裂缝处理后应保证结构原有的承载能力、整体性以及防水抗渗性能。处理时要考虑温度、收缩应力较长时间的影响，以免处理后再出现新的裂缝，防止产生结构破坏倒塌的恶性事故，并采取必要的应急防护措施，以防事故恶化。

6）保证一定的耐久性。除考虑裂缝宽度、环境条件对钢筋锈蚀的影响外，应注意修补的措施和材料的耐久性能问题。

7）防止不必要的损伤。例如对既不危及安全，又不影响耐久性的裂缝，避免人为的扩大后再修补，造成一条缝变成两条的后果。

8）满足设计要求，遵守标准规范的有关规定。

裂缝处理方法有表面修补、局部修复法、灌浆法、减小结构内力、结构补强、改变结构方案、电化学防护法、混凝土裂缝自修复方法、仿生自愈合法、其他方法等。

1）表面修补

适用于对结构的强度影响不大，但会使钢筋锈蚀且有损美观的表面及深进微细裂缝的治理。这种方法施工简单，但是涂料无法深入裂缝内部。通常的处理方法有压实抹平，涂抹环氧胶粘剂，喷涂水泥砂浆或细石混凝土，压抹环氧胶泥，环氧树脂粘贴玻璃丝布，增加整体面层，钢锚栓缝合等。

2）局部修复法

适用于补救数量少的宽大裂缝（大于0.5mm）和钢筋锈蚀所产生的裂缝，以达到封闭裂缝、恢复防水性、耐久性和部分恢复结构整体性的目的。常用的方法有充填法、预应力法、部分凿除重新浇筑混凝土等。常用的塑性材料有：环氧树脂、聚氯乙烯胶泥、沥青油膏等。常用的刚性止水材料为聚合物水泥砂浆。

3）灌浆法

主要适用于对结构整体性有影响或有防渗要求的混凝土裂缝的修补，它是利用压力设备将胶结材料压入混凝土的裂缝中，胶结材料硬化后与混凝土形成一个整体，从而起到封堵加固的目的。常用的胶结材料有水泥浆、环氧树脂、甲基丙烯酸酯、聚氨酯等化学材料。灌浆法按灌浆材料可以分为水泥灌浆法和化学灌浆法。水泥压力灌浆法适用于缝宽大于等于0.5mm的稳定裂缝。化学灌浆可灌入缝宽大于等于0.5mm的裂缝。灌浆法不损伤原有结构，补后防水性和耐久性可靠，修补质量良好。

4）减小结构内力

当裂缝影响到混凝土结构的安全和性能时，通过减少结构上的荷载或通过改变结构受力方案而减少结构内力的方法。常用的方法有卸荷或控制荷载，设置卸荷结构，增设支点或支撑，改简支梁为连续梁等。

2. 混凝土强度不足事故的处理

（1）造成混凝土强度不足的原因

1）没有严格的配合比设计

混凝土配合比设计应按现行国家标准执行，以保证混凝土工程的质量。但是在实际施工中，有的没有配合比设计；有的随意套用混凝土配合比；有的参考过去其他地区的配合比进行施工，造成强度过高或强度达不到设计要求；或有严格的配合比设计，却没有严格执行，也不过秤；或者因现场原材料改变没有重新设计和调整，达不到配合比设计的要求。

2）没有严格控制水灰比

当用同一种水泥（品种及强度相同）时，混凝土强度等级主要取决于水灰比。混凝土中水灰比愈大，强度就愈低。但施工中为了施工容易，随意加水；有的施工配合比没有扣除骨料的水分，造成混凝土强度严重不足。

3）和易性欠佳

混凝土中水灰比小固然从理论上讲可获得较高混凝土强度，但水灰比太小，势必影响混凝土的和易性，使混凝土不易拌合，运输时分层离析；灌筑时不易捣实，成型后难于修整抹平，且硬化后不均匀密实，也会影响混凝土的强度。灌筑时不要任意加大坍落度。有的工地不能根据具体情况，片面强调操作方便，任意加大坍落度，使混凝土出现泌水和离析现象，降低了混凝土强度。

4）混凝土原材料的影响

① 水泥

a. 水泥品种选择错误。

b. 水泥强度不足。造成水泥强度不足主要有两个方面的原因：一是水泥出厂时质量差，在实际工程中应用时，又在水泥28d强度试验结果未测出前配制混凝土，造成了混凝土强度不足；二是水泥保管条件差，或储存时间过长，造成水泥结块、活性降低，而影响强度。

c. 安定性不合格。水泥安定性不合格其主要原因是水泥熟料中含有过多的游离氧化钙或游离氧化镁，有时也可能由于掺入石膏过多而造成。会在长时间内使混凝土体积膨胀，会破坏水泥结构，大多数导致混凝土开裂，同时也降低了混凝土强度。尤其需要注意的是，有些安定性不合格的水泥所配制的混凝土，表面虽无明显裂缝，但强度极度低下。

d. 水泥储存期过长。水泥的储存期不能过长，因为水泥在存放时接触空气，会吸收水分而产生轻微的水化作用，生成氢氧化钙，然后又再吸收二氧化碳而生成碳酸钙，从而降低水泥颗粒的胶结能力，延迟凝结时间，强度下降。因此对于水泥出厂超过3个月（快硬硅酸盐水泥为1个月）时，应复查试验，并按其试验结果使用。

e. 水泥受潮。水泥受潮，使松散的水泥颗粒外部和水发生作用，凝结成块。再使用时，就不能很好地和水发生水化作用，降低水泥原有的胶结能力，强度显著降低。

② 砂、石等骨料质量不合格

a. 黏土、粉尘含量高。实际施工中常会发现石子中会有许多细石粉，砂中含有泥团，这对混凝土强度是很不利的。一是这些细小微粒包裹在骨料表里，影响骨料与水泥粘结；二是加大骨料表面积，增加用水量；三是黏土颗粒体积不稳，干缩湿胀，对混凝土有一定破坏作用。

b. 骨料（尤其是砂）中有机杂质含量高。如骨料中含腐烂动植物等有机杂质（主要是鞣酸及其衍生物），对水泥水化产生不利影响，降低了混凝土强度。

c. 石子强度低。一般来说对于C30以上的混凝土，石子的5cm×5cm×5cm的立方体抗压强度与混凝土强度的比值不得低于200%，一般混凝土不得低于150%。而实际试块试压试验中，不少石子被压碎，说明石子强度低于混凝土的强度，导致混凝土实际强度下降。

d. 石子体积稳定性差。石子体积稳定性差而导致混凝土强度下降。例如变质粗玄岩，在干湿交替的条件下，冻融循环作用，可能会发生混凝土强度下降，严重的甚至会破坏。

e. 砂、石种类选择不适当。按砂产源不同，分为河砂、江砂、海砂及山砂四种。这四种砂中，河砂和江砂质量为好。普通混凝土宜选用粗砂、中砂为好。高强度混凝土宜用碎石拌制，一般工程采用中粒石子。

f. 骨料的级配不当。骨料级配好坏对节约水泥，保证混凝土具有良好的和易性和密实性均有很大关系。特别是拌制高强度混凝土，更为重要。当采用强力振动施工法及低流动性或干硬性混凝土时，采用间断级配较为合适。当颗粒级配不符合规范要求时，应采取措施并经试验证实能确保工程质量，方允许使用。

③ 拌合用水质量不合格

一般用能饮用的水及洁净的天然水。一般不得使用海水，因为海水含有硫酸盐，会与水泥中的水化产物水化铝酸钙作用，后期强度有所降低。海水中还含有氯离子，对水泥、钢筋均有侵蚀。若用有机杂质含量较高的沼泽水，含有腐殖酸或其他酸、盐特别是硫酸盐的污水和工业废水，则可能降低混凝土物理力学性能，对混凝土的强度有影响。当水质不能确定时，可将该水与洁净水分别制成混凝土试块，然后进行强度对比试验，如果该水制成的试块强度不低于洁净水制成的试块强度，即可用该水拌制混凝土。

④ 外加剂质量、使用不合格

为了节约水泥及各种目的，在拌合混凝土时加一定量的外加剂，如减水剂、早强剂等。目前生产的外加剂不下百余种，不同的外加剂有不同的特性。同种外加剂，不同厂家生产，也有很大差异，如使用不当会出现混凝土浇筑后，局部或大部分在长期内不凝结硬化；或已浇筑完的混凝土结构表面鼓包开花等现象。出现这些现象的原因在于缓凝型减水剂（如木钙粉等）掺入过量；以及干粉状外加剂（硫酸钠）颗粒受潮结块未碾成粉状加入混凝土，颗粒遇水膨胀，造成混凝土表面开花。

5）混凝土施工工艺存在的问题

混凝土施工过程包括混凝土制备、运输、浇筑捣实和养护，各个施工过程相互联系和影响，任一施工过程处理不当，都会影响混凝土工程的最终质量。

① 混凝土搅拌不合理

a. 投料顺序颠倒。

b. 搅拌时间过短，造成拌合不均匀。

② 运输条件差

在运输过程中发现混凝土离析，但没有采取有效措施，运输工具漏浆等，均影响混凝土强度。

③ 浇灌时间不当

如浇灌时混凝土已初凝或混凝土浇灌前已经离析，均可造成混凝土强度不足。

④ 模板严重漏浆

在施工中由于模板严重变形或尺寸不够，形成较大的板缝，在混凝土灌浇时，漏浆严重造成混凝土强度不足。如某工程由于漏浆严重，实测混凝土 28d 强度仅为设计值的一半。

⑤ 成型振捣不密实

混凝土入模后孔隙率高达 10%～20%，在施工中由于漏振或振捣时间太短，使混凝土振捣不实，必然影响其强度。

⑥ 养护制度不良

混凝土浇筑后，如气候炎热，空气干燥，不及时进行养护，混凝土中的水分会蒸发过快，出现脱水现象，使已经成为凝胶的水泥颗粒，不能充分水化，不能转化为稳定结晶，缺乏足够的粘结力，从而会在混凝土表面出现片状或粉状剥落影响其强度。另外，在冬期施工，没有及时采取保温措施，混凝土内部的水结冰，水结冰后体积增大，在混凝土内部产生冰晶应力，使强度很低的水泥石结构内部产生裂纹，减弱了水泥和砂、石之间的粘结力从而使混凝土强度降低。

6）混凝土缺陷的影响

钢筋混凝土构件拆模后，表面经常显露出各种不同程度的缺陷，如麻面、蜂窝、露筋、孔洞、掉角等，这些缺陷的存在表明混凝土不密实、强度低、构件截面削弱，结构构件的承载能力降低。

7）试块管理不善

① 试块未经标准养护。不少施工人员对于标准养护条件不清楚，将自然养护等同于标准养护；有些试块的养护温、湿度条件很差；有的试块被撞砸等造成试块的测试强度偏低。

② 试模管理差，试模变形，不及时修理或更换。

③ 不按规定制作试块。如试模尺寸与石料粒径不相适应，试块的有效配合比不当，试块没有用相应的机具振实等。

8）其他原因

如混凝土被腐蚀；工业厂房中由于经常受到高温、湿热气体的侵害；雨水、烟尘、化学介质等交替作用；初凝混凝土受振；遭受地震、火灾等灾害等均会降低混凝土的强度。

(2) 混凝土强度不足事故的处理

混凝土强度不足除了影响结构承载能力，还伴随着抗渗、耐久性的降低，处理这类事故的前提是必须明确处理的主要目的，如为提高承载能力，可采用一般加固补强方法处理；如果因为混凝土密实性差等内在原因，造成抗渗、抗冻、耐久性差，则主要应从提高混凝土密实度或增加强度、抗渗、耐久性能等方面着手进行处理。

混凝土强度不足所导致的结构承载能力降低主要表现在以下三方面：一是降低结构强度；二是抗裂性能差，主要表现为过早地产生过宽、数量过多的裂缝；三是构件刚度下降，如变形过大影响正常使用等。

混凝土强度不足事故的处理方法主要为：

1）检测、鉴定实际强度

当试块试压结果不合格，估计结构中的混凝土实际强度可能达到设计要求时，可用非破损检验方法或钻孔取样等方法测定混凝土实际强度，作为事故处理的依据。

2）分析验算

当混凝土实际强度与设计要求相差不多时，一般通过分析验算，挖掘设计潜力，多数可不作专门加固处理。必要时在验算的基础上，做荷载试验，进一步证实结构安全可靠。装配式框架梁柱节点核心区混凝土强度不足，可能导致抗震安全度不足，只要根据抗震规范验算后，强度满足要求，结构裂缝和变形不经修理或经一般修理仍可继续使用，则不必采用专门措施处理。需要指出，分析验算后得出不处理的结论，必须经设计签证同意方有效。同时还应强调指出，这种处理方法实际上是挖设计潜力，一般不应提倡。

3）利用混凝土后期强度

混凝土强度随龄期增加而提高，在干燥环境下3个月的强度可达28d的1.2倍，1年可达1.35～1.75倍。如果混凝土实际强度比设计要求低得不多，结构加荷时间又比较晚，可以采用加强养护办法，利用混凝土后期强度的原则，处理强度不足事故。

4）减少结构荷载

由于混凝土强度不足造成结构承载能力明显下降，又不便采用加固补强方法处理时，通常采用减少结构荷载的方法处理。例如，采用高效轻质的保温材料代替白灰炉渣或水泥炉渣等措施，减轻建筑物自重。又如降低建筑物的总高度等。

5）结构加固

柱混凝土强度不足时，可采用外包钢筋混凝土或外包钢加固，也可采用螺旋筋约束柱法加固。梁混凝土强度低导致抗剪能力不足时，可采用外包钢筋混凝土及粘贴钢板方法加固。当梁混凝土强度严重不足，导致正截面强度达不到规范要求时，可采用钢筋混凝土加高梁，也可采用预应力拉杆补强体系加固等。

6）拆除重建

由于原材料质量问题严重和混凝土配合比错误，造成混凝土不凝结或强度降低时，通常都采用拆除重建。中心受压或小偏心受压柱混凝土强度不足时，对承载力影响较大，如不宜用加固方法处理时，也多用此法处理。

【案例 5-4】 置换混凝土

某房地产开发有限公司开发的住宅楼工程，该工程为带底层车库的 6 层框架结构，商品混凝土设计强度等级为 C30。当施工至 6 层框架结构梁板时，发现 2 层柱的柱顶部有开裂现象，呈典型的柱受压破坏裂缝。经回弹检测，发现共有 21 根柱混凝土强度等级在 C20 以下，其中大部分柱混凝土强度等级低于 C10。经设计计算复核，该工程的框架柱承载能力严重不足，结构随时都有倒塌的可能，情况十分危险。根据加固方案比较，最终确定对此 21 根框架柱进行混凝土置换。经对商品混凝土质量进行调查、分析、检验，发现该 21 根柱均为同一车商品混凝土，共 8.5m^3，由于是在深夜施工，水泥用量没有按规定的配合比要求进行配置，从而导致混凝土强度严重不足。

本工程框架柱置换混凝土施工应按下列工序进行：结构受力状态计算→结构位移控制的仪器仪表设置→结构卸荷→剔除框架柱混凝土→界面处理→钢筋修复配置→立模→浇筑混凝土→养护→拆模→检查验收→拆除卸荷结构。

对原结构在施工过程中的承载状态进行验算、观察和控制，以确保置换界面处的混凝土不会出现拉应力，尽可能使纵向钢筋的应力为零。置换混凝土采用加固型高强无收缩 C35 混凝土。结构拆模后经设计单位、监理单位、建设单位、施工单位对外观质量进行检查，并对加固型混凝土强度及时进行检测，其 3d 混凝土抗压强度为 35.0MPa 完全满足加固设计要求，结构加固工程质量优良。

3. 混凝土孔洞、露筋等事故的原因及处理

（1）孔洞事故原因及处理

孔洞是指混凝土表面有超过保护层厚度，但不超过截面尺寸 1/3 的缺陷，结构内存在着空隙，局部或部分没有混凝土，或可以望穿结构的空洞。产生这种事故的原因：

① 在钢筋密集处或预留孔洞和埋件处，混凝土浇筑不畅通，不能充满模板而形成孔洞；或内外模距离狭窄，振捣困难。骨料粒径过大，腹板钢筋过密，造成混凝土下料中被钢筋和抽拔管卡住，下部形成孔洞。

② 未按顺序振捣混凝土，产生漏振；或没有分层浇筑；或分层过厚，使下部混凝土振捣作用半径达不到，形成松散状态。

③ 混凝土流动性差，混凝土离析，砂浆分离，石子成堆，或严重跑浆，形成特大蜂窝，或错用外加剂，如夏季浇筑混凝土中掺加早强剂，造成成型振实困难。

④ 混凝土工程的施工组织不好，未按施工顺序和施工工艺认真操作而造成孔洞。

⑤ 混凝土中有泥块和杂物掺入，或将木块等大件料具打入混凝土中。

⑥ 不按规定下料，吊斗直接将混凝土卸入模板内，一次下料过多，以致出现特大蜂

窝和孔洞。

孔洞的处理：

1）通常要经有关单位共同研究，制定补强方案，经批准后方可处理。

2）现浇混凝土梁、柱的孔洞处理，应根据批准的补强方案，首先采取安全措施，在梁底用支撑支牢，然后将孔洞处不密实的混凝土和突出的石子颗粒剔凿掉，要凿成斜形，避免有死角，如图 5.15 所示，以便灌筑混凝土。

3）为使新旧混凝土结合良好，应将剔凿好的孔洞用清水冲洗，或用钢丝刷仔细清刷，并充分湿润，浇筑比原混凝土强度等级高一级的细石混凝土。采用小振捣棒分层仔细捣实，认真做好养护。

（2）缝隙夹层事故原因及处理

施工缝处混凝土结合不好，有缝隙或夹有杂物，造成结构整体性不良。产生这种事故的原因如下：

① 在浇筑混凝土前没有认真处理施工缝表面；浇筑时，捣实不够。

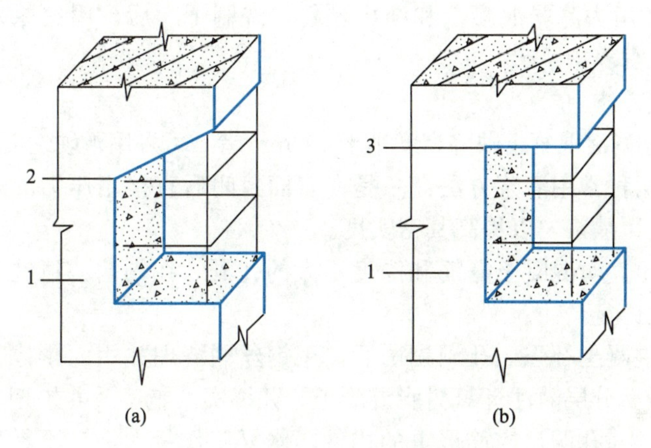

图 5.15　混凝土孔洞凿洞

（a）正确；（b）错误

1—构件；2—孔洞处凿成斜形；3—死角

② 浇筑大面积钢筋混凝土结构时，往往分层分段施工。在施工停歇期间常有木块、锯末等杂物（在冬季还有积雪、冰块）积存在混凝土表面，未曾认真检查清理，再次浇筑混凝土时混入混凝土内，在施工缝处造成杂物夹层。

缝隙夹层的处理：

① 当表面缝隙较细时，可用清水将裂缝冲洗干净，充分湿润后抹水泥浆。

② 对梁、柱等处夹层在补强前，首先应搭临时支撑加固后，方可进行剔凿。将夹层中的杂物和松软混凝土清除，用清水冲洗干净，充分湿润，再灌筑提高一级的细石混凝土或混凝土减石子砂浆，捣实并认真养护。

（3）露筋事故原因及处理

构件中的主筋、副筋或箍筋等部分或局部未被混凝土包裹而外露。产生这种事故的原因分析：

① 混凝土浇捣时，钢筋保护层垫块移位或垫块间距过大甚至漏垫，钢筋紧贴模板，

拆模后钢筋密集处产生露筋。

② 构件尺寸较小，钢筋过密，如遇到个别骨料粒径过大，水泥浆无法包裹钢筋和充满模板，拆模后钢筋密集处产生露筋。

③ 混凝土配合比不当，浇灌方法不正确，使混凝土产生离析，部分浇筑部位缺浆，造成露筋。

④ 模板拼缝不严，缝隙过大，混凝土漏浆严重，尤其是角边，拆模时又带掉边角出现露筋。

⑤ 振捣不足或振捣不当，振动钢筋或碰击钢筋，造成钢筋移位或振捣不密实，有钢筋处混凝土被挡住包不了钢筋。

⑥ 钢筋绑扎不牢，保护层厚度不够，脱位突出。

露筋的处理办法：

① 表面露筋，先将混凝土残渣及铁锈刷洗干净后，在表面抹1：2或1：2.5水泥砂浆充满露筋部位抹平。

② 露筋较深的凿去薄弱混凝土和凸出颗粒，洗刷干净后，用比原来高一级的细石混凝土填塞压实，认真养护。

（4）其他处理方法

1）捻浆。对剔凿后混凝土缺陷高度小于100mm者，可采用干硬性混凝土捻浆法处理。

2）灌浆。有两种常用灌浆方法：一是在表面封闭后直接用压力灌入水泥浆；二是混凝土局部修复后，再灌浆，以提高其密实度。

3）喷射混凝土。对混凝土露筋和深度不大的孔洞，在剔凿、清洗和充分湿润后，可用喷射细石混凝土修复。

4）环氧树脂混凝土补强。孔洞剔凿后，用钢丝刷清理并用丙酮擦拭，再涂刷一遍环氧树脂胶结料，最后分层灌注环氧树脂混凝土，并捣实。施工及养护期应防水防雨。

5）拆除重建。对孔洞、露筋严重的构件，修复工作量大，且不易保证质量时，宜拆除重建。

【案例 5-5】 某商住楼工程首层为框剪结构，二层及以上为砖混结构。首层框剪结构的混凝土强度为C30，混凝土施工时间为2022年1月份，墙、柱均一次支模、浇筑成型。2022年3月开始拆模，拆模后发现墙和柱有严重蜂窝、孔洞近百处，且有局部钢筋裸露等质量问题。

（1）产生质量问题的主要原因是：

1）施工管理不到位，浇筑混凝土前未进行技术交底；施工人员素质低、技术差；混凝土浇筑过程中没有进行有效的监督控制。

2）墙、柱的混凝土浇筑高度达4m，但在混凝土浇筑时却没有使用导管，而用吊斗直接将混凝土卸入模板内，一次浇筑高度过高，这样就出现了两种情况：一是一次卸料过多，在模板内搁浅，形成空穴；二是一次浇筑厚度过大，振捣插入不到位，发生漏振，出现了蜂窝贯穿全截面的断柱、穿墙洞等严重质量问题。

3）未按顺序逐层振捣，而发生漏振。

4）振捣工具配置少，混凝土浇筑速度快，造成漏振。

检测结果表明：①混凝土密实，内部无缺陷，检测后拆除了一根断柱，拆除过程中发现混凝土的质量与检测结果相符；②混凝土强度达到了 38MPa，满足设计要求。根据鉴定结论，可以只对构件有问题的部位进行加固处理。

（2）决定采用水泥基灌浆料进行加固。水泥基灌浆料是以高强度材料作为骨料，以水泥作为结合剂，辅以高流态、微膨胀、防离析等物质配制而成。因此水泥基灌浆料具有高强无收缩，流动性好，免振捣等特性，能充满各种形状的孔洞和缝隙，可渗入到混凝土的细微裂缝中，可保证与老混凝土高强度粘结。

（3）加固施工流程：基面处理→支设模板→配制灌浆料→灌注施工→拆模→养护。

（4）加固施工完毕，采用钻芯法和超声波法对加固部位进行了检测，检测结果表明新老混凝土粘结密实，粘结强度高。灌浆料 28d 强度满足设计要求。加固施工未影响上部结构的正常施工，施工工期短，费用低，达到了很好的加固效果。该商住楼已使用两年，加固处理后的墙、柱未发生任何质量问题。

5.4.2　钢筋工程质量事故

钢筋是钢筋混凝土结构工程中不可缺少的重要材料，其具有较高的拉伸性能、良好的冷弯性能和优异的焊接性能，在钢筋混凝土中起着特殊的作用。但是，如果设计不当或施工不良，钢筋在混凝土中起不到应有的作用，反而会影响钢筋混凝土结构的使用。因此，对钢筋的加工和安装应引起高度重视。

1. 钢筋工程事故的分类与产生原因分析

钢筋是钢筋混凝土结构中主要受力材料，一定要注意施工质量。常见的钢筋方面的问题有：①钢筋锈蚀；②钢材质量达不到材料标准或设计要求；③钢筋错位偏差；④露筋或少筋；⑤接头不牢；⑥弯起钢筋方向错误等。

（1）钢筋锈蚀

钢筋表面产生锈蚀是最常见的一种质量问题，产生的主要原因有：由于保管不良，受到雨、雪或其他物质的侵蚀；或者存放期过长，经过长期在空气中产生氧化；或者仓库环境潮湿，通风不良。

（2）钢材质量达不到材料标准或设计要求

常见的有钢筋屈服点和极限强度低、钢筋裂缝、钢筋脆断、焊接不良等。产生的主要原因有：钢筋来源混乱，多次转手或钢筋进场后管理混乱，不同品种，不同厂家，不同性能的钢筋混杂或使用前未按施工规范进行验收与抽样等。

（3）钢筋错位偏差

1）钢筋保护层偏差

钢筋的混凝土保护层偏小，而使钢筋有锈蚀的机会或钢筋的混凝土保护层偏大，使钢筋混凝土构件的有效高度减小，从而减弱构件的承载力而产生裂缝和断裂。

2）钢筋骨架产生歪斜

绑扎不牢固或绑扣形式选择不当；梁中的纵向钢筋或拉筋数量不足；柱中纵向构造钢筋偏少，未按规范规定设置复合箍筋；堆放钢筋骨架的地面不平整；钢筋骨架上部受压或受到意外力碰撞等都有可能使钢筋骨架产生歪斜。

3）钢筋网上、下钢筋混淆

产生的主要原因是在钢筋施工图中未注明或施工人员未能读懂图纸，导致钢筋网上、下钢筋产生混淆。

4）箍筋间距不一致

产生的主要原因是：①钢筋图上所标注的箍筋间距不准确，必然会出现间距或根数有出入。②在绑扎箍筋时，未认真核算和准确划线分配。

5）四肢箍筋宽度不准确

产生的主要原因是钢筋图纸标注的尺寸不准确，在钢筋下料前又未进行复核；在钢筋骨架绑扎前，未按应有的规定将箍筋总宽度进行定位，或者定位不准确；在箍筋弯制的过程中，由于操作不认真、弯心直径不适宜、划线不准确等原因；已考虑到将箍筋总宽度进行定位，但操作时不注意。

(4) 露筋或少筋

出现钢筋发生露筋或少筋的主要原因是：施工管理不当，没有进行钢筋绑扎技术交底工作，或没有深入熟悉图纸内容和研究各种钢筋的安装顺序。

(5) 接头不牢

1）钢筋闪光对焊接头质量问题

主要表现在未焊透、有裂缝或有脆性断裂等。产生的原因是：①操作人员没有经过技术培训就上岗操作，对闪光对焊接头各项技术参数掌握不够熟练，对焊接头的质量达不到施工规范的要求。②施工过程中没有按闪光对焊的工艺管理，没有及时纠正不标准的工艺。③对闪光对焊接头成品的检查、测试不够，使不合格的产品出厂。

2）电弧焊接钢筋接头的缺陷

电弧焊接钢筋接头如果焊接不牢，轻者则产生裂缝，重者则产生断裂，其质量如何直接影响构件的安全度。其主要原因是：操作不当、管理不严，质地检查不认真。

3）坡口焊接钢筋接头的缺陷

坡口焊接是电弧焊接中的四种焊接形式之一，它比其他三种（搭接焊、绑条焊、熔槽焊）的焊接质量要求高，常出现有咬边及边缘不齐，焊缝宽度和高度不定，表面存有凹陷，钢筋产生错位等质量缺陷。出现以上质量缺陷的主要原因是：电焊工对坡口焊接操作工艺不熟练，或者对坡口焊接质量标准和焊接技巧掌握不够，或者对钢筋焊接不重视、不认真。

4）锥螺纹连接接头的缺陷

一般常见的质量缺陷有：

① 丝扣被损坏或有的完整丝扣不满足要求。

② 在锥螺纹接头拧紧后，外露丝扣超过一个完整的扣。

产生缺陷的主要原因是：钢筋加工质量不符合要求，钢筋端头有翘曲，钢筋的轴线不垂直；加工好的钢筋丝扣没有很好保管，造成局部损坏；对加工的钢筋丝扣没有认真检查，使不合格的产品流入施工现场；接头的拧紧力矩值没有达到标准值，接头的拧紧程度不够或漏拧，或钢筋的连接方法不对。

5）钢筋冷挤压套筒连接接头的缺陷

钢筋冷挤压套筒连接是一种新的连接方式，具有很多的优点，但在施工的过程中也易出现以下质量问题：

① 钢筋冷挤压后，套筒发现有可见的裂缝。

② 钢筋冷挤压后的套筒长度超过控制数据。

③ 压痕处套筒的外径波动范围小于或等于原套筒外径的 0.8～0.9。

④ 钢筋伸入套筒的长度不足。

原因是：

① 施工、技术、质检、操作等方面的人员对钢筋冷挤压套筒连接技术不熟悉，检查不细致，不能发现存在的质量缺陷。

② 套筒的质量比较差。

③ 套筒、钢筋和压模不能配套使用，或者挤压操作的方法不当。

6）钢筋绑扎接头的缺陷

常见问题有钢筋绑扎搭接接头长度不足；HPB300 级钢筋绑扎接头的末端没有做弯钩；受力钢筋绑扎接头的位置没有错开。

产生的原因是：

① 操作工不熟悉操作规程，施工管理人员不熟悉《混凝土结构工程施工质量验收规范》GB 50204—2015 中的有关钢筋搭接长度的规定。

② 质量检查不认真，放任不规范的接头浇入混凝土中。

（6）弯起钢筋方向错误

主要原因是：

1）在钢筋骨架绑扎安装前，技术人员未向操作人员进行技术交底，不明白在此类结构或构件弯起钢筋的作用，将弯起钢筋绑扎在错误位置上。

2）操作人员在钢筋绑扎中不认真对待，在安装时使钢筋骨架入模产生方向错误。

3）在绑扎安装完毕后，未能对钢筋骨架按图纸进行核对，在浇筑混凝土时才发现弯起钢筋方向错误。

2. 钢筋工程事故的处理方法及选择

（1）补加钢筋

例如预埋钢筋遗漏或错位严重，可在混凝土中钻孔补埋规定的钢筋；又如对于露筋或少筋时，可凿除混凝土保护层后，补加所需的钢筋再用喷射混凝土等方法修复保护层等。

（2）增密箍筋

例如纵向钢筋弯折严重时，可在钢筋弯折处及附近用间距较小的（如 30mm 左右）钢箍加固。试验表明，这种密箍处理方法对混凝土有一定的约束作用，能提高混凝土的极限强度，推迟混凝土中裂缝的出现时间，并保证弯折受压钢筋强度得以充分发挥。

（3）结构或构件补强加固

对于由于钢筋质量事故造成结构或构件受力性能降低时，可以采用补强加固的措施进行处理。常用的处理方法有外包钢筋混凝土、外包钢、粘贴钢板、碳纤维加固、增设预应力卸荷体系、增设支点等。

（4）降级使用

降级使用是指钢筋本身降级使用或构件的降级使用。对锈蚀严重的钢筋，或性能不良但仍可使用的钢筋，经试验后可采用降级使用；因钢筋事故，导致构件承载能力等性能降低的预制构件也可采用降低等级使用的方法处理。

(5) 试验分析排除疑点

常用的方法是对可疑的钢筋进行全面试验分析；对有钢筋事故的结构构件进行理论分析和承载能力试验等。如试验结果证明，不必采用专门处理措施也可确保结构安全，则可不必处理，但需征得设计单位同意。

(6) 焊接热处理

例如电弧点焊可能造成脆断，可用高温或中温回火或正火处理方法，改善焊点及附近区域的钢材性能等。

(7) 更换钢筋

在混凝土浇筑前，发现钢筋材质有问题，通常采用此法。

选择处理方法应注意事项除了遵守其他事故处理办法选择时的一般要求外，应注意以下事项：

①确认事故钢筋的性质与作用。即区分出事故部分的钢筋属受力筋，还是构造钢筋，或仅是施工阶段所需的钢筋。实践证明，并非所有的钢筋工程事故都只能选择加固补强的方法处理。②注意区分同类性质事故的不同原因。例如钢筋脆断并非都是材质问题，不一定都需要调换钢筋。③以试验分析结果为前提。钢筋工程事故处理前，往往需要对钢材作必要的试验，有的还要作荷载试验。只有根据试验结果的分析才能正确选择处理方法，对于加密箍筋、热处理等方法还要以相应的试验结果为依据。

【案例 5-6】 钢筋位置摆放错位的事故处理

某粮食储备库散装小麦平房仓的设计指标如下：小麦平堆高度为 6m，纵墙檐高为 7.6m；跨度为 27m，山墙柱距为 5.4m；仓房总长度为 90m，纵墙柱距为 6m，中间设 1 道伸缩缝；采用钢筋混凝土柱下条形基础；墙体 3.6m 以下采用 490mm 实心墙，3.6m 以上采用 490mm 空心墙；墙身于标高 1.8m、3.6m、6.0m、7.6m 处各设 1 道钢筋混凝土圈梁；屋盖采用 27m 跨折线形屋架、大型屋面板；排架柱按照铰接排架进行内力计算。

当基础混凝土浇筑完工且基槽已被回填，纵墙排架柱及山墙柱均已预埋插筋后，在现场基础验收过程中，验收人员发现纵墙排架柱受力内排筋有错位现象。

原设计图纸和实际施工排架柱配筋截面图，如图 5.16 所示，图中虚线表示尚未施工。按照《混凝土结构设计标准（2024 年版）》GB/T 50010—2010，受力内排筋与外排筋中心间距应设计为 60mm，所以内排筋实际偏移 90mm，相当于柱截面有效高度减少了 30mm。经计算，截面配筋不满足受力要求。

经分析，事故原因为：

(1) 操作人员不懂一般结构知识。经现场询问施工操作人员得知，操作人员将柱纵向受力筋误认作腰筋，而将其摆放在距柱截面高度约 1/4 处。

(2) 施工单位管理水平偏低，钢筋安装后没有及时对其核对位置，对隐蔽工程验收不重视。

(3) 缺乏相关的质量监督及检验制度。经业主、质检、设计、监理 4 方共同确定，认为这是一起工程质量事故。处理方案经研究后采用植筋锚固处理法。处理之后，排架柱底面配筋截面图，如图 5.17 所示。

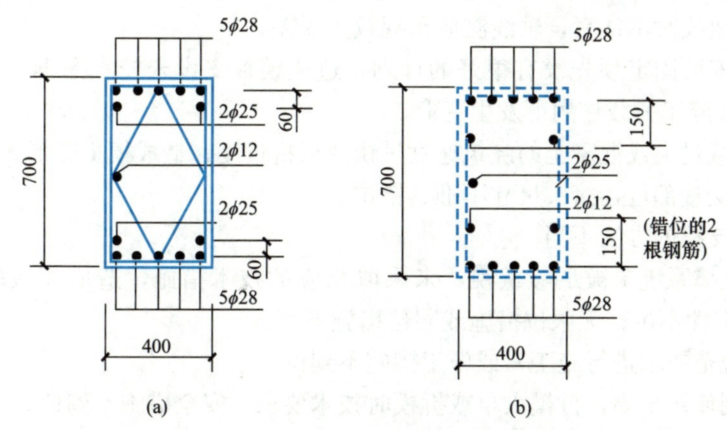

图 5.16 设计与施工排架柱配筋截面图

(a) 原设计排架柱配筋截面；(b) 实际施工排架柱配筋摆放位置

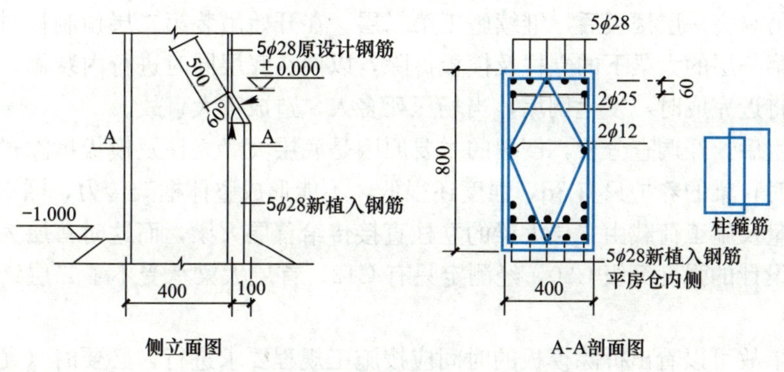

图 5.17 处理之后的排架柱底面配筋截面

5.4.3 模板工程质量事故

模板工程是钢筋混凝土工程的重要组成部分。模板制作和安装的质量如何，对于钢筋混凝土结构工程的质量有直接关系和影响。它对于保证混凝土和钢筋混凝土结构与构件的外观平整度和几何尺寸的准确性，以及结构的强度和刚度等都起着重要的作用。

近年来，我国的建筑模板与脚手架技术伴随着我国建筑业的突飞猛进而发展较快、进步较大，但是安全事故时有发生，造成了人员伤亡、经济损失和不良影响。因此，对脚手架与模板倒塌事故进行认真分析，寻找对策，提出预防措施，是十分必要的。模板事故原因主要有以下几种：

1. 没有对模板进行设计或设计不合理，设计计算简图与实际情况相差很大。

2. 审查图纸、照图施工不认真或技术交底不清；施工操作人员没有经过培训，不熟悉支架的结构、材料性能和施工方法。

3. 竖向承重支撑在地基土上未夯实，或支撑下未垫平板，或无排水措施，造成支承部分地基下沉。

4. 对模板设计图翻样不认真或有误，在模板制作中不仔细，质量不合格，制作模板的材料选用不当。

5. 在测量放线时不认真，轴线测放出现较大误差。

6. 模板的安装固定预先没有很好的计划，造成模板支设未校直撑牢，支撑系统整体稳定性不足，在施工荷载作用下发生变形。

7. 施工荷载过大或混凝土的浇筑速度过快或振捣过度；造成模板变形太大。

8. 梁、柱交接部位，接头尺寸不准、错位。

9. 模板间支撑的方法不当。

10. 模板支撑系统未被足够重视，未采取相应的技术措施，造成模板的支撑系统强度、刚度或稳定性不足；无限位措施或限位措施不当。

11. 未按规范要求进行施工，或施工措施不到位。

12. 脱模剂使用不当，拆模太早或拆模时技术要求、安全措施不到位。

【案例 5-7】 拆模过早引起倒塌

某轻工厂为二层现浇框架结构，预制钢筋混凝土楼板。施工单位在浇筑完首层钢筋混凝土框架及吊装完一层楼板后，继续施工第二层。在开始吊装第二层预制板时，为加快施工进度，将第一层的大梁下的立柱及模板拆除，以便在底层同时进行内装修，结果在吊装二层预制板将近完成时，发生倒塌，当场压死多人，造成重大事故。

事故发生后，经调查分析，倒塌的主要原因是底层大梁立柱及模板拆除过早。在吊装二层预制板时，梁的养护只有 3d，强度还很低，不能形成整体框架传力，因而二层框架及预制板的重量及施工荷载由二层大梁的立柱直接传给首层大梁，而这时首层大梁的强度尚未完全达到设计的强度等级 C20，经测定只有 C12。首层大梁承受不了二层结构自重而引起倒塌。

从这例事故可以看出拆除模板的时间应按施工规程要求进行，必要时（尤其是要求提前拆除模板时）应进行验算。

5.5 钢结构工程质量事故分析与处理示例

5.5.1 钢材的性能

26. 钢结构应用及案例

1. 强度

强度高是钢材的一大特点，强度指标分为屈服强度 f_y 和抗拉强度 f_u。f_y 是衡量结构承载能力大小的指标，是钢结构静力强度设计的依据。f_u 是衡量钢材经过较大变形后的抗拉能力，反映了钢材安全储备的大小。

2. 塑性

塑性好是钢材的又一显著特点，塑性是指钢材受力时在应力超过屈服点后，能产生显著残余应变（塑性变形）而不立即断裂的性质。伸长率 δ 和断面收缩率 ψ 是衡量钢材塑性好坏的主要指标。

3. 冷弯性能

冷弯性能是衡量钢材在常温下弯曲加工产生塑性变形时对产生裂纹的抵抗能力的一项

指标，它能够直观地反映钢材质量的好坏，暴露钢材内部冶金和轧制缺陷，它通常借助180°冷弯试验来确定。

4. 韧性

韧性是钢材在塑性变形和断裂过程中吸收能量的能力，即钢材抵抗冲击荷载的能力。韧性指标采用冲击韧性 α_k 值表示，分为常温（20℃±5℃）和低温（−20℃，−40℃）两种。在实际工程中它是判断钢材脆性破坏的重要指标。

5.5.2 钢材可能存在的缺陷

1. 钢材在性能方面可能存在的缺陷

钢材的种类繁多，但在建筑钢结构中，常用的有两种类型钢材，低碳钢和低合金钢。钢材的质量主要取决于冶炼、浇铸和轧制过程中的质量控制，如果某些环节出现问题，就会产生这样或那样的缺陷。

（1）化学成分缺陷

化学成分对钢材的性能有重要影响，从有害影响的角度来讲，化学成分将会产生一种先天缺陷。就Q235钢材而言，其中Fe约占99%，其余的1%为C、Mn、Si、S、P、O、N、H等，他们虽然仅占1%，但其影响极大。

在碳素结构钢中，碳是仅次于纯铁主要的元素，它直接影响钢材的强度、韧性和可焊性等。碳的含量增加，钢材的强度提高，但其塑性、韧性、疲劳强度下降，同时恶化钢的可焊性以及抗锈蚀性能。因此钢结构中采用碳素结构钢，对含碳量要加以限制，一般不应该超过0.22%。在焊接结构中还应低于0.20%。

锰作为一种钢液的弱脱氧剂，是一种有益的元素，它既可以改善钢材的冷脆倾向而又不明显降低钢材的塑性和冲击韧性；但是锰的含量过高对可焊性不利，故需加以限制。普通碳素钢中锰的含量约为0.3%～0.8%。

硅作为一种钢液的强脱氧剂也是一种有益的元素。适量的硅可提高钢的强度，而对其他性能影响较小，但含量过高则对钢的塑性、韧性、抗锈蚀能力以及可焊性有降低作用。一般低碳钢中硅的含量为0.12%～0.30%，低合金钢中应为0.20%～0.55%。

硫是钢材的一种有害杂质。硫与铁的化合物硫化亚铁（FeS），散布在纯铁体的间层中，在800～1200℃时熔化而使钢材出现裂纹，称为“热脆”现象。另外，含硫量增大，会降低钢材的塑性冲击韧性、疲劳强度、抗锈蚀性和可焊性。故应严格控制其含量，一般不应超过0.035%～0.050%。

磷是钢材的一种有害杂质。磷虽然可以提高钢的强度和抗锈蚀能力，但会降低钢的塑性、冲击韧性、冷弯性能和可焊性。尤其是磷使钢在低温时韧性降低而产生脆性破坏，称为“冷脆”现象。故对磷的含量要严格控制，一般不超过0.035%～0.045%。

氧是钢材的一种有害杂质。氧通常是在钢熔融时由空气或水分解而进入钢液，冷却后残留下来。氧的有害影响和硫类似，使钢材“热脆”，一般含量应低于0.05%。

氮作为有害杂质，可能从空气进入高温的钢液中。氮的影响与磷相似会使钢材“冷脆”，一般氮的含量应低于0.008%。

氢作为有害杂质，通常也是由空气或水分解而进入钢液。氢在低温时易使钢材呈脆性破坏，产生所谓的“氢脆”破坏现象。

铜在碳素结构钢中属于有害杂质，它可以显著提高钢的抗腐蚀性能，也可以提高钢的强度，但是对可焊性有不利影响。

综上所述，普通低碳钢的几种化学成分均对钢材的性能有不利影响，其中的C、Mn、Si是有益元素，但不可过量；P、O、N、H纯属有害杂质。因此，我们将其影响视为先天性缺陷，并加以严格控制。

（2）冶炼及轧制缺陷

钢材在冶炼和轧制过程中由于工艺参数控制不严等问题，缺陷在所难免，常见的缺陷有：

1）发裂：主要是由热变形工程中（轧制或锻造）钢内的气泡及非金属夹杂物引起的。经常出现在轧件纵长方向上，纹如发丝，一般纹长20～30mm以下，有时100～150mm。发裂几乎出现在所有钢材的表面和内部。发裂的防止最好由冶金工艺解决。

2）分层：分层是钢材在厚度方向不密合，分成多层的现象，但各层间依然相互连接并不脱离。横轧钢板分层出现在钢板的纵断面上，纵轧钢板出现在钢板的横断面上。分层不影响垂直厚度方向的强度，但显著降低冷弯性能。另外，在分层的夹缝处还容易锈蚀，甚至形成裂纹。分层将严重降低钢材的冲击韧性、疲劳强度和抗脆断能力。

3）白点：钢材的白点是因含氢量过大和组织内应力太大相互影响而形成的。它使钢材质地变松、变脆、丧失韧性、产生破裂。在炼钢时，尽量不使氢气进入钢水中，并且做到钢锭均匀退火，轧制前合理加热，轧制后缓慢冷却，即可避免钢材中的白点。

4）内部破裂：轧制钢材过程中，若钢材塑性较低或是轧制时压量过小，特别是上下轧辊的压力曲线不“相交”，则同外层的延伸量不等，引起钢材的内部破裂。这种缺陷可以用合适的轧制压缩比（钢锭直径与钢坯直径之比）来补救。

5）斑疤：钢材表面局部薄皮状重叠称为斑疤，这是一种表面粗糙的缺陷。它可能产生在各种轧材、型钢及钢板的表面。其特征为：因水容易侵入缺陷下部，使其冷却快，故缺陷处呈现棕色或黑色，斑疤容易脱落，形成表面凹坑。其长度和宽度可达几毫米，深度0.01～1.0mm不等。斑疤会使薄钢板成型时的冲压性能变坏，甚至产生裂纹和破裂。

6）划痕：一般都是产生在钢板的下表面上，主要是由轧钢设备的某些零件摩擦所致。划痕的宽度和深度肉眼可见，长度不等，有时贯穿全长。

7）切痕：它是薄板表面上常见的折叠得比较好的形似接缝的折皱，在屋面板与薄铁板的表面上尤为常见。如果将形成的切痕的折皱展平，钢板易在该处裂开。

8）过热：过热是指钢材加热到上临界点后，还继续升温时，其机械性能变差，如抗拉强度，特别是冲击韧性显著降低的现象。它是由于钢材晶粒在经过上临界点后开始胀大所引起的，可用退火的方法使过热金属的结晶颗粒变细，恢复其机械性能。

9）过烧：当金属的加热温度很高时，钢内杂质集中的边界开始氧化和部分熔化时发生过烧现象。由于熔化的结果，晶粒边界周围形成一层很小的非金属薄膜将晶粒隔开。因此，过烧的金属经不起变形，在轧制或锻造过程中易产生裂纹和龟裂，有时甚至裂成碎块。过烧的金属为废品，不论用什么热处理方法都不能挽回，只能回炉重炼。

10）机械性能不合格：钢材的机械性能一般要求抗拉强度、屈服强度、伸长率和截面收缩率四项指标得到保证，有时再加上冷弯。用在动力荷载和低温时还必须要求冲击韧性。如果上述机械性能大部分不合格，钢材只能报废，若仅有个别项达不到要求，可作等外品处理或用于次要构件。

11）夹杂：夹杂通常指非金属夹杂，常见的为硫化物和氧化物，前者使钢材在800～1200℃高温下变脆，后者将降低钢材的力学性能和工艺性能。

12）脱碳：脱碳是指金属加热时表面氧化后，表面含碳量比金属内层低的现象。主要出现在优质高碳钢、合金钢、低合金钢中，中碳钢有时也有此缺陷，钢材脱碳后淬火将会降低钢材的强度、硬度及耐磨性。

钢材缺陷有表面缺陷和内部缺陷，也有轻重之分。最严重的应属钢材中形成的各种裂纹，其危害后果应引起高度重视。

2. 钢结构加工制作可能存在的缺陷

钢结构的加工制作主要是钢构件（梁、柱、支撑等）的制作。完整的钢结构产品，进行各种操作处理，达到规定产品的预定要求目标。钢构件加工制作主要工艺为：钢材和型钢的鉴定试验→钢材的矫正（常温机械矫正或加热后矫正）→钢表面清洗和除锈→放样和划线→构件切割→制孔→构件的冷热弯曲加工→焊接拼装等。钢结构的加工制作过程将由一系列的工序组成，而每一工序都有可能产生缺陷。

（1）被加工的钢构件可能存在的缺陷

1）选用钢材的性能不合格。

2）原材料矫正引起冷热硬化。

3）放样尺寸、孔中心偏差。

4）切割边未做加工或加工未达到要求。

5）孔径误差。

6）冲孔未做加工，存有硬化区和微裂纹。

7）构件冷加工引起钢材硬化和微裂纹。

8）构件热加工引起的残余应力。

9）表面清洗防锈不合格。

10）钢构件外形尺寸超公差。

（2）钢结构的连接可能存在的缺陷

1）铆接缺陷

铆接是将一端带有预制钉头的铆钉，经加热后插入连接构件的钉孔中，再用铆钉枪将另一端打铆成钉头，以使连接达到紧固。铆接有热铆和冷铆两种方法。铆接传力可靠，塑性、韧性均较好。由于铆接是现场热作业，目前只在桥梁结构和吊车梁构件中偶尔使用。

铆接工艺带来的缺陷归纳如下：

① 铆钉本身不合格。

② 铆钉孔引起的构件截面削弱。

③ 铆钉松动，铆合质量差。

④ 铆合温度过高，引起局部钢材硬化。

⑤ 板件之间紧密度不够。

2）栓接缺陷

栓接包括普通螺栓连接和高强螺栓连接两大类。普通螺栓由于紧固力小，且螺栓杆与孔径间空隙较大（主要指粗制螺栓），故受剪性能差，但受拉连接性能好，且装卸方便，故通常应用于安装连接和需拆装的结构。高强螺栓是继铆接连接之后发展起来的一种新型钢结构连接形式。它已成为当今钢结构连接的主要手段之一。

螺栓连接给钢结构带来的主要缺陷有：

① 螺栓孔引起构件截面削弱。

② 普通螺栓连接在长期动载作用下的螺栓松动。

③ 高强螺栓连接预应力松弛引起的滑移变形。

④ 螺栓及附件钢材质量不合格。

⑤ 孔径及孔位偏差。

⑥ 摩擦面处理达不到设计要求，尤其是摩擦系数达不到要求。

3）焊接缺陷

焊接是钢结构最重要的连接手段。焊接方法种类很多，按焊接的自动化程度一般分为手工焊接、半自动焊接及自动化焊接。

焊接可能存在以下缺陷：

① 焊接材料不合格。手工焊采用的是焊条，自动焊采用的是焊丝和焊剂。实际工程中通常容易出现三个问题：一是焊接材料本身质量有问题；二是焊接材料与母材不匹配；三是不注意焊接材质的烘焙工作。

② 焊接引起焊缝热影响区母材的塑性和韧性降低，使钢材硬化、变脆开裂。

③ 因焊接产生较大的焊接残余变形。

④ 因焊接产生严重的残余应力或应力集中。

⑤ 焊缝存在的各种缺陷。如裂纹、焊瘤、边缘未熔合、未焊透、咬肉、夹渣和气孔等。

3. 钢结构运输、安装和使用维护中可能存在的缺陷

钢结构在工厂制作完成后，运至现场安装，安装完毕进入使用期。在此过程中通常可能存在以下缺陷：

（1）运输过程中引起结构或构件较大的变形和损伤。

（2）吊装过程中引起结构或构件较大的变形和局部失稳。

（3）安装过程中没有足够的临时支撑或锚固导致结构或构件产生较大的变形，丧失稳定性，甚至倾覆等。

（4）现场焊接及螺栓连接质量达不到设计要求。

（5）使用期间由于地基不均匀沉降、温度应力以及人为因素造成的结构损坏。

（6）不能做到定期维护，致使结构腐蚀严重，影响到结构的耐久性。

5.5.3 钢结构事故的破坏形式

钢结构的原材料是钢材。钢材有两种完全不同的破坏形式，即塑性破坏和脆性破坏，钢结构所用的材料虽然有较高的塑性和韧性，一般为塑性破坏，但在一定的条件下，仍然有脆性破坏的可能性。

塑性破坏是由于变形过大，超过了材料或构件可能的应变能力而产生的，而且仅在构件的应力达到了钢材的抗拉强度后才发生。破坏前构件产生较大塑性变形，断裂后的断口呈现纤维状，色泽发暗。在塑性破坏前，由于总有较大的塑性变形发生，且变形持续的时间较长，很容易及时发现而采取措施补救，不致引起严重后果。另外，塑性变形后出现内力重分布，使结构中原先受力不等的部分应力趋于均匀，因而提高结构的承载力。脆性破坏前塑性变形很小，甚至没有塑性变形，计算应力可能小于钢材的屈服点，断裂从应力集中处开始。冶金和机械加工工程中产生的缺陷，特别是缺口和裂纹，常是断裂的发源地。破坏前没有任何征兆，破坏是突然发生的，断口平直并有光泽的晶粒状。由于脆性破坏没有明显的征兆，无法察觉和采取补救措施，而且个别构件的断裂常引起结构的塌毁，危及人民生命财产安全，后果严重，损失较大。在设计、施工和使用钢结构时，要特别注意防止出现脆性破坏。

5.5.4 钢结构失稳引起的事故

稳定问题是钢结构最突出的问题。长期以来，许多工程技术人员对稳定概念认识不足，存在强度重于稳定的错误思想。因此，在大量的钢结构失稳事故中付出了血的代价，得到了严重的教训。钢结构的失稳事故分为整体失稳事故和局部失稳事故两大类。

1. 整体失稳事故原因分析

(1) 设计错误

设计错误主要与设计人员的水平有关。如缺乏稳定概念；稳定验算公式错误；只验算基本构件的稳定，忽视整体结构的稳定验算；计算简图及支座约束与实际受力不符，设计安全储备过小等。

(2) 制作缺陷

制作缺陷通常包括构件的初弯曲、初偏心、热轧冷加工以及焊接产生的残余变形等。这些缺陷将对钢结构的稳定承载力产生显著影响。

(3) 临时支撑不足

钢结构在安装过程中，当尚未完全形成整体结构之前，属几何可变体系，构件的稳定性很差。因此必须设置足够的临时支撑体系来维持安装过程中的整体稳定性。若临时支撑设置不合理或者数量不足，轻则会使部分构件丧失稳定，重则造成整个结构在施工过程中倒塌或倾覆。

(4) 使用不当

结构竣工投入使用后，使用不当或意外因素也是导致失稳事故的主因。例如，使用方随意改造使用功能；改变构件的受力状态；由积灰或增加悬吊设备引起的超载；基础的不均匀沉降和温度应力引起的附加变形；意外的冲击荷载等。

2. 局部失稳事故原因分析

局部失稳主要是针对构件而言，其失稳的后果虽然没有整体失稳严重，但对以下原因引起的失稳也应引起足够的重视。

(1) 设计错误

设计人员忽视甚至不进行构件的局部稳定验算，或者验收方法错误，致使组成构件的各类板件宽厚比和高厚比大于规范限值。

(2) 构造不当

通常在构件局部受集中力较大的部位，原则上应设置构造加劲肋。另外，为了保证构件在运转过程中不变形也须设置横隔、加劲肋等。但实际工程中，加劲肋数量不足、构造不当的现象比较普遍。

(3) 原始缺陷

原始缺陷包括钢材的负公差严重超规，制作过程中焊接等工艺产生的局部鼓曲和波浪形变形等。

(4) 吊点位置不合理

在吊装过程中，尤其是大型的钢结构构件，吊点位置的选定十分重要。吊点位置不同，构件受力的状态也不同。有时构件内部过大的压应力将会导致构件在吊装过程中局部失稳。因此，在钢结构设计中，针对重要构件应在图纸中说明起吊方法和吊点位置。

3. 失稳事故的处理与防范

钢结构失稳事故应以防范为主，应该遵守以下原则：

(1) 强化稳定设计理念

① 结构的整体布置必须考虑整个体系及其组成部分的稳定性要求，尤其是支撑体系的布置。

② 结构稳定计算方法的前提假定必须符合实际受力情况，尤其是支座约束的影响。

③ 构件的稳定计算与细部构造的稳定计算必须配合，尤其要有强节点的概念。

④ 强度问题通常采用一阶分析，而稳定问题原则上应采用二阶分析。

⑤ 叠加原理适用于强度问题，不适用于稳定问题。

⑥ 处理稳定问题应有整体观点，应考虑整体稳定和局部稳定的相关影响。

(2) 制作单位应尽量减少缺陷

在常见的众多缺陷中，初弯曲、初偏心、残余应力对稳定承载力影响最大，因此，制作单位应通过合理的工艺和质量控制措施将缺陷减低到最低程度。

(3) 施工单位应确保安装过程中的安全

施工单位只有制定科学的施工组织设计，采用合理的吊装方案，精心布置临时支撑，才能防止钢结构安装过程中失稳，确保结构安全。

(4) 使用单位应正常使用钢结构建筑物

一方面，使用单位要注意对已建钢结构的定期检查和维护；另一方面，当需要进行工艺流程和使用功能改造时，必须与设计单位或有关专业人士协商，不得擅自增加负荷或改变构件受力。

【例 5-8】 泉州某酒店坍塌事故分析

(1) 事故概况

泉州某酒店坍塌事故发生于 2020 年 3 月 7 日，是一起严重的生产安全责任事故。根据国务院事故调查组的报告，事故的直接原因是某酒店建筑物由原四层违法增加夹层改建成七层，导致建筑物达到极限承载能力并处于坍塌临界状态。此外，事发前对底层支承钢柱违规加固焊接作业引发钢柱失稳破坏，最终导致建筑物整体坍塌。事发时，某酒店是泉州市鲤城区疫情防控外来人员集中隔离健康观察点。坍塌事故发生在当晚 19 时 14 分，造成 71 人被困，经过 112 小时的全力救援，搜救出全部被困人员，其中 42 人生还，29 人遇难。

(2) 事故原因分析

泉州某酒店坍塌事故是一起因违法违规建设、改建和加固施工导致建筑物坍塌的重大生产安全责任事故。直接原因是建筑物由原四层违法增加夹层改建成七层，导致荷载超限，加之事发前对底层支承钢柱违规加固焊接作业，引发钢柱失稳破坏，造成整体坍塌。

事故责任单位泉州市某有限公司及其实际控制人无视国家相关法律法规，违法违规建设施工，弄虚作假骗取行政许可，安全责任长期不落实。相关中介服务机构也存在违规承接业务，出具虚假报告的问题。

同时，地方党委政府及相关部门在监管方面存在问题，如住房和城乡建设部门未能认真履行安全监管责任，对长期存在的违法建设行为没有制止和查处，存在失职失察。

此外，鲤城区在疫情防控中风险意识不足，在未进行任何安全隐患排查的情况下，将某酒店确定为外来人员集中隔离观察点，导致事故伤亡扩大。

5.5.5 钢结构火灾事故

1. 钢结构在火灾中的失效分析

火灾下钢结构的高温受力性能的分析和确定很复杂。钢结构处于高温下不仅要测定其耐火极限，更重要的是从理论和实践中研究其受力性能。由于钢材的性能、特别是钢材的力学性能对温度变化很敏感。在高温下，钢材的强度、变形都将发生显著的变化，甚至达到极限状态，导致结构破坏。影响这种变化程度的因素很多，且错综复杂，如钢材的种类、规格、荷载水平、温度高低、升温速率、温度蠕变等。对于已建成的承重结构来说，火灾的温度和作用时间又与此时室内的可燃性材料的种类及数量、可燃性材料燃烧时的热值、室内通风情况、墙体及吊顶等的传热特性以及当时气候情况（季风、风的强度、风向）等因素有关。关于高温下钢材力学性能各项指标的确定，由于材性模型、分析理论和试验方法的不同，以及其他各种因素的影响，一般变化规律如图 5.18 所示，当温度升高时，钢材的屈服强度 f_y、抗拉强度 f_u 和弹性模量 E 的总趋势是降低的，但在 200℃以下时变化不大。当温度在 250℃左右时，钢材的抗拉强度 f_u 反而有较大提高，而塑性和冲击韧性下降，此现象称为“蓝脆现象”。当温度超过 300℃时，钢材的 f_y、f_u 和 E 开始显著下降，

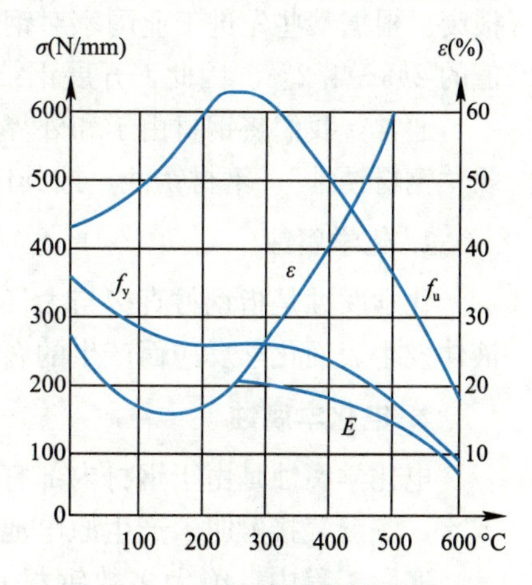

图 5.18 温度对钢材性能的影响

而塑性伸长率 δ 显著增大，钢材产生徐变。当温度超过 400℃时，强度和弹性模量都急剧降低。达 600℃时，f_y、f_u 和 E 均接近于零，其承载力几乎完全丧失。

2. 钢结构的防火方法

钢结构耐火性能差，因此为了确保钢结构达到规定的耐火极限要求必须采取防火保护措施。通常不加保护的钢构件的耐火极限仅为 10～20min。

钢结构的防火方法多种多样，通常按照构造形式概括为以下三种：

（1）紧贴包裹法（图 5.19a），一般采用防火涂料紧贴钢结构的外露表面将钢构件包裹起来。

（2）空心包裹法（图 5.19b），一般采用防火板、石膏板、蛭石板、硅酸盖板、珍珠岩板将钢构件包裹起来。

（3）实心包裹法（图 5.19c），一般采用混凝土将钢结构浇筑在其中。

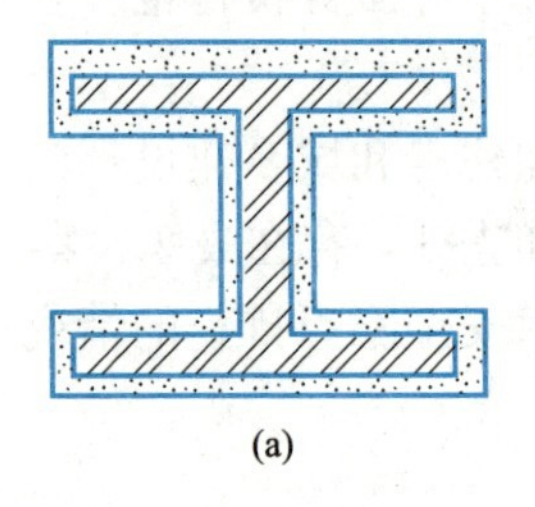
(a)

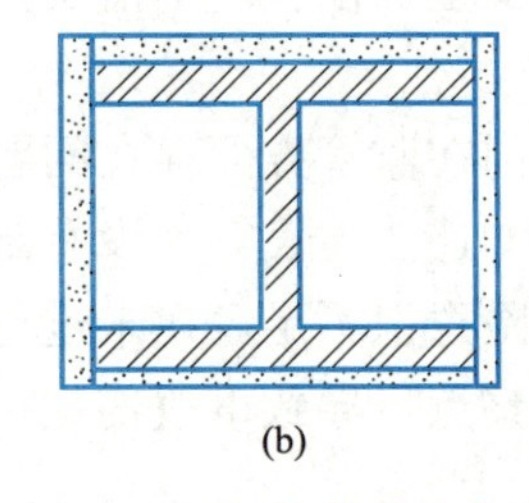
(b)

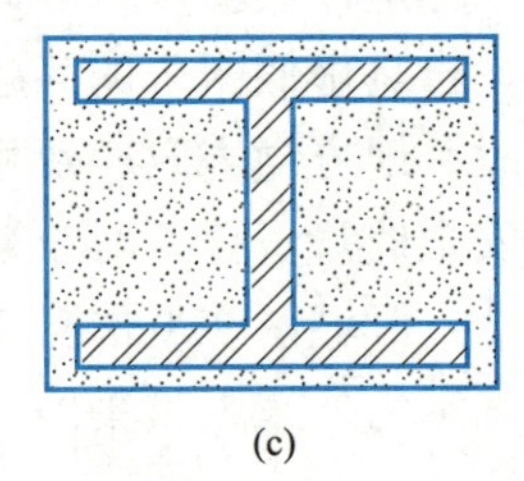
(c)

图 5.19　钢构件的防火法

5.5.6　钢结构锈蚀事故

钢结构纵然有许多优点，但生锈是一个致命的缺点。国内外因锈蚀导致的钢结构事故时有发生。生锈腐蚀将会引起构件截面减小，承载力下降，尤其是因锈蚀产生的“锈坑”将使钢结构破坏的可能性增大。再者，在影响安全性的同时，也将严重地影响钢结构的耐久性，使得钢结构维护费用昂贵。据有关资料统计，世界钢结构的产量约 1/10 因腐蚀而报废。根据某些先进工业国家对钢铁腐蚀损失的调查，因腐蚀所耗费的费用就约占总生产值的 2%～4.2%。因此，开展钢结构锈蚀事故的分析研究有重要意义。

通常，我们将钢材由于和外界介质相互作用而产生的损坏过程称为“锈蚀”，有时也叫“钢材锈蚀”。钢材锈蚀，按其作用可分为以下两类：

1. 化学腐蚀

化学腐蚀是指钢材直接与大气或工业废气中含有的氧气、碳酸气、硫酸气或非电介质液体发生表面化学反应而产生的腐蚀。

2. 电化学腐蚀

电化学腐蚀是由于钢材内部有其他金属杂质，它们具有不同的电极电位，在与电介质或水、潮湿气接触时，产生原电池作用，使钢材腐蚀。

实际工程中，绝大多数钢材是电化学腐蚀或是化学腐蚀与电化学腐蚀同时作用的结果。

【案例 5-9】 某悬索结构整体倒塌

(1) 工程与事故概况

上海市某研究所食堂为直径圆形砖墙上扶壁柱承重的单层建筑。檐口总高度为 6.4m，屋盖采用 17.5m 直径的悬索结构，悬索由 90 根直径为 7.5mm 的钢绞索组成，预制钢筋混凝土异形板搭接于钢绞索上，板缝内浇筑配筋混凝土，屋面铺油毡防水层，板底平顶粉刷。该食堂使用 20 年后，一天屋盖突然整体塌落，经检查 90 根钢绞索全部沿周边折断，门窗部分震裂，但周围砖墙和圈梁无塌陷损坏。

(2) 原因分析

该工程原为探索大跨度悬索结构屋盖应用技术的试验性建筑，在改为食堂之前，一直在进行观察。改为食堂后，建筑物使用情况正常，除曾因油毡屋面局部渗漏，作过一般性修补外，悬索部分因被油毡面层和平顶粉刷所掩蔽，未能发现其锈蚀情况，塌落前未见任何异常迹象。

屋盖塌落后，经综合分析认为，屋盖的塌落主要与钢绞索的锈蚀有关，而钢绞索的锈蚀除与屋面渗水有关外，另一主要原因是食堂的水蒸气上升，上部通风不良，因而加剧了钢绞索的大气电化学腐蚀和某些化学腐蚀（如盐类腐蚀）。由于长时间腐蚀，钢筋断面减小承载能力降低，当超过极限承载能力后断裂。至于均沿周边断裂，则与周边夹头夹持，钢索处于复杂应力状态（拉应力、剪应力共同存在）有关。

(3) 应吸取的教训

① 应加强钢索的防锈保护，可从材料构造等方面着手。

② 设计合理的夹头方向，夹头方向应使钢索处于有利的受力状态。

③ 试验性建筑应保持长时间观察，以免发生类似事故。

5.6 屋面防水工程质量事故分析与处理示例

屋面工程位于房屋建筑的顶部，它不仅受外界气候变化和周围环境的影响，而且还与地基不均匀沉降和主体结构的变位密切相关。屋面防水工程的质量，直接影响到建筑物的使用功能和寿命，关系到人民生活和生产的正常进行，因此，必须受到重视。

5.6.1 刚性平屋面的防水质量问题分析

27. 典型层面防水失效举例解析

防水屋面的质量通病主要有防水层开裂、防水层起壳与起砂、分格缝渗漏、砖砌女儿墙开裂、现浇钢筋混凝土女儿墙垂直裂缝、屋面泛水处渗漏、檐沟及天沟处渗漏、防水层渗漏、保护层施工质量不良等。

1. 混凝土屋面防水层开裂

(1) 原因分析

造成混凝土屋面防水层开裂的主要原因有：

1) 结构裂缝。因地基不均匀沉降，屋面结构层产生较大的变形等原因使防水层开裂，通常发生在屋面板的拼缝上，宽度较大，并穿过防水层上下贯通。

2）温度裂缝。因季节性温差、防水层上下表面温差较大，且防水层变形受约束，产生温度应力使防水层开裂，裂缝一般是有规则的、通长的，分布较均匀。

3）收缩裂缝。主要由防水层混凝土的干缩和冷缩引起，一般分布在混凝土表面，纵横交错，一般较短、较细，没有规律。

4）施工裂缝。因混凝土配合比设计不当、振捣不密实、收光不好及养护不良等，使防水层产生不规则、长度不等的断续裂缝。

（2）处理方法

对产生裂缝的混凝土防水层，可采用下列方法进行处理：

1）对于细而密集、分布面积较大的表面裂缝，可采用防水水泥浆罩面的方法处理；或在裂缝处剔出缝槽，并将表面清理干净，再刷冷底子油一道，干燥后嵌填防水油膏，最后用卷材进行覆盖。

2）对宽度在 0.3mm 以上的裂缝，应剔成 V 形或 U 形切口后再做防水处理；如果裂缝深度较大并已露出钢筋时，应对钢筋进行除锈、防锈处理后，再做其他嵌填密封处理。

3）对宽度较大的结构裂缝，应在裂缝处将混凝土凿开形成分格缝，然后按规定嵌填防水油膏。

2. 混凝土屋面防水层起壳

（1）原因分析

造成混凝土屋面防水层起壳的主要原因有：

1）施工过程中，未能按施工规范和质量验收标准进行施工，特别是没有认真对混凝土表面进行压实、收光。

2）在混凝土浇捣完毕后，未能按混凝土所要求的条件进行养护，从而造成混凝土表面水分蒸发过快形成防水层起壳。

3）防水层长期暴露于大气层中，经长期日晒雨淋后，混凝土面层发生碳化现象而形成起壳的质量问题。

（2）处理方法

防水层轻微起壳或起砂时，可先将表面凿毛，扫去浮灰杂质，然后加抹厚 10mm 的防水砂浆。

3. 混凝土屋面分格缝渗漏

（1）原因分析

由于屋面防水有一定的坡度，横向分格缝比较容易排水，而纵向分格缝处容易产生渗漏，因此造成混凝土屋面分格缝渗漏的主要原因有：

1）在阳光直接照射和其他介质的侵蚀下，缝中的嵌缝材料很容易老化，从而失去防水功能。

2）由于建筑物不均匀沉降和嵌缝材料的干缩，油膏或胶泥与板缝很容易因粘结不良或脱开，从而形成渗漏。

3）油膏或胶泥上部的卷材保护层翘边、拉裂或脱落。

(2) 处理方法

1) 当缝内油膏或胶泥已老化或缝壁粘结不良时，应将其彻底挖除，重新处理板缝后，再按要求嵌填密封材料。

2) 当油毡保护层翘边时，先将翘边张口处理干净，吹去尘土，冲洗干净并待其干燥后，涂胶结材料，然后将翘边张口处粘牢。

3) 保护层发生断裂时，应先将保护层撕掉，清洗和处理板缝两侧基层后，重新按要求进行粘贴。

4. 砖砌女儿墙开裂

(1) 原因分析

1) 女儿墙太长（超过20～30m）而未设伸缩缝，在气温剧烈变化时膨胀收缩量比较大，很容易产生垂直裂缝或八字形裂缝。

2) 女儿墙与下部屋顶钢筋混凝土圈梁的温度线膨胀系数不同，当温度变化较大时，女儿墙与圈梁之间因变形差异而错位，很容易产生水平裂缝。

3) 刚性防水层或密铺隔热板夏季受热膨胀，会对女儿墙产生挤压，使女儿墙与圈梁之间错位，从而产生水平裂缝。

4) 现浇钢筋混凝土材料时，水平钢筋配置不足，会使女儿墙出现垂直裂缝。

5) 施工质量低劣，混凝土振捣不密实。

(2) 处理方法

1) 对于因防水层配置引起的女儿墙及防水层泛水的轻微裂缝，可采用封闭裂缝的方法处理，并加做隔热层。

2) 当女儿墙开裂严重时，应拆除重砌，按要求设置伸缩缝和构造柱，并在墙与屋面板和防水层泛水之间留缝，缝内用密封材料嵌实。

5. 屋面泛水处渗漏

(1) 原因分析

1) 泛水高度不够，当水位超过泛水高度时，很容易在泛水处产生渗漏。

2) 防水层上口墙部未设泛水托，且端头未做柔性密封处理，或柔性处理不符合要求，导致雨水渗入室内。

3) 泛水托滴水线不符合要求，产生爬水现象。

(2) 处理方法

根据发生渗漏的原因采用密封或重做的方法处理。

6. 檐沟、天沟处漏水

(1) 原因分析

1) 设置的檐沟太浅，当遇到大雨或暴雨时，落水不及时排除，雨水沿防水层与檐口之间的缝隙进入室内。

2) 当刚性防水层与檐口梁连在一起，防水层收缩时在连接处开裂而引起的渗漏。

3) 未设置滴水线或设置滴水线失效。

(2) 处理方法

1) 当檐口裂缝引起渗漏时，将防水层开裂处凿一条上口宽10～20mm，深5～10mm

的V形槽，缝槽及基层清洗处理后，用密封材料封严。

2）当滴水线失效引起渗漏时，应将其凿毛并清洗干净后，按要求进行重抹。

7. 砌体刚性防水层砂浆面层起壳起砂和开裂

（1）原因分析

1）养护不良。

2）砂浆面层经长期日晒风化，表面容易产生起砂的质量问题。

3）砂浆面层抹得过厚，压光时不易密实，易发生脱壳现象和龟裂现象。

4）砂浆面层与垫层粘结不牢。

（2）处理方法

1）由于日晒风化引起的表面起砂，只需将起砂面冲刷一下，扫去浮砂，重新用1∶2的防水砂浆铺设5mm厚，压光即可。

2）对大面积的屋面龟裂，可采用喷涂憎水剂的方法进行处理。

3）当面层脱壳起鼓时，应将起鼓部分铲除，基层清理干净后重新铺抹一层约15mm厚度的1∶2的防水砂浆面层。

5.6.2 钢筋混凝土坡屋面的防水质量问题分析

钢筋混凝土坡屋面的渗漏主要由设计和施工两方面的原因造成。

1. 设计方面的原因

（1）设计时的设防原则与实际存在差异

例如在设计钢筋的布置时，一般仅考虑结构的承重，而较少地考虑屋面的温度变形，但是实际上混凝土浇筑后必然会发生有规律的温度裂缝。

（2）构造设计不当

例如有时为了追求建筑形式，将泛水高度过于降低，造成其防水高度低于暴雨时的集水高度。

2. 施工方面的原因

（1）施工方法不当

坡屋面的坡度较大，采用板底支模法施工时，容易导致局部板厚不能满足设计要求，使结构出现裂缝；施工中负筋被踩低后，没有采取补救措施，也会使板出现裂缝。

（2）混凝土坍落度控制不当

混凝土坍落度过小，施工过程中不易操作，混凝土振捣不密实，容易造成屋面渗漏；混凝土坍落度太大，会使混凝土在凝固水化过程中，形成微小空隙，这些空隙在混凝土收缩后连在一起形成毛细空隙，成为雨水渗入的通道，而且容易产生混凝土滑落。

（3）细部施工存在漏洞

如装饰瓦铺贴不牢固，往往贴瓦砂浆没有挤满瓦缝，砂浆和板面基层结合不牢，薄瓦出现空鼓。若装饰瓦上下缝搭接尺寸不足，也会造成屋面雨水渗入基层形成渗漏隐患。

5.6.3 柔性卷材屋面的防水质量问题分析

卷材防水屋面是一种传统的防水做法，在房屋屋面防水中应用较为广泛。卷材防水屋面的主要质量问题是卷材铺贴后出现气泡，这种气泡在短时间内不会引起屋面渗水，但是在长期大气的作用下，很容易造成破坏，若气泡较多，就会使屋面高低不平，产生积水，从而加快了卷材的腐烂速度，降低了使用年限。因此，解决气泡的问题，主要是解决基层与卷材层之间出现的气泡，避免施工中水分侵入基层，同时在卷材铺贴之后，对此处的水分采取适当的排除措施，这样屋面产生气泡的质量问题就可以得到提高和解决。

本章介绍了建筑工程质量事故的概念、建筑工程施工质量事故的特点、建筑工程施工质量事故的分类，重点讲解了地基基础工程质量事故、砌体结构工程质量事故、钢筋混凝土工程质量事故、钢结构工程质量事故、屋面防水工程质量事故分析与处理的要求。

通过本章知识的学习能够进行砌体常见裂缝的分析与处理、混凝土工程质量事故的分析与处理、钢筋工程质量事故的分析与处理、模板工程质量事故的分析与处理、钢结构失稳引起的事故的分析与处理、钢结构火灾事故的分析与处理、钢结构锈蚀事故的分析与处理、刚性平屋面的防水质量问题分析、钢筋混凝土坡屋面的防水质量问题分析、柔性卷材屋面的防水质量问题分析。

思考及练习题

【单选题】

1. 基础错位事故处理方法中，“用千斤顶将错位基础推移到正确位置，然后在基底处作水泥压力灌浆，保证基础与地基之间接触紧密。此法适用于上部结构尚未施工、有适用的顶推设备、顶推后坐力所需的支护设施较简单的情况”，是指哪种方式？（　　）

A. 吊移法　　B. 顶推法
C. 顶推牵拉法　　D. 扩大法

2. 水泥的储存期不能过长，因为水泥在存放时接触空气，会吸收水分而产生轻微的水化作用，生成氢氧化钙，然后又再吸收二氧化碳而生成碳酸钙，从而降低水泥颗粒的胶结能力，延迟凝结时间，强度下降。因此对于水泥出厂超过（　　）个月时，应复查试验，并按其试验结果使用。

A. 1　　B. 2　　C. 3　　D. 4

3. 因地基不均匀沉降，屋面结构层产生较大的变形等原因使防水层开裂，通常发生在屋面板的拼缝上，宽度较大，并穿过防水层上下贯通是指（　　）。

A. 结构裂缝　　B. 温度裂缝　　C. 收缩裂缝　　D. 施工裂缝

4. 引起混凝土裂缝的原因很多，可归结成三大类，第一类，由外荷载引起的裂缝，也称为（　　）。

A. 混凝土收缩裂缝　　B. 受力裂缝

C. 内部钢筋锈蚀　　D. 火灾或高温作用导致裂缝

【多选题】

1. 工程质量事故具有（　　）的特点。

A. 复杂性　　B. 严重性　　C. 可变性

D. 多发性　　E. 完全可避免性

2. 地下水条件变化引起基础变形事故中，其原因可能为（　　）。

A. 施工中人工降低地下水位，导致地基不均匀下沉

B. 地基浸水，包括地面水渗漏入地基后引起附加沉降，基坑长期泡水后承载力降低而产生的不均匀下沉，形成倾斜

C. 建筑物上部结构荷载重心与基础底板形心的偏心距过大

D. 施工顺序及方法不当

E. 建筑物使用后，大量抽取地下水，造成建筑物下沉

3. 基础变形事故的处理中，通过地基处理，矫正基础变形，所用方法有（　　）。

A. 沉井法、浸水法、降水法、掏土法　　B. 振动局部液化法

C. 注入外加剂使地基土膨胀法　　D. 地基应力解除法

E. 水平挤密桩法

4. 砌体中发生裂缝的原因主要有（　　）。

A. 地基不均匀沉降　　B. 地基不均匀冻胀

C. 温度变化引起的伸缩　　D. 地震等灾害作用

E. 砌体本身承载力不足

5. 造成混凝土强度不足的原因有（　　）。

A. 没有严格的配合比设计　　B. 没有严格控制水灰比

C. 和易性欠佳　　D. 混凝土原材料的影响

E. 混凝土缺陷的影响

【思考题】

1. 简述工程质量事故的一般原因。

2. 简述工程施工中容易出现的问题。

3. 简述质量事故处理的一般程序。

4. 简述模板工程中支架系统失稳的原因。

5. 钢筋混凝土结构工程中，可能出现沿主筋方向的纵向裂缝，甚至混凝土保护层剥落，在工程中称为锈蚀裂缝，试分析锈蚀裂缝出现的原因。

下篇
建筑工程安全管理

第6章 建筑工程安全生产管理

知识目标

1. 了解建筑工程安全生产管理的方针、原则，以及相关法规和规章制度；
2. 掌握从事建筑工程安全生产管理所需的基本知识和技能；
3. 了解建筑工程安全生产管理中应该遵循的标准和流程；
4. 了解建筑工程安全生产管理的方法和技巧。

能力目标

1. 能熟练掌握建筑工程安全生产管理的规章制度、安全制度和操作规程；
2. 能熟练掌握安全生产责任制的落实方法；
3. 提升自身安全意识，掌握一定的安全管理能力。

素质目标

1. 培养自身严谨的安全管理态度和高度的责任感；
2. 增强在实际工作中坚持安全生产原则和法律法规的意识；
3. 提升团队协作与沟通能力，确保安全生产管理的有效落实。

学习重点

1. 理解和掌握建筑工程安全生产管理方针、原则和法律法规；
2. 学习安全生产管理规章制度的建立和实施，以及落实安全生产责任制的方法和流程。

学习难点

1. 理论向实践的转化；
2. 安全管理规章制度的运用；
3. 行业相关的法律法规知识，以及安全生产法规及其实施规定的掌握与运用。

思维导图

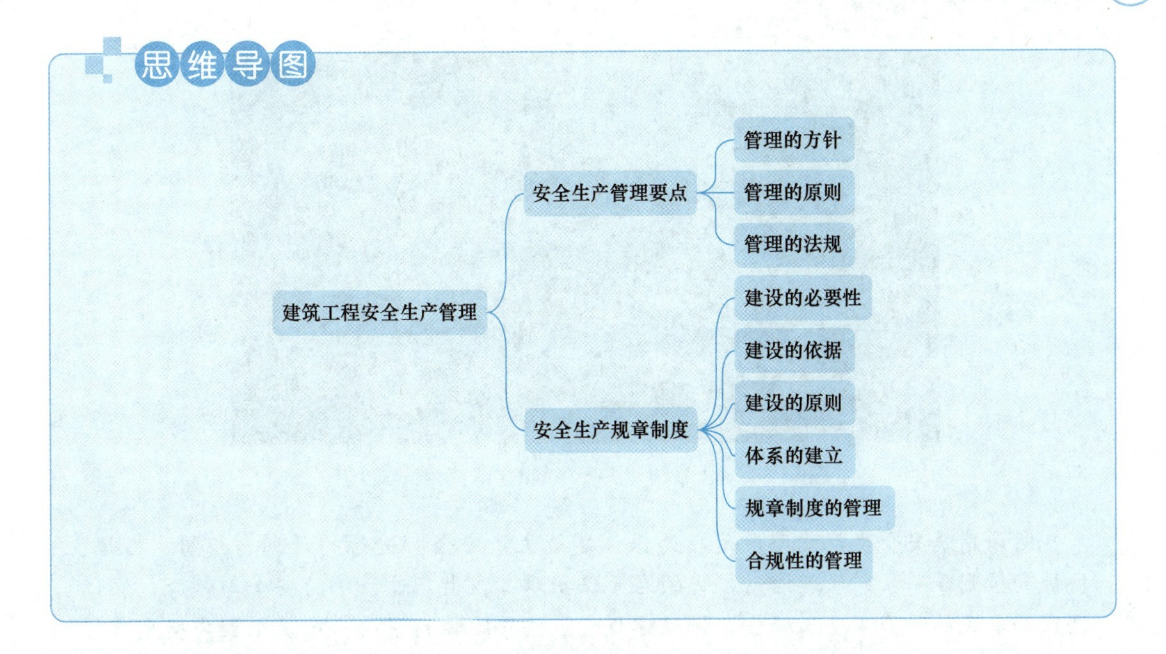

案例引入

2019年5月16日，上海市长宁区某厂房发生局部坍塌事故，12人死亡、10人重伤、3人轻伤，坍塌面积约1000m²，直接经济损失约3430万元。发生原因是，坍塌厂房本身承载力不足，施工中未采取必要的支撑措施，特别是在南侧承重墙改造过程中，其承载能力和稳定性进一步下降。施工过程中，由于未能有效地维持承重砖墙（柱）的稳定性，导致部分厂房结构瞬间失稳后引发了连锁性坍塌，厂房生活区和施工区设置在一起，导致群死群伤。

梳理一番可以发现，近些年自建房安全事故在多地均有发生。2020年3月7日，福建省泉州市某酒店发生坍塌事故（图6.1），造成29人死亡；2020年8月29日，山西省临汾市某饭店发生坍塌事故，造成29人死亡、28人受伤；2021年7月12日，江苏省苏州市某酒店辅房发生坍塌事故，造成17人死亡、5人受伤。

主要教训：

一是“生命至上、安全第一”的理念没有牢固树立；二是依法行政意识淡薄；三是监管执法严重不负责任；四是安全隐患排查治理形式主义问题突出；五是相关部门审批把关层层失守；六是企业违法违规肆意妄为。

在企业管理系统中，含有多个具有某种特定功能的子系统，安全管理就是其中的一个。这个子系统是由企业中有关部门的相应人员组成的。该子系统的主要目的就是通过管理的手段，实现控制事故、消除隐患、减少损失的目的，使整个企业达到最佳的安全水平，为劳动者创造一个安全舒适的工作环境。因而安全管理的定义即为以安全为目的，进行有关决策、计划、组织和控制方面的活动。

图 6.1 福建泉州“3·7”某酒店坍塌事故现场

所谓建筑安全生产管理，是指为保证建筑生产安全所进行的计划、组织、指挥、协调和控制等一系列管理活动，目的在于保护职工在生产过程中的安全与健康，保证国家和人民的财产不受到损失，保证建筑生产任务的顺利完成。建筑工程安全生产管理包括建设行政主管部门对于建筑活动过程中安全生产的行业管理；安全生产行政主管部门对建筑活动过程中安全生产的综合性监督管理；从事建筑活动的主体（包括建筑施工企业、建筑勘察单位、设计单位和工程监理单位）为保证建筑生产活动的安全生产所进行的自我管理等。

6.1 建设工程安全生产管理的方针、原则及相关法规

6.1.1 建设工程安全生产管理的方针

28. 建设工程安全生产管理的方针、原则及相关法规

安全生产方针是指政府对安全生产工作总的要求，它是安全生产工作的方向。我国对安全生产工作总的要求（安全生产方针）大体可以归纳为三次变化，即：“生产必须安全、安全为了生产”“安全第一，预防为主”“安全第一，预防为主，综合治理”。

《建筑法》规定：“建筑工程安全生产管理必须坚持安全第一，预防为主的方针”，《中华人民共和国安全生产法》（以下简称《安全生产法》）在总结我国安全生产管理的经验的基础上，再一次将“安全第一，预防为主”规定为我国安全生产的基本方针。

《安全生产法》（2021 年 6 月修正版）指出：

1. 安全生产工作坚持中国共产党的领导。安全生产工作应当以人为本，坚持人民至上、生命至上，把保护人民生命安全摆在首位，树牢安全发展理念，坚持“安全第一、预防为主、综合治理”的方针，从源头上防范化解重大安全风险。安全生产工作实行管行业必须管安全、管业务必须管安全、管生产经营必须管安全，强化和落实生产经营单位主体

责任与政府监管责任，建立生产经营单位负责、职工参与、政府监管、行业自律和社会监督的机制。

2. 生产经营单位必须遵守本法和其他有关安全生产的法律、法规，加强安全生产管理，建立健全全员安全生产责任制和安全生产规章制度，加大对安全生产资金、物资、技术、人员的投入保障力度，改善安全生产条件，加强安全生产标准化、信息化建设，构建安全风险分级管控和隐患排查治理双重预防机制，健全风险防范化解机制，提高安全生产水平，确保安全生产。平台经济等新兴行业、领域的生产经营单位应当根据本行业、领域的特点，建立健全并落实全员安全生产责任制，加强从业人员安全生产教育和培训，履行本法和其他法律、法规规定的有关安全生产义务。

3. 生产经营单位的主要负责人是本单位安全生产第一责任人，对本单位的安全生产工作全面负责。其他负责人对职责范围内的安全生产工作负责。生产经营单位的从业人员有依法获得安全生产保障的权利，并应当依法履行安全生产方面的义务。

所谓“方针”，是指导一个领域、一个方面各项工作的总的原则，这个领域、这个方面的各项具体制度、措施，都必须体现、符合这个方针的要求。所谓“安全第一”，就是说，在生产经营活动中，在处理保证安全与实现生产经营活动的其他各项目标的关系上，要始终把安全特别是从业人员和其他人员的人身安全放在首要的位置，实行“安全优先”的原则。所谓“预防为主”，就是说，对安全生产的管理，要谋事在先，尊重科学、探索规律，采取有效的事前控制措施，千方百计预防事故的发生，做到防患于未然，强化安全风险分级管控、事故隐患排查治理，打非治违，从源头上控制、预防和减少事故发生。我国《安全生产法》规定的生产经营单位的安全保障义务、从业人员的安全义务以及安全生产监督管理部门对生产经营单位的安全监督检查等，都是坚持预防为主的体现，可以说现行《安全生产法》就是一部事故预防法。所谓“综合治理”，就是对安全生产工作中存在的问题或者事故隐患，要综合运用法律、经济、行政等手段，从发展规划、行业管理、安全投入、科技进步、经济政策、税收政策、教育培训、安全文化以及责任追究等多个方面入手，齐抓共管，标本兼治，重在治本。《安全生产法》着重对事故预防作出规定，主要体现为“六先”。

(1) 安全意识在先

随着经济发展和社会进步，安全生产已不再是生产经营单位发生事故造成人员伤亡的个别问题，而是事关人民群众生命和财产安全，事关改革开放、经济发展和社会稳定大局、党和政府形象和声誉。关爱生命、关注安全是全社会政治、经济和文化生活的主题之一。重视和实现安全生产，必须有强烈的安全意识。要从“科学发展”和“安全发展”的高度认识安全生产工作，有高度的安全意识，真正做好安全工作，实现安全生产。《安全生产法》把宣传、普及安全意识作为各级人民政府及其有关部门和生产经营单位的重要任务，规定“各级人民政府及其有关部门应当采取多种形式，加强对有关安全生产法律、法规和安全生产知识的宣传，增强全社会的安全生产意识”，要求“生产经营单位应当对从业人员进行安全生产教育和培训，保证从业人员具备必要的安全生产知识，熟悉有关的安全生产规章制度和安全操作规程，掌握本岗位的安全操作技能，了解事故应急处置措施，知悉自身在安全生产方面的权利和义务”“从业人员应当接受安全生产教育和培训，掌握本职工作所需的安全生产知识，提高安全生产技能，增强事故预防和应急处理能力”。只有增强全体公民特别是从业人员的安全意识，才能使安全生产得到普遍的和高度的重视，极大地提高全民的安全素质，使安全生产变为每个公民的自觉行动，从而为实现安全生产的根本好转奠定深厚的思想基础和群众基础。

（2）安全投入在先

生产经营单位要具备法定的安全生产条件，必须有相应的资金保障，安全投入是生产经营单位的“救命钱”。一些生产经营单位重经济效益轻安全投入，其安全投入较少或者严重欠账，因而导致安全技术装备陈旧落后，不能及时地得到更新、维护，这就必然使许多不安全因素和事故隐患不能被及时发现和消除，引发事故。要预防事故，必须有足够的、有效的安全投入。《安全生产法》把安全投入作为必备的安全保障条件之一，要求“生产经营单位应当具备的安全生产条件所必需的资金投入，由生产经营单位的决策机构、主要负责人或者个人经营的投资人予以保证，并对由于安全生产所必需的资金投入不足导致的后果承担责任”。同时规定有关生产经营单位应当按照规定提取和使用安全生产费用，专门用于改进安全生产条件。生产经营单位主要负责人不依法保障安全投入的，将承担相应的法律责任。

（3）安全责任在先

实现安全生产，必须建立健全各级人民政府及其有关部门和生产经营单位的安全生产责任制，各负其责，齐抓共管。针对当前存在的安全责任不明确、权责分离的问题，《安全生产法》在明确赋予政府、有关部门、生产经营单位及其从业人员各自的职权、权利的同时设定其安全责任，是实现预防为主的必要措施。《安全生产法》突出了安全生产监督管理部门和有关部门主要负责人和监督执法人员的安全责任，突出了生产经营单位主要负责人的安全责任，目的在于通过明确安全责任来促使他们重视安全生产工作，加强领导。《安全生产法》第九条第一款规定：“国务院和县级以上地方各级人民政府应当加强对安全生产工作的领导，建立健全安全生产工作协调机制，支持、督促各有关部门依法履行安全生产监督管理职责，及时协调、解决安全生产监督管理中存在的重大问题”。第十条对各级人民政府安全生产监督管理部门和有关部门的监督管理职权作出规定，并在《安全生产法》第六章法律责任部分对其工作人员违法行政设定了相应的法律责任。《安全生产法》第五条规定“生产经营单位的主要负责人是本单位安全生产第一责任人，对本单位的安全生产工作全面负责”。第二十一条明确了其应当履行的 7 项职责。《安全生产法》第二十五条规定，生产经营单位的安全生产管理机构以及安全生产管理人员履行组织或者参与拟订本单位安全生产规章制度、操作规程和生产安全事故应急救援预案；组织或者参与本单位安全生产教育和培训，如实记录安全生产教育和培训情况；组织开展危险源辨识和评估，督促落实本单位重大危险源的安全管理措施；组织或者参与本单位应急救援演练；检查本单位的安全生产状况，及时排查生产安全事故隐患，提出改进安全生产管理的建议；制止和纠正违章指挥、强令冒险作业、违反操作规程的行为；督促落实本单位安全生产整改措施等 7 项职责。针对负有安全生产监督管理职责部门的工作人员和生产经营单位主要负责人的违法行为，规定了严厉的法律责任。

（4）建章立制在先

预防为主需要通过生产经营单位制定并落实各种安全措施和规章制度来实现。“没有规矩，不成方圆”，生产经营活动涉及安全的工种、工艺、设施设备、材料和环节错综复杂，必须制定相应的安全规章制度、操作规程，并采取严格的管理措施，才能保证安全。安全规章制度不健全，安全管理措施不落实，势必埋下不安全因素和事故隐患，最终导致事故。因此，建章立制是实现预防为主的前提条件。《安全生产法》对生产经营单位建立健全和组织实施安全生产规章制度和安全措施等问题作出的具体规定，包括安全设备管理、重大危险源管理、危险物品安全管理、交叉作业管理、发包出租管理、危险作业管理等规定，是生产经营单位必须遵守的行为规范。

（5）事故预防在先

预防为主主要是为了防止和减少生产安全事故。无数案例证明，绝大多数生产安全事故是人为原因造成的，属于责任事故。在一般情况下，只要从事生产经营活动都有风险，风险管控不力就会产生隐患，大部分事故发生前都有隐患，如果风险有效管控、事故防范措施周密，从业人员尽职尽责，管理到位，都能够使隐患得到及时消除，可以避免或者减少事故。即使发生事故，也能够减轻人员伤害和经济损失。所以，从源头着手，管控安全风险、消除事故隐患，实施双重措施预防事故发生是生产经营单位安全工作的重中之重。《安全生产法》从生产经营的建设项目“三同时”、安全设备安全管理、危险物品安全管理、发包出租安全管理等各个主要方面，对事故预防的制度、措施和管理都作出了明确规定。同时，《安全生产法》第四十一条明确规定：“生产经营单位应当建立安全风险分级管控制度，按照安全风险分级采取相应的管控措施。生产经营单位应当建立健全并落实生产安全事故隐患排查治理制度，采取技术、管理措施，及时发现并消除事故隐患。事故隐患排查治理情况应当如实记录，并通过职工大会或者职工代表大会、信息公示栏等方式向从业人员通报。其中，重大事故隐患排查治理情况应当及时向负有安全生产监督管理职责的部门和职工大会或者职工代表大会报告。县级以上地方各级人民政府负有安全生产监督管理职责的部门应当将重大事故隐患纳入相关信息系统，建立健全重大事故隐患治理督办制度，督促生产经营单位消除重大事故隐患”。生产经营单位要认真贯彻落实安全风险分级管控和隐患排查治理等制度，把生产安全事故大幅度地降下来。

（6）监督执法在先

各级人民政府及其安全生产监督管理部门和有关部门强化安全生产监督管理，加大行政执法力度，是预防事故，保证安全的重要条件。安全生产监督管理工作的重点、关口必须前移，放在事前、事中监管上。要通过事前、事中监管，依照法定的安全生产条件，把好安全准入“门槛”，坚决把那些不符合安全生产条件或者不安全因素多、事故隐患严重的生产经营单位排除在“安全准入门槛”之外。要加大日常监督检查和重大危险源监控的力度，重点查处在生产经营过程中发生的且未导致事故的安全生产违法行为，发现事故隐患应当依法采取监管措施或者处罚措施，并且严格追究有关人员的安全责任。

6.1.2 建设工程安全生产管理的原则

1. 管生产的同时管安全

安全寓于生产之中，并对生产发挥促进与保证作用，安全管理是生产管理重要组成部分，安全与生产在实施过程中，两者存在着密切联系，没有安全就绝不会有高效益的生产。无数事实证明，只抓生产忽视安全管理的观念和做法是极其危险和有害的。因此，各级管理人员必须负责管理安全工作，在管理生产的同时管安全。

2. 明确安全生产管理的目标

安全管理的内容是对生产中人、物、环境因素状态的管理，有效地控制人的不安全行为和物的不安全状态，消除或避免事故，达到保护劳动者安全与健康和财物不受损的目标。

有了明确的安全生产目标，安全管理就有了清晰的方向，安全管理的一系列工作才可能朝着这一目标有序展开。没有明确的安全生产目标，安全管理就成了一种盲目的行为。盲目地进行安全管理，人的不安全行为和物的不安全状态就不会得到有效的控制，危险因素就会依然存在，事故最终不可避免。

3. 必须贯彻预防为主的方针

安全生产的方针是“安全第一、预防为主、综合治理”。安全第一是把人身和财产安全放在首位，安全为了生产，生产必须保证人身和财产安全，充分体现“以人为本”的理念。

“预防为主”，是实现安全第一的重要手段，采取正确的措施和方法进行安全控制，使安全生产形势向安全生产目标的方向发展。进行安全管理不是处理事故，而是在生产活动中，针对生产的特点，对各生产因素进行管理，有效地控制不安全因素的发生、发展与扩大，把事故隐患消灭在萌芽状态。

4. 坚持“四全”动态管理

安全管理涉及生产活动中的方方面面，涉及参与安全生产活动的各个部门和每一个人，涉及从开工到竣工交付的全部生产过程，涉及全部的生产时间，涉及一切变化着的生产因素。因此，生产活动中必须坚持全员、全过程、全方位、全天候的动态安全管理。

5. 安全管理重在控制

进行安全管理的目的是预防、消灭事故，防止或消除事故伤害，保护劳动者的安全健康与财产安全，在安全管理的前四项内容中，虽然都是为了达到安全管理的目标，但是对安全生产因素状态的控制，与安全管理的关系更直接，显得更为突出，因此对生产中的人的不安全行为和物的不安全状态的控制，必须看作是动态的安全管理的重点，事故的发生，是由于人的不安全行为运动轨迹与物的不安全状态运动轨迹的交叉。事故发生的原理，也说明了对生产因素状态的控制，应该当作安全管理重点。把约束当作安全管理重点是不正确的，是因为约束缺乏带有强制性的手段。

6. 在管理中发展、提高

既然安全管理是在变化着的生产活动中的管理，是一种动态的过程，其管理就意味着是不断发展的、不断变化的，以适应变化的生产活动。然而更为重要的是要不间断地摸索新的规律，总结管理、控制的办法与经验，掌握新的变化后的管理方法，从而使安全管理不断地上升到新的高度。

6.1.3 建设工程安全生产管理的相关法规

安全生产法律法规，是指国家关于改善劳动条件，实现安全生产，为保护劳动者在生产过程中的安全和健康的各种法律、法规、规章和规范性文件的总和。在建筑活动中施工管理者必须遵循相关的法律、法规及标准，同时应当了解法律、法规及标准各自的地位及相互关系。

1. 建筑法律

建筑法律一般是全国人大及其常务委员会制定，经国家主席签署主席令予以公布，由国家政权保证执行的规范性文件。是对建筑管理活动的宏观规定，侧重于对政府机关、社会团体、企事业单位的组织、职能、权利、义务等，以及建筑产品生产组织管理和生产基本程序进行规定，是建筑法律最高层次，具有最高法律效力，其地位和效力仅次于宪法。安全生产法律是制定安全生产行政法规、标准、地方法规的依据。典型的建筑法律有《建筑法》《安全生产法》《中华人民共和国消防法》（以下简称《消防法》）。

（1）《建筑法》

《建筑法》是我国第一部规范建筑活动的部门法律，它的颁布施行强化了建筑工程质量和安全的法律保障。《建筑法》总计八十五条，通篇贯穿了质量与安全问题，具有很强的针对性。对影响建筑工程质量和安全的各方面因素作了较为全面的规范。

《建筑法》的颁布其意义在于：

① 规范了我国各类房屋建筑及其附属设施建造和安装活动的重要法律；

② 它的基本精神是保证建筑工程质量与安全、规范和保障建筑各方主体的权益；

③ 对建筑施工许可、建筑工程发包与承包、建筑安全生产管理、建筑工程质量管理等主要方面做出原则规定，对加强建筑质量管理发挥了积极的作用；

④ 它的颁布对加强建筑活动的监督管理，维护建筑市场秩序，保证建设工程质量和安全，促进建筑业的健康发展，提供了法律保障；

⑤ 它实现了“三个规范”，即规范市场主体行为，规范市场主体的基本关系，规范市场竞争秩序。

它主要规定了建筑许可、建筑工程发包承包、建筑工程监理、建筑安全生产管理、建筑工程质量管理及相应法律责任等方面的内容。

《建筑法》确立了施工许可证制度、单位和人员从业资格制度、安全生产责任制度、群防群治制度、项目安全技术管理制度、施工现场环境安全防护制度、安全生产教育培训制度、意外伤害保险制度、伤亡事故处理报告制度等各项制度。

针对安全生产管理制度制定的相关措施是：

① 建筑工程设计应当符合按照国家规定制定的建筑安全规程和技术规范，保证工程的安全措施；

② 建筑施工企业在编制施工组织设计时，应当根据建筑工程的特点制定相应的安全技术措施；

③ 施工现场对比邻的建筑物、构筑物的特殊作业环境可能造成损害的，建筑施工企业应当采取安全防护措施；

④ 建筑施工企业的法定代表人对本企业的安全生产负责，施工现场安全由建筑施工企业负责，实行施工总承包的，由总承包单位负责；

⑤ 建筑施工企业必须为从事危险作业的职工办理意外伤害保险，支付保险费；

⑥ 涉及建筑主体和承重结构变动的装修工程，施工前应提出设计方案，没有设计方案的不得施工；

⑦ 房屋拆除应当由具备保证安全条件的建筑施工单位承担，由建筑施工单位负责人对安全负责。

（2）中华人民共和国安全生产法

现行的《安全生产法》是2002年制定的，2009年、2014年和2021年进行过三次修改。《安全生产法》是安全生产领域的综合性基本法，它是我国第一部全面规范安全生产的专门法律；是我国安全生产法律体系的主体法；是各类生产经营单位及其从业人员实现安全生产所必须遵循的行为准则；是各级人民政府及其有关部门进行监督管理和行政执法的法律依据；是制裁各种安全生产违法犯罪的有力武器。

《安全生产法》的意义在于它明确了生产经营单位必须做好安全生产的保证工作，既要在安全生产条件上、技术上符合生产经营的要求，也要在组织管理上建立健全安全生产责任并进行有效落实；明确了从业人员为保证安全生产所应尽的义务，也明确了从业人员进行安全生产所享有的权利；明确规定了生产经营单位负责人的安全生产责任；明确了对违法单位和个人的法律责任追究制度；明确了要建立事故应急救援制度，制定应急救援预案，形成应急救援预案体系。

《安全生产法》中提供了四种监督途径，即工会民主监督、社会舆论监督、公众举报监督和社区服务监督。

《安全生产法》确立了其基本法律制度，如政府的监管制度、行政责任追究制度、从业人员的权利义务制度、安全救援制度、事故处理制度、隐患处置制度、关键岗位培训制度、生产经营单位安全保障制度、安全中介服务制度等。

（3）其他有关建设工程安全生产的法律

《中华人民共和国劳动法》（以下简称《劳动法》）《中华人民共和国刑法》《中华人民共和国环境保护法》《中华人民共和国大气污染防治法》《中华人民共和国固体废物污染环境防治法》《中华人民共和国环境噪声污染防治法》等。

1）建筑行政法规

建筑行政法规是对法律的进一步细化，是国务院根据有关法律中的授权条款和管理全国建筑行政工作的需要制定的，是法律体系的第二层次，以国务院令的形式公布。

在建筑行政法规层面上，《安全生产许可证条例》和《建设工程安全生产管理条例》是建设工程安全生产法规体系中主要的行政法规。在《安全生产许可证条例》中，我国第一次以法律形式确立了企业安全生产的准入制度，是强化安全生产源头管理，全面落实“安全第一，预防为主”安全生产方针的重大举措。《建设工程安全生产管理条例》是根据《建筑法》和《安全生产法》制定的一部关于建筑工程安全生产的专项法规。

2）《建设工程安全生产管理条例》的主要内容

该条例确立了建设工程安全生产的基本管理制度，其中包括明确了政府部门的安全生产监管制度和《建筑法》对施工企业的五项安全生产管理制度的规定；规定了建设活动各方主体的安全责任及相应的法律责任，其中包括明确规定了建设活动各方主体应承担的安全生产责任；明确了建设工程安全生产监督管理体制；明确了建立生产安全事故的应急救援预案制度。

该条例较为详细地规定了建设单位、勘察、设计、工程监理、其他有关单位的安全责任和施工单位的安全责任，以及政府部门对建设工程安全生产实施监督管理的责任等。

3)《安全生产许可证条例》的主要内容

该条例的颁布施行标志着我国依法建立起了安全生产许可制度，其主要内容包括国家对矿山企业、建筑施工企业和危险化学品、烟花爆竹、民用爆破器材生产企业（以下统称企业）实行安全生产许可制度、企业取得安全生产许可证应当具备的安全生产条件、企业进行生产前，应当依照条例的规定向安全生产许可证颁发管理机关申请领取安全生产许可证，并提供条例第六条规定的相关文件、资料。安全生产许可证颁发管理机关应当自收到申请之日起 45 日内审查完毕，经审查符合本条例规定的安全生产条件的，颁发安全生产许可证；不符合本条例规定的安全生产条件的，不予颁发安全生产许可证，书面通知企业并说明理由，安全生产许可证的有效期为三年。该条例明确规定了企业要取得安全生产许可证应具备的安全生产条件。

4)《建筑安全生产监督管理规定》的主要内容

该规定指出建筑安全生产监督管理应当根据"管生产必须管安全"的原则，贯彻"预防为主"的方针，依靠科学管理和技术进步，推动建筑安全生产工作的开展，控制人身伤亡事故的发生。并规定了各级建设行政主管部门的安全生产监督管理工作的内容和职责。

5)《建设工程施工现场管理规定》的主要内容

该规定指出建设工程开工实行施工许可证制度；规定了施工现场实行封闭式管理、文明施工；任何单位和个人，要进入施工现场开展工作，必须经主管部门的同意。还对施工现场的环境保护提出了明确的要求。

6)《生产安全事故报告和调查处理条例》的主要内容

《生产安全事故报告和调查处理条例》于 2007 年 3 月 28 日国务院第 172 次常务会议通过，自 2007 年 6 月 1 日起施行。国务院 1989 年 3 月 29 日公布的《特别重大事故调查程序暂行规定》和 1991 年 2 月 22 日公布的《企业职工伤亡事故报告和处理规定》同时废止。就该事故报告、事故调查、事故处理和事故责任作了明确的规定。

7)《国务院关于特大安全事故行政责任追究的规定》的主要内容

该规定对各级政府部门对特大安全事故的预防、处理职责作了相应规定，并明确了对特大安全事故行政责任进行追究的有关规定。其主要内容概述如下：各级政府部门对特大安全事故预防的法律规定、各级政府部门对特大安全事故处理的法律规定、各级政府部门负责人对特大安全事故应承担的法律责任。

8)《特种设备安全监察条例》的主要内容

《特种设备安全监察条例》规定了特种设备的生产（含设计、制造、安装、改造、维修，下同）、使用、检验检测及其监督检查，应当遵守本条例。军事装备、核设施、航空航天器、铁路机车、海上设施和船舶以及煤矿矿井使用的特种设备的安全监察不适用本条例。房屋建筑工地和市政工程工地用起重机械的安装、使用的监督管理，由建设行政主管部门依照有关法律、法规的规定执行。

2. 工程建设标准

工程建设标准，是做好安全生产工作的重要技术依据，对规范建设工程各方责任主体的行为、保障安全生产具有重要意义。根据标准化法的规定，标准包括国家标准、行业标准、地方标准和企业标准。

国家标准是指由国务院标准化行政主管部门或者其他有关主管部门对需要在全国范围内统一的技术要求制定的技术规范。

行业标准是指国务院有关主管部门对没有国家标准而又需要在全国某个行业范围内统一的技术要求所制定的技术规范。

(1)《建筑施工安全检查标准》JGJ 59—2011 的主要内容

《建筑施工安全检查标准》JGJ 59—2011（以下简称《标准》）是强制性行业标准，于2012 年实施。该标准适用于我国建设工程的施工现场，是建筑施工从业人员的行为规范，是施工过程建筑职工安全和健康的保障。因此，必须使全体从业人员都了解《标准》、熟悉《标准》、应用《标准》，使认真贯彻实施《标准》成为建筑职工自觉的行动。为此《标准》中的 22 项条文、18 张检查表中的 169 项安全检查内容的“保证项目”和“一般项目”逐条逐项地进行图解，使《标准》中的每一项内容既有形象化的图解，又有相关的技术规范；既有生动活泼的画面，又有操作性很强的参数，以增强对标准条文的理解和记忆，从而使《标准》更具有适用性和操作性。本书适合各级管理人员，特别是操作人员使用，也可作为施工企业开展安全教育、培训的教材，图文并茂的解释标准，对建筑施工安全工作来说，还是一次尝试。

(2)《施工企业安全生产评价标准》JGJ/T 77—2010 的主要内容

《施工企业安全生产评价标准》JGJ/T 77—2010 是一部推荐性行业标准，于 2010 年正式实施。制定该标准的目的是加强施工企业安全生产的监督管理，科学地评价施工企业安全生产业绩及相应的安全生产能力，实现施工企业安全生产评价工作的规范化和制度化，促进施工企业安全生产管理水平的提高。

(3)《建筑与市政工程施工现场临时用电安全技术标准》JGJ/T 46—2024 的主要内容

该标准明确规定了施工现场临时用电施工组织设计的编制、专业人员、技术档案管理要求，外电线路与电气设备防护、接地预防类、配电室及自备电源、配电线路、配电箱及开关箱、电动建筑机械及手持电动工具、照明以及实行 TN-S 三相五线制接零保护系统的要求等方面的安全管理及安全技术措施的要求。

(4)《建筑施工高处作业安全技术规范》JGJ 80—2016 的主要内容

该规范规定了高处作业的安全技术措施及其所需料具；施工前的安全技术教育及交底；人身防护用品的落实；上岗人员的专业培训考试、持证上岗和体格检查；作业环境和气象条件；临边、洞口、攀登、悬空作业、操作平台与交叉作业的安全防护设施的计算、安全防护设施的验收等。

(5)《龙门架及井架物料提升机安全技术规范》JGJ 88—2010 的主要内容

该规范规定安全提升机架体人员，应按高处作业人员的要求，经过培训持证上岗；使用单位应根据提升机的类型制定操作规程，建立管理制度及检修制度；应配备经正式考试合格持有操作证的专职司机；提升机应具有相应的安全防护装置并满足其要求。

(6)《建筑施工扣件式钢管脚手架安全技术规范》JGJ 130—2011 的主要内容

该规范对工业与民用建筑施工用落地式单、双排扣件式钢管脚手架的设计与施工，以及水平混凝土结构工程施工中模板支架的设计与施工作了明确规定。

(7)《建筑机械使用安全技术规程》JGJ 33—2012 的主要内容

该规程主要内容包括总则、一般规定（明确了操作人员的身体条件要求、上岗作业资格、防护用品的配置以及机械使用的一般条件）和 10 大类建筑机械使用所必须遵守的安全技术要求。

(8)《危险性较大的分部分项工程安全管理规定》的主要内容

为进一步规范和加强对危险性较大的分部分项工程安全管理，积极防范和遏制建筑施工生产安全事故的发生，住房和城乡建设部组织修订了《危险性较大的分部分项工程安全管理规定》（建办质［2018］31 号），并经 2018 年 2 月 12 日第 37 次部常务会议审议通过后发布，自 2018 年 6 月 1 日起施行。

危险性较大的分部分项工程安全专项施工方案（以下简称“专项方案”），是指施工单位在编制施工组织（总）设计的基础上，针对危险性较大的分部分项工程单独编制的安全技术措施文件。

建设单位在申请办理安全监督手续时，应当提供危险性较大的分部分项工程清单和安全管理措施。施工单位、监理单位应当建立危险性较大的分部分项工程安全管理制度。建筑工程实行施工总承包的，专项方案应当由施工总承包单位组织编制。其中，起重机械安装拆卸工程、深基坑工程、附着式升降脚手架等专业工程实行分包的，其专项方案可由专业承包单位组织编制。

6.2 安全生产管理规章制度

安全生产管理是一个系统性、综合性的管理，其管理的内容涉及建筑生产的各个环节。因此，建筑施工企业在安全管理中必须坚持“安全第一，预防为主，综合治理”的方针，制定安全政策、计划和措施，完善安全生产组织管理体系和检查体系，加强施工安全管理。

29. 安全生产管理规章制度

安全生产规章制度是生产经营单位贯彻国家有关安全生产法律法规、国家和行业标准，贯彻国家安全生产方针、政策的行动指南。是生产经营单位有效防范生产、经营过程安全风险，保障从业人员安全健康、财产安全、公共安全，加强安全生产管理的重要措施。安全生产规章制度是指生产经营单位依据国家有关法律法规、国家和行业标准，结合生产经营的安全生产实际，以生产经营单位名义颁发的有关安全生产的规范性文件，一般包括规程、标准、规定、措施、办法、制度、指导意见等。

6.2.1 建立、健全安全生产规章制度的必要性

1. 是生产经营单位的法定责任

生产经营单位是安全生产的责任主体，《安全生产法》第四条规定生产经营单位必须遵守本法和其他有关安全生产的法律、法规，加强安全生产管理，建立健全全员安全生产

责任制和安全生产规章制度，加大对安全生产资金、物资、技术、人员的投入保障力度，改善安全生产条件，加强安全生产标准化、信息化建设，构建安全风险分级管控和隐患排查治理双重预防机制，健全风险防范化解机制，提高安全生产水平，确保安全生产。平台经济等新兴行业、领域的生产经营单位应当根据本行业、领域的特点，建立健全并落实全员安全生产责任制，加强从业人员安全生产教育和培训，履行本法和其他法律、法规规定的有关安全生产义务。《劳动法》第五十二条规定用人单位必须建立、健全劳动安全卫生制度，严格执行国家劳动安全卫生规程和标准，对劳动者进行劳动安全卫生教育，防止劳动过程中的事故，减少职业危害。《突发事件应对法》第三十五条规定：所有单位应当建立健全安全管理制度，定期检查本单位各项安全防范措施的落实情况，及时消除事故隐患。所以，建立、健全安全生产规章制度是国家有关安全生产法律法规明确的生产经营单位的法定责任。

2. 是生产经营单位落实主体责任的具体体现

根据《国务院关于进一步加强企业安全生产工作的通知》的工作要求："坚持'安全第一、预防为主、综合治理'的方针，全面加强企业安全管理，健全规章制度，完善安全标准，提高企业技术水平，夯实安全生产基础；坚持依法依规生产经营、切实加强安全监管，强化企业安全生产主体责任落实和责任追究，促进我国安全生产形势实现根本好转。"生产经营单位的安全生产主体责任主要包括物质保障责任、资金投入责任、机构设置和人员配备责任、安全生产规章制度制定责任、教育培训责任、安全管理责任、事故报告和应急救援责任，以及法律法规、规章规定的其他安全生产责任。所以，建立、健全安全生产规章制度是生产经营单位落实主体责任的具体体现。

3. 是生产经营单位安全生产的重要保障

安全风险来自生产、经营活动过程之中，只要生产、经营活动在进行，安全风险就客观存在。客观上需要企业对生产工艺过程、机械设备、人员操作进行系统分析、评价，制定出一系列的操作规程和安全控制措施，以保障生产经营单位生产、经营合法、有序、安全地运行，将安全风险降到最低。在长期的生产经营活动过程中积累的大量风险辨识、评价、控制技术，以及生产安全事故教训的积累，是探索和驾驭安全生产客观规律的重要基础，只有形成生产经营单位的规章制度才能够得到不断积累，有效继承和发扬。

4. 是生产经营单位保护从业人员安全与健康的重要手段

国家有关保护从业人员安全与健康的法律法规、国家和行业标准在一个生产经营单位的具体实施，只有通过企业的安全生产规章制度体现出来，才能使从业人员明确自己的权利和义务。同时，也为从业人员遵章守纪提供标准和依据。建立健全安全生产规章制度可以防止生产经营单位管理的随意性，有效地保障从业人员的合法权益。

6.2.2 安全生产规章制度建设的依据

安全生产规章制度以安全生产法律法规、国家和行业标准，地方政府的法规和标准为依据。生产经营单位安全生产规章制度首先必须符合国家法律法规、国家和行业标准的要求，以及生产经营单位所在地地方政府的相关法规、标准的要求。生产经营单位安全生产规章制度是一系列法律法规在生产经营单位生产、经营过程中具体贯彻落实的体现。

安全生产规章制度建设的核心就是危险、有害因素的辨识和控制。通过对危险、有害因素的辨识，才能提高规章制度建设的目的性和针对性，保障安全生产。同时，生产经营单位要积极借鉴相关事故教训，及时修订和完善规章制度，防范类似事故的重复发生。

随着安全科学、技术的迅猛发展，安全生产风险防范的方法和手段不断完善。尤其是随着安全系统工程理论研究的不断深化，安全管理的方法和手段也日益丰富，如职业安全健康管理体系、风险评估和安全评价体系的建立，也为生产经营单位安全生产规章制度的建设提供了重要依据。

6.2.3 安全生产规章制度建设的原则

1. “安全第一、预防为主、综合治理”的原则

“安全第一、预防为主、综合治理”是我国的安全生产方针，是我国经济社会发展现阶段安全生产客观规律的具体要求。安全第一，就是要求必须把安全生产放在各项工作的首位，正确处理好安全生产与工程进度、经济效益的关系；预防为主，就是要求生产经营单位的安全生产管理工作，要以危险、有害因素的辨识、评价和控制为基础，建立安全生产规章制度。通过制度的实施达到规范人员行为，消除物的不安全状态，实现安全生产的目标；综合治理，就是要求在管理上综合采取组织措施、技术措施，落实生产经营单位的各级主要负责人、专业技术人员、管理人员、从业人员等各级人员，以及党政工团有关管理部门的责任，各负其责，齐抓共管。

2. 主要负责人负责的原则

我国安全生产法律法规对生产经营单位安全生产规章制度建设有明确的规定。如《安全生产法》第二十一条明确规定建立健全并落实本单位全员安全生产责任制，加强安全生产标准化建设；组织制定并实施本单位安全生产规章制度和操作规程等，是生产经营单位的主要负责人的职责。安全生产规章制度的建设和实施，涉及生产经营单位的各个环节和全体人员，只有主要负责人负责，才能有效调动和使用生产经营单位的所有资源，才能协调好各方面的关系，规章制度的落实才能够得到保证。

3. 系统性原则

安全风险来自生产、经营活动过程之中。因此，生产经营单位安全生产规章制度的建设，应按照安全系统工程的原理，涵盖生产经营的全过程、全员、全方位。主要包括规划设计、建设安装、生产调试、生产运行、技术改造的全过程，生产经营活动的每个环节、每个岗位、每个人，事故预防、应急处置、调查处理全过程。

4. 规范化和标准化原则

生产经营单位安全生产规章制度的建设应实现规范化和标准化管理，以确保安全生产规章制度建设的严密、完整、有序。即按照系统性原则的要求，建立完整的安全生产规章制度体系；建立安全生产规章制度起草、审核、发布、教育培训、执行、反馈、持续改进的组织管理程序；每一个安全生产规章制度编制，都要做到目的明确，流程清晰，标准准确，具有可操作性。

6.2.4 安全生产规章制度体系的建立

目前我国还没有明确的安全生产规章制度分类标准。从广义上讲，安全生产规章制度应包括安全管理和安全技术两个方面的内容。在长期的安全生产实践过程中，生产经营单位按照自身的习惯和传统，形成了各具特色的安全生产规章制度体系。按照安全系统工程和人机工程原理建立的安全生产规章制度体系，一般把安全生产规章制度分为4类，即综合管理、人员管理、设备设施管理、环境管理；按照标准化工作体系建立的安全生产规章制度体系，一般把安全生产规章制度分为技术标准、工作标准和管理标准，通常称为“三大标准体系”；按照职业安全健康管理体系建立的安全生产规章制度，一般包括手册、程序文件、作业指导书。

一般生产经营单位安全生产规章制度体系应主要包括以下内容，高危行业的生产经营单位还应根据相关法律法规进行补充和完善。

1. 综合安全管理制度

(1) 安全生产管理目标、指标和总体原则

安全生产管理目标、指标和总体原则应明确生产经营单位安全生产的具体目标、指标，明确安全生产的管理原则、责任，明确安全生产管理的体制、机制、组织机构、安全生产风险防范和控制的主要措施，日常安全生产监督管理的重点工作等内容。

(2) 安全生产责任制

安全生产责任制应明确生产经营单位各级领导、各职能部门、管理人员及各生产岗位的安全生产责任、权利和义务等内容。

安全生产责任制属于安全生产规章制度范畴。通常把安全生产责任制与安全生产规章制度并列来提，主要是为了突出安全生产责任制的重要性。安全生产责任制的核心是明确安全管理的责任界面，解决“谁来管，管什么，怎么管，承担什么责任”的问题，安全生产责任制是生产经营单位安全生产规章制度建立的基础。其他的安全生产规章制度，重点是解决“干什么，怎么干”的问题。

(3) 安全生产管理定期例行工作制度

安全生产管理定期例行工作制度应明确生产经营单位定期安全分析会议、定期安全学习制度、定期安全活动、定期安全检查等内容。

(4) 承包与发包工程安全管理制度

承包与发包工程安全管理制度应明确生产经营单位承包与发包工程的条件、相关资质审查、各方的安全责任、安全生产管理协议、施工安全的组织措施和技术措施、现场的安全检查与协调等内容。

(5) 安全设施和费用管理制度

安全设施和费用管理制度应明确生产经营单位安全设施的日常维护、管理；安全生产费用保障；根据国家、行业新的安全生产管理要求或季节特点，以及生产、经营情况等发生变化后，生产经营单位临时采取的安全措施及费用来源等。

（6）重大危险源管理制度

重大危险源管理制度应明确重大危险源登记建档，定期检测、评估、监控，相应的应急预案管理；上报有关地方人民政府负责安全生产监督管理的部门和有关部门备案内容及管理措施。

（7）危险物品使用管理制度

危险物品使用管理制度应明确生产经营单位存在的危险物品名称、种类、危险性；使用和管理的程序、手续；安全操作注意事项；存放的条件及日常监督检查；针对各类危险物品的性质，在相应的区域设置人员紧急救护、处置的设施等。

（8）消防安全管理制度

消防安全管理制度应明确生产经营单位消防安全管理的原则、组织机构、日常管理、现场应急处置原则和程序，消防设施、器材的配置、维护保养、定期试验，定期防火检查、防火演练等。

（9）安全风险分级管控和隐患排查治理双重预防工作制度

安全风险分级管控应明确生产经营单位存在的安全风险类别、可能产生的严重后果、分级原则，根据生产经营单位内部组织结构，明确各级管理人员、各级组织应管控的安全风险。

安全隐患排查治理应明确应排查的设备设施、场所的名称，排查周期、排查人员、排查标准；发现问题的处置程序、跟踪管理等。

（10）交通安全管理制度

交通安全管理制度应明确车辆调度、检查维护保养、检验标准，驾驶员学习、培训、考核的相关内容。

（11）防灾减灾管理制度

防灾减灾管理制度应明确生产经营单位根据地区的地理环境、气候特点以及生产经营性质，针对与防范台风、洪水、泥石流、地质滑坡、地震等自然灾害相关工作的组织管理、技术措施、日常工作等内容和标准。

（12）事故调查报告处理制度

事故调查报告处理制度应明确生产经营单位内部事故标准、报告程序、现场应急处置、现场保护、资料收集、相关当事人调查、技术分析、调查报告编制等。还应明确向上级主管部门报告事故的流程、内容等。

（13）应急管理制度

应急管理制度应明确生产经营单位的应急管理部门，预案的制定、发布、演练、修订和培训等；总体预案、专项预案、现场处置方案等。

制定应急管理制度及应急预案过程中，除考虑生产经营单位自身可能对环境和公众的影响外，还应重点考虑生产经营单位周边环境的特点，以及周边环境可能给生产经营过程中的安全所带来的影响。如生产经营单位附近存在化工厂，就应调查了解可能会发生何种有毒有害物质泄漏，可能泄漏物质的特性、防范方法，以便与生产经营单位自身的应急预案相衔接。

（14）安全奖惩制度

安全奖惩制度应明确生产经营单位安全奖惩的原则，奖励或处分的种类、额度等。

2. 人员安全管理制度

（1）安全教育培训制度

安全教育培训制度应明确生产经营单位各级管理人员安全管理知识培训、新员工三级安全教育培训、转岗培训，新材料、新工艺、新设备的使用培训，特种作业人员培训，岗位安全操作规程培训，应急培训等。还应明确各项培训的对象、内容、时间及考核标准等。

（2）劳动防护用品发放使用和管理制度

劳动防护用品发放使用和管理制度应明确生产经营单位劳动防护用品的种类、适用范围、领取程序、使用前检查标准和用品寿命周期等内容。

（3）安全工器具的使用管理制度

安全工器具的使用管理制度应明确生产经营单位安全工器具的种类、使用前检查标准、定期检验和器具寿命周期等内容。

（4）特种作业及特殊危险作业管理制度

特种作业及特殊危险作业管理制度应明确生产经营单位特种作业的岗位、人员，作业的一般安全措施要求等。特殊危险作业是指危险性较大的作业，应明确作业的组织程序，保障安全的组织措施、技术措施的制定及执行等内容。

（5）岗位安全规范

岗位安全规范应明确生产经营单位除特种作业岗位外，其他作业岗位保障人身安全、健康，预防火灾、爆炸等事故的一般安全要求。

（6）职业健康检查制度

职业健康检查制度应明确生产经营单位职业禁忌的岗位名称、职业禁忌证、定期健康检查的内容和标准、女工保护，以及按照《中华人民共和国职业病防治法》要求的相关内容等。

（7）现场作业安全管理制度

现场作业安全管理制度应明确现场作业的组织管理制度，如工作联系单、工作票、操作票制度，以及作业现场的风险分析与控制制度、反违章管理制度等内容。

3. 设备设施安全管理制度

（1）“三同时”制度

“三同时”制度应明确生产经营单位新建、改建、扩建工程“三同时”的组织审查、验收、上报、备案的执行程序等。

（2）定期巡视检查制度

定期巡视检查制度应明确生产经营单位日常检查的责任人员，检查的周期、标准、线路，发现问题的处置等内容。

（3）定期维护检修制度

定期维护检修制度应明确生产经营单位所有设备设施的维护周期、维护范围、维护标准等内容。

（4）定期检测、检验制度

定期检测、检验制度应明确生产经营单位须进行定期检测的设备种类、名称、数量，有权进行检测的部门或人员，检测的标准及检测结果管理，安全使用证、检验合格证或者安全标志的管理等。

（5）安全操作规程

安全操作规程应明确为保证国家、企业、员工的生命财产安全，根据物料性质、工艺流程、设备使用要求而制定的符合安全生产法律法规的操作程序。对涉及人身安全健康、生产工艺流程及周围环境有较大影响的设备、装置，如电气、起重设备、锅炉压力容器、内部机动车辆、建筑施工维护、机加工等，生产经营单位应制定安全操作规程。

4. 环境安全管理制度

（1）安全标志管理制度

安全标志管理制度应明确生产经营单位现场安全标志的种类、名称、数量、地点和位置；安全标志的定期检查、维护等。

（2）作业环境管理制度

作业环境管理制度应明确生产经营单位生产经营场所的通道、照明、通风等管理标准，人员紧急疏散方向、标志的管理等。

（3）职业卫生管理制度

职业卫生管理制度应明确生产经营单位尘、毒、噪声、高低温、辐射等涉及职业健康有害因素的种类、场所，定期检查、检测及控制等管理内容。

6.2.5 安全生产规章制度的管理

1. 起草

根据生产经营单位安全生产责任制，由负责安全生产管理部门或相关职能部门负责起草。起草前应对目的、适用范围、主管部门、解释部门及实施日期等给予明确，同时还应做好相关资料的准备和收集工作。

规章制度的编制，应做到目的明确、条理清楚、结构严谨、用词准确、文字简明、标点符号正确。

2. 会签或公开征求意见

起草的规章制度，应通过正式渠道征得相关职能部门或员工的意见和建议，以利于规章制度颁布后的贯彻落实。当意见不能取得一致时，应由分管领导组织讨论，统一认识，达成一致。

3. 审核

制度签发前，应进行审核。一是由生产经营单位负责法律事务的部门进行合规性审查；二是专业技术性较强的规章制度应邀请相关专家进行审核；三是安全奖惩等涉及全员性的制度，应经过职工代表大会或职工代表进行审核。

4. 签发

技术规程、安全操作规程等技术性较强的安全生产规章制度，一般由生产经营单位主管生产的领导或总工程师签发，涉及全局性的综合管理制度应由生产经营单位的主要负责人签发。

5. 发布

生产经营单位的规章制度，应采用规定的方式进行发布，如红头文件形式、内部办公网络等。发布的范围涵盖应执行的部门、人员。有些特殊的制度还应正式送达相关人员，并由接收人员签字。

6. 培训

新颁布的安全生产规章制度、修订的安全生产规章制度，应组织进行培训，安全操作规程类规章制度还应组织相关人员进行考试。

7. 反馈

应定期检查安全生产规章制度执行中存在的问题，或建立信息反馈渠道，及时掌握安全生产规章制度的执行效果。

8. 持续改进

生产经营单位应每年制定规章制度制定、修订计划，并应公布现行有效的安全生产规章制度清单。对安全操作规程类规章制度，除每年进行审查和修订外，每3～5年应进行一次全面修订，并重新发布，确保规章制度的建设和管理有序进行。

6.2.6 安全生产规章制度的合规性管理

合规性管理是指安全生产规章制度要符合国家法律法规、规章以及其他规范性文件要求。

合规性管理是生产经营单位一项重要风险管理活动，生产经营单位要建立获取、识别、更新法律法规和其他要求的渠道，保证生产经营单位的安全生产规章制度符合相关法律法规和其他要求，并定期评价对适用法律法规和其他要求的遵守情况，切实履行生产经营单位遵守法律法规和其他要求的承诺。

1. 明确职责

生产经营单位要明确具体部门负责国家相关法律法规和其他要求的识别、获取、更新和保管，收集合规性证据；生产经营单位主要负责人负责组织对安全生产规章制度合规性进行评价和修订；各职能部门负责传达给员工并遵照执行。

2. 法律法规和其他要求的获取

生产经营单位定期从国家执法部门和相关网站咨询或认证机构获取相关法律法规、标准和其他要求的最新版本，及时跟踪法律法规和其他要求的最新变化。

3. 法律法规和其他要求的选择确认

生产经营单位选择、确认所获取的各类法律法规、标准和其他要求的适用性，经过生产经营单位主要负责人审批后，及时发布。

4. 安全生产规章制度的修订

根据获取的各类法律法规、标准和其他要求，生产经营单位主要负责人要组织及时修订安全生产规章制度，确保与法律法规和其他要求相符合。

5. 安全生产规章制度的培训

生产经营单位要及时组织员工对新获取的法律法规和其他要求以及根据新获取的法律法规和其他要求而修订的安全生产规章制度的培训，使员工落实在日常的生产经营活动中。

6. 合规性的评价

生产经营单位定期组织对适用的法律法规和其他要求遵循的情况进行合规性评价，包括生产经营单位遵循法律法规和其他要求的情况，生产经营单位制定的安全生产规章制度合规性情况，员工执行法律法规、其他要求的情况和安全生产规章制度情况，过程控制和目标、指标完成情况以及违规事件、事故的处置情况。

合规性评价可以采取会议形式集中进行，更适用于随机和各种检查过程相结合起来进行。

安全生产是关系人民群众生命财产安全的大事，是经济社会协调健康发展的标志，是党和政府对人民利益高度负责的要求。建设工程安全生产不仅直接关系到建筑企业自身的发展和收益，更是直接关系到人民群众包括生命健康在内的根本利益，关系改革发展稳定的大局。本章主要介绍了安全生产管理的特点和严峻形势，对现代建设项目安全生产管理的主要内容和基本程序进行了说明。介绍了建设工程安全生产管理的相关法规和安全生产管理规章制度。

思考及练习题

【单选题】

1. 进行安全管理不是处理事故，而是在生产活动中，针对生产的特点，对各生产因素进行管理，有效地控制不安全因素的发生、发展与扩大，把事故隐患消灭在萌芽状态，这指的是建设工程安全生产管理中的哪项原则？（　　）

A. 管生产的同时管安全

B. 明确安全生产管理的目标

C. 安全管理重在控制

D. 必须贯彻预防为主的方针

2. 建设安全生产管理的基本方针是（　　）。

A. 安全第一，预防为主，综合治理　　B. 质量第一，兼顾安全

C. 安全至上　　D. 安全责任重于泰山

3. 按照安全系统工程和人机工程原理建立的安全生产规章制度体系，一般把安全生产规章制度分为（　　）。

A. 综合管理、人员管理、设备设施管理、环境管理

B. 综合管理、人员管理、设备设施管理、财务管理

C. 系统管理、人员管理、设备设施管理、环境管理

D. 系统管理、人员管理、设备设施管理、财务管理

4. 施工单位主要负责人依法对本单位的安全生产工作（　　）。

A. 负总责　　B. 全面负责　　C. 负领导责任　　D. 负监督责任

5. 按照标准化工作体系建立的安全生产规章制度体系，一般把安全生产规章制度分为（　　）。

A. 技术标准、工作标准和环境标准　　B. 技术标准、工作标准和管理标准

C. 设备标准、专业标准和环境标准　　D. 设备标准、专业标准和管理标准

【多选题】

1. 按照安全系统工程和人机工程原理建立的安全生产规章制度体系，一般把安全生产规章制度分为（　　）。

A. 综合管理　　B. 人员管理　　C. 设备设施管理

D. 环境管理　　E. 财务管理

2. 建立健全安全生产规章制度的必要性是（　　）。

A. 生产经营单位的法定责任

B. 生产经营单位落实主体责任的具体体现

C. 生产经营单位安全生产的重要保障

D. 生产经营单位保护从业人员安全与健康的重要手段

E. 安全生产规章制度建设的依据

【填空题】

1. 建设工程安全生产管理的基本方针是（　　　　）。

2.《安全生产法》着重对事故预防作出规定的“六先”是（　　　　）、（　　　　）、（　　　　）、（　　　　）、（　　　　）、（　　　　）。

3. 建设工程动态安全管理的重点是（　　　　）。

4. 建筑施工企业的（　　　）对本企业的安全生产负责，施工现场安全由（　　　）负责，实行施工总承包的，由（　　　）负责。

5. 按照标准化工作体系建立的安全生产规章制度体系所划分出的“三大标准体系”是（　　　　）、（　　　　）和（　　　　）。

6.（　　　　）是生产经营单位安全生产规章制度建立的基础。

7. 建筑安全生产监督管理应当根据“（　　　　）”的原则，贯彻“（　　　　）”的方针，依靠科学管理和技术进步，推动建筑安全生产工作的开展，控制人身伤亡事故的发生。

【简答题】

1. 请简述建设工程安全生产管理的原则。

2. 请简述安全生产规章制度管理的步骤。

3. 请简述安全生产规章制度建设的原则。

【判断题】

1. 建筑施工企业必须为从事危险作业的职工办理意外伤害保险，支付保险费。（　　）

2. 涉及建筑主体和承重结构变动的装修工程，施工前没有提出明确的设计方案也可

以进行施工。( )

3. 生产活动中必须坚持全员、全过程、全方位、全天候的动态安全管理。( )

4. 建筑施工安全管理不需要使用动态发展下的新方法，因为大多数工人已经习惯了现有的方法。( )

【实训题】案例分析

1. 案例内容：××市某建筑公司××分公司承建的南京电视台演播中心裙楼工地发生一起重大职工因工伤亡事故。大演播厅舞台在浇筑顶部混凝土施工中，因模板支撑系统失稳，大演播厅舞台屋盖坍塌，造成6人死亡，35人受伤（其中重伤11人），直接经济损失700.7815万元。

2. 工程概况：××电视台演播中心采用现浇框架剪力墙结构体系。演播中心工程大演播厅总高38m（其中地下8.70m，地上29.30m），面积624m^2。

3. 工程建设情况：在大演播厅舞台支撑系统支架搭设前，项目部按搭设顶部模板支撑系统的施工方法，完成了三个演播厅、一个门厅和一个观众厅的施工（都没有施工方案）。

该建筑公司××分公司由项目工程师茅某编制了“上部结构施工组织设计”，并于1月30日经项目副经理成某和分公司副主任工程师赵某批准实施。

7月22日开始搭设大演播厅舞台顶部模板支撑系统，由于工程需要和材料供应等方面的问题，支架搭设施工时断时续。搭设时没有施工方案，没有图纸，没有进行技术交底。由项目部副经理成某决定支架三维尺寸按常规（即前五个厅的支架尺寸）进行搭设，由项目部施工人员丁某在现场指挥搭设。搭设开始约15d后，××分公司副主任工程师赵某将“模板工程施工方案”交给丁某。丁某看到施工方案后，向成某作了汇报，成某答复还按以前的规格搭架子，到最后再加固。

模板支撑系统支架由××三建劳务公司组织现场的朱某工程队进行搭设（朱某是以个人名义挂靠在××三建江浦劳务基地，事故发生时朱某工程队共17名民工，其中5人无特种作业人员操作证），搭设支架的全过程中，没有办理自检、互检、交接检、专职检的手续，搭设完毕后未按规定进行整体验收。

10月17日开始进行支撑系统模板安装，10月24日完成。23日木工工长孙某向项目部副经理成某反映水平杆加固没有到位，成某即安排架子工加固支架，25日浇筑混凝土时仍有6名架子工在加固支架。

10月25日6时55分开始浇筑混凝土，项目部资料质量员姜某8时多才补填混凝土浇捣令，并送监理公司总监韩某签字，韩某将日期签为24日。

4. 事故发生：浇筑现场由项目部混凝土工长邢某负责指挥。浇筑时，由于输送混凝土管有冲击和振动等影响，部分支撑管件受力过大和失稳，出现大厅内模板支架系统整体倒塌。屋顶模板上正在浇筑混凝土的工人纷纷随塌落的支架和模板坠落，部分工人被塌落的支架、楼板和混凝土浆淹埋。

5. 问题：分析以上案例回答以下问题

(1) 有关单位和责任人分别违反了哪些法规？

(2) 有关单位及施工人员应如何处理才能避免事故的发生？

(3) 如何建立合格的安全生产管理规章制度？

第7章　施工项目安全管理

知识目标

1. 熟悉安全生产管理的概念；

2. 熟悉建筑施工安全管理中的不安全因素、施工现场安全管理的基本要求和施工现场安全管理的主要内容及主要方式；

3. 了解建设工程安全生产管理体系、施工安全生产责任制和施工安全技术措施；

4. 了解施工安全教育、安全检查和安全事故的预防与处理的内容，掌握安全检查的要点；

5. 掌握建设工程安全生产管理体系的构建、施工安全生产责任制和施工安全技术交底的编写。

能力目标

1. 能编写施工安全生产责任制和施工安全技术交底；

2. 能组织施工安全教育；

3. 能进行施工安全事故的预防与处理。

素质目标

1. 严格遵守建筑施工安全规范的职业素养和责任意识；

2. 提升在实际工作中独立判断和解决安全管理问题的能力。

学习重点

1. 施工现场安全管理的基本要求、主要内容及主要方式；

2. 制定建设工程安全生产管理体系、编写施工安全生产责任制和施工安全技术交底。

学习难点

1. 建设工程安全生产管理体系的构建；

2. 施工安全生产责任制、施工安全技术交底的编写；

3. 施工安全教育的要点，安全检查要点，安全事故的预防与处理。

思维导图

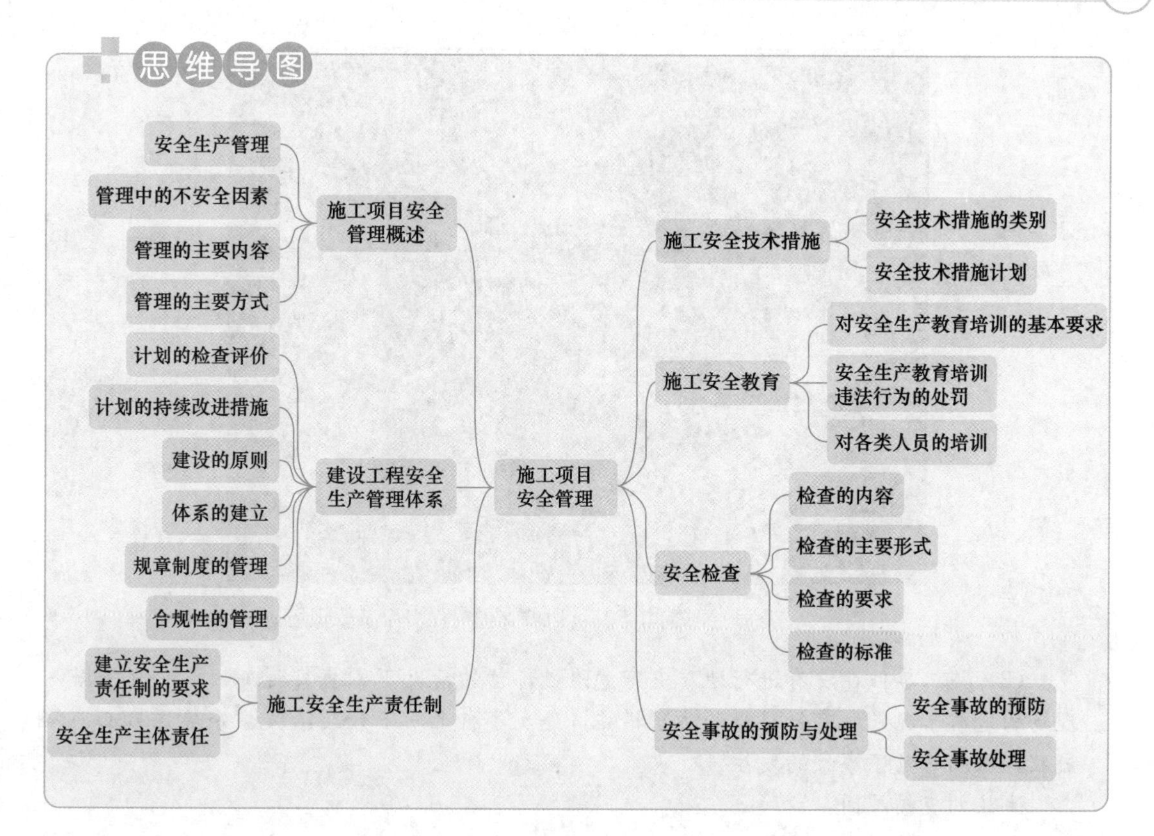

案例引入

2007年4月27日，青海省西宁市某基坑边坡支护工程施工现场发生一起坍塌事故（图7.1），造成3人死亡、1人轻伤，直接经济损失60万元。该工程拟建场地北侧为东西走向的自然山体，坡体高12～15m，长145m，自然边坡坡度1∶0.5～1∶0.7。边坡工程9m以上部分设计为土钉喷锚支护，9m以下部分为毛石挡土墙，总面积为2000m^2。其中毛石挡土墙部分于2007年3月21日由施工单位分包给私人劳务队（无法人资格和施工资质）进行施工。

4月27日上午，劳务队5名施工人员人工开挖北侧山体边坡东侧毛石挡土墙基槽。16时左右，自然地面上方5m处坡面突然坍塌，除在基槽东端作业的1人逃离之外，其余4人被坍塌土体淹埋。根据事故调查和责任认定，对有关责任方作出以下处理：项目经理、现场监理工程师等责任人分别受到撤职、吊销执业资格等行政处罚；施工、监理等单位分别受到资质降级、暂扣安全生产许可证等行政处罚。

事故的直接原因：

(1) 施工地段地质条件复杂，经过调查，事故发生地点位于河谷区与丘陵区交接处，北侧为黄土覆盖的丘陵区，南侧为河谷地2级及3级基座阶地。上部土层为黄土层及红色泥岩夹变质砂砾，下部为黄土层黏土。局部有地下水渗透，导致地基不稳。

图 7.1 青海省西宁市某基坑边坡支护工程坍塌事故现场

(2) 施工单位在没有进行地质灾害危险性评估的情况下，盲目施工，也没有根据现场的地质情况采取有针对性的防护措施，违反了自上而下分层修坡、分层施工工艺流程，从而导致了事故的发生。

事故的直接原因：

(1) 建设单位在工程建设过程中，未作地质灾害危险性评估，且在未办理工程招标投标、工程质量监督、工程安全监督、施工许可证的情况下组织开工建设。

(2) 施工单位委派不具备项目经理执业资格的人员负责该工程的现场管理。项目部未编制挡土墙施工方案，没有对劳务人员进行安全生产教育和安全技术交底。在山体地质情况不明、没有采取安全防护措施的情况下冒险作业。

(3) 监理单位在监理过程中，对施工单位资料审查不严，对施工现场落实安全防护措施的监督不到位。

7.1 施工项目安全管理概述

7.1.1 安全生产管理

30. 施工项目安全管理概述与安全生产管理体系

安全即没有危险不出事故，是指人的身体健康不受伤害，财产不受损伤保持完整无损的状态。安全可分为人身安全和财产安全两种情形。

1. 安全生产概念

《辞海》将“安全生产”解释为：为预防生产过程中发生人身、设备事故，形成良好劳动环境和工作秩序而采取的一系列措施和活动。《中国大百科全书》将“安全生产”解释为旨在保护劳动者在生产过程中安全的一项方针，也是企业管理必须遵循的一项原则，要求最大限度地减少劳动者的工伤和职业病，保障劳动者在生产过程中的生命安全和身体健康。后者将安全生产解释为企业生产的一项方针、原则和要求，前者则将安全生产解释为企业生产的一系列措施和活动。根据现代系统安全工程的观点，一般意义上讲，安全生产是指在社会生产活动中，通过人、机、物料、环境的和谐运作，使生产过程中潜在的各种事故风险和伤害因素始终处于有效控制状态，切实保护劳动者的生命安全和身体健康。安全生产工作应当以人为本，坚持人民至上、生命至上，把保护人民生命安全摆在首位，树牢安全发展理念。《安全生产法》将“安全第一、预防为主、综合治理”确定为安全生产工作的基本方针。

2. 管理的概念

管理，简单的理解是“管辖”“处理”的意思，是管理者在特定的环境下，为了实现一定的目标，对其所能支配的各种资源进行有效的计划、组织、领导和控制等一系列活动的过程。

管理的定义应包括如下几层含义：

（1）管理是什么？管理是一系列活动过程。

（2）由谁来管？即管理的主体是管理者。

（3）管理什么？即管理的客体是各种资源，如人、财、物、信息、时间等。

（4）为何而管？即管理的目的是实现一定的目标。

（5）怎样管？即管理的职能是计划、组织、领导和控制。

（6）在什么情况下管？即在特定环境下进行管理。

3. 安全生产管理的概念

在企业管理系统中，含有多个具有某种特定功能的子系统，安全管理就是其中的一个。这个子系统是由企业中有关部门的相应人员组成的。该子系统的主要目的就是通过管理的手段，实现控制事故、消除隐患、减少损失的目的，使整个企业达到最佳的安全水平，为劳动者创造一个安全舒适的工作环境。因而安全生产管理的定义即为：以安全为目的，进行有关决策、计划、组织和控制方面的活动。

控制事故可以说是安全管理工作的核心，而控制事故最好的方式就是实施事故预防，即通过管理和技术手段的结合，消除事故隐患，控制不安全行为，保障劳动者的安全，这也是“预防为主”的本质所在。

但根据事故的特性可知，由于受技术水平、经济条件等各方面的限制，有些事故是难以完全避免的。因此，控制事故的第二种手段就是应急措施，即通过抢救、疏散、抑制等手段，在事故发生后控制事故的蔓延，把事故的损失减少到最小。

事故总是带来损失。对于一个企业来说，一个重大事故在经济上的打击是相当沉重的，有时甚至是致命的。因而在实施事故预防和应急措施的基础上，通过购买财产、工伤、责任等保险，以保险补偿的方式，保证企业的经济平衡和在发生事故后恢复生产的基本能力，也是控制事故的手段之一。

所以，也可以说，安全管理就是利用管理的活动，将事故预防、应急措施与保险补偿三种手段有机地结合在一起，以达到保障安全的目的。

在企业安全管理系统中，专业安全工作者起着非常重要的作用。他们既是企业内部上下沟通的纽带，更是企业领导者在安全方面的得力助手。在掌握充分资料的基础上，为企业安全生产实施日常监管工作，并向有关部门或领导提出安全改造、管理方面的建议。归纳起来，专业安全工作者的工作可分为四个部分：

（1）分析，对事故与损失产生的条件进行判断和估计，并对事故的可能性和严重性进行评价，即进行危险分析与安全评价，这是事故预防的基础；

（2）决策，确定事故预防和损失控制的方法、程序和规划，在分析的基础上制订出合理可行的事故预防、应急措施及保险补偿的总体方案，并向有关部门或领导提出建议；

（3）信息管理，收集、管理并交流与事故和损失控制有关的资料、情报信息，并及时反馈给有关部门和领导，保证信息的及时交流和更新，为分析与决策提供依据；

（4）测定，对事故和损失控制系统的效能进行测定和评价，并为取得最佳效果做出必要的改进。

4. 事故

《现代汉语词典》对“事故”的解释是：多指生产、工作上发生的意外损失或灾祸。在国际劳工组织制定的相关指导性文件，如《职业事故和职业病记录与通报实用规程》中，将“职业事故”定义为：“由工作引起或者在工作过程中发生的事件，并导致致命或非致命的职业伤害。”《生产安全事故报告和调查处理条例》（国务院令第493号）将“生产安全事故”定义为：生产经营活动中发生的造成人身伤亡或者直接经济损失的事件。我国事故的分类方法有多种：

（1）依据《企业职工伤亡事故分类》GB 6441—1986，综合考虑起因物、引起事故的诱导性原因、致害物、伤害方式等，将企业工伤事故分为20类，分别是物体打击、车辆伤害、机械伤害、起重伤害、触电、淹溺、灼烫、火灾、高处坠落、坍塌、冒顶片帮、透水、放炮、火药爆炸、瓦斯爆炸、锅炉爆炸、容器爆炸、其他爆炸、中毒和窒息及其他伤害。

（2）依据《生产安全事故报告和调查处理条例》（国务院令第493号），根据生产安全事故造成的人员伤亡或者直接经济损失，事故一般分为特别重大事故、重大事故、较大事故、一般事故4个等级，具体划分如下：

① 特别重大事故，是指造成30人以上死亡，或者100人以上重伤（包括急性工业中毒，下同），或者1亿元以上直接经济损失的事故；

② 重大事故，是指造成10人以上30人以下死亡，或者50人以上100人以下重伤，或者5000万元以上1亿元以下直接经济损失的事故；

③ 较大事故，是指造成3人以上10人以下死亡，或者10人以上50人以下重伤，或者1000万元以上5000万元以下直接经济损失的事故；

④ 一般事故，是指造成3人以下死亡，或者10人以下重伤，或者100万元以下直接经济损失的事故。

注：该等级标准中所称的“以上”包括本数，所称的“以下”不包括本数。在衡量一个事故等级时按照最严重的标准进行划分。

7.1.2 建筑施工安全管理中的不安全因素

1. 人的不安全因素

人的不安全因素，是指对安全产生影响的人方面的因素，即能够使系统发生故障或发生性能不良的事件的人员、个人的不安全因素和违背施工和安全要求的错误行为。人的不安全因素可分为个人的不安全因素和人的不安全行为两个大类：

（1）个人的不安全因素

个人的不安全因素是指人员的心理、生理、能力中所具有不能适应工作、作业岗位要求的影响安全的因素。个人的不安全因素主要包括：

① 心理上的不安全因素，是指人在心理上具有影响安全的性格、气质和情绪，如急躁、懒散、粗心等；

② 生理上的不安全因素，包括视觉、听觉等感觉器官、体能、年龄、疾病等不适合工作或作业岗位要求的影响因素；

③ 能力上的不安全因素，包括知识技能、应变能力、执业资格等不能适应工作和作业岗位要求的影响因素。

（2）人的不安全行为

人的不安全行为是指造成事故的人为错误，是人为地使系统发生故障或发生性能不良事件，是违背设计和操作规程的错误行为。

不安全行为在施工现场的类型，按《企业职工伤亡事故分类》GB 6441—1986，可分为 13 个大类：

① 操作失误，忽视安全，忽视警告；

② 造成安全装置失效；

③ 使用不安全设备；

④ 手代替工具操作；

⑤ 物体存放不当；

⑥ 冒险进入危险场所；

⑦ 攀坐不安全位置；

⑧ 在起吊物下作业、停留；

⑨ 在机器运转时进行检查、维修、保养等工作；

⑩ 有分散注意力行为；

⑪ 没有正确使用个人防护用品、用具；

⑫ 不安全装束；

⑬ 对易燃易爆等危险物品处理错误。

不安全行为产生的主要原因是系统、组织的原因，思想责任性的原因，工作的原因。诸多事故分析表明，绝大多数事故不是因技术解决不了造成的，多是违规、违章所致。由于安全上降低标准、减少投入，安全组织措施不落实、不建立安全生产责任制，缺乏安全技术措施，没有安全教育、安全检查制度，不作安全技术交底，违章指挥、违章作业、违反劳动纪律等人为的原因造成的，所以必须重视和防止产生人的不安全因素。

2. 施工现场物的不安全状态

（1）物的不安全状态

物的不安全状态是指能导致事故发生的物质条件，包括机械设备等物质或环境所存在的不安全因素。物的不安全状态的内容：

① 物（包括机器、设备、工具、物质等）本身存在的缺陷；

② 防护保险方面的缺陷；

③ 物的放置方法的缺陷；

④ 作业环境场所的缺陷；

⑤ 外部的和自然界的不安全状态；

⑥ 作业方法导致的物的不安全状态；

⑦ 保护器具信号、标志和个体防护用品的缺陷。

（2）物的不安全状态的类型

① 防护等装置缺乏或有缺陷；

② 设备、设施、工具、附件有缺陷；

③ 个人防护用品用具缺少或有缺陷；

④ 施工生产场地环境不良。

3. 管理上的不安全因素

管理上的不安全因素，通常也称为管理上的缺陷，也是事故潜在的不安全因素，作为间接的原因共有以下方面：

（1）技术上的缺陷；

（2）教育上的缺陷；

（3）生理上的缺陷；

（4）心理上的缺陷；

（5）管理工作上的缺陷；

（6）教育和社会、历史上的原因造成的缺陷。

7.1.3 施工现场安全管理的基本要求

1. 施工现场的安全由施工单位负责，实行施工总承包的工程项目，由总承包单位负责，分包单位向总承包单位负责，服从总承包单位对施工现场的安全管理。总承包单位和分包单位应当在施工合同中明确安全管理范围，承担各自相应的安全管理责任。总承包单位对分包单位造成的安全事故承担连带责任。建设单位分段发包或者指定的专业分包工程，分包单位不服从总包单位的安全管理，发生事故的由分包单位承担主要责任。

2. 施工单位应当建立工程项目安全保障体系。项目经理是本项目安全生产的第一负责人，对本项目的安全生产全面负责。工程项目应当建立以第一责任人为核心的分级负责的安全生产责任制。从事特种作业的人员应当负责本工种的安全生产。项目施工前，施工单位应当进行安全技术交底，被交底人员应当在书面交底上签字，并在施工中接受安全管理人员的监督检查。

3. 施工现场实行封闭管理，施工安全防护措施应当符合建设工程安全标准。施工单位应当根据不同施工阶段和周围环境及天气条件的变化，采取相应的安全防护措施。施工单位应当在施工现场的显著或危险部位设置符合国家标准的安全警示标牌。

4. 施工单位应当对施工中可能导致损害的毗邻建筑物、构筑物和特殊设施等做好专项防护。

5. 施工现场暂时停工的，责任方应当做好现场安全防护，并承担所需费用。

6. 施工单位应当根据《中华人民共和国消防法》的规定，建立健全消防管理制度，在施工现场设置有效的消防措施。在火灾易发生部位作业或者储存、使用易燃易爆物品时，应当采取特殊消防措施。

7. 施工单位应当在施工现场采取措施防止或者减少各种粉尘、废气、废水、固体废物及噪声、振动对人和环境的污染和危害。

8. 施工单位应当将施工现场的工作区与生活区分开设置。施工现场临时搭设的建筑物应当经过设计计算，装配式的活动房屋应当具有产品合格证，项目经理对上述建筑物和活动房屋的安全使用负责。施工现场应当设置必要的医疗和急救设备。作业人员的膳食、饮水等供应，必须符合卫生标准。

9. 作业人员应当遵守建设工程安全标准、操作规程和规章制度，进入施工现场必须正确使用合格的安全防护用具及机械设备等产品。

10. 作业人员有权对危害人身安全、健康的作业条件、作业程序和作业方式提出批评、检举和控告，有权拒绝违章指挥。在发生危及人身安全的紧急情况下，有权立即停止作业并撤离危险区域。管理人员不得违章指挥。

11. 施工单位应当建立安全防护用具及机械设备的采购、使用、定期检查、维修和保养责任制度。

12. 施工单位必须采购具有生产许可证，产品合格证的安全防护用具及机械设备，该用具和设备进场使用之前必须经过检查，检查不合格的，不得投入使用。施工现场的安全防护用具及机械设备必须由专人管理，按照标准规范定期进行检查、维修和保养，并建立相应的资料档案。

13. 进入施工现场的垂直运输和吊装、提升机械设备，应当经检测检验机构检测检验合格后方可投入使用，检测检验机构对检测检验结果承担相应的责任。

7.1.4　施工现场安全管理的主要内容

安全管理的主要内容应符合下列规定：

1. 安全生产责任制

（1）工程项目部应建立以项目经理为第一责任人的各级管理人员安全生产责任制；

（2）安全生产责任制应经责任人签字确认；

（3）工程项目部应有各工种安全技术操作规程；

（4）工程项目部应按规定配备专职安全员；

（5）对实行经济承包的工程项目，承包合同中应有安全生产考核指标；

（6）工程项目部应制定安全生产资金保障制度；

（7）按安全生产资金保障制度，应编制安全资金使用计划，并应按计划实施；

（8）工程项目部应制定以伤亡事故控制、现场安全达标、文明施工为主要内容的安全生产管理目标；

（9）按安全生产管理目标和项目管理人员的安全生产责任制，应进行安全生产责任目标分解；

（10）应建立对安全生产责任制和责任目标的考核制度；

（11）按考核制度，应对项目管理人员定期进行考核。

2. 施工组织设计及专项施工方案

（1）工程项目部在施工前应编制施工组织设计，施工组织设计应针对工程特点、施工工艺制定安全技术措施；

（2）危险性较大的分部分项工程应按规定编制安全专项施工方案，专项施工方案应有针对性，并按有关规定进行设计计算；

（3）超过一定规模危险性较大的分部分项工程，施工单位应组织专家对专项施工方案进行论证；

（4）施工组织设计、安全专项施工方案，应由有关部门审核，施工单位技术负责人、监理单位项目总监批准；

（5）工程项目部应按施工组织设计、专项施工方案组织实施。

3. 安全技术交底

（1）施工负责人在分派生产任务时，应对相关管理人员、施工作业人员进行书面安全技术交底；

（2）安全技术交底应按施工工序、施工部位、施工栋号分部分项进行；

（3）安全技术交底应结合施工作业场所状况、特点、工序，对危险因素、施工方案、规范标准、操作规程和应急措施进行交底；

（4）安全技术交底应由交底人、被交底人、专职安全员进行签字确认。

4. 安全检查

（1）工程项目部应建立安全检查制度；

（2）安全检查应由项目负责人组织，专职安全员及相关专业人员参加，定期进行并填写检查记录；

（3）对检查中发现的事故隐患应下达隐患整改通知单，定人、定时间、定措施进行整改。重大事故隐患整改后，应由相关部门组织复查。

5. 安全教育

（1）工程项目部应建立安全教育培训制度；

（2）当施工人员入场时，工程项目部应组织进行以国家安全法律法规、企业安全制度、施工现场安全管理规定及各工种安全技术操作规程为主要内容的三级安全教育培训和考核；

（3）当施工人员变换工种或采用新技术、新工艺、新设备、新材料施工时，应进行安全教育培训；

（4）施工管理人员、专职安全员每年度应进行安全教育培训和考核。

6. 应急救援

（1）工程项目部应针对工程特点，进行重大危险源的辨识。应制定防触电、防坍塌、防高处坠落、防起重及机械伤害、防火灾、防物体打击等主要内容的专项应急救援预案，并对施工现场易发生重大安全事故的部位、环节进行监控；

（2）施工现场应建立应急救援组织，培训、配备应急救援人员，定期组织员工进行应急救援演练；

（3）按应急救援预案要求，应配备应急救援器材和设备。

7. 分包单位安全管理

（1）总包单位应对承揽分包工程的分包单位进行资质、安全生产许可证和相关人员安全生产资格的审查；

（2）当总包单位与分包单位签订分包合同时，应签订安全生产协议书，明确双方的安全责任；

（3）分包单位应按规定建立安全机构，配备专职安全员。

8. 持证上岗

（1）从事建筑施工的项目经理、专职安全员和特种作业人员，必须经行业主管部门培训考核合格，取得相应资格证书，方可上岗作业；

（2）项目经理、专职安全员和特种作业人员应持证上岗。

9. 生产安全事故处理

（1）当施工现场发生生产安全事故时，施工单位应按规定及时报告；

（2）施工单位应按规定对生产安全事故进行调查分析，制定防范措施；

（3）应依法为施工作业人员办理保险。

10. 安全标志

（1）施工现场入口处及主要施工区域、危险部位应设置相应的安全警示标志牌；

（2）施工现场应绘制安全标志布置图；

（3）应根据工程部位和现场设施的变化，调整安全标志牌设置；

（4）施工现场应设置重大危险源公示牌。

7.1.5 施工现场安全管理的主要方式

建筑施工企业各管理层级职能部门和岗位，按职责分工对工程项目实施安全管理。

1. 企业的工程项目部

应根据企业安全管理制度，实施施工现场安全生产管理，主要内容包括：

（1）制定项目安全管理目标，建立安全生产责任体系，实施责任考核；

（2）配置满足要求的安全生产、文明施工措施资金、从业人员和劳动防护用品；

（3）选用符合要求的安全技术措施、应急预案、设施与设备；

（4）有效落实施工过程的安全生产，隐患整改；

（5）组织施工现场场容场貌、作业环境和生活设施安全文明达标；

（6）组织事故应急救援抢险；

（7）对施工安全生产管理活动进行必要的记录，保存应有的资料和记录。

2. 施工现场安全生产责任体系的基本要求

（1）项目经理是工程项目施工现场安全生产第一责任人，负责组织落实安全生产责任，实施考核，实现项目安全管理目标。

（2）工程项目施工实行总承包的，应成立由总承包单位、专业承包和劳务分包单位项目经理、技术负责人和专职安全生产管理人员组成的安全管理领导小组。

（3）按规定配备项目专职安全生产管理人员，负责施工现场安全生产日常监督管理。

（4）工程项目部其他管理人员应承担本岗位管理范围内与安全生产相关的职责。

（5）分包单位应服从总包单位管理，落实总包企业的安全生产要求。

（6）施工作业班组应在作业过程中实施安全生产要求。

（7）作业人员应严格遵守安全操作规程，做到不伤害自己、不伤害他人和不被他人所伤害。

3. 项目专职安全生产管理人员

应由企业委派，并承担以下主要的安全生产职责：

（1）监督项目安全生产管理要求的实施，建立项目安全生产管理档案；

（2）对危险性较大分部分项工程实施现场监护并做好记录；

（3）阻止和处理违章指挥、违章作业和违反劳动纪律等现象；

（4）定期向企业安全生产管理机构报告项目安全生产管理情况；

（5）工程项目开工前，工程项目部应根据施工特征，组织编制项目安全技术措施和专项施工方案，包括应急预案，并按规定审批、论证、交底、验收和检查；专项施工方案内容应包括工程概况、编制依据、施工计划、施工工艺、施工安全技术措施、检查验收内容及编制标准、计算书及附图等；

（6）加强三级安全教育特别是有针对性的项目级和班组级安全教育；

（7）工程项目部应接受企业上级各管理层、建设行政主管部门及其他相关部门的业务指导与监督检查，对发现的问题按要求组织整改。

7.2 建设工程安全生产管理体系

7.2.1 施工项目安全管理体系计划的检查评价

31. 施工安全生产责任制与施工安全技术措施

检查评价的目的是要求施工单位定期或及时地发现体系运行过程或体系自身所存在的问题，并确定问题产生的根源或需要持续改进的地方。

检查与评价主要包括绩效测量与监测、事故事件与不符合及其对安全绩效影响的调查、审核与管理评审。

1. 绩效测量和监测

施工单位绩效测量和监测程序以确保：

（1）监测职业安全生产目标的实现情况；

（2）将绩效测量和监测的结果予以记录；

（3）能够支持企业的评审活动包括管理评审；

（4）包括主动测量与被动测量两个方面。

主动测量应作为一种预防机制，根据危害辨识和风险评价的结果、法律及法规要求，制定包括监测对象与监测频次的监测计划，并以此对企业活动的必要基本过程进行监测。内容包括：

（1）监测安全生产管理方案的各项计划及运行控制中各项运行标准的实施与符合情况；

（2）系统地检查各项作业制度、安全技术措施、施工机具和机电设备、现场安全设施以及个人防护用品的实施与符合情况；

（3）监测作业环境（包括作业组织）的状况；

（4）对员工实施健康监护，如通过适当的体检或对员工的早期有害健康的症状进行跟踪，以确定预防和控制措施的有效性；

（5）对国家法律法规及企业签署的有关职业健康安全集体协议及其他要求的符合情况。

被动测量包括对与工作有关的事故、事件，其他损失（如财产损失），不良的安全绩效和安全生产管理体系的失效情况的确认、报告和调查。

施工单位应列出用于评价安全生产状况的测量设备清单，使用唯一标识并进行管理，设备的精度应是已知的。施工单位应有文件化的程序描述如何进行安全生产测量，用于安全生产测量的设备应按规定维护和保管，使之保持应有的精度。

2. 事故事件与不符合及其对安全绩效影响的调查

目的是建立有效的程序，对施工单位的事故、事件、不符合进行调查、分析和报告，识别和消除此类情况发生的根本原因，防止其再次发生，并通过程序的实施，发现、分析和消除不符合的潜在原因。

施工单位应保存对事故、事件、不符合的调查、分析和报告的记录，按法律法规的要求，保存一份所有事故的登记簿，并登记可能有重大安全生产后果的事件。

3. 审核

目的是建立并保持定期开展安全生产管理体系审核的方案和程序，以评价施工单位安全生产管理体系及其要素的实施能否恰当、充分、有效地保护员工的安全与健康，预防各类事故的发生。

施工单位的安全生产管理体系审核应主要考虑自身的安全生产方针、程序及作业场所的条件和作业规程，以及适用的安全法律、法规及其他要求。

4. 管理评审

目的是要求施工单位的最高管理者依据自己预定的时间间隔对安全生产管理体系进行评审，以确保体系的持续适宜性、充分性和有效性。

施工单位的最高管理者在实施管理评审时应主要考虑绩效测量与监测的结果、审核活动的结果、事故、事件、不符合的调查结果和可能影响企业安全生产管理体系的内、外部因素及各种变化，包括企业自身的变化的信息。

7.2.2 施工项目安全管理体系计划的持续改进措施

1. 改进措施的目的

改进措施的目的是要求施工单位针对组织安全管理体系计划绩效测量与监测、事故事件调查、审核和管理评审活动提出纠正与预防措施的要求，制定具体的实施方案并予以保持，确保体系的自我完善功能，并不断寻求方法，持续改进施工单位自身安全生产管理体系及其安全绩效，从而不断消除、降低或控制各类安全危害和风险。

2. 改进措施的内容与要求

改进措施主要包括以下两个方面：

（1）纠正与预防措施

施工单位针对安全生产管理体系计划绩效测量与监测、事故事件调查、审核和管理评审活动所提出的纠正与预防措施的要求，应制定具体的实施方案并予以保持，确保体系的自我完善功能。

（2）持续改进

施工单位应不断寻求方法持续改进自身安全生产管理体系计划及其安全绩效，从而不断消除、降低或控制各类安全危害和风险。

7.3 施工安全生产责任制

全员安全生产责任制，是由企业根据安全生产法律法规和相关标准要求，在生产经营活动中，根据企业岗位的性质、特点和具体工作内容，明确所有层级、各类岗位从业人员的安全生产责任，通过加强教育培训、强化管理考核和严格奖惩等方式，建立起安全生产工作“层层负责、人人有责、各负其责”的工作体系。

32. 施工安全教育与安全检查

安全生产责任制是按照以人为本，坚持“安全第一、预防为主、综合治理”的安全生产方针和安全生产法规建立的对生产经营单位各级负责人员、各职能部门及其工作人员、各岗位人员在安全生产方面应做的事情和应负的责任加以明确规定的一种制度。

安全生产责任制是生产经营单位岗位责任制的一个组成部分，是生产经营单位中最基本的一项安全管理制度，也是生产经营单位安全生产管理制度的核心。

建立安全生产责任制的目的，一方面是增强生产经营单位各级负责人员、各职能部门及其工作人员和各岗位人员对安全生产的责任感；另一方面是明确生产经营单位中各级负责人员、各职能部门及其工作人员和各岗位人员在安全生产中应履行的职能和应承担的责任，以充分调动各级人员和各部门在安全生产方面的积极性和主观能动性，确保安全生产。

建立安全生产责任制的重要意义主要体现在两方面。一是落实我国安全生产方针和有关安全生产法规和政策的具体要求。《安全生产法》第二十二条明确规定生产经营单位的全员安全生产责任制应当明确各岗位的责任人员、责任范围和考核标准等内容。生产经营单位应当建立相应的机制，加强对全员安全生产责任制落实情况的监督考核，保证全员安全生产责任制的落实。二是通过明确责任使各类人员真正重视安全生产工作，对预防事故和减少损失、进行事故调查和处理、建立和谐社会等具有重要作用。

生产经营单位是安全生产的责任主体，生产经营单位必须建立安全生产责任制，把“管行业必须管安全、管业务必须管安全、管生产经营必须管安全”的原则从制度上固化。这样，安全生产工作才能做到事事有人管、层层有专责，使领导干部和广大职工分工协作、共同努力，认真负责地做好安全生产工作，保证安全生产。

7.3.1　建立安全生产责任制的要求

1. 建立安全生产责任制的要求

建立一个完善的安全生产责任制的要求是，坚持“党政同责、一岗双责、失责追责”，横向到边、纵向到底，并由生产经营单位的主要负责人组织建立。建立的安全生产责任制具体应满足如下要求：

（1）必须符合国家安全生产法律法规和政策、方针的要求；

（2）与生产经营单位管理体制协调一致；

（3）要根据本单位、部门、班组、岗位的实际情况制定，既明确、具体，又具有可操作性，防止形式主义；

（4）由专门的人员与机构制定和落实，并应适时修订；

（5）应有配套的监督、检查等制度，以保证安全生产责任制得到真正落实。

2. 安全生产责任制的主要内容

安全生产责任制的内容主要包括两个方面，一是纵向方面，即从上到下所有类型人员的安全生产职责。在建立责任制时，可首先将本单位从主要负责人一直到岗位从业人员分成相应的层级；然后结合本单位的实际工作，对不同层级的人员在安全生产中应承担的职责作出规定。二是横向方面，即各职能部门（包括党、政、工、团）的安全生产职责。在建立责任制时，可按照本单位职能部门（如安全、设备、计划、技术、生产、基建、人事、财务、设计、档案、培训、党办、宣传、工会、团委等部门）的设置，分别对其在安全生产中应承担的职责作出规定。

生产经营单位在建立安全生产责任制时，在纵向方面应包括下列几类人员：

1. 生产经营单位主要负责人

生产经营单位主要负责人是本单位安全生产的第一责任者，对安全生产工作全面负责。《安全生产法》第二十一条明确规定，生产经营单位的主要负责人对本单位安全生产工作负有下列职责：

（1）建立健全并落实本单位全员安全生产责任制，加强安全生产标准化建设；

（2）组织制定并实施本单位安全生产规章制度和操作规程；

（3）组织制定并实施本单位安全生产教育和培训计划；

（4）保证本单位安全生产投入的有效实施；

（5）组织建立并落实安全风险分级管控和隐患排查治理双重预防工作机制，督促、检查本单位的安全生产工作，及时消除生产安全事故隐患；

（6）组织制定并实施本单位的生产安全事故应急救援预案；

（7）及时、如实报告生产安全事故。

生产经营单位可根据上述七个方面，结合本单位实际情况对主要负责人的职责作出具体规定。

2. 生产经营单位其他负责人

生产经营单位其他负责人的职责是协助主要负责人做好安全生产工作。不同的负责人分管的工作不同，应根据其具体分管工作，对其在安全生产方面应承担的具体职责作出规定。

安全生产管理人员的职责为：

（1）组织或者参与拟定本单位安全生产规章制度、操作规程和生产安全事故应急救援预案；

（2）组织或者参与本单位安全生产教育和培训，如实记录安全生产教育和培训情况；

（3）组织开展危险源辨识和评估，督促落实本单位重大危险源的安全管理措施；

（4）组织或者参与本单位应急救援演练；

（5）检查本单位的安全生产状况，及时排查生产安全事故隐患，提出改进安全生产管理的建议；

（6）制止和纠正违章指挥、强令冒险作业、违反操作规程的行为；

（7）督促落实本单位安全生产整改措施。

3. 生产经营单位各职能部门负责人及其工作人员

各职能部门都会涉及安全生产职责，需根据各部门职责分工作出具体规定。各职能部门负责人的职责是按照本部门的安全生产职责，组织有关人员做好本部门安全生产责任制的落实，并对本部门职责范围内的安全生产工作负责；各职能部门的工作人员则是在本人职责范围内做好有关安全生产工作，并对自己职责范围内的安全生产工作负责。

4. 班组长

班组是做好生产经营单位安全生产工作的关键，班组长全面负责本班组的安全生产工作，是安全生产法律法规和规章制度的直接执行者。班组长的主要职责是贯彻执行本单位对安全生产的规定和要求，督促本班组遵守有关安全生产规章制度和安全操作规程，切实做到不违章指挥，不违章作业，遵守劳动纪律。

5. 岗位从业人员

岗位从业人员对本岗位的安全生产负直接责任。岗位从业人员的主要职责是接受安全生产教育和培训，遵守有关安全生产规章和安全操作规程，遵守劳动纪律，不违章作业。

7.3.2 生产经营单位的安全生产主体责任

生产经营单位的安全生产主体责任是指国家有关安全生产的法律法规要求生产经营单

位在安全生产保障方面应当执行的有关规定，应当履行的工作职责，应当具备的安全生产条件，应当执行的行业标准，应当承担的法律责任，主要包括以下内容：

1. 设备设施（或物质）保障责任，包括具备安全生产条件；依法履行建设项目安全设施“三同时”的规定；依法为从业人员提供劳动防护用品，并监督、教育其正确佩戴和使用；

2. 资金投入责任，包括按规定提取和使用安全生产费用，确保资金投入满足安全生产条件需要；按规定建立健全安全生产责任保险制度，依法为从业人员缴纳工伤保险费；保证安全生产教育培训的资金落实到位；

3. 机构设置和人员配备责任，包括依法设置安全生产管理机构，配备安全生产管理人员；按规定委托和聘用注册安全工程师或者注册安全助理工程师为其提供安全管理服务；

4. 规章制度制定责任，包括建立、健全安全生产责任制和各项规章制度、操作规程、应急救援预案并督促落实；

5. 安全教育培训责任，包括开展安全生产宣传教育；依法组织从业人员参加安全生产教育培训，取得相关上岗资格证书；

6. 安全生产管理责任，包括主动获取国家有关安全生产法律法规并贯彻落实；依法取得安全生产许可；定期组织开展安全检查；依法对安全生产设施、设备或项目进行安全评价；依法对重大危险源实施监控，确保其处于可控状态；及时消除事故隐患；统一协调管理承包、承租单位的安全生产工作；

7. 事故报告和应急救援责任，包括按规定报告生产安全事故，及时开展事故抢险救援，妥善处理事故善后工作；

8. 法律法规、规章规定的其他安全生产责任。

7.4　施工安全技术措施

安全技术措施是生产经营单位为消除生产过程中的不安全因素、防止人身伤害和职业危害、改善劳动条件和保证生产安全所采取的各项技术组织措施。

33. 安全事故的预防与处理

7.4.1　安全技术措施的类别

安全技术措施按照行业，可分为煤矿安全技术措施、非煤矿山安全技术措施、石油化工安全技术措施、冶金安全技术措施、建筑安全技术措施、水利水电安全技术措施、旅游安全技术措施等；按照危险、有害因素的类别，可分为防火防爆安全技术措施、锅炉与压力容器安全技术措施、起重与机械安全技术措施、电气安全技术措施等；按照导致事故的原因，可分为防止事故发生的安全技术措施、减少事故损失的安全技术措施等。

1. 防止事故发生的安全技术措施

防止事故发生的安全技术措施是指为了防止事故发生，采取的约束、限制能量或危险物质，防止其意外释放的技术措施。常用的防止事故发生的安全技术措施有消除危险源、限制能量或危险物质、隔离等。

（1）消除危险源，消除系统中的危险源，可以从根本上防止事故的发生，但是，按照现代安全工程的观点，彻底消除所有危险源是不可能的，因此，人们往往首先选择危险性较大、在现有技术条件下可以消除的危险源，作为优先考虑的对象，可以通过选择合适的工艺技术、设备设施，合理的结构形式，选择无害、无毒或不能致人伤害的物料来彻底消除某种危险源；

（2）限制能量或危险物质，限制能量或危险物质可以防止事故的发生，如减少能量或危险物质的量，防止能量蓄积，安全地释放能量等；

（3）隔离，隔离是一种常用的控制能量或危险物质的安全技术措施，采取隔离技术，既可以防止事故的发生，也可以防止事故的扩大，减少事故的损失；

（4）故障-安全设计，在系统、设备设施的一部分发生故障或破坏的情况下，在一定时间内也能保证安全的技术措施称为故障-安全设计，通过设计，使得系统、设备设施发生故障或事故时处于低能状态，防止能量的意外释放；

（5）减少故障和失误，通过增加安全系数、增加可靠性或设置安全监控系统等减轻物的不安全状态，减少物的故障或事故的发生。

2. 减少事故损失的安全技术措施

防止意外释放的能量引起人的伤害或物的损坏，或减轻其对人的伤害或对物的破坏的技术措施称为减少事故损失的安全技术措施。该类技术措施是在事故发生后，迅速控制局面，防止事故的扩大，避免引起二次事故的发生，从而减少事故造成的损失。常用的减少事故损失的安全技术措施有隔离、设置薄弱环节、个体防护、避难与救援等。

（1）隔离，隔离是把被保护对象与意外释放的能量或危险物质等隔开，隔离措施按照被保护对象与可能致害对象的关系可分为隔开、封闭和缓冲等；

（2）设置薄弱环节，设置薄弱环节是利用事先设计好的薄弱环节，使事故能量按照人们的意图释放，防止能量作用于被保护的人或物，如锅炉上的易熔塞、电路中的熔断器等；

（3）个体防护，个体防护是把人体与意外释放能量或危险物质隔离开，是一种不得已的隔离措施，却是保护人身安全的最后一道防线；

（4）避难与救援，设置避难场所，当事故发生时，人员暂时躲避，免遭伤害或赢得救援的时间，事先选择撤退路线，当事故发生时，人员按照撤退路线迅速撤离，事故发生后，组织有效的应急救援力量，实施迅速的救护，是减少事故人员伤亡和财产损失的有效措施。

此外，安全监控系统作为防止事故发生和减少事故损失的安全技术措施，是发现系统故障和异常的重要手段。安装安全监控系统，可以及早发现事故，获得事故发生、发展的数据，避免事故的发生或减少事故的损失。

7.4.2 安全技术措施计划

安全技术措施计划是生产经营单位生产财务计划的一个组成部分，是改善生产经营单位生产条件，有效防止事故和职业病的重要保证制度。生产经营单位为了保证安全资金的有效投入，应编制安全技术措施计划。

1. 安全技术措施计划的编制原则

编制安全技术措施计划应以安全生产方针为指导思想，以《安全生产法》等法律法规、国家和行业标准为依据。结合生产经营单位安全生产管理、设备设施的具体情况，由安全生产管理部门牵头，工会、财务、人力资源等部门参与和共同研究，也可同时发动生产技术管理部门、基层班组共同提出。对提出的项目，按轻重缓急，根据总体费用投入情况进行分类、排序，对涉及人身安全、公共安全和对生产经营有重大影响的事项应优先安排。具体应遵循如下四条原则：

(1) 必要性和可行性原则

编制计划时，一方面要考虑安全生产的实际需要，如针对在安全生产检查中发现的隐患、可能引发伤亡事故和职业病的主要原因，新技术、新工艺、新设备等的应用，安全技术革新项目和职工提出的合理化建议等方面编制安全技术措施；另一方面，还要考虑技术可行性与经济承受能力。

(2) 自力更生与勤俭节约的原则

编制计划时，要注意充分利用现有的设备和设施，挖掘潜力，讲求实效。

(3) 轻重缓急与统筹安排的原则

对影响最大、危险性最大的项目应优先考虑，逐步有计划地解决。

(4) 领导和群众相结合的原则

加强领导，依靠群众，使计划切实可行，以便顺利实施。

2. 安全技术措施计划的基本内容

(1) 安全技术措施计划的项目范围

安全技术措施计划的项目范围包括改善劳动条件、防止事故、预防职业病、提高职工安全素质等技术措施，大体可分以下4类：

① 安全技术措施，指以防止工伤事故和减少事故损失为目的的一切技术措施，如安全防护装置、保险装置、信号装置、防火防爆装置等；

② 卫生技术措施，指改善对职工身体健康有害的生产环境条件、防止职业中毒与职业病的技术措施，如防尘、防毒、防噪声与振动、通风、降温、防寒、防辐射等装置或设施；

③ 辅助措施，指保证工业卫生方面所必需的房屋及一切卫生性保障措施，如尘毒作业人员的淋浴室、更衣室或存衣箱、消毒室、妇女卫生室、急救室等；

④ 安全宣传教育措施，指提高作业人员安全素质的有关宣传教育设备、仪器、教材和场所等，如安全教育室，安全卫生教材、挂图、宣传画、培训室、展览等。

安全技术措施计划的项目应按《安全技术措施计划项目总名称表》执行，以保证安全技术措施费用的合理使用。

(2) 安全技术措施计划的编制内容

每一项安全技术措施计划至少应包括以下内容：

① 措施应用的单位或工作场所；

② 措施名称；

③ 措施目的和内容；

④ 经费预算及来源；

⑤ 实施部门和负责人；

⑥ 开工日期和竣工日期；

⑦ 措施预期效果及检查验收。

对有些单项投入费用较大的安全技术措施，还应进行可行性论证，从技术的先进性、可靠性，以及经济性方面进行比较，编制专项的《可行性研究报告》，报上级主管或邀请专家进行评审。

（3）安全技术措施计划的编制方法

① 确定编制时间

年度安全技术措施计划一般应与同年度的生产、技术、财务、物资采购等计划同时编制。

② 布置

企业领导应根据本单位具体情况向下属单位或职能部门提出编制安全技术措施计划的具体要求，并就有关工作进行布置。

③ 确定项目和内容

下属单位在认真调查和分析本单位存在的问题，并征求群众意见的基础上，确定本单位的安全技术措施计划项目和主体内容，报上级安全生产管理部门。安全生产管理部门对上报的安全技术措施计划进行审查、平衡、汇总后，确定安全技术措施计划项目，并报有关领导审批。

④ 编制

安全技术措施计划项目经审批后，由安全生产管理部门和下属单位组织相关人员，编制具体的安全技术措施计划和方案，经讨论后，送上级安全生产管理部门和有关部门审查。

⑤ 审批

上级安全、技术、计划管理部门对上报的安全技术措施计划进行联合会审后，报单位有关领导审批。安全技术措施计划一般由生产经营单位主管生产的领导或总工程师审批。

⑥ 下达

单位主要负责人根据审批意见，召集有关部门和下属单位负责人审查、核定安全技术措施计划。审查、核定安全技术措施计划通过后，与生产计划同时下达到有关部门贯彻执行。

⑦ 实施

安全技术措施计划落实到各执行部门后，各执行部门应按要求实施计划。已完成的安全技术措施计划项目要按规定组织竣工验收。竣工验收时一般应注意：所有材料、成品等必须经检验部门检验；外购设备必须有质量证明书；负责单位应向安全技术部门填报竣工验收单，由安全技术部门组织有关单位验收；验收合格后，由负责单位持竣工验收单向计划部门报完工，并办理财务结算手续；使用单位应建立台账，按《安全设施管理制度》进行维护管理。安全技术措施计划验收后，应及时补充、修订相关管理制度、操作规程，开展对相关人员的培训工作，建立相关的档案和记录。

对不能按期完成的项目，或没有达到预期效果的项目，必须认真分析原因，制定出相应的补救措施。经上级部门审批的项目，还应上报上级相关部门。

⑧ 监督检查

安全技术措施计划落实到各有关部门和下属单位后，上级安全生产管理部门应定期进行检查。企业领导在检查生产计划的同时，应检查安全技术措施计划的完成情况。安全管理与安全技术部门应经常了解安全技术措施计划项目的实施情况，协助解决实施中的问题，及时汇报并督促有关单位按期完成。

7.5 施工安全教育

7.5.1 对安全生产教育培训的基本要求

从目前我国生产安全事故的特点可以看出，重特大人身伤亡事故主要集中在劳动密集型的生产经营单位，如煤矿、非煤矿山、道路交通、烟花爆竹、建筑施工等。从这些生产经营单位的用工情况看，其从业人员多数以农民工为主，以不签订劳动合同或签订短期劳动合同为主要形式。这些从业人员多数文化水平不高，流动性大，也影响部分生产经营单位在安全教育培训方面不愿意作出更多投入，安全教育培训流于形式的情况较为严重，导致从业人员对违章作业（或根本不知道本人的行为是违章）的危害认识不清，对作业环境中存在的危险、有害因素认识不清。

因此，加强对从业人员的安全教育培训，提高从业人员对作业风险的辨识、控制、应急处置和避险自救能力，提高从业人员安全意识和综合素质，是防止产生不安全行为、减少人为失误的重要途径。《安全生产法》第二十八条规定：生产经营单位应当对从业人员进行安全生产教育和培训，保证从业人员具备必要的安全生产知识，熟悉有关的安全生产规章制度和安全操作规程，掌握本岗位的安全操作技能，了解事故应急处理措施，知悉自身在安全生产方面的权利和义务。未经安全生产教育和培训合格的从业人员，不得上岗作业。生产经营单位使用被派遣劳动者的，应当将被派遣劳动者纳入本单位从业人员统一管理，对被派遣劳动者进行岗位安全操作规程和安全操作技能的教育和培训。劳务派遣单位应当对被派遣劳动者进行必要的安全生产教育和培训。生产经营单位接收中等职业学校、高等学校学生实习的，应当对实习学生进行相应的安全生产教育和培训，提供必要的劳动防护用品。学校应当协助生产经营单位对实习学生进行安全生产教育和培训。生产经营单位应当建立安全生产教育和培训档案，如实记录安全生产教育和培训的时间、内容、参加人员以及考核结果等情况；第二十九条规定生产经营单位采用新工艺、新技术、新材料或者使用新设备，必须了解、掌握其安全技术特性，采取有效的安全防护措施，并对从业人员进行专门的安全生产教育和培训；第三十条规定生产经营单位的特种作业人员必须按照国家有关规定经专门的安全作业培训，取得相应资格，方可上岗作业；第四十四条规定：生产经营单位应当教育和督促从业人员严格执行本单位的安全生产规章制度和安全操作规程；并向从业人员如实告知作业场所和工作岗位存在的危险因素、防范措施以及事故应急措施。生产经营单位应当关注从业人员的身体、心理状况和行为习惯，加强对从业人员的心理疏导、精神慰藉，严格落实岗位安全生产责任，防范从业人员行为异常导致事故发生。第五十八条规定从业人员应当接受安全生产教育和培训，掌握本职工作所需的安全生产知识，提高安全生产技能，增强事故预防和应急处理能力。

为确保国家有关生产经营单位从业人员安全教育培训政策、法规、要求的贯彻实施，必须首先从强化生产经营单位领导人员安全生产法治化教育入手，强化生产经营单位领导人员的安全意识。各级政府安全生产监督管理部门、负有安全生产监督管理责任的有关部门，应结合生产经营单位的用工形式，安全教育培训投入，安全教育培训的内容、方法、时间，以及安全教育培训的效果验证等方面实施综合监管。

7.5.2 安全生产教育培训违法行为的处罚

《安全生产法》第九十七条规定，生产经营单位有下列行为之一的，责令限期改正，处十万元以下的罚款；逾期未改正的，责令停产停业整顿，并处十万元以上二十万元以下的罚款，对其直接负责的主管人员和其他直接责任人员处二万元以上五万元以下的罚款。

1. 危险物品的生产、经营、储存、装卸单位以及矿山、金属冶炼、建筑施工、运输单位的主要负责人和安全生产管理人员未按照规定经考核合格的；

2. 未按照规定对从业人员、被派遣劳动者、实习学生进行安全生产教育和培训，或者未按照规定如实告知有关的安全生产事项的；

3. 未如实记录安全生产教育和培训情况的；

4. 未将事故隐患排查治理情况如实记录或者未向从业人员通报的；

5. 未按照规定制定生产安全事故应急救援预案或者未定期组织演练的；

6. 特种作业人员未按照规定经专门的安全作业培训并取得相应资格，上岗作业的。

7. 未按照规定设置安全生产管理机构或者配备安全生产管理人员、注册安全工程师的。

7.5.3 对各类人员的培训

1. 对主要负责人的培训内容和时间

(1) 初次培训的主要内容

① 国家安全生产方针、政策和有关安全生产的法律法规、规章及标准；

② 安全生产管理基本知识、安全生产技术、安全生产专业知识；

③ 重大危险源管理、重大事故防范、应急管理和救援组织以及事故调查处理的有关规定；

④ 职业危害及其预防措施；

⑤ 国内外先进的安全生产管理经验；

⑥ 典型事故和应急救援案例分析；

⑦ 其他需要培训的内容。

(2) 再培训的主要内容

对已经取得上岗资格证书的有关领导，应定期进行再培训，再培训的主要内容是新知识、新技术和新颁布的政策、法规，有关安全生产的法律法规、规章、规程、标准和政策，安全生产的新技术、新知识，安全生产管理经验，典型事故案例。

（3）培训时间

① 煤矿、非煤矿山、危险化学品、烟花爆竹、金属冶炼等生产经营单位主要负责人初次安全培训时间不得少于48学时，每年再培训时间不得少于16学时；

② 其他生产经营单位主要负责人初次安全培训时间不得少于32学时，每年再培训时间不得少于12学时。

2. 对安全生产管理人员的培训内容和时间

（1）初次培训的主要内容

① 国家安全生产方针、政策和有关安全生产的法律法规、规章及标准；

② 安全生产管理、安全生产技术、职业卫生等知识；

③ 伤亡事故统计、报告及职业危害的调查处理方法；

④ 应急管理、应急预案编制以及应急处置的内容和要求；

⑤ 国内外先进的安全生产管理经验；

⑥ 典型事故和应急救援案例分析；

⑦ 其他需要培训的内容。

（2）再培训的主要内容

对已经取得上岗资格证书的有关领导，应定期进行再培训，再培训的主要内容是新知识、新技术和新颁布的政策、法规，有关安全生产的法律法规、规章、规程、标准和政策，安全生产的新技术、新知识，安全生产管理经验，典型事故案例。

（3）培训时间

① 煤矿、非煤矿山、危险化学品、烟花爆竹、金属冶炼等生产经营单位安全生产管理人员初次安全培训时间不得少于48学时，每年再培训时间不得少于16学时；

② 其他生产经营单位安全生产管理人员初次安全培训时间不得少于32学时，每年再培训时间不得少于12学时。

3. 对特种作业人员的培训内容和时间

特种作业是指容易发生事故，对操作者本人、他人的安全健康及设备设施的安全可能造成重大危害的作业。直接从事特种作业的从业人员称为特种作业人员。特种作业的范围包括：电工作业、焊接与热切割作业、高处作业、制冷与空调作业、煤矿安全作业、金属非金属矿山安全作业、石油天然气安全作业、冶金（有色）生产安全作业、危险化学品安全作业、烟花爆竹安全作业、应急管理部认定的其他作业。

特种作业人员必须经专门的安全技术培训并考核合格，取得中华人民共和国特种作业操作证（以下简称特种作业操作证）后，方可上岗作业。特种作业人员的安全技术培训、考核、发证、复审工作实行统一监管、分级实施、教考分离的原则。特种作业人员应当接受与其所从事的特种作业相应的安全技术理论培训和实际操作培训。跨省、自治区、直辖市从业的特种作业人员，可以在户籍所在地或者从业所在地参加培训。

从事特种作业人员安全技术培训的机构，应当制定相应的培训计划、教学安排，并按照应急管理部、国家煤矿监察局制定的特种作业人员培训大纲和煤矿特种作业人员培训大纲进行特种作业人员的安全技术培训。

特种作业操作证有效期为6年，在全国范围内有效。特种作业操作证由应急管理部统一式样、标准及编号。特种作业操作证每3年复审1次。特种作业人员在特种作业操作证有效期内，连续从事本工种10年以上，严格遵守有关安全生产法律法规的，经原考核发证机关或者从业所在地考核发证机关同意，特种作业操作证的复审时间可以延长至每6年1次。

特种作业操作证申请复审或者延期复审前，特种作业人员应当参加必要的安全培训并考试合格。安全培训时间不少于8个学时，主要培训法律法规、标准、事故案例和有关新工艺、新技术、新装备等知识。再复审、延期复审仍不合格，或者未按期复审的，特种作业操作证失效。

4. 对其他从业人员的教育培训

生产经营单位其他从业人员是指除主要负责人、安全生产管理人员以外，生产经营单位从事生产经营活动的所有人员（包括其他负责人、其他管理人员、技术人员和各岗位的工人以及临时聘用的人员）。由于特种作业人员作业岗位对安全生产影响较大，需要经过特殊培训和考核，所以制定了特殊要求，但对从业人员的其他安全教育培训、考核工作，同样适用于特种作业人员。

（1）三级安全教育培训

三级安全教育是指厂、车间、班组的安全教育。三级安全教育是我国多年积累、总结并形成的一套行之有效的安全教育培训方法。三级安全教育培训的形式、方法以及考核标准各有侧重。

① 厂级安全教育培训是入厂教育的一个重要内容，培训重点是生产经营单位安全风险辨识、安全生产管理目标、规章制度、劳动纪律、安全考核奖惩、从业人员的安全生产权利和义务、有关事故案例等；

② 车间级安全教育培训是在从业人员工作岗位、工作内容基本确定后进行，由车间一级组织，培训重点是本岗位工作及作业环境范围内的安全风险辨识、评价和控制措施，典型事故案例，岗位安全职责、操作技能及强制性标准，自救互救、急救方法，疏散和现场紧急情况的处理，安全设施、个人防护用品的使用和维护；

③ 班组级安全教育培训是在从业人员工作岗位确定后，由班组织，班组长、班组技术员、安全员对其进行安全教育培训，除此之外自我学习是重点。我国传统的师傅带徒弟的方式，也是搞好班组安全教育培训的一种重要方法。进入班组的新从业人员，都应有具体的跟班学习、实习期，实习期间不得安排单独上岗作业。由于生产经营单位的性质不同，对于学习、实习期，国家没有统一规定，应按照行业的规定或生产经营单位自行确定。实习期满，通过安全规程、业务技能考试合格方可独立上岗作业。班组安全教育培训重点是岗位安全操作规程、岗位之间工作衔接配合、作业过程的安全风险分析方法和控制对策、事故案例等。

生产经营单位新上岗的从业人员，岗前安全培训时间不得少于24学时。煤矿、非煤矿山、危险化学品、烟花爆竹、金属冶炼等生产经营单位新上岗的从业人员安全培训时间不得少于72学时，每年再培训的时间不得少于20学时。

(2) 调整工作岗位或离岗后重新上岗安全教育培训

从业人员调整工作岗位后，由于岗位工作特点、要求不同，应重新进行新岗位安全教育培训，并经考试合格后方可上岗作业。

由于工作需要或其他原因离开岗位后，重新上岗作业应重新进行安全教育培训，经考试合格后，方可上岗作业。由于工作性质不同，离开岗位时间可按照行业规定或生产经营单位自行规定，行业规定或生产经营单位自行规定的离开岗位时间应高于国家规定。原则上，作业岗位安全风险较大，技能要求较高的岗位，时间间隔应短一些。例如，电力行业规定为3个月。

调整工作岗位和离岗后重新上岗的安全教育培训工作，原则上应由车间级组织。

(3) 岗位安全教育培训

岗位安全教育培训是指连续在岗位工作的安全教育培训工作，主要包括日常安全教育培训、定期安全考试和专题安全教育培训三个方面。

① 日常安全教育培训主要以车间、班组为单位组织开展，重点是安全操作规程的学习培训、安全生产规章制度的学习培训、作业岗位安全风险辨识培训、事故案例教育等，日常安全教育培训工作形式多样，内容丰富，根据行业或生产经营单位的特点不同而各具特色，我国电力行业有班前会、班后会制度，“安全日活动”制度。在班前会上，在布置当天工作任务的同时，开展作业前安全风险分析，制定预控措施，明确工作的监护人等，工作结束后，对当天作业的安全情况进行总结分析、点评等。“安全日活动”，即每周必须安排半天的时间统一由班组或车间组织安全学习培训，企业的领导、职能部门的领导及专职安全监督人员深入班组参加活动。

② 定期安全考试是指生产经营单位组织的定期安全工作规程、规章制度、事故案例的学习和培训，学习培训的方式较为灵活，但考试统一组织，定期安全考试不合格者，应下岗接受培训，考试合格后方可上岗作业。

③ 专题安全教育培训是指针对某一具体问题进行专门的培训工作。专题安全教育培训工作针对性强，效果比较突出。通常开展的内容有“三新”安全教育培训，法律法规及规章制度培训，事故案例培训，安全知识竞赛、技术比武等。

“三新”安全教育培训是生产经营单位实施新工艺、新技术、新设备（新材料）时，组织相关岗位对从业人员进行有针对性的安全生产教育培训。法律法规及规章制度培训是指国家颁布的有关安全生产法律法规，或生产经营单位制定新的有关安全生产规章制度后，组织开展的培训活动。事故案例培训是指在生产经营单位发生生产安全事故或获得与本单位生产经营活动相关的事故案例信息后，开展的安全教育培训活动。有条件的生产经营单位还应该举办经常性的安全生产知识竞赛、技术比武等活动，提高从业人员对安全教育培训的兴趣，推动岗位学习和“练兵”活动。

在安全生产的具体实践过程中，生产经营单位还采取了其他许多宣传教育培训的方式方法，如班组安全管理制度，警句、格言上墙活动，利用闭路电视、报纸、黑板报、橱窗等进行安全宣传教育，利用漫画等形式解释安全规程制度，在生产现场曾经发生过生产安全事故的地点设置警示牌，组织事故回顾展览等。

生产经营单位还应以国家组织开展的全国“安全生产月”活动为契机，结合生产经营的性质、特点，开展内容丰富、灵活多样、具有针对性的各种安全教育培训活动，提高各级人员的安全意识和综合素质。目前，我国许多生产经营单位都在有计划、有步骤地开展企业安全文化建设，对保持安全生产局面稳定，提高安全生产管理水平发挥了重要作用。

7.6 安全检查

安全检查内容

1. 建筑工程施工安全检查的主要内容

建筑工程施工安全检查主要是以查安全思想、查安全责任、查安全制度、查安全措施、查安全防护、查设备设施、查教育培训、查操作行为、查劳动防护用品使用和查伤亡事故处理等为主要内容。

安全检查要根据施工生产特点，具体确定检查的项目和检查的标准。

(1) 查安全思想主要是检查以项目经理为首的项目全体员工（包括分包作业人员）的安全生产意识和对安全生产工作的重视程度；

(2) 查安全责任主要是检查现场安全生产责任制度的建立；安全生产责任目标的分解与考核情况；安全生产责任制与责任目标是否已落实到了每一个岗位和每一个人员，并得到了确认；

(3) 查安全制度主要是检查现场各项安全生产规章制度和安全技术操作规程的建立和执行情况；

(4) 查安全措施主要是检查现场安全措施计划及各项安全专项施工方案的编制、审核、审批及实施情况；重点检查方案的内容是否全面、措施是否具体并有针对性，现场的实施运行是否与方案规定的内容相符；

(5) 查安全防护主要是检查现场临边、洞口等各项安全防护设施是否到位，有无安全隐患；

(6) 查设备设施主要是检查现场投入使用的设备设施的购置、租赁、安装、验收、使用、过程维护保养等各个环节是否符合要求；设备设施的安全装置是否齐全、灵敏、可靠，有无安全隐患；

(7) 查教育培训主要是检查现场教育培训岗位、教育培训人员、教育培训内容是否明确、具体、有针对性；三级安全教育制度和特种作业人员持证上岗制度的落实情况是否到位；教育培训档案资料是否真实、齐全；

(8) 查操作行为主要是检查现场施工作业过程中有无违章指挥、违章作业、违反劳动纪律的行为发生；

(9) 查劳动防护用品的使用主要是检查现场劳动防护用品、用具的购置、产品质量、配备数量和使用情况是否符合安全与职业卫生的要求；

(10) 查伤亡事故处理主要是检查现场是否发生伤亡事故，对发生的伤亡事故是否已按照“四不放过”的原则进行了调查处理，是否已有针对性地制定了纠正与预防措施；制定的纠正与预防措施是否已得到落实并取得实效。

2. 建筑工程施工安全检查的主要形式

建筑工程施工安全检查的主要形式一般可分为：定期安全检查，经常性安全检查，季节性安全检查，节假日安全检查，开工、复工安全检查，专业性安全检查和设备设施安全验收检查等。

安全检查的组织形式应根据检查的目的、内容而定，因此参加检查的组成人员也就不完全相同。

（1）定期安全检查。建筑施工企业应建立定期分级安全检查制度，定期安全检查属全面性和考核性的检查，建筑工程施工现场应至少每旬开展一次安全检查工作，施工现场的定期安全检查应由项目经理亲自组织。

（2）经常性安全检查。建筑工程施工应经常开展预防性的安全检查工作，以便于及时发现并消除事故隐患，保证施工生产正常进行。施工现场经常性的安全检查方式主要有：

① 现场专（兼）职安全生产管理人员及安全值班人员每天例行开展的安全巡视、巡查；

② 现场项目经理、责任工程师及相关专业技术管理人员在检查生产工作的同时进行的安全检查；

③ 作业班组在班前、班中、班后进行的安全检查。

（3）季节性安全检查

季节性安全检查主要是针对气候特点（如：暑季、雨季、风季、冬季等）可能给安全生产造成的不利影响或带来的危害而组织的安全检查。

（4）节假日安全检查

在节假日，特别是重大或传统节假日（如："五一""十一"、元旦、春节等）前后和节假日期间，为防止现场管理人员和作业人员思想麻痹、纪律松懈等而进行的安全检查。节假日加班，更要认真检查各项安全防范措施的落实情况。

（5）开工、复工安全检查

针对工程项目开工、复工之前进行的安全检查，主要是检查现场是否具备保障安全生产的条件。

（6）专业性安全检查

由有关专业人员对现场某项专业安全问题或在施工生产过程中存在的比较系统性的安全问题进行的单项检查。这类检查专业性强，主要应由专业工程技术人员、专业安全管理人员参加。

（7）设备设施安全验收检查

针对现场塔式起重机等起重设备、外用施工电梯、龙门架及井架物料提升机、电气设备、脚手架、现浇混凝土模板支撑系统等设备设施在安装、搭设过程中或完成后进行的安全验收、检查。

3. 安全检查的要求

（1）安全检查的具体要求

① 根据检查内容配备力量，抽调专业人员，确定检查负责人，明确分工；

② 应有明确的检查目的和检查项目、内容及检查标准、重点、关键部位。对面积大或数量多的项目可采取系统的观感和一定数量的测点相结合的检查方法，检查时尽量采用检测工具，并做好检查记录；

③ 对现场管理人员和操作工人不仅要检查是否有违章指挥和违章作业行为，还应进行“应知应会”的抽查，以便了解管理人员及操作工人的安全素质和安全意识，对于违章指挥、违章作业行为，检查人员可以当场指出、进行纠正；

④ 认真、详细做好检查记录，特别是对隐患的记录必须具体，如隐患的部位、危险性程度及处理意见等，采用安全检查评分表的，应记录每项扣分的原因；

⑤ 对检查中发现的隐患应发出隐患整改通知书，责令责任单位进行整改，并作为整改后的备查依据，对凡是有即发型事故危险的隐患，检查人员应责令其停工，被查单位必须立即整改；

⑥ 尽可能系统、定量地作出检查结论，进行安全评价，以利受检单位根据安全评价研究对策进行整改、加强管理；

⑦ 检查后应对隐患整改情况进行跟踪复查，查被检单位是否按“三定”原则（定人、定期限、定措施）落实整改，经复查整改合格后，进行销案。

（2）安全检查经验方法

建筑工程安全检查在正确使用安全检查表的基础上，可以采用“听”“问”“看”“量”“测”“运转试验”等方法进行。

①“听”，听取基层管理人员或施工现场安全员汇报安全生产情况，介绍现场安全工作经验、存在的问题、今后的发展方向；

②“问”，主要是指通过询问、提问，对以项目经理为首的现场管理人员和操作工人进行的应知应会抽查，以便了解现场管理人员和操作工人的安全意识和安全素质；

③“看”，主要是指查看施工现场安全管理资料和对施工现场进行巡视。例如：查看项目负责人、专职安全管理人员、特种作业人员等的持证上岗情况；现场安全标志设置情况；劳动防护用品使用情况；现场安全防护情况；现场安全设施及机械设备安全装置配置情况等；

④“量”，主要是指使用测量工具对施工现场的一些设施、装置进行实测实量。例如：对脚手架各种杆件间距的测量；对现场安全防护栏杆高度的测量；对电气开关箱安装高度的测量；对在建工程与外电边线安全距离的测量等；

⑤“测”，主要是指使用专用仪器、仪表等监测器具对特定对象关键特性技术参数的测试。例如：使用漏电保护器测试仪对漏电保护器漏电动作电流、漏电动作时间的测试；使用地阻仪对现场各种接地装置接地电阻的测试；使用兆欧表对电机绝缘电阻的测试；使用经纬仪对塔式起重机、外用电梯安装垂直度的测试等；

⑥“运转试验”，主要是指由具有专业资格的人员对机械设备进行实际操作、试验，检验其运转的可靠性或安全限位装置的灵敏性。例如对塔式起重机力矩限制器、变幅限位器、起重限位器等安全装置的试验；对施工电梯制动器、限速器、上下极限限位器、门连锁装置等安全装置的试验；对龙门架超高限位器、断绳保护器等安全装置的试验等。

4. 安全检查标准

《建筑施工安全检查标准》使建筑工程安全检查由传统的定性评价上升到定量评价，

使安全检查进一步规范化、标准化。安全检查内容中包括保证项目和一般项目。

（1）《建筑施工安全检查标准》中各检查表检查项目的构成

①“建筑施工安全检查评分汇总表”主要内容包括安全管理、文明施工、脚手架、基坑工程、模板支架、高处作业、施工用电、物料提升机与施工升降机、塔式起重机与起重吊装、施工机具10项，所示得分作为对一个施工现场安全生产情况的综合评价依据。

②“安全管理”检查评定保证项目应包括安全生产责任制、施工组织设计及专项施工方案、安全技术交底、安全检查、安全教育、应急救援。一般项目应包括分包单位安全管理、持证上岗、生产安全事故处理、安全标志。

③“文明施工”检查评定保证项目应包括现场围挡、封闭管理、施工场地、材料管理、现场办公与住宿、现场防火。一般项目应包括综合治理、公示标牌、生活设施、社区服务。

④ 脚手架检查评分表分为：“扣件式钢管脚手架检查评分表”“门式钢管脚手架检查评分表”“碗扣式钢管脚手架检查评分表”“承插型盘扣式钢管脚手架检查评分表”“满堂脚手架检查评分表”“悬挑式脚手架检查评分表”“附着式升降脚手架检查评分表”“高处作业吊篮检查评分表”等八种安全检查评分表：

a.“扣件式钢管脚手架”检查评定保证项目应包括施工方案、立杆基础、架体与建筑结构拉结、杆件间距与剪刀撑、脚手板与防护栏杆、交底与验收，一般项目应包括：横向水平杆设置、杆件连接、层间防护、构配件材质、通道；

b.“门式钢管脚手架”检查评定保证项目应包括施工方案、架体基础、架体稳定、杆件锁臂、脚手板、交底与验收，一般项目应包括：架体防护、构配件材质、荷载、通道；

c.“碗扣式钢管脚手架”检查评定保证项目应包括施工方案、架体基础、架体稳定、杆件锁件、脚手板、交底与验收，一般项目应包括架体防护、构配件材质、荷载、通道；

d.“承插型盘扣式钢管脚手架”检查评定保证项目包括施工方案、架体基础、架体稳定、杆件设置、脚手板、交底与验收，一般项目包括架体防护、杆件连接、构配件材质、通道；

e.“满堂脚手架”检查评定保证项目应包括施工方案、架体基础、架体稳定、杆件锁件、脚手板、交底与验收，一般项目应包括：架体防护、构配件材质、荷载、通道；

f.“悬挑式脚手架”检查评定保证项目应包括施工方案、悬挑钢梁、架体稳定、脚手板、荷载、交底与验收，一般项目应包括杆件间距、架体防护、层间防护、构配件材质；

g.“附着式升降脚手架”检查评定保证项目应包括施工方案、安全装置、架体构造、附着支座、架体安装、架体升降，一般项目包括检查验收、脚手板、架体防护、安全作业；

h.“高处作业吊篮”检查评定保证项目应包括施工方案、安全装置、悬挂机构、钢丝绳、安装作业、升降作业，一般项目应包括交底与验收、安全防护、吊篮稳定、荷载。

⑤“基坑工程”检查评定保证项目包括施工方案、基坑支护、降排水、基坑开挖、坑边荷载、安全防护。一般项目包括基坑监测、支撑拆除、作业环境、应急预案。

⑥“模板支架”检查评定保证项目包括施工方案、支架基础、支架构造、支架稳定、施工荷载、交底与验收。一般项目包括杆件连接、底座与托撑、构配件材质、支架拆除。

⑦“高处作业”检查评定项目包括安全帽、安全网、安全带、临边防护、洞口防护、

通道口防护、攀登作业、悬空作业、移动式操作平台、悬挑式物料钢平台。

⑧“施工用电”检查评定的保证项目应包括外电防护、接地与接零保护系统、配电线路、配电箱与开关箱。一般项目应包括配电室与配电装置、现场照明、用电档案。

⑨“物料提升机”检查评定保证项目应包括安全装置、防护设施、附墙架与缆风绳、钢丝绳、安拆、验收与使用。一般项目应包括基础与导轨架、动力与传动、通信装置、卷扬机操作棚、避雷装置。

⑩“施工升降机”检查评定保证项目应包括安全装置、限位装置、防护设施、附墙架、钢丝绳、滑轮与对重、安拆、验收与使用。一般项目应包括导轨架、基础、电气安全、通信装置。

⑪“塔式起重机”检查评定保证项目应包括载荷限制装置、行程限位装置、保护装置、吊钩、滑轮、卷筒与钢丝绳、多塔作业、安拆、验收与使用。一般项目应包括附着、基础与轨道、结构设施、电气安全。

⑫“起重吊装”检查评定保证项目应包括施工方案、起重机械、钢丝绳与地锚、索具、作业环境、作业人员。一般项目应包括起重吊装、高处作业、构件码放、警戒监护。

⑬“施工机具”检查评定项目应包括平刨、圆盘锯、手持电动工具、钢筋机械、电焊机、搅拌机、气瓶、翻斗车、潜水泵、振捣器、桩工机械。

项目涉及的上述各建筑施工安全检查评定中，所有保证项目均应全数检查。

(2) 检查评分方法

① 分项检查评分表和检查评分汇总表的满分分值均应为 100 分，评分表的实得分值应为各检查项目所得分值之和；

② 评分应采用扣减分值的方法，扣减分值总和不得超过该检查项目的应得分值；

③ 当按分项检查评分表评分时，保证项目中有一项未得分或保证项目小计得分不足 40 分，此分项检查评分表不应得分；

④ 检查评分汇总表中各分项项目实得分值应按式 (7.1) 计算：

$$A_1 = \frac{BC}{100} \tag{7.1}$$

式中：A_1 为汇总表各分项项目实得分值；B 为汇总表中该项应得满分值；C 为该项检查评分表实得分值。

⑤ 当评分遇有缺项时，分项检查评分表或检查评分汇总表的总得分值应按式 (7.2) 计算：

$$A_2 = \frac{D}{E} \times 100 \tag{7.2}$$

式中：A_2 为遇有缺项时总得分值；D 为实查项目在该表的实得分值之和；E 为实查项目在该表的应得满分值之和。

⑥ 脚手架、物料提升机与施工升降机、塔式起重机与起重吊装项目的实得分值，应为所对应专业的分项检查评分表实得分值的算术平均值。

⑦ 等级的划分原则：

施工安全检查的评定结论分为优良、合格、不合格三个等级，依据是汇总表的总得分和保证项目的达标情况。

建筑施工安全检查评定的等级划分应符合下列规定：

① 优良

分项检查评分表无零分，汇总表得分值应在80分及以上。

② 合格

分项检查评分表无零分，汇总表得分值应在80分以下，70分及以上。

③ 不合格

a. 当汇总表得分值不足70分时；

b. 当有一分项检查评分分值为0时。

当建筑施工安全检查评定的等级为不合格时，必须限期整改达到合格。

7.7 安全事故的预防与处理

随着现代工业的发展，生产过程中涉及的有害物质和能量不断增大，一旦发生重大事故，很容易导致严重的人员伤亡、财产损失和环境破坏。由于各种原因，当事故的发生难以完全避免时，建立重大事故应急管理体系，组织及时有效的应急救援行动，已成为抵御事故风险或控制灾害蔓延、降低危害后果的关键手段。

安全事故调查处理应当严格按照“四不放过”（事故原因不查清不放过，防范措施不落实不放过，职工群众未受到教育不放过，事故责任者未受到处理不放过）和“科学严谨、依法依规、实事求是、注重实效”的原则，及时、准确地查清事故经过、事故原因和事故损失，查明事故性质，认定事故责任，总结事故教训，提出整改措施，并对事故责任者依法追究责任。

7.7.1 安全事故的预防

制定事故应急预案是贯彻落实“安全第一、预防为主、综合治理”方针，提高应对风险和防范事故能力，保证职工安全健康和公众生命安全，最大限度地减少财产损失、环境损害和社会影响的重要措施。事故应急预案在应急系统中起着关键作用，它明确了在突发事故发生之前、发生过程中以及刚刚结束之后，谁负责做什么、何时做，以及相应的策略和资源准备等。它是针对可能发生的重大事故及其影响和后果的严重程度，为应急准备和应急响应的各个方面所预先作出的详细安排，是开展及时、有序和有效事故应急救援工作的行动指南。

应急预案的制定，首先必须与重大环境因素和重大危险源相结合，特别是与这些环境因素和危险源一旦控制失效可能导致的后果相适应，还要考虑在实施应急救援过程中可能产生的新的伤害和损失。

1. 应急预案体系的构成

应急预案应形成体系，针对各级各类可能发生的事故和所有危险源制订专项应急预案和现场应急处置方案，并明确事前、事发、事中、事后的各个过程中相关部门和有关人员的职责。生产规模小、危险因素少的生产经营单位，其综合应急预案和专项应急预案可以合并编写。

(1) 综合应急预案

综合应急预案是从总体上阐述事故的应急方针、政策，应急组织结构及相关应急职责，应急行动、措施和保障等基本要求和程序，是应对各类事故的综合性文件。

(2) 专项应急预案

专项应急预案是针对具体的事故类别（如基坑开挖、脚手架拆除等事故）、危险源和应急保障而制定的计划或方案，是综合应急预案的组成部分，应按照综合应急预案的程序和要求组织制定，并作为综合应急预案的附件。专项应急预案应制定明确的救援程序和具体的应急救援措施。

(3) 现场处置方案

现场处置方案是针对具体的装置、场所或设施、岗位所制定的应急处置措施。现场处置方案应具体、简单、针对性强。现场处置方案应根据风险评估及危险性控制措施逐一编制，做到事故相关人员应知应会、熟练掌握，并通过应急演练，做到迅速反应、正确处置。

2. 生产安全事故应急预案编制的要求和内容

(1) 生产安全事故应急预案编制的要求

① 符合有关法律、法规、规章和标准的规定；

② 结合本地区、本部门、本单位的安全生产实际情况；

③ 结合本地区、本部门、本单位的危险性分析情况；

④ 应急组织和人员的职责分工明确，并有具体的落实措施；

⑤ 有明确、具体的事故预防措施和应急程序，并与其应急能力相适应；

⑥ 有明确的应急保障措施，并能满足本地区、本部门、本单位的应急工作要求；

⑦ 预案基本要素齐全、完整，预案附件提供的信息准确；

⑧ 预案内容与相关应急预案相互衔接。

(2) 生产安全事故应急预案编制的内容

① 综合应急预案编制的主要内容

a. 编制目的

简述应急预案编制的目的、作用等。

b. 编制依据

简述应急预案编制所依据的法律法规、规章，以及有关行业管理规定、技术规范和标准等。

c. 适用范围

说明应急预案适用的区域范围，以及事故的类型、级别。

d. 应急预案体系

说明本单位应急预案体系的构成情况。

e. 应急工作原则

说明本单位应急工作的原则，内容应简明扼要、明确具体。

② 施工单位的危险性分析

a. 施工单位概况

主要包括单位总体情况及生产活动特点等内容。

b. 危险源与风险分析

主要阐述本单位存在的危险源及风险分析结果。

③ 组织机构及职责

a. 应急组织体系

明确应急组织形式、构成单位或人员，并尽可能以结构图的形式表示出来。

b. 指挥机构及职责

明确应急救援指挥机构总指挥、副总指挥、各成员单位及其相应职责。应急救援指挥机构根据事故类型和应急工作需要，可以设置相应的应急救援工作小组，并明确各小组的工作任务及职责。

④ 预防与预警

a. 危险源监控

明确本单位对危险源监测监控的方式、方法，以及采取的预防措施。

b. 预警行动

明确事故预警的条件、方式、方法和信息的发布程序。

c. 信息报告与处置

按照有关规定，明确事故及未遂伤亡事故信息报告与处置办法。

⑤ 应急响应

a. 响应分级

针对事故危害程度、影响范围和单位控制事态的能力，将事故分为不同的等级。按照分级负责的原则，明确应急响应级别。

b. 响应程序

根据事故的大小和发展态势，明确应急指挥、应急行动、资源调配、应急避险、扩大应急等响应程序。

c. 应急结束

明确应急终止的条件。事故现场得以控制，环境符合有关标准，导致的次生、衍生事故隐患消除后，经事故现场应急指挥机构批准后，现场应急结束。结束后明确：事故情况上报事项；需向事故调查处理小组移交的相关事项；事故应急救援工作总结报告。

⑥ 信息发布

明确事故信息发布的部门，发布原则。事故信息应由事故现场指挥部及时准确地向新闻媒体通报。

⑦ 后期处置

主要包括污染物处理、事故后果影响消除、生产秩序恢复、善后赔偿、抢险过程和应急救援能力评估及应急预案的修订等内容。

⑧ 保障措施

a. 通信与信息保障

明确与应急工作相关联的单位或人员的通信联系方式和方法，并提供备用方案。建立信息通信系统及维护方案，确保应急期间信息通畅。

b. 应急队伍保障

明确各类应急响应的人力资源，包括专业应急队伍、兼职应急队伍的组织与保障方案。

c. 应急物资装备保障

明确应急救援需要使用的应急物资和装备的类型、数量、性能、存放位置、管理责任人及其联系方式等内容。

d. 经费保障

明确应急专项经费来源、使用范围、数量和监督管理措施，保障应急状态时生产经营单位应急经费及时到位。

e. 其他保障

根据本单位应急工作需求而确定的其他相关保障措施（如交通运输保障、治安保障、技术保障、医疗保障、后勤保障等）。

⑨ 培训与演练

a. 培训

明确对本单位人员开展应急培训的计划、方式和要求。如果预案涉及社区和居民，要做好宣传教育和告知等工作。

b. 演练

明确应急演练的规模、方式、频次、范围、内容、组织、评估、总结等内容。

⑩ 奖惩

明确事故应急救援工作中奖励和处罚的条件和内容。

⑪ 附则

a. 术语和定义

对应急预案涉及的一些术语进行定义。

b. 应急预案备案

明确本应急预案的报备部门。

c. 维护和更新

明确应急预案维护和更新的基本要求，定期进行评审，实现可持续改进。

d. 制定与解释

明确应急预案负责制定与解释的部门。

e. 应急预案实施

明确应急预案实施的具体时间。

（3）专项应急预案编制的主要内容

① 事故类型和危害程度分析

在危险源评估的基础上，对其可能发生的事故类型和可能发生的季节及事故严重程度进行确定。

② 应急处置基本原则

明确处置安全生产事故应当遵循的基本原则。

③ 组织机构及职责

a. 应急组织体系

明确应急组织形式、构成单位或人员，并尽可能以结构图的形式表示出来。

b. 指挥机构及职责

根据事故类型，明确应急救援指挥机构总指挥、副总指挥以及各成员单位或人员的具体职责。应急救援指挥机构可以设置相应的应急救援工作小组，明确各小组的工作任务及主要负责人职责。

④ 预防与预警

a. 危险源监控

明确本单位对危险源监测监控的方式、方法，以及采取的预防措施。

b. 预警行动

明确具体事故预警的条件、方式、方法和信息的发布程序。

⑤ 信息报告程序主要包括：

a. 确定报警系统及程序。

b. 确定现场报警方式，如电话、警报器等。

c. 确定 24 小时与相关部门的通信、联络方式。

d. 明确相互认可的通告、报警形式和内容。

e. 明确应急反应人员向外求援的方式。

⑥ 应急处置

a. 响应分级

针对事故危害程度、影响范围和单位控制事态的能力，将事故分为不同的等级。按照分级负责的原则，明确应急响应级别。

b. 响应程序

根据事故的大小和发展态势，明确应急指挥、应急行动、资源调配、应急避险、扩大应急范围等响应程序。

c. 处置措施

针对本单位事故类别和可能发生的事故特点、危险性，制定应急处置措施（如煤矿瓦斯爆炸、冒顶片帮、火灾、透水等事故应急处置措施，危险化学品火灾、爆炸、中毒等事故应急处置措施）。

⑦ 应急物资与装备保障

明确应急处置所需的物资与装备数量，以及相关管理维护和使用方法等。

⑧ 现场处置方案的主要内容

a. 事故特征主要包括：危险性分析，可能发生的事故类型；事故发生的区域、地点或装置的名称；事故可能发生的季节和造成的危害程度；事故前可能出现的征兆。

b. 应急组织与职责主要包括：基层单位应急自救组织形式及人员构成情况；应急自救组织机构、人员的具体职责，应同单位或车间、班组人员工作职责紧密结合，明确相关岗位和人员的应急工作职责。

c. 应急处置主要包括：事故应急处置程序。根据可能发生的事故类别及现场情况，明确事故报警、各项应急措施启动、应急救护人员的引导、事故扩大及同企业应急预案衔接的程序；现场应急处置措施。针对可能发生的火灾、爆炸、危险化学品泄漏、坍塌、水患、机动车辆伤害等，从操作措施、工艺流程、现场处置、事故控制、人员救护、消防、现场恢复等方面制定明确的应急处置措施；报警电话及上级管理部门、相关应急救援单位的联络方式和联系人员，事故报告的基本要求和内容。

d. 注意事项主要包括：佩戴个人防护器具方面的注意事项；使用抢险救援器材方面的注意事项；采取救援对策或措施方面的注意事项；现场自救和互救注意事项；现场应急处置能力确认和人员安全防护等事项；应急救援结束后的注意事项；其他需要特别警示的事项。

3. 生产安全事故应急预案的管理

建设工程生产安全事故应急预案的管理包括应急预案的评审、备案、实施和奖惩。中华人民共和国应急管理部负责应急预案的综合协调管理工作。国务院其他负有安全生产监督管理职责的部门按照各自的职责负责本行业、本领域内应急预案的管理工作。

县级以上地方各级人民政府应急管理部门负责本行政区域内应急预案的综合协调管理工作。县级以上地方各级人民政府其他负有安全生产监督管理职责的部门按照各自的职责负责辖区内本行业、本领域应急预案的管理工作。

（1）应急预案的评审

地方各级人民政府应急管理部门应当组织有关专家对本部门编制的应急预案进行审定，必要时可以召开听证会，听取社会有关方面的意见。涉及相关部门职能或者需要有关部门配合的，应当征得有关部门同意。

参加应急预案评审的人员应当包括应急预案涉及的政府部门工作人员和有关安全生产及应急管理方面的专家。

评审人员与所评审预案的生产经营单位有利害关系的，应当回避。

应急预案的评审或者论证应当注重应急预案的实用性、基本要素的完整性、预防措施的针对性、组织体系的科学性、响应程序的操作性、应急保障措施的可行性、应急预案的衔接性等内容。

（2）应急预案的备案

地方各级人民政府应急管理部门的应急预案，应当报同级人民政府备案，同时抄送上一级人民政府应急管理部门，并依法向社会公布。

地方各级人民政府其他负有安全生产监督管理职责的部门的应急预案，应当抄送同级人民政府应急管理部门。

中央企业的，其总部（上市公司）的应急预案，报国务院主管的负有安全生产监督管理职责的部门备案，并抄送应急管理部；其所属单位的应急预案报所在地省、自治区、直辖市或者设区的市级人民政府主管的负有安全生产监督管理职责的部门备案，并抄送同级人民政府应急管理部门。

不属于中央企业的，其中非煤矿山、金属冶炼和危险化学品生产、经营、储存、运输企业，以及使用危险化学品达到国家规定数量的化工企业、烟花爆竹生产、批发经营企业的应急预案，按照隶属关系报所在地县级以上地方人民政府应急管理部门备案；前述单位以外的其他生产经营单位应急预案的备案，由省、自治区、直辖市人民政府负有安全生产监督管理职责的部门确定。

（3）应急预案的实施

各级应急管理部门、生产经营单位应当采取多种形式开展应急预案的宣传教育，普及生产安全事故预防、避险、自救和互救知识，提高从业人员和社会公众的安全意识和应急处置技能。

施工单位应当组织开展本单位的应急预案、应急知识、自救互救和避险逃生技能的培训活动，使有关人员了解应急预案内容，熟悉应急职责、应急处置程序和措施。

生产经营单位应当制定本单位的应急预案演练计划，根据本单位的事故预防重点，每年至少组织一次综合应急预案演练或者专项应急预案演练，每半年至少组织一次现场处置方案演练。

有下列情形之一的，应急预案应当及时修订并归档：

① 依据的法律、法规、规章、标准及上位预案中的有关规定发生重大变化的；

② 应急指挥机构及其职责发生调整的；

③ 面临的事故风险发生重大变化的；

④ 重要应急资源发生重大变化的；

⑤ 预案中的其他重要信息发生变化的；

⑥ 在应急演练和事故应急救援中发现问题需要修订的；

⑦ 编制单位认为应当修订的其他情况。

施工单位应急预案修订涉及组织指挥体系与职责、应急处置程序、主要处置措施、应急响应分级等内容变更的，修订工作应当参照《生产安全事故应急预案管理办法》规定的应急预案编制程序进行，并按照有关应急预案报备程序重新备案。

7.7.2 安全事故处理

1. 职业伤害事故的分类

职业健康安全事故分两大类型，即职业伤害事故与职业病。职业伤害事故是指因生产过程及工作原因或与其相关的其他原因造成的伤亡事故。

（1）按照事故发生的原因分类

按照我国现行国家标准《企业职工伤亡事故分类》GB 6441 规定，职业伤害事故分为 20 类，其中与建筑业有关的有物体打击、车辆伤害、机械伤害、起重伤害、触电、灼烫、火灾、高处坠落、坍塌、火药爆炸、中毒和窒息、其他伤害等 12 类。

以上 12 类职业伤害事故中，在建设工程领域中最常见的是高处坠落、物体打击、机械伤害、触电、坍塌、中毒、火灾 7 类。

（2）按事故严重程度分类

我国现行国家标准《企业职工伤亡事故分类》GB 6441—1986 规定，按事故严重程度分类，事故分为：

① 轻伤事故，是指造成职工肢体或某些器官功能性或器质性轻度损伤，能引起劳动能力轻度或暂时丧失的伤害的事故，一般每个受伤人员休息 1 个工作日以上（含 1 个工作日），105 个工作日以下；

② 重伤事故，一般指受伤人员肢体残缺或视觉、听觉等器官受到严重损伤，能引起人体长期存在功能障碍或劳动能力有重大损失的伤害，或者造成每个受伤人损失105个工作日以上（含105个工作日）的失能伤害的事故；

③ 死亡事故，其中，重大伤亡事故指一次事故中死亡1～2人的事故；特大伤亡事故指一次事故死亡3人以上（含3人）的事故。

(3) 按事故造成的人员伤亡或者直接经济损失分类

依据2007年6月1日起实施的《生产安全事故报告和调查处理条例》规定，按生产安全事故（以下简称事故）造成的人员伤亡或者直接经济损失，事故分为：

① 特别重大事故，是指造成30人以上死亡，或者100人以上重伤（包括急性工业中毒，下同)，或者1亿元以上直接经济损失的事故；

② 重大事故，是指造成10人以上30人以下死亡，或者50人以上100人以下重伤，或者5000万元以上1亿元以下直接经济损失的事故；

③ 较大事故，是指造成3人以上10人以下死亡，或者10人以上50人以下重伤，或者1000万元以上5000万元以下直接经济损失的事故；

④ 一般事故，是指造成3人以下死亡，或者10人以下重伤，或者1000万元以下直接经济损失的事故。目前，在建设工程领域中，判别事故等级较多采用的是《生产安全事故报告和调查处理条例》。

2. 建设工程安全事故的处理

一旦事故发生，通过应急预案的实施，尽可能防止事态的扩大和减少事故的损失。通过事故处理程序，查明原因，制定相应的纠正和预防措施，避免类似事故的再次发生。

(1) 事故处理的原则（“四不放过”原则）

国家对发生事故后的“四不放过”处理原则，其具体内容如下：

① 事故原因未查清不放过

要求在调查处理伤亡事故时，首先要把事故原因分析清楚，找出导致事故发生的真正原因，未找到真正原因决不轻易放过。直到找到真正原因并搞清各因素之间的因果关系才算达到事故原因分析的目的。

② 责任人员未处理不放过

这是安全事故责任追究制的具体表现，对事故责任者要严格按照安全事故责任追究的法律法规的规定进行严肃处理。不仅要追究事故直接责任人的责任，同时要追究有关负责人的领导责任。当然，处理事故责任者必须谨慎，避免事故责任追究的扩大化。

③ 有关人员未受到教育不放过

使事故责任者和广大群众了解事故发生的原因及所造成的危害，并深刻认识到搞好安全生产的重要性，从事故中吸取教训，提高安全意识，改进安全管理工作。

④ 整改措施未落实不放过

必须针对事故发生的原因，提出防止相同或类似事故发生的切实可行的预防措施，并督促事故发生单位加以实施。只有这样，才算达到事故调查和处理的最终目的。

(2) 建设工程安全事故处理措施

① 按规定向有关部门报告事故情况。

事故发生后，事故现场有关人员应当立即向本单位负责人报告；单位负责人接到报告后，应当于1小时内向事故发生地县级以上人民政府应急管理部门和负有安全生产监督管理职责的有关部门报告，并有组织、有指挥地抢救伤员、排除险情；应当防止人为或自然因素的破坏，便于事故原因的调查。

由于建设行政主管部门是建设安全生产的监督管理部门，对建设安全生产实行的是统一的监督管理，因此，各个行业的建设施工中出现了安全事故，都应当向建设行政主管部门报告。对于专业工程的施工中出现生产安全事故的，由于有关的专业主管部门也承担着对建设安全生产的监督管理职能，因此，专业工程出现安全事故，还需要向有关行业主管部门报告。

② 情况紧急时，事故现场有关人员可以直接向事故发生地县级以上人民政府应急管理部门和负有安全生产监督管理职责的有关部门报告。

③ 应急管理部门和负有安全生产监督管理职责的有关部门接到事故报告后，应当依照下列规定上报事故情况，并通知公安机关、劳动保障行政部门、工会和人民检察院。

a. 特别重大事故、重大事故逐级上报至国务院应急管理部门和负有安全生产监督管理职责的有关部门。

b. 较大事故逐级上报至省、自治区、直辖市人民政府应急管理部门和负有安全生产监督管理职责的有关部门。

c. 一般事故上报至设区的市级人民政府应急管理部门和负有安全生产监督管理职责的有关部门。

应急管理部门和负有安全生产监督管理职责的有关部门依照前款规定上报事故情况，应当同时报告本级人民政府。国务院应急管理部门和负有安全生产监督管理职责的有关部门以及省级人民政府接到发生特别重大事故、重大事故的报告后，应当立即报告国务院。必要时，应急管理部门和负有安全生产监督管理职责的有关部门可以越级上报事故情况。

应急管理部门和负有安全生产监督管理职责的有关部门逐级上报事故情况，每级上报的时间不得超过2小时。事故报告后出现新情况的，应当及时补报。

（3）组织调查组，开展事故调查

① 特别重大事故由国务院或者国务院授权有关部门组织事故调查组进行调查。重大事故、较大事故、一般事故分别由事故发生地省级人民政府、设区的市级人民政府、县级人民政府负责调查。省级人民政府、设区的市级人民政府、县级人民政府可以直接组织事故调查组进行调查，也可以授权或者委托有关部门组织事故调查组进行调查。未造成人员伤亡的一般事故，县级人民政府也可以委托事故发生单位组织事故调查组进行调查。

② 事故调查组有权向有关单位和个人了解与事故有关的情况，并要求其提供相关文件、资料，有关单位和个人不得拒绝。事故发生单位的负责人和有关人员在事故调查期间不得擅离职守，并应当随时接受事故调查组的询问，如实提供有关情况。事故调查中发现涉嫌犯罪的，事故调查组应当及时将有关材料或者其复印件移交司法机关处理。

③ 现场勘查

事故发生后，调查组应迅速到现场进行及时、全面、准确和客观的勘查，包括现场笔录、现场拍照和现场绘图。

④ 分析事故原因

通过调查分析，查明事故经过，按受伤部位、受伤性质、起因物、致害物、伤害方法、不安全状态、不安全行为等，查清事故原因，包括人、物、生产管理和技术管理等方面的原因。通过直接和间接的分析，确定事故的直接责任者、间接责任者和主要责任者。

⑤ 制定预防措施

根据事故原因分析，制定防止类似事故再次发生的预防措施。根据事故后果和事故责任者应负的责任提出处理意见。

⑥ 提交事故调查报告

事故调查组应当自事故发生之日起 60 日内提交事故调查报告；特殊情况下，经负责事故调查的人民政府批准，提交事故调查报告的期限可以适当延长，但延长的期限最长不超过 60 日。事故调查报告应当包括下列内容：

a. 事故发生单位概况。

b. 事故发生经过和事故救援情况。

c. 事故造成的人员伤亡和直接经济损失。

d. 事故发生的原因和事故性质。

e. 事故责任的认定以及对事故责任者的处理建议。

f. 事故防范和整改措施。

⑦ 事故的审理和结案

重大事故、较大事故、一般事故，负责事故调查的人民政府应当自收到事故调查报告之日起 15 日内作出批复；特别重大事故，30 日内作出批复，特殊情况下，批复时间可以适当延长，但延长的时间最长不超过 30 日。

有关机关应当按照人民政府的批复，依照法律、行政法规规定的权限和程序，对事故发生单位和有关人员进行行政处罚，对负有事故责任的国家工作人员进行处分。事故发生单位应当按照负责事故调查的人民政府的批复，对本单位负有事故责任的人员进行处理。

负有事故责任的人员涉嫌犯罪的，依法追究刑事责任。

事故处理的情况由负责事故调查的人民政府或者其授权的有关部门、机构向社会公布，依法应当保密的除外。事故调查处理的文件记录应长期完整地保存。

3. 安全事故统计规定

国家安全生产监督管理总局（现已更名为应急管理部）制定的《生产安全事故统计报表制度》（安监总统计〔2016〕116 号）有如下规定：

(1) 报表的统计范围是在中华人民共和国领域内发生的生产安全事故依据该制度进行统计；

(2) 统计内容主要包括事故发生单位的基本情况、事故造成的死亡人数、受伤人数（含急性工业中毒人数）、单位经济类型、事故类别等；

(3) 生产安全事故发生地县级以上（“以上”包含本级，下同）安全生产监督管理部门除对发生的每起生产安全事故在规定时限内向上级人民政府安全生产监督管理部门和负有安全生产监督管理职责的有关部门报告外，还应通过“安全生产综合统计信息直报系统”填报，并在生产安全事故发生 7 日内，及时补充完善相关信息，并纳入生产安全事故统计；

（4）县级以上安全生产监督管理部门，在每月7日前报送上月生产安全事故统计数据汇总，生产安全事故发生之日起30日内（火灾、道路运输事故自发生之日起7日内）伤亡人员发生变化的，应及时补报伤亡人员变化情况。个别事故信息因特殊原因无法及时掌握的，应在事故调查结束后予以完善；

（5）经查实的瞒报、漏报的生产安全事故，应在接到生产安全事故信息通报后24小时内，在"安全生产综合统计信息直报系统"中进行填报。

本章介绍了安全生产管理概念、建筑施工安全管理中的不安全因素、施工现场安全管理的基本要求、施工现场安全管理的主要内容及主要方式。讲解了建设工程安全生产管理体系的构建，制定施工安全生产责任制，编写施工安全技术措施和交底，施工安全教育的要点，安全检查要点，安全事故的预防与处理等。通过知识的学习能够对班组进行安全技术交底以及日常的安全知识教育、培训、考核；能进行建设工程安全资料的整理、汇编及归档；能进行建筑施工安全监督检查、安全检测与监控、事故隐患整改、事故处理和现场救援。

思考及练习题

【单选题】

1. 某房屋建筑拆除工程施工中，发生倒塌事故，造成12人重伤，6人死亡，根据《企业职工伤亡事故分类》，该事故属于（　　）。

A. 较大事故　　B. 特大伤亡事故　　C. 重大事故　　D. 重大伤亡事故

2. 某商场基坑施工过程中发生塌陷事故，造成1人死亡，4人受伤，经济损失达80万元，该事故属于（　　）。

A. 较大事故　　B. 特大伤亡事故　　C. 重大事故　　D. 一般事故

3. 建设工程项目安全生产的第一负责人是（　　）。

A. 项目经理　　B. 监理员　　C. 监理工程师　　D. 施工员

4. 事故调查组应当自事故发生之日起（　　）日内提交事故调查报告。

A. 18　　B. 25　　C. 60　　D. 120

5. 实行施工总承包的建设工程项目，当分包单位出现安全事故时，对事故责任的界定是（　　）。

A. 建设单位负全责　　B. 施工总承包单位负全责

C. 分包单位负全责　　D. 施工总承包单位承担连带责任

【多选题】

1. 根据生产安全事故造成的人员伤亡或者直接经济损失，事故一般分为（　　）。

A. 重大事故　　B. 较大事故　　C. 一般事故

D. 重大劳动安全事故　　E. 特别重大事故

2.《生产安全事故报告和调查处理条例》规定，根据生产安全事故造成的人员伤亡或者直接经济损失，以下事故等级分类正确的有（　　）。

A. 造成120人急性工业中毒的事故为特别重大事故

B. 造成8000万元直接经济损失的事故为重大事故

C. 造成3人死亡800万元直接经济损失的事故为一般事故

D. 造成10人死亡35人重伤的事故为较大事故

E. 造成10人死亡35人重伤的事故为重大事故

3. 施工现场物的不安全状态类型包含（　　）。

A. 防护等装置缺乏或有缺陷　　B. 设备、设施、工具、附件有缺陷

C. 个人防护用品用具缺少或有缺陷　　D. 施工生产场地环境不良

E. 管理人员的缺失

4. 建筑工程施工安全检查的主要形式包括（　　）。

A. 日常巡查　　B. 专项检查　　C. 定期安全检查

D. 经常性安全检查　　E. 季节性安全检查

【填空题】

1. 根据生产安全事故造成的人员伤亡或者直接经济损失，事故一般分为（　　）、（　　）、（　　）、（　　）4个等级。

2. 建筑施工安全管理中的不安全因素中个体因素包括（　　）、（　　）、（　　）上的不安全因素。

3. 施工项目安全管理体系计划的检查评价主要包括（　　）、（　　）、（　　）。

4. 安全事故调查处理的“四不放过”包括（　　）、（　　）、（　　）、（　　）。

5. 总承包单位对分包单位造成的安全事故承担（　　）责任。

6. 实行施工总承包的建设工程项目，由（　　）负责。

【简答题】

1. 请简述安全生产管理的概念。

2. 请简述建筑施工过程中不安全行为产生的主要原因。

3. 请简述施工组织设计及专项施工方案编制的注意要点。

4. 请简述安全技术交底的注意要点。

5. 请简述安全生产责任制的概念、要求。

6. 请简述安全技术措施计划的编制方法。

【判断题】

1. 由于工作需要或其他原因离开岗位后，施工单位从业人员重新上岗作业前不需要进行安全教育培训。（　　）

2. 安全技术交底只需要由专职安全员进行签字确认即可。（　　）

3. 施工单位必须采购具有生产许可证、产品合格证的安全防护用具及机械设备，该用具和设备进场使用之前必须经过检查，检查不合格的，不得投入使用。（　　）

【实训题】

安全管理职业活动训练

活动一　分组讨论书中所述安全管理制度的目的与意义。

1. 分组要求：全班分6～8个组，每组5～7人。

2. 讨论内容：书中所述安全管理制度的目的与意义。

3. 成果：以小组为单位写出讨论报告。

活动二 阅读工程安全教育资料

1. 分组要求：全班分6～8个组，每组5～7人。

2. 资料要求：选择6～8个不同建设工程项目安全教育管理档案资料，每组一套。

3. 阅读要求：学生在老师指导下阅读有关安全教育资料，注重学习安全教育的资料内容和安全教育的有关要求。

4. 成果：以小组为单位写出学习体会，并提出自己的见解。

活动三 模拟组织新工人的入场安全教育

1. 分组要求：全班分2个组，一个项目部级安全教育组和一个工人班组级安全教育组。

2. 教育组织：由项目部级安全教育组对工人班组级安全教育组进行项目部级安全教育；由工人班组级对项目部级组进行工人班组级安全教育。

3. 成果：按要求填写有关教育登记表和考核表。

第8章　施工过程安全控制

知识目标

1. 了解施工过程安全控制中基坑、脚手架、模板和高处作业等方面的安全技术和要求；

2. 掌握基坑开挖和支护的施工方案、一般安全要求和技术、防止坠落的安全技术与要求、深基坑支护安全技术与要求；

3. 掌握脚手架工程施工方案的编制、搭设和拆除要求；

4. 掌握模板工程的安装和拆除安全要求与技术；

5. 掌握一般高处作业的安全技术与要求、临边作业和洞口作业的安全防护；

6. 掌握相关的法律法规知识，熟悉和遵守相关安全生产法规。

能力目标

1. 能编制基坑开挖和支护、脚手架工程、模板工程的安装和拆除的施工方案；

2. 能掌握基坑开挖和支护、脚手架工程、模板工程的安装和拆除、高处作业的安全技术与要求；

3. 能掌握相关安全生产法律法规知识；

4. 能提高自身处理突发事件和预防安全事故的实际能力。

素质目标

1. 培养自身严谨的职业态度和高度的安全责任意识，确保在基坑开挖、脚手架搭设、模板安装和高处作业中严格遵守安全技术和要求；

2. 提升综合分析和应对复杂施工现场安全问题的能力，能够制定和执行有效的安全控制方案；

3. 增强实际操作能力，将所学的安全技术和法律法规知识有效应用于施工实践中，确保各类施工活动的安全和质量。

学习重点

1. 基坑、脚手架、模板和高处作业的施工安全技术和要求；

2. 基坑工程安全技术包括土方开挖基坑支护施工方案、一般安全要求和技术、防止坠落技术和深基坑支护安全技术要求；

3. 脚手架工程安全技术包括施工方案、搭设要求和拆除要求；

4. 模板工程安全技术包括施工方案的编制、安装要求和拆除安全要求；

5. 高处作业安全技术包括一般高处作业安全要求、临边作业安全防护和洞口作业安全防护；

6. 相关施工安全法规、安全控制措施、通风排水和消防设备等技术和要求。

学习难点

1. 基坑开挖和支护、脚手架工程、模板工程的安装和拆除的施工方案的编制；

2. 如何针对不同施工现场的安全状况提出有效且适用的控制方案；

3. 案例研究向实际操作的转化。

思维导图

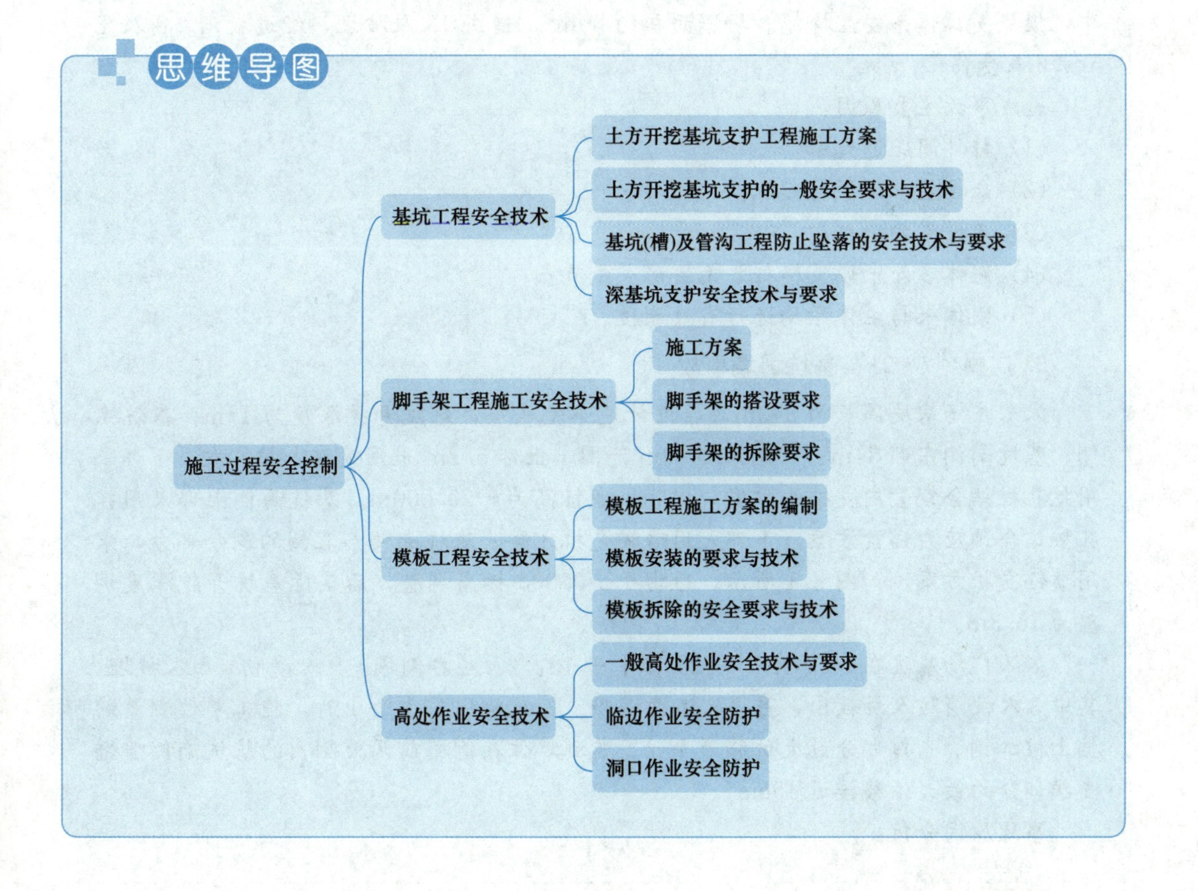

1. 湖南某项目“1·23”较大塔式起重机坍塌事故

2019年1月23日9时15分，湖南省岳阳市某在建工程项目10号楼塔式起重机在进行拆卸作业时发生一起坍塌事故，造成5人死亡，直接经济损失580余万元。发生原因是塔式起重机安拆人员严重违规作业，引起横梁销轴从西北侧端踏步圆弧槽内滑脱，造成塔式起重机上部荷载由顶升横梁一端承重而失稳，导致塔式起重机上部结构墩落，引发坍塌事故。

主要教训：

一是企业安全生产主体责任不落实，对施工项目监管不到位；二是地方属地管理责任落实不到位；三是行业监管部门监督检查不到位。

追责情况：

给予事故责任单位吊销营业执照、企业严重不良行为记录、纳入联合惩戒黑名单、罚款、降低资质、暂扣安全生产许可证等处理。对26名有关责任人依法依规追究责任。

2. 模板支架坍塌事故

湖北省某水上游乐项目综合楼穹顶模板支撑体系高度16.7m，在浇筑混凝土过程中，模板支撑体系发生垮塌，坍塌面积约30m^2，造成15人被埋，经过救治，9人死亡，6人受伤。

造成事故主要原因：

(1) 杆件间距过大；

(2) 未按要求设置剪刀撑；

(3) 未设置扫地杆；

(4) 架体多处未设置横杆，无法形成主节点；

(5) 架体未与主体结构进行有效连接。

3. 广州“7·21”基坑坍塌事故

××广场基坑周长约340m，原设计地下室4层，基坑开挖深度为17m。基坑东侧、基坑南侧东部34m、北侧东部30m范围，上部5.2m采用喷锚支护方案，下部采用挖孔桩结合钢管内支撑的方案，挖孔桩底标高为−20.000m。基坑西侧上部采用挖孔桩结合预应力锚索方案，下部采用喷锚支护方案。基坑南侧、北侧的剩余部分，采用喷锚支护方案，如图8.1所示。后由于±0.000标高调整，后实际基坑开挖深度调整为15.3m。

××广场基坑在2005年7月21日中午12：20左右倒塌。5人受伤，6人被埋，其中3人被消防人员救出，另3人不幸遇难。基坑倒塌前1个小时，施工单位测量的挡土桩加钢管支撑部分最大位移为4cm。监测单位在倒塌前两天测出的基坑南侧喷锚支护部分的最大位移接近15cm。

事故原因分析：

(1) 超挖：原设计 4 层基坑 17m，后开挖成 5 层基坑（20.3m），挖孔桩成吊脚桩；

(2) 超时：基坑支护结构服务年限一年，实际从开挖至出事已有近三年；

(3) 超载：坡顶泥头车、吊车、钩机超载；

(4) 地质原因：岩面埋深较浅，但岩层倾斜。设计单位仍采用理正软件对原基坑设计方案进行复核、设计，而忽视现场开挖过程中岩面从南向北倾斜，倾斜角约为 25°的实际情况；

(5) 施工过程中发现岩面倾斜，南部位移较大后，曾对部分区域进行预应力锚索加固，加固范围只是南部西侧的 20～30m，但加固范围太少。

图 8.1 广州“7·21”基坑工程坍塌事故现场

任何时刻，人的生命价值高于一切物质价值。做好建设工程施工现场的安全防护工作就是保护劳动者在生产中的安全和健康，促进经济建设健康发展，促进社会和谐稳定，体现施工企业以人为本的管理理念。本任务的具体要求是：掌握基坑工程安全技术基本要求；脚手架工程施工安全技术基本要求；模板工程安全技术基本要求；高处作业安全技术基本要求。

8.1 基坑工程安全技术

土方开挖必须制定能够保证周边建筑物、构筑物安全的措施，并经技术部门审批后方可施工，危险处、通道处及行人过路处开挖的槽（坑、沟）必须采取有效的防护措施，防止人员坠落，且夜间应设红色标志灯。雨期施工期间基坑周边应有良好的排水系统和设施。

34. 基坑与脚手架工程安全技术

建设单位必须在基础施工前及开挖槽（坑、沟）土方前以书面形式向施工企业提供与施工现场相关的详细地下管线资料，施工企业应据此采取措施保护地下各类管线。基础施工前，应具备完整的岩土工程勘察报告及设计文件。

开挖基槽（坑、沟）时，槽（坑、沟）边1m以内不得堆土、堆料、停置机具。当开挖基槽（坑、沟）深度超过1.5m时应根据土质和深度情况按规范放坡或加设可靠支撑，并应设置人员上下坡道（或爬梯，爬梯两侧应用密目网封闭）；当开挖深度超过2m时必须在边沿处设立两道防护栏杆并用密目网封闭；当基坑深度超过5m时必须编制专项施工安全技术方案并经企业技术部门负责人审批后由企业安全部门监督实施。基础施工时的降排水（井点）工程的井口必须设牢固防护盖板或警示标志，完工后必须将井回填埋实。深井或地下管道施工及防水作业区应采取有效的通风措施并进行有毒、有害气体检测，特殊情况必须采取特殊防护措施以防止中毒事故发生。

挖大孔径桩及扩底桩必须制订防坠人、落物、坍塌、人员窒息等安全措施。挖大孔径桩时必须采用混凝土护壁，混凝土强度达到规定的强度和养护时间后方可进行下层土方开挖。挖大孔径桩时，在下孔作业前应进行有毒、有害气体检测，确认安全后方可下孔作业。孔下作业人员连续作业不得超过2h，并应设专人监护，施工作业时应保证作业区域通风良好。大孔径桩及扩底桩施工必须严格执行相关规范的规定，人工挖大孔径桩的施工企业必须具备总承包一级以上资质或地基与基础工程专业承包一级资质，编制人工挖大孔径桩及扩底桩施工方案必须经企业负责人、技术负责人签字批准。

8.1.1 土方开挖基坑支护工程施工方案

1. 土方工程施工方案或安全措施：在施工组织设计中，要有单项土方施工方案，如果土方工程具有大、特、新或特别复杂的特点，则必单独编制土石方工程施工方案，并按规定履行审批程序。土方工程施工，必须严格按批准的土方工程施工方案或安全措施进行施工，因特殊情况需要变更的，要履行相应的变更手续。

2. 土方的放坡与支护：土方工程施工前必要时应进行工程施工地质勘探，根据土质条件、地下水位、开挖深度、周边环境及基础施工方案等制定基坑（槽）设置安全边坡或固壁施工支护方案。

3. 土方开挖机械和开挖顺序的选择：在方案中应根据工程实际，选择适合的土方开挖机械，并确定合理的开挖顺序，要兼顾土方开挖效益与安全。

4. 施工道路的规划：运土道路应平整、坚实，其坡度和转弯半径应符合有关安全的规定。

5. 基坑周边防护措施：基坑防护措施，如基坑四周的防护栏杆，基坑防止坠落的警示标志，以及人员上下的专用爬梯等。

6. 人工、机械挖土的安全措施：土方工程施工中防止塌方、高处坠落、触电和机械伤害的安全防范措施。

7. 雨期施工时的防洪排涝措施：土方工程在雨期施工时，土方工程施工方案或安全措施应具有相应的防洪和排涝的安全措施，以防止塌方等灾害的发生。

8. 基坑降水：土方工程施工需要人工降低地下水位时，土方工程施工方案或安全措施应制定与降水方案相对应的安全措施。如：防止塌方、管涌、喷砂冒水等措施以及对周边环境（如建筑物、构筑物、道路、各种管线等）的监测措施等。

9. 应急救援及相关措施等。

8.1.2 土方开挖基坑支护的一般安全要求与技术

1. 施工前，应对施工区域内影响施工的各种障碍物，如建筑物、道路、管线、旧基础、坟墓、树木等，进行拆除、清理或迁移，确保安全施工。

2. 施工时必须按施工方案（或安全措施）的要求，设置基坑（槽）安全边坡或固壁施工支护措施，因特殊情况需要变更的，必须履行相应的变更手续。

3. 当地质情况良好、土质均匀、地下水位低于基坑（槽）底面标高时，挖方深度在5m以内可不加支撑，这时的边坡最陡坡度应按表8.1规定确定（应在施工方案中予以确定）。

深度在5m以内（包括5m）的基坑（槽）边的最大坡度（不加支撑） 表8.1

土的类别	边坡坡度（高∶宽）		
	坡顶无荷载	坡顶有荷载	坡顶有动载
中密的砂土	1∶1.00	1∶1.25	1∶1.50
中密的碎石土	1∶0.75	1∶1.00	1∶1.25
硬塑的粉土	1∶0.67	1∶0.75	1∶1.00
中密的碎石土（充填物为黏土）	1∶0.50	1∶0.67	1∶0.75
硬塑的粉质黏土、黏土	1∶0.33	1∶0.50	1∶0.67
老黄土	1∶0.10	1∶0.25	1∶0.33

注：1. 静载指堆土或材料等，动载指机械挖土或汽车运输作业等，静载或动载距挖方边缘的距离应在1m以外，堆土或材料堆积高度不应超过1.5m。
2. 若有成熟的经验或科学的理论计算并经试验证明者可不受本表限制。
3. 土质均匀且无地下水或地下水位低于基坑（槽）底面且土质均匀时，土壁不加支撑的垂直挖深不宜超过表8.2规定。

不加支撑基坑（槽）土壁垂直挖深规定 表8.2

土的类别	深度（m）
密实、中密的砂土和碎石类土（充填物为砂土）	1.00
硬塑、可塑的粉土及粉质黏土	1.25
硬塑、可塑的黏土和碎石类土（充填物为黏性土）	1.50
坚硬的黏土	2.00

4. 当天然冻结的速度和深度，能确保挖土时的安全操作，对于4m以内深度的基坑（槽）开挖时可以采用天然冻结法垂直开挖而不加设支撑。但对于干燥的砂土应严禁采用冻结法施工。

5. 黏性土不加支撑的基坑（槽）最大垂直挖深可根据坑壁的重量、内摩擦角、坑顶部的均布荷载及安全系数等进行计算。

6. 挖土前应根据安全技术交底了解地下管线、人防及其他构筑物的情况和具体位置，地下构筑物外露时，必须加以保护。作业中应避开各种管线和构筑物，在现场电力、通信电缆2m范围内和在现场燃气、热力、给水排水等管道1m范围内施工时，必须在其业主单位人员的监护下采取人工开挖。

7. 人工开挖槽、沟、坑深度超过1.5m的，必须根据开挖深度和土质情况，按安全技术措施或安全技术交底的要求放坡或支护。如遇边坡不稳或有坍塌征兆时，应立即撤离现场，并及时报告项目负责人，险情排除后，方可继续施工。

8. 人工开挖时，两个人横向操作间距应保持为 2～3m，纵向间距不得小于 3m，并应自上而下逐层挖掘，严禁采用掏洞的挖掘操作方法。

9. 上下槽、坑、沟应先挖好阶梯或设木梯，不应踩踏土壁及其支撑上下，施工间歇时不得在槽沟坑坡脚下休息。

10. 挖土过程中遇有古墓、地下管道、电缆或不能辨认的异物和液体、气体时，应立即停止施工，并报告现场负责人，待查明原因并采取措施处理后，方可继续施工。

11. 雨期深基坑施工中，必须注意排除地面雨水，防止倒流入基坑，同时注意雨水的渗入，使土体强度降低，土压力加大造成基坑边坡坍塌事故。

12. 钢钎破冻土、坚硬土时，扶钎人应站在打锤人侧面用长把夹具扶钎，打锤范围内不得有其他人停留。锤顶应平整，锤头应安装牢固。钎子应直且不得有飞刺，打锤人不得戴手套。

13. 从槽、坑、沟中吊运送土至地面时，绳索、滑轮、钩子、箩筐等垂直运输设备、工具应完好牢固。起吊、垂直运送时下方不得站人。

14. 配合机械挖土清理槽底作业时严禁进入铲斗回转半径范围。必须待挖掘机停止作业后，方准进入铲斗回转半径范围内清土。

15. 夜间施工时，应合理安排施工项目，防止挖方超挖或铺填超厚。施工现场应根据需要安装照明设施，在危险地段应设置红灯警示。

16. 每日或雨后必须检查土壁及支撑的稳定情况，在确保安全的情况下方可施工，并且不得将土和其他物件堆放在支撑上，不得在支撑上行走或站立。

17. 深基坑内光线不足，不论白天还是夜间施工，均应设置足够的电器照明，电器照明应符合现行行业标准《建筑与市政工程施工现场临时用电安全技术标准》JGJ/T 46 的有关规定。

18. 用挖土机施工时，施工机械进场前必须经过验收，验收合格方准使用。

19. 机械挖土，启动前应检查离合器、液压系统及各铰接部分等，经空车试运转正常后再开始作业。机械操作中进铲不应过深，提升不应过猛，作业中不得碰撞基坑支撑。

20. 机械不得在输电线路下和线路一侧工作。不论在任何情况下，机械的任何部位与架空输电线路的最近距离应符合安全操作规程要求（根据现场输电线路的电压等级确定）。

21. 机械应停在坚实的地基上，如基础过差，应采取走道板等加固措施，不得将挖土机履带与挖空的基坑平行的 2m 内停、驶。运土汽车不宜靠近基坑平行行驶，载重汽车与坑、沟边沿距离不得小于 3m；马车与坑、沟边沿距离不得小于 2m；塔式起重机等振动较大的机械与坑、沟边沿距离不得小于 6m，防止塌方翻车。

22. 向汽车上卸土应在汽车停稳定后进行，禁止铲斗从汽车驾驶室上越过。

23. 使用土石方施工机械施工时，应遵守土石方机械安全使用的要求。

24. 场内道路应及时整修，确保车辆安全畅通，各种车辆应有专人负责指挥引导。

25. 车辆进出门口的人行道下，如有地下管线（道）必须铺设厚钢板，或浇筑混凝土加固。车辆出大门口前，应将轮胎冲洗干净，不污染道路。

26. 用挖土机施工时，应严格控制开挖面坡度和分层厚度，防止边坡和挖土机下的土体活动，挖土机的作业半径范围内，不得站人，不得进行其他作业。

27. 用挖土机施工时，应至少保留 0.3m 厚不挖，最后由人工修挖至设计标高。

28. 基坑深度超过 5m 必须进行专项支护设计，专项支护设计必须经上级审批，签署审批意见。

29. 挖土时要随时注意土壁的变异情况，如发现有裂纹或部分塌落现象，要及时进行支撑或改缓放坡，并注意支撑的稳固和边坡的变化。

30. 在坑边堆放弃土、材料和移动施工机械，应与坑边保持一定距离；当土质良好时，要距坑边 1m 以外，堆放高度不能超过 1.5m。

31. 在靠近建筑物旁挖掘基槽或深坑，其深度超过原有建筑物基础深度时，应分段进行，每段不得超过 2m。

8.1.3 基坑（槽）及管沟工程防止坠落的安全技术与要求

1. 深度超过 2m 的基坑施工，其临边应设置人及物体滚落基坑的安全防护措施。必要时应设置警示标志，配备监护人员。

2. 基坑周边应搭设防护栏杆，栏杆的规格、杆件连接、搭设方式等必须符合现行行业标准《建筑施工高处作业安全技术规范》JGJ 80 的规定。

3. 人员上下基坑、基坑作业应根据施工设计设置专用通道，不得攀登固壁支撑上下。人员上下基坑作业，应配备梯子，作为上下的安全通道；在坑内作业，可根据坑的大小设置专用通道。

4. 夜间施工时，施工现场应根据需要安设照明设施，在危险地段应设置红灯警示。

5. 在基坑内无论是在坑底作业，或者攀登作业或是悬空作业，均应有安全的立足点和防护措施。

6. 基坑较深，需要上下垂直同时作业的，应根据垂直作业层搭设作业架，各层用钢、木、竹板隔开。或采用其他有效的隔离防护措施，防止上层作业人员、土块或其他工具坠落伤害下层作业人员。

8.1.4 深基坑支护安全技术要求

深基坑支护的设计与施工技术尤为重要。国家规定深基坑支护要进行结构设计，深度大于 5m 的基坑安全度要通过专家论证。

1. 深基坑支护的一般安全要求

（1）支护结构的选型应考虑结构的空间效应和基坑特点，选择有利支护的结构型式或采用几种型式相结合；

（2）当采用悬臂式结构支护时，基坑深度不宜大于 6m，基坑深度超过 6m 时，可选用单支点和多支点的支护结构，地下水位较低的地区和能保证降水施工时，也可采用土钉支护；

（3）寒冷地区基坑设计应考虑土体冻胀力的影响；

（4）支撑安装必须按设计位置进行，施工过程严禁随意变更，并应切实使围檩与挡土桩墙结合紧密，挡土板或板桩与坑壁间的回填土应分层回填夯实；

(5) 支撑的安装和拆除顺序必须与设计工况相符合，并与土方开挖和主体工程的施工顺序相配合，分层开挖时，应先支撑后开挖；同层开挖时，应边开挖边支撑，支撑拆除前，应采取换撑措施，防止边坡卸载过快；

(6) 钢筋混凝土支撑其强度必须达设计要求（或达75%）后，方可开挖支撑面以下土方；钢结构支撑必须严格材料检验和保证节点的施工质量，严禁在负荷状态下进行焊接；

(7) 应合理布置锚杆的间距与倾角，锚杆上下间距不宜小于2.0m，水平间距不宜小于1.5m；锚杆倾角宜为15°～25°，且不应大于45°，最上一道锚杆覆土厚不得小于4m；

(8) 锚杆的实际抗拉力除经计算外，还应按规定方法进行现场试验后确定，可采取提高锚杆抗力的二次压力灌浆工艺；

(9) 采用逆作法施工时，要求其外围结构必须有自防水功能，基坑上部机械挖土的深度，应按地下墙悬臂结构的应力值确定；基坑下部封闭施工，应采取通风措施；当采用电梯间作为垂直运输的井道时，对洞口楼板的加固方法应由工程设计确定；

(10) 逆作法施工时，应合理地设置支撑上部结构的单柱单桩与工程结构的梁柱交叉及节点构造，并在方案中预先设计。当采用坑内排水时必须保证封井质量。

2. 深基坑支护的施工监测

(1) 监测内容

① 挡土结构顶部的水平位移和沉降；

② 挡土结构墙体变形的观测；

③ 支撑立柱的沉降观测；

④ 周围建（构）筑物的沉降观测；

⑤ 周围道路的沉降观测；

⑥ 周围地下管线的变形观测；

⑦ 坑外地下水位的变化观测。

(2) 监测要求

① 基坑开挖前应做出系统的开挖监控方案，监控方案应包括监控目的、监控项目、监控报警值、监控方法及精度要求、检测周期、工序管理和记录制度，以及信息反馈系统等；

② 监控点的布置应满足监控要求，从基坑边线以外1～2倍开挖深度范围内的需要保护物体应作为保护对象；

③ 监测项目在基坑开挖前应测得始值，且不应少于2次，基坑监测项目的监控报警值应根据监测对象的有关规范及支护结构设计要求确定；

④ 各项监测的时间可根据工程施工进度确定，当变形超过允许值，变化速率较大时，应加密观测次数，当有事故征兆时应连续监测；

⑤ 基坑开挖监测过程中应根据设计要求提供阶段性监测结果报告。工程结束时应提交完整的监测报告，报告内容应包括：工程概况，监测项目，各监测点的平面和立面布置图，采用的仪器设备和监测方法，监测数据的处理方法和监测结果过程曲线，监测结果评价等。

8.2 脚手架工程施工安全技术

8.2.1 施工方案

35. 模板与高处作业工程安全技术

1. 脚手架搭设之前，应根据工程特点和施工工艺确定脚手架搭设方案，脚手架必须经过企业技术负责人审批。脚手架的内容应包括：基础处理、搭设要求、杆件间距、连墙杆设置位置及连接方法，并绘制施工详图和大样图，同时还应包括脚手架搭设的时间、拆除时间及其顺序等。

2. 落地扣件式钢管脚手架的搭设尺寸应符合现行行业标准《建筑施工扣件式钢管脚手架安全技术规范》JGJ 130（以下简称《规范》）的有关设计计算的规定。

3. 落地扣件式钢管脚手架的搭设高度在25m以下应有搭设方案，绘制架体与建筑物拉结详图。

4. 搭设高度超过25m时，应采用双立杆及缩小间距等加强措施，绘制搭设详图及基础做法要求。

5. 搭设高度超过50m时，应有设计计算书及卸荷方法详图，设计计算书连同方案一起经企业技术负责人审批。

6. 施工现场的脚手架必须按施工方案进行搭设，因故需要改变脚手架的类型时，必须重新修改脚手架的施工方案并经审批后，方可施工。

8.2.2 脚手架的搭设要求

1. 落地式脚手架

落地式脚手架的基础应坚实、平整，并应定期检查。立杆不埋设时，每根立杆底部应设置垫板或底座，并应设置纵、横向扫地杆。

2. 架体稳定与连墙件

（1）架体高度在7m以下时，可设抛撑来保证架体的稳定。

（2）架体高度在7m以上，无法设抛撑来保证架体的稳定时，架体必设连墙件。

连墙件的间距应符合下列要求：

扣件式钢管脚手架双排架高在50m以下或单排架高在24m以下，按不大于40m^{2}设置1处；双排架高在50m以上，按不大于27m^{2}设置1处，连墙件布置最大间距见表8.3。

连墙件布置最大间距 表8.3

脚手架高度		竖向间距（h）	水平间距（l_a）	每根连墙件覆盖面积（m^2）
双排	≤50mm	$3h$	$3l_a$	≤40
	>50mm	$2h$	$3l_a$	≤27
单排	≤24mm	$3h$	$3l_a$	≤40

门式钢管脚手架架高在45m以下，基本风压小于或等于0.55kN/m²，按不大于48m²设置1处；架高在45m以下，基本风压大于0.55kN/m²，或架高在45m以上，按不大于24m²设置1处。

一字形、开口形脚手架的两端，必须设置连墙件。连墙件必须采用可承受拉力和压力的构造，并与建筑结构连接。

(3) 连墙件的设置方法、设置位置应在施工方案中确定，并绘制连接详图。连墙件应与脚手架同步搭设。

(4) 严禁在脚手架使用期间拆除连墙件。

3. 杆件间距与剪刀撑

(1) 立杆、大横杆、小横杆等杆件间距应符合《规范》的有关规定，并应在施工方案中予以确定，当遇到洞口等处需要加大间距时，应按规范进行加固。

(2) 立杆是脚手架的主要受力杆件，其间距应按施工规范均匀设置，不得随意加大。

(3) 剪刀撑及横向斜撑的设置应符合下列要求：

扣件式钢管脚手架应沿全高设置剪刀撑。架高在24m以下时，可沿脚手架长度间隔不大于15m设置；架高在24m以上时应沿脚手架全长连续设置剪刀撑，并应设置横向斜撑，横向斜撑由架底至架顶呈之字形连续布置，沿脚手架长度间隔6跨设置1道。

碗扣式钢管脚手架，架高在24m以下时，按外侧框格总数的1/5设置斜杆；架高在24m以上时，按框格总数的1/3设置斜杆。

门式钢管脚手架的内外两个侧面除应满设交叉支撑杆外，当架高超过20m时，还应在脚手架外侧沿长度和高度连续设置剪刀撑，剪刀撑钢管规格应与门架钢管规格一致。当剪刀撑钢管直径与门架钢管直径不一致时，应采用异型扣件连接。

满堂扣件式钢管脚手架除沿脚手架外侧四周和中间设置竖向剪刀撑外，当脚手架高于4m时，还应沿脚手架每两步高度设置一道水平剪刀撑。

每道剪刀撑跨越立杆的根数宜按表8.4的规定确定。每道剪刀撑宽度不应小于4跨，且不应小于6m，斜杆与地面的倾角宜在45°～60°之间。

剪刀撑跨越立杆的最多根数 **表8.4**

剪刀撑斜杆与地面的倾角 α	45°	50°	60°
剪刀撑跨越立杆的最多根数 n	7	6	5

4. 扣件式钢管脚手架节点

扣件式钢管脚手架的主节点处必须设置横向水平杆，在脚手架使用期间严禁拆除。单排脚手架横向水平杆插入墙内长度不应小于180mm。

5. 扣件式钢管脚手架立杆

扣件式钢管脚手架除顶层外立杆杆件接长时，相临杆件的对接接头不应设在同步内。相临纵向水平杆对接接头不宜设置在同步或同跨内。扣件式钢管脚手架立杆接长除顶层外应采用对接。木脚手架立杆接头搭接长度应跨两根纵向水平杆，且不得小于1.5m。竹脚手架立杆接头的搭接长度应超过一个步距，并不得小于1.5m。

6. 小横杆设置

(1) 小横杆的设置位置，应在立杆与大横杆的交接点处；

(2) 施工层应根据铺设脚手板的需要增设小横杆，增设的位置视脚手板的长度与设置要求和小横杆的间距综合考虑，转入其他层施工时，增设的小横杆可同脚手板一起拆除；

(3) 双排脚手架的小横杆必须两端固定，使里外两片脚手架连成整体；

(4) 单排脚手架，不适用于半砖墙或180mm墙；

(5) 小横杆在墙上的支撑长度不应小于240mm。

7. 脚手架材质

脚手架材质应满足有关规范、标准及脚手架搭设的材料要求。

8. 脚手板与护栏

(1) 脚手板必须按照脚手架的宽度铺满，板与板之间要靠紧，不得留有空隙，离墙面不得大于200mm；

(2) 脚手板可采用竹、木或钢脚手板，其中竹、木脚手板应符合《建筑施工木脚手架安全技术规范》JGJ 164—2008的要求，钢脚手板应符合《建筑施工扣件式钢管脚手架安全技术规范》JGJ 130—2011的要求，每块脚手板的质量不宜大于30kg；

(3) 钢制脚手板应采用2～3mm的A3钢，长度为1.5～3.6m，宽度为230～250mm，肋高50mm为宜，两端应有连接装置，板面应钻有防滑孔，如有裂纹、扭曲不得使用；

(4) 脚手木板应用厚度不小于50mm的杉木或松木板，不得使用脆性木材，脚手木板宽度以200～300mm为宜，凡是腐朽、扭曲、斜纹、破裂和大横节的不得使用，板的两端80mm处应用镀锌铁丝箍2～3圈或用铁皮钉牢；

(5) 竹脚手板应采用由毛竹或楠竹制作的竹串片板、竹笆板，竹板必须穿钉牢固，无残缺竹片；

(6) 脚手板搭接时不得小于200mm；对头接时应架设双排小横杆，间距不大于200mm；

(7) 脚手板伸出小横杆以外大于200mm的称为探头板，因其易造成坠落事故，故脚手架上不得有探头板出现；

(8) 在架子拐弯处脚手板应交叉搭接，垫平脚手板应用木块，并且要钉牢，不得用砖垫；

(9) 脚手架外侧随着脚手架的升高，应按规定设置密目式安全网，必须扎牢、密实。形成全封闭的护立网，主要防止砖块等物坠落伤人；

(10) 作业层脚手架外侧以及斜道和平台均要设置1.2m高的防护栏杆和180mm高的挡脚板，防止作业人员坠落和脚手板上物料滚落。

9. 杆件搭接

(1) 钢管脚手架的立杆需要接长时，应采用对接扣件连接，严禁采用绑扎搭接；

(2) 钢管脚手架的大横杆需要接长时，可采用对接扣件连接，也可采用搭接，但搭接长度不应小于1m，并应等间距设置3个旋转扣件固定；

(3) 剪刀撑需要接长时，应采用搭接方法，搭接长度不小于500mm，搭接扣件不少于2个；

(4) 脚手架的各杆件接头处传力性能差，接头应错开，不得设置在一个平面内。

10. 架体内封闭

(1) 施工层之下层应铺满脚手板，对施工层的坠落可起到一定的防护作用；

(2) 当施工层之下层无法铺设脚手板时，应在施工层下挂设安全平网，用于挡住坠落的人或物，平网应与水平面平行或外高里低，一般以15°为宜，网与网之间要拼接严密；

(3) 除施工层之下层要挂设安全平网外，施工层以下每4层楼或每隔10m应设一道固定安全平网。

11. 交底与验收

(1) 脚手架搭设前，工地施工员或安全员应根据施工方案要求以及外脚手架检查评分表检查项目及其扣分标准，并结合《建筑安装工程安全技术规程》相关的要求，写成书面交底材料，向持证上岗的架子工进行交底；

(2) 脚手架通常是在主体工程基本完工时才搭设完毕，即分段搭设，分段使用。脚手架分段搭设完毕，必须经施工负责人组织有关人员，按照施工方案及现行规范的要求进行检查验收；

(3) 经验收合格，办理验收手续，填写"脚手架底层验收表""脚手架中段验收表""脚手架顶层验收表"，有关人员签字后，方准使用；

(4) 经检查不合格的应立即进行整改。对检查结果及整改情况，应按实测数据进行记录，并由检测人员签字。

12. 通道

(1) 架体应设置上下通道，供操作工人和有关人员上下，禁止攀爬脚手架，通道也可作少量的轻便材料、构件运输通道；

(2) 专供施工人员上下的通道，坡度以1∶3为宜，宽度不得小于1m；作为运输用的通道，坡度以1∶6为宜，宽度不小于1.5m；

(3) 休息平台设在通道两端转弯处；

(4) 架体上的通道和平台必须设置防护栏杆、挡脚板及防滑条。

13. 卸料平台

(1) 卸料平台是高处作业安全设施，应按有关规范、标准进行单独设计、计算，并绘制搭设施工详图，卸料平台必须满足有关规范、标准的要求；

(2) 卸料平台必须按照设计施工图搭设，并应制作成定型化、工具化的结构，平台上脚手板要铺满，临边要设置防护栏杆和挡脚板，并用密目式安全网封严；

(3) 卸料平台的支撑系统经过承载力、刚度和稳定性验算，并应自成结构体系，禁止与脚手架连接；

(4) 卸料平台上应用标牌显著的标明平台允许荷载值，平台上允许的施工人员和物料的总重量，严禁超过设计的允许荷载。

8.2.3 脚手架的拆除要求

1. 脚手架拆除作业前，应制订详细的拆除施工方案和安全技术措施。并对参加作业全体人员进行技术安全交底，在统一指挥下，按照确定的方案进行拆除作业。

2. 脚手架拆除时，应划分作业区，周围设围护或设立警戒标志，地面设专人指挥，禁止非作业人员入内。

3. 一定要按照先上后下、先外后里、先架面材料后构架材料、先辅件后结构件和先结构件后附墙件的顺序，一件一件地松开联结，取出并随即吊下（或集中到毗邻的未拆的架面上，扎捆后吊下）。

4. 拆卸脚手板、杆件、门架及其他较长、较重、有两端联结的部件时，必须要两人或多人一组进行。禁止单人进行拆卸作业，防止把持杆件不稳、失衡而发生事故。拆除水平杆件时，松开联结后，水平托取下。拆除立杆时，在把稳上端后，再松开下端联结取下。

5. 架子工作业时，必须戴安全帽，系安全带，穿胶鞋或软底鞋。所用材料要堆放平稳，工具应随手放入工具袋，上下传递物件不能抛扔。

6. 多人或多组进行拆卸作业时，应加强指挥，并相互询问和协调作业步骤，严禁不按程序进行的任意拆卸。

7. 因拆除上部或一侧的附墙拉结件而使架子不稳时，应加设临时撑拉措施，以防因架子晃动影响作业安全。

8. 严禁将拆卸下的杆部件和材料向地面抛掷。已吊至地面的架设材料应随时运出拆卸区域，保持现场文明。

9. 连墙杆应随拆除进度逐层拆除，拆抛撑前，应设立临时支柱。

10. 拆除时严禁碰撞附近电源线，以防事故发生。

11. 拆下的材料应用绳索拴住，利用滑轮放下，严禁抛扔。

12. 在拆架过程中，不能中途换人。如需要中途换人时，应将拆除情况交接清楚后方可离开。

13. 脚手架具的外侧边缘与外电架空线路的边线之间的最小安全操作距离见表8.5。

14. 拆除的脚手架或配件，应分类堆放并保存进行保养。

脚手架具的外侧边缘与外电架空线路的边线之间的最小安全操作距离　　表8.5

外电线路电压	1kV以下	1～10kV	35～110kV	150～220kV	330～500kV
最小安全操作距离（m）	4	6	8	10	15

8.3　模板工程安全技术

模板及其支撑系统的安装、拆卸过程中必须有临时固定措施并应严防倾覆，大模板施工中操作平台、上下梯道、防护栏杆、支撑等作业系统配置必须完整、齐全、有效。模板拆除应按区域逐块进行，并应设警戒区，应严禁非操作人员进入作业区。模板工程施工前应编制施工方案（包括模板及支撑的设计、制作、安装和拆除的施工工序以及运输、存放的要求），并经技术部门负责人审批后方可实施。

8.3.1 模板工程施工方案的编制

1. 模板及其支撑系统选型。

2. 根据施工条件（如混凝土输送方法不同等）确定荷载，并按所有可能产生的荷载中最不利组合验算模板整体结构和支撑系统的强度、刚度和稳定性，并有相应的计算书。

3. 绘制模板设计图，包括细部构造大样图和节点大样，注明所选材料的规格、尺寸和连接方法；绘制支撑系统的平面图和立面图，并注明间距及剪刀撑的设置。

4. 制定模板的制作、安装和拆除等施工程序、方法和安全措施。

施工方案应经上一级技术负责人批准并报监理工程师审批；安装前要审查设计审批手续是否齐全，模板结构设计与施工说明中的荷载、计算方法、节点构造是否符合实际情况，是否有安装拆除方案；模板安装时其方法、程序必须按模板的施工设计进行，严禁任意变动。

8.3.2 模板安装的要求与技术

1. 楼层高度超过 4m 或 2 层及 2 层以上的建筑物，安装和拆除模板时，周围应设安全网或搭设脚手架和加设防护栏杆。在临街及交通要道地区，尚应设警示牌，并设专人维持安全，防止伤及行人。

2. 现浇多层房屋和构筑物，应采取分层分段支模方法，并应符合下列要求：

（1）下层楼板混凝土强度达到 1.2MPa 以后，才能上料具。料具要分散堆放，不得过分集中；

（2）下层楼板结构的强度达到能承受上层模板、支撑系统和新浇筑混凝土的重量时，方可进行上层模板支撑、浇筑混凝土，否则下层楼板结构的支撑系统不能拆除，同时上层支架的立柱应对准下层支架的立柱，并铺设木垫板。

3. 如采用悬吊模板、桁架支模方法，其支撑结构必须要有足够的强度和刚度（需经计算并附计算书）。

4. 混凝土输送方法有泵送混凝土、人力挑送混凝土、在浇灌运输道上用手推车翻斗车运送混凝土等方法，应根据输送混凝土的方法制定模板工程的有针对性的安全设施。

5. 支撑模板立柱宜采用钢材，材料的材质应符合有关的专门规定。采用木材时，其树种可根据各地实际情况选用，立杆的有效直径不得小于 80mm，立杆要顺直，接头数量不得超过 30%，且不应集中。

6. 竖向模板和支架的立柱部分，当安装在基土上时应加设垫板，且基土必须坚实并有排水设施。对湿陷性黄土，还应有防水措施；对冻胀性土，必须有防冻融措施。

7. 当极少数立柱长度不足时，应采用相同材料加固接长，不得采用垫砖增高的方法。

8. 当支柱高度小于 4m 时，应设上下两道水平撑和垂直剪刀撑。以后支柱每增高 2m 再增加一道水平撑，水平撑之间还需要增加剪刀撑一道。

9. 当楼层高度超过 10m 时，模板的支柱应选用长料，同一支柱的连接接头不宜超过 2 个。

10. 模板及其支撑系统在安装过程中，必须设置临时固定设施，严防倾覆。

11. 主梁及大跨度梁的立杆应由底到顶整体设置剪刀撑，与地面呈 45°～60°角。设置间距不大于 5m，若跨度大于 5m 的应连续设置。

12. 各排立柱应用水平杆纵横拉接，每高 2m 拉接一次，使各排立杆柱形成一个整体，剪刀撑、水平杆的设置应符合设计要求。

13. 立柱间距应经设计计算，支撑立柱时，其间距应符合设计规定。

14. 模板上的施工荷载应进行设计计算，设计计算时应考虑以下各种荷载效应组合：新浇混凝土自重、钢筋自重、施工人员及施工设备荷载，新浇筑的混凝土对模板的侧压力，倾倒混凝土时产生的荷载，综合以上荷载值设计模板上施工荷载值。

15. 堆放在模板上的建筑材料要均匀，如集中堆放，荷载集中，则会导致模板变形，影响构件质量。

16. 大模板立放易倾倒，应采取支撑、围系、绑箍等防倾倒措施，视具体情况而定。长期存放的大模板，应用拉杆连接绑牢。存放在楼层时，须在大模板横梁上挂钢丝绳或花篮螺栓钩在楼板吊钩或墙体钢筋上。没有支撑或自稳角不足的大模板，要存放在专门的堆放架上或卧倒平放，不应靠在其他模板或构件上。

17. 各种模板若露天存放，其下应垫高 30cm 以上，防止受潮。不论存放在室内或室外，应按不同的规格堆码整齐，用麻绳或镀锌铁丝系稳。模板堆放不得过高，以免倾倒。堆放地点应选择平稳之处，钢模板部件拆除后，临时堆放处离楼层边缘不应小于 1m，堆放高度不得超过 1m。楼梯边口、通道口、脚手架边缘等处，不得堆模板。

18. 2m 以上高处支模或拆模要搭设脚手架，满铺架板，使操作人员有可靠的立足点，并应按高处作业、悬空和临边作业的要求采取防护措施。不准站在拉杆、支撑杆上操作，也不准在梁底模上行走操作。

19. 模板工程应按楼层，按模板分项工程质量检验评定表和施工组织设计有关内容检查验收，班、组长和项目经理部施工负责人均应签字，手续齐全。验收内容包括模板分项工程质量检验评定表的保证项目、一般项目和允许偏差项目以及施工组织设计的有关内容。

20. 浇灌楼层梁、柱混凝土，一般应设浇灌运输道。整体现浇楼面支底模后，浇捣楼面混凝土，不得在底模上用手推车或人力运输混凝土，应在底模上设置运输混凝土的走道垫板，防止底模松动。

21. 走道垫板应铺设平稳，垫板两端应用镀锌铁丝扎紧，牢固不松动。

22. 作业面孔洞及临边必须设置牢固的盖板、防护栏杆、安全网或其他防坠落的防护设施，具体要求应符合现行行业标准《建筑施工高处作业安全技术规范》JGJ 80 的有关规定。

23. 各工种进行上下立体交叉作业时，不得在同一垂直方向上操作。下层作业的位置，必须处于上层高度确定的可能坠落范围半径外。不符合以上条件时，应设置安全防护隔离层。

24. 支设悬挑形式的模板时，应有稳定的立足点。支设临空构筑物模板时，应搭设支架。模板上有预留洞时，应在安装后将洞遮盖。

25. 操作人员上下通行时，不许攀登模板或脚手架，不许在墙顶、独立梁及其他狭窄且无防护栏的模板面上行走。

26. 模板支撑不能固定在脚手架或门窗上，避免发生倒塌或模板位移。

27. 冬期施工，应对操作地点和人行通道的冰雪事先清除；雨期施工，对高耸结构的模板作业应安装避雷设施。

28. 模板安装时，应先内后外，单面模板就位后，用工具将其支撑牢固。双面板就位后，用拉杆和螺栓固定，未就位和未固定前不得摘钩。

29. 里外角模和临时悬挂的面板与大模板必须连接牢固，防止脱开和断裂坠落。

30. 在架空输电线路下面安装和拆除组合钢模板时，吊机起重臂、吊物、钢丝绳、外脚手架和操作人员等与架空线路的最小安全距离应符合有关规范的要求。当不能满足最小安全距离要求时，要停电作业；不能停电时，应有隔离防护措施。

31. 遇六级以上大风时，应暂停室外的高空作业。

8.3.3 模板拆除的安全要求与技术

1. 现浇或预制梁、板、柱混凝土模板拆除前，应有 7d 和 28d 龄期强度报告，达到强度要求后，再拆除模板。

2. 现浇结构的模板及其支架拆除时的混凝土强度，应符合设计要求；当设计无具体要求时，应符合规范规定，现浇结构拆模时所需混凝土强度见表 8.6。

现浇结构拆模时所需混凝土强度　　表 8.6

项次	构造类型	结构跨度（m）	按达到设计混凝土强度标准值的百分率计（%）
1	板	≤2	50
		＞2，≤8	75
2	梁、拱、壳	≤8	75
		＜8	100
3	悬臂构件	≤2	75
		＞2	100

3. 后张预应力混凝土结构或构件模板的拆除，侧模应在预应力张拉前拆除，其混凝土强度达到侧模拆除条件即可，进行预应力张拉必须待混凝土强度达到设计规定值方可进行，底模必须在预应力张拉完毕时方能拆除。

4. 模板拆除前，现浇梁柱侧模的拆除，拆模时要确保梁、柱边角的完整，施工班组长应向项目经理部施工负责人口头报告，经同意后再拆除。

5. 现浇梁、板，尤其是挑梁、板底模的拆除，施工班、组长应书面报告项目经理部施工负责人，梁、板的混凝土强度达到规定的要求时，报专业监理工程师批准后才能拆除。

6. 模板及其支撑系统拆除时，在拆除区域应设置警戒线，且应派专人监护，以防止落物伤人。

7. 模板及其支撑系统拆除时，应一次全部拆完，不得留有悬空模板，避免坠落伤人。

8. 拆除模板应按方案规定的程序进行，先支的后拆，先拆非承重部分。拆除大跨度梁支撑柱时，先从跨中开始向两端对称进行。

9. 大模板拆除前，要用起重机垂直吊牢，然后再进行拆除。

10. 拆除薄壳模板从结构中心向四周围均匀放松，向周边对称进行。

11. 当立柱水平拉杆超过两层时，应先拆两层以上的水平拉杆，最下一道水平杆与立柱模同时拆，以确保柱模稳定。

12. 模板拆除应按区域逐块进行，定型钢模拆除不得大面积撬落。

13. 模板、支撑要随拆随运，严禁随意抛掷，拆除后分类码放。

14. 模板拆除前要进行安全技术交底，确保施工过程的安全。

15. 工作前，应检查所使用的工具是否牢固，扳手等工具必须用绳链系挂在身上，工作时思想要集中，防止钉子扎脚和从空中滑落。

16. 拆除模板一般采用长撬杠，严禁操作人员站在正拆除的模板下。在拆除楼板模板时，要注意防止整块模板掉下，尤其是用定型模板做平台模板时，更要注意，防止模板突然全部掉下伤人。

17. 在混凝土墙体、平板上有预留洞时，应在模板拆除后，随即在墙洞上做好安全护栏，或将板的洞盖严。

18. 严禁站在悬臂结构上面敲拆底模。严禁在同一垂直平面上操作。

19. 木模板堆放、安装场地附近严禁烟火，须在附近进行电、气焊时，应有可靠的防火措施。

8.4 高处作业安全技术

8.4.1 一般高处作业安全技术要求

1. 高处作业的概念

按照国标规定："凡在坠落高度基准面2m以上（含2m）有可能坠落的高处进行的作业称为高处作业。"其内涵有两个方面：

（1）相对概念，可能坠落的底面高度大于或等于2m；也就是不论在单层、多层或高层建筑物作业，即使是在平地，只要作业处的侧面有可能导致人员坠落的坑、井、洞或空间，其高度达到2m及其以上，就属于高处作业；

（2）高低差距标准定为2m。因为一般情况下，当人在2m以上的高度坠落时，就很可能会造成重伤、残废甚至死亡。

2. 高处作业的级别分类

高处作业的级别按作业高度可分为4级，即高处作业在2～5m时，为一级高处作业；5～15m时，为二级高处作业；15～30m时，为三级高处作业；在大于30m时，为特级高处作业。高处作业又分为一般高处作业和特殊高处作业，其中特殊高处作业又分为8类。

特殊高处作业分类：

（1）在阵风风力六级以上的情况下进行的高处作业称为强风高处作业；

（2）在高温或低温环境下进行的高处作业，称为异温高处作业；

（3）降雪时进行的高处作业，称为雪天高处作业；

（4）降雨时进行的高处作业，称为雨天高处作业；

（5）室外完全采用人工照明时的高处作业，称为夜间高处作业；

（6）在接近或接触带电体条件下进行的高处作业，称为带电高处作业；

（7）在无立足点或无牢靠立足点的条件下进行的高处作业，称为悬空高处作业；

（8）对突然发生的各种灾害事故进行抢救的高处作业，称为抢救高处作业。

一般高处作业指的是除特殊高处作业以外的高处作业。

3. 高处作业安全防护技术要求

（1）悬空作业处应有牢靠的立足处，凡是进行高处作业施工的，应使用脚手架、平台、梯子、防护围栏、挡脚板、安全带和安全网等安全设施。

（2）凡从事高处作业人员应接受高处作业安全知识的教育；特殊高处作业人员应持证上岗，上岗前应依据有关规定进行专门的安全技术交底。采用新工艺、新技术、新材料和新设备的，应按规定对作业人员进行相关安全技术教育。

（3）悬空作业所用的索具、脚手板、吊篮、吊笼、平台等设备，均需经过技术鉴定或验证合格后方可使用。

（4）高处作业人员应经过体检，合格后方可上岗。施工单位应为作业人员提供合格的安全帽、安全带等必备的个人安全防护用具，作业人员应按规定正确佩戴和使用。

（5）施工单位应按高处作业类别，有针对性地将各类安全警示标志悬挂于施工现场各相应部位，夜间应设红灯示警。

（6）安全防护设施应由单位工程负责人验收，并组织有关人员参加。

（7）安全防护设施验收应具备的资料：

① 施工组织设计及有关验算数据。

② 安全防护设施验收记录。

③ 安全防护设施变更记录及签证。

（8）安全防护设施验收应包括的内容：

① 所有临边、洞口等各类技术措施的设置情况。

② 技术措施所用的配件、材料和工具的规格和材质。

③ 技术措施的节点构造及其与建筑物的固定情况。

④ 扣件和连接件的紧固程序。

⑤ 安全防护设施的用品及设备的性能与质量是否合格的验证。

⑥ 高处作业前，工程项目部应组织有关部门对安全防护设施进行验收，并做出验收记录，经验收合格签字后方可作业。需要临时拆除或变动安全设施的，应经项目技术负责人审批签字，并组织有关部门验收，经验收合格签字后方可实施。

（9）高处作业所用工具、材料严禁投掷，上下立体交叉作业确有需要时，中间须设隔离设施。

（10）高处作业应设置可靠扶梯，作业人员应沿着扶梯上下，不得沿着立杆与栏杆攀登。

（11）在雨雪天应采取防滑措施，当风速在10.8m/s以上和雷电、暴雨、大雾等气候条件下，不得进行露天高处作业。

（12）高处作业上下应设置联系信号或通信装置，并指定专人负责。

8.4.2 临边作业安全防护

1. 临边作业的概念

在建筑工程施工中，当作业工作面的边缘没有围护设施或围护设施的高度低于80cm时，这类作业称为临边作业。临边与洞口处在施工过程中是极易发生坠落事故的场合，在施工现场，这些地方不得缺少安全防护设施。

2. 临边防护栏杆的架设位置

（1）基坑周边、尚未装栏板的阳台、料台与各种平台周边、雨篷与挑檐边、无外脚手架的屋面和楼层边，以及水箱周边。

（2）分层施工的楼梯口和楼段边，必须设防护栏杆；顶层楼梯口应随工程结构的进度安装正式栏杆或临时栏杆；楼梯休息平台上尚未堵砌的洞口边也应设防护栏杆。

（3）井架与施工用的电梯和脚手架与建筑物通道的两边，各种垂直运输接料平台等，除两侧设置防护栏杆外，平台口还应设置安全门或活动防护栏杆；地面通道上部应装设安全防护棚。双笼井架通道中间，应予分隔封闭。

3. 临边防护栏杆设置要求

（1）临边防护用的栏杆是由栏杆立柱和上下两道横杆组成，上横杆称为扶手。栏杆的材料应按规范标准的要求选择，选材时除需满足力学条件外，其规格尺寸和联结方式还应符合构造上的要求，应紧固而不动摇，能够承受突然冲击，阻挡人员在可能状态下的下跌和防止物料的坠落，还要有一定的耐久性。

（2）搭设临边防护栏杆时，上杆离地高度为1.0～1.2m，下杆离地高度为0.5～0.6m，坡度大于1∶2.2的屋面，防护栏杆应高于1.5m，并加挂安全立网；除经设计计算外，横杆长度大于2m，必须加设栏杆立柱；防护栏杆的横杆不应有悬臂，以免坠落时横杆头撞击伤人；栏杆的下部必须加设挡脚板；栏杆柱的固定及其与横杆的连接，其整体构造应使防护栏杆在上杆任何处，能经受任何方向的1000N外力。当栏杆所处位置有发生人群拥挤、车辆冲击或物件碰撞等可能时，应加大横杆截面或加密柱距。防护栏杆必须自上而下用安全立网封闭。

（3）栏杆柱的固定应符合下列要求

①当在基坑四周固定时，可采用钢管并打入地面50～70cm深，钢管离边口的距离，不应小于50cm，当基坑周边采用板桩时，钢管可打在板桩外侧；

②当在混凝土楼面、屋面或墙面固定时，可用预埋件与钢管或钢筋焊牢，采用竹、木栏杆时，可在预埋件上焊接30cm长的∟50×5角钢，其上下各钻一孔，然后用10mm螺栓与竹、木杆件拴牢；

③当在砖或砌块等砌体上固定时，可预先砌入规格相适应的80×6弯转扁钢作预埋铁的混凝土块，然后用焊接固定。

8.4.3 洞口作业安全防护

1. 洞口作业的概念

施工现场，在建工程上往往存在着各式各样的洞口，在洞口旁的作业称为洞口作业。

（1）在水平方向的楼面、屋面、平台等上面短边小于25cm（大于2.5cm）的称为孔，但也必须覆盖（应设坚实盖板并能防止挪动移位）；短边尺寸等于或大于25cm称为洞；

（2）在垂直于楼面、地面的垂直面上，则高度小于75cm的称为孔，高度等于或大于75cm，宽度大于45cm的均称为洞。凡深度在2m及2m以上的桩孔、人孔、沟槽与管道等孔洞边沿上的高处作业都属于洞口作业范围。

2. 洞口防护设施的安装位置

（1）各种板与墙的洞口，按其大小和性质分别设置牢固的盖板、防护栏杆、安全网或其他防坠落的防护设施；

（2）电梯井口，根据具体情况设高度不低于1.2m防护栏或固定栅门与工具式栅门，电梯井内每隔两层或最多10m设一道安全平网（安全平网上的建筑垃圾应及时清除），也可以按当地习惯，在井口设固定的格栅或采取砌筑坚实的矮墙等措施；

（3）钢管桩、钻孔桩等桩孔口，柱基、条基等上口，未填土的坑、槽口，以及天窗和化粪池等处，都要作为洞口采取符合规范的防护措施；

（4）施工现场与场地通道附近的各类洞口与深度在2m以上的敞口等处除设置防护设施与安全标志外，夜间还应设红灯示警；

（5）物料提升机上料口，应装设有联锁装置的安全门，同时采用断绳保护装置或安全停靠装置；通道口走道板应平行于建筑物满铺并固定牢靠，两侧边应设置符合要求的防护栏杆和挡脚板，并用密目式安全网封闭两侧；

（6）墙面等处的竖向洞口，凡落地的洞口应设置防护门或绑防护栏杆，下设挡脚板。低于80cm的竖向洞口，应加设1.2m高的临时护栏。

3. 洞口安全防护措施要求

洞口作业时根据具体情况采取设置防护栏杆、加盖件、张挂安全网与装栅门等措施。

（1）楼板面的洞口，可用竹、木等作盖板，盖住洞口。盖板须能保持四周搁置均衡，并有固定其位置的措施；

（2）短边小于25cm（大于2.5cm）孔，应设坚实盖板并能防止挪动移位；

（3）25cm×25cm～50cm×50cm的洞口，应设置固定盖板，保持四周搁置均衡，并有固定其位置的措施；

（4）短边边长为50～150cm的洞口，必须设置以扣件扣接钢管而成的网格，并在其上满铺竹笆或脚手板，也可采用贯穿于混凝土板内的钢筋构成防护网，钢筋网格间距不得大于20cm；

（5）1.5m×1.5m以上的洞口，四周必须搭设围护架，并设双道防护栏杆，洞口中间支挂水平安全网，网的四周拴挂牢固、严密；

（6）墙面等处的竖向洞口，凡落地的洞口应加装开关式、工具式或固定式的防护门，门栅网格的间距不应大于15cm，也可采用防护栏杆，下设挡脚板（笆）；

（7）下边沿至楼板或底面低于80cm的窗台等竖向的洞口，如侧边落差大于2m应加设1.2m高的临时护栏；

（8）洞口应按规定设置照明装置的安全标志。

理论与实践相结合，突出“实用”和“适用”，掌握施工现场中文明施工、基坑支护、脚手架工程、模板工程、高处作业等项目的安全管理措施，使大家具备从事建筑施工安全监督与检查、安全检测与监控等安全管理工作的能力。同时将工匠精神、劳动精神、创新精神的“三精神”和安全意识、规范意识、合作意识的“三意识”教育理念贯穿于教学实施全过程。

思考及练习题

【单选题】

1. 开挖基槽（坑、沟）时，槽（坑、沟）边（　　）以内不得堆土、堆料、停置机具。当开挖基槽（坑、沟）深度超过（　　）时应根据土质和深度情况按规范放坡或加设可靠支撑。

A. 1m；1.5m　　B. 1.5m；2m　　C. 2m；1.5m　　D. 1.5m；1.5m

2. 当基坑深度超过（　　）时必须编制专项施工安全技术方案并经企业技术部门负责人审批后由企业安全部门监督实施。

A. 2m　　B. 4m　　C. 5m　　D. 8m

3. 当深基坑进行分层开挖时，支撑的安装和拆除顺序应（　　）。

A. 先撑后挖　　B. 先挖后撑

C. 边撑边挖　　D. 先挖至一定深度后，再边撑边挖

4. 楼层高度超过（　　）或（　　）的建筑物，安装和拆除模板时，周围应设安全网或搭设脚手架和加设防护栏杆。

A. 3m；2层及2层以上　　B. 3m；3层及3层以上

C. 4m；2层及2层以上　　D. 4m；3层及3层以上

5. 当正在进行模板工程时遇（　　）级以上大风时，应暂停室外的高空作业。

A. 4　　B. 5　　C. 6　　D. 8

6. 当现浇混凝土结构板的跨度范围为>2m，≤8m时，需要达到设计混凝土强度标准值的（　　）。

A. 50％　　B. 75％　　C. 95％　　D. 100％

7. 模板的拆除顺序应按（　　）。

A. 先支的后拆，后支的先拆，先拆非承重，再拆承重

B. 先支的后拆，后支的先拆，先拆承重，再拆非承重

C. 后支的先拆，先支的后拆，先拆承重，再拆非承重

D. 后支的先拆，先支的后拆，先拆非承重，再拆承重

8. 建筑工程高处作业的级别按作业高度可分为（　）级。

A. 3　　B. 4　　C. 5　　D. 6

【多选题】

1. 基坑工程安全技术交底应包括（　　）。

A. 现场勘查与环境调查报告

B. 施工组织设计

C. 主要施工技术、关键部位施工工艺工法、参数

D. 各阶段危险源分析结果与安全技术举措

E. 应急预案与应急响应等

2. 以下基坑支护方式属于支挡式结构的是（　　）。

A. 锚拉式支挡结构　　B. 支撑式支挡结构　　C. 土钉墙式支挡机构

D. 悬臂式支挡结构　　E. 放坡式支挡结构

【填空题】

1. 土方工程施工前必要时应进行工程施工地质勘探，根据（　　）、（　　）、（　　）、（　　）及（　　）等制定基坑（槽）设置安全边坡或固壁施工支护方案。

2. 用挖土机施工时，应至少保留（　　）厚不挖，最后由（　　）至（　　）。

3. 落地扣件式钢管脚手架的搭设高度在（　　）以下应有搭设方案，绘制架体与建筑物拉结详图。

4. 落地式架体高度在（　　）以上，无法设抛撑来保证架体的稳定时，架体必设（　）。

5. 碗扣式钢管脚手架，架高在 24m 以上时，按框格总数的（　　）设置斜杆。

6. 作为运输用的通道，坡度以（　　）为宜，宽度不小于（　　）。

7. 当楼层高度超过 10m 时，模板的支柱应选用长料，同一支柱的连接接头不宜超过（　　）个。

8. 后张预应力混凝土结构或构件模板的拆除，侧模应在（　　）拆除。

9. 拆除模板应按（　　）的顺序进行。

10. 凡在坠落高度基准面（　　）有可能坠落的高处进行的作业称为高处作业。

11. 在建筑工程施工中，当作业工作面的边缘没有围护设施或围护设施的高度低于（　　）时，这类作业称为临边作业。

12. 脚手架按支固方式划分为（　　）、（　　）、（　　）和（　　）。

【简答题】

1. 请简述土方开挖基坑支护工程施工方案的内容。

2. 请简述基坑（槽）及管沟工程防止坠落的安全技术与要求。

3. 请简述脚手架搭设施工方案的内容。

4. 请简述模板工程施工方案编制的步骤。

5. 请简述高处作业安全防护技术要求。

【判断题】

1. 分层施工的楼梯口和楼段边，可以设防护栏杆，也可以不设防护栏杆。（ ）

2. 低于80cm的竖向洞口，应加设0.8m高的临时护栏。（ ）

3. 1.5m×1.5m以上的洞口，四周必须搭设围护架，并设双道防护栏杆，洞口中间支挂水平安全网，网的四周拴挂牢固、严密。（ ）

4. 下边沿至楼板或底面低于80cm的窗台等竖向的洞口，如侧边落差大于2m应加设1.2m高的临时护栏。（ ）

5. 脚手架基础下有设备基础、管沟时，在脚手架使用过程中，采取加固措施后可以开挖。（ ）

【实训题】

活动一　阅读模板工程专项施工方案

1. 分组要求：全班分6～8个组，每组5～7人。

2. 资料要求：模板工程施工方案6～8套。

3. 要求：学生在教师指导下阅读模板工程施工方案，了解模板工程施工方案应包括内容。

4. 成果：以小组为单位写出学习总结或提出自己的见解。

活动二　模板的验收

1. 分组要求：全班分6～8个组，每组5～7人。

2. 资料要求：选一模板工程施工的详细的影像及图文验收资料。

3. 学习要求：学生在教师指导下阅读和观看相关验收资料及模板检查项目、检查内容及检查方法等。

4. 成果：检查验收表。

活动三　模板工程安全检查评分

1. 分组要求：全班分6～8个组，每组5～7人。

2. 资料要求：模拟一模板工程施工（有条件的可在实训基地或实训中心进行）。

3. 学习要求：根据现行《建筑施工安全检查标准》JGJ 59的模板支设安全检查评分表进行检查和评分。

4. 成果：以小组为单位填写安全检查评分汇总表，并分析扣分原因。

活动四　脚手架的验收

1. 分组要求：全班分6～8个组，每组5～7个人。

2. 资料要求：选择某一工程基础、主体、装饰装修阶段脚手架工程施工。

3. 学习要求：学生在老师的指导下阅读脚手架施工方案，熟悉各类脚手架检查项目、检查内容及检查方法，并根据现行《建筑施工安全检查标准》JGJ 59的脚手架安全检查评分表和验收资料进行检查和评分。

4. 成果：以小组为单位填写安全检查评分汇总表，并分析扣分原因。

第9章　施工机械与临时用电安全管理

知识目标

1. 掌握建筑施工机械和临时用电的安全管理技术和规定；
2. 掌握塔式起重机、物料提升机和施工升降机的安全管理要求；
3. 掌握钢筋加工机械、电气焊设备、木工加工机械、手持电动工具、土方机械设备和混凝土搅拌设备的安全技术要求；
4. 掌握施工现场临时用电的规定和检查验收要求；
5. 掌握机械设备的操作技能和维修知识；
6. 了解机械设备的安全技术要求和预防控制措施；
7. 理解临时用电的安全规定和检查验收方法。

能力目标

1. 合理运用建筑机械和临时用电的安全管理技术和规定；
2. 能针对具体施工现场制定科学的安全方案和管理措施；
3. 能做到加强自身实践操作能力和安全管理水平。

素质目标

1. 严格遵守施工机械和临时用电安全管理规定的职业素养和责任意识；
2. 提升在复杂施工环境中综合运用安全技术和管理措施的能力；
3. 增强实际操作技能和应对突发安全问题的能力，确保机械设备和临时用电的安全使用和管理。

学习重点

1. 需要掌握建筑起重机械的安全要求，包括塔式起重机、物料提升机和施工升降机的安全管理；
2. 学习建筑机械设备的使用安全技术，包括钢筋加工机械、电气焊设备、木工加工机械设备、手持电动工具、土方机械设备和混凝土搅拌设备的安全技术要求和预防控制措施；
3. 需要了解施工现场临时用电的管理规定和检查验收要求。

学习难点

1. 施工机械与临时用电的相关知识与管理要求较为繁杂；

2. 建筑机械和设备种类繁多，安全措施和管理要求复杂，需要学生具备一定的专业技能和实践经验。

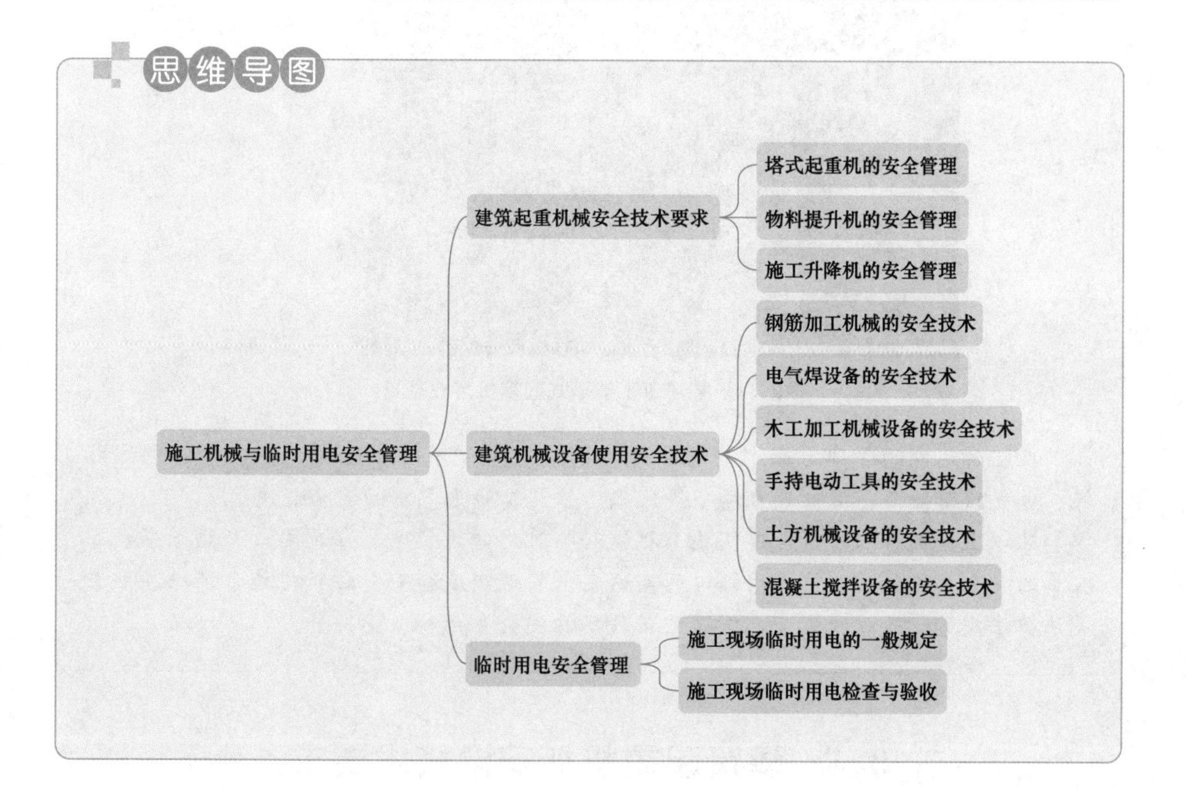

案例引入

在建筑施工中，施工机械的安全管理和临时用电的安全管理是非常重要的环节。不合理的使用和管理，容易导致安全事故的发生。在某次建筑施工中，施工方使用了塔式起重机进行物料运输，但是由于没有按照安全要求进行操作，导致起重机臂断裂，如图 9.1 所示，掉落物料砸中了正在施工的工人，造成了严重的人身伤害和财产损失。

此事故的原因主要有两个方面：一方面是施工机械的操作人员没有接受足够的安全培训，缺乏安全操作意识和技能；另一方面是施工方没有将施工机械的安全管理落实到位，缺乏必要的安全控制措施和验收管理。

除此之外，在施工机械设备使用安全技术方面，也有许多需要重视的问题。如钢筋加工机械使用时未能戴好安全帽和防护眼镜，发生了钢筋抛飞的事故；土方机械设备在操作时因没有进行好规范的安全距离控制和防护措施，发生了碾压事故的案例等。

图 9.1 某建筑工地塔式起重机事故现场

在临时用电的管理方面，某施工现场的电缆敷设不符合规定，导致电缆电线损坏、电气线路短路、漏电现象增多等问题，给施工带来严重的安全隐患。

从以上案例可以看出，建筑施工机械和临时用电的管理非常重要，必须加强施工人员的安全意识和安全技能培训，落实好安全管理制度和安全防护措施，严格按照相关法律法规进行验收和检查，保障施工现场的安全生产和人身安全。

9.1 建筑起重机械安全技术要求

对于建筑施工来说，由于工程项目本身的复杂性和大型作业活动，常常需要借助起重机械进行工作。而在国内外工业生产中，起重机械作业引起的伤害事故均占有较大的比例，为进一步提高从业人员的素质，减少和防止起重作业的伤害事故，有必要加强对建筑起重机械的安全技术管理，保障施工作业人员的人身安全。

36. 建筑起重机机械安全技术要求

9.1.1 塔式起重机的安全管理

1. 塔式起重机

塔式起重机（tower crane），是一种动臂装在高耸塔身上部的旋转起重机，主要用于多层和高层建筑施工中材料的垂直运输和构件安装。由金属结构，工作机构和电气系统三部分组成。金属结构包括塔身、动臂、底座、附着杆等。工作机构有起升、变幅、回转和行走四部分。电气系统包括电动机、控制器、配电框、联连线路、信号及照明装置等。塔式起重机旋转方式有下旋式和上旋式两种，动臂形式又分为水平式和压杆式。塔机分为上回转塔机和下回转塔机两大类。按能否移动又分为行走式和固定式。固定式塔机塔身固定不转，安装在整块混凝土基础上，或装设在条形或X形混凝土基础上，行走式可分为履带式、汽车式、轮胎式和轨道式四种。应用最广的是下回转、快速拆装、轨道式塔式起重机和能够一机四用（轨道式、固定式、附着式和内爬式）的自升塔式起重机。

塔式起重机，如图9.2所示，作为在施工现场得到广泛应用的特种设备，起重高度大，负载较大，受力情况复杂，安拆频率较高，技术要求也较高，这就要求从业人员必须全面掌握塔式起重机的作业性能，保证塔式起重机的正常运行，确保生产安全。

图9.2　塔式起重机

2. 塔式起重机的安全技术要求

（1）塔式起重机的主要安全装置

① 起重力矩限制器

主要作用是防止塔机超载的安全装置，避免塔机由于严重超载而引起塔机的倾覆或折臂等恶性事故。

② 起重量限制器

用以防止塔机的吊物重量超过最大额定荷载，避免发生机械损坏事故。

③ 起升高度限制器

用来限制吊钩接触到起重臂头部或载重小车之前，或是下降到最低点（地面或地面以下若干米）以前，使起升机构自动断电并停止工作。

④ 幅度限位器

a. 动臂式塔机的幅度限制器是用以防止臂架在变幅时，变幅到仰角极限位置时切断变幅机构的电源，使其停止工作，同时还设有机械止挡，以防臂架因起幅中的惯性而后翻。

b. 小车运行变幅式塔机的幅度限制器用来防止运行小车超过最大或最小幅度的两个极限位置。一般小车变幅限位器是安装在臂架小车运行轨道的前后两端，用行程开关达到控制。

⑤ 塔机行走限制器

行走式塔机的轨道两端尽头所设的止挡缓冲装置，利用安装在台车架上或底架上的行程开关碰撞到轨道两端前的挡块切断电源来达到塔机停止行走，防止脱轨造成塔机倾覆事故。

⑥ 钢丝绳防脱槽装置

主要防止当传动机构发生故障时，造成钢丝绳不能够在卷筒上顺排，以致越过卷筒端部凸缘，发生咬绳等事故。

⑦ 回转限制器

部分上回转的塔机安装了回转不能超过270°和360°的限制器，防止电源线扭断，造成事故。

⑧ 风速仪

自动记录风速，当超过六级风速时自动报警，使操作司机及时采取必要的防范措施，如停止作业，放下吊物等。

⑨ 电器控制中的零位保护和紧急安全开关

a. 零位保护是指塔机操纵开关与主令控制器联锁，只有在全部操纵杆处于零位时，开关才能接通，从而防止无意操作。

b. 紧急安全开关则是一种能及时切断全部电源的安全装置。

⑩ 夹轨钳

装设在台车金属结构上，用以夹紧钢轨，防止塔机在大风情况下被风吹动而行走造成塔机出轨倾翻事故。

⑪ 吊钩保险

安装在吊钩挂绳处的一种防止起重千斤绳由于角度过大或挂钩不妥时，造成起吊千斤绳脱钩，吊物坠落事故的装置。吊钩保险一般采用机械卡环式，用弹簧来控制挡板，阻止千斤绳的滑钩。

(2) 塔式起重机使用的安全要求

① 起重机的路基和轨道铺设要求

a. 路基土壤承载能力中型塔为80～120kN/m^2，重型塔为120～160kN/m^2；

b. 轨距偏差不得超过其名义值的1/1000；在纵横方向上钢轨顶面的倾斜度不大于1/1000；

c. 两条轨道的接头必须错开，钢轨接头间隙在3～6mm之间，接头处应架在轨枕上，两端高低差不大于2mm；

d. 轨道终端1m必须设置极限位置阻挡器，其高度应不小于行走轮半径；

e. 路基旁应开挖排水沟；

f. 起重机在施工期内，每周或雨后应对轨道基础检查1次，发现不符合规定时，应及时调整。

② 起重机的安装设置要求

a. 起重机的安装、顶升、拆卸必须按照原厂规定进行，并制订安全作业措施，由专业队（组）在队（组）长负责统一指导下进行，并要有技术和安全人员在场监护；

b. 起重机安装后，在无荷载情况下，塔身与地面的垂直度偏差值不得超过 3/1000；

c. 起重机专用的临时配电箱，宜设置在轨道中部附近，电源开关应合乎规定要求，电缆卷筒必须运转灵活、安全可靠，不得拖缆；

d. 起重机轨道应进行接地、接零，塔式起重机的重复接地应在轨道的两端各设一组，对较长的轨道，每隔 30m 再加一组接地装置，两条轨道之间应用钢筋或扁铁等作环形电气连接，轨与轨的接头处应用导线跨接形成电气连接，塔式起重机的保护接零和接地线必须分开；

e. 起重机必须安装行走、变幅、吊钩高度等限位器和力矩限制器等安全装置，并保证灵敏可靠，对有升降式驾驶室的起重机，断绳保护装置必须可靠；

f. 起重机的塔身上，不得悬挂标语牌；

g. 轨道应平直、无沉陷，轨道螺栓无松动，排除轨道上的障碍物，松开夹轨器并向上固定好。

③ 起重机作业前的重点检查要求

a. 机械结构的外观情况，各传动机构正常；各齿轮箱、液压油箱的油位应符合标准；

b. 主要部位连接螺栓应无松动；钢丝绳磨损情况及穿绕滑轮应符合规定；

c. 供电电缆应无破损。

④ 在中波无线电广播发射天线附近施工时，与起重机接触的人员，应穿戴绝缘手套和绝缘鞋。

⑤ 检查电源电压达到 380V，其变动范围不得超过±20V，送电前启动控制开关应在零位。接通电源，检查金属结构部分无漏电方可上机。

⑥ 空载运转，检查行走、回转、起重、变幅等各机构的制动器、安全限位、防护装置等确认正常后，方可作业。

⑦ 操纵各控制器时应依次逐级操作，严禁越挡操作。在变换运转方向时，应将控制器转到零位，待电动机停止转动后，再转向另一方向。操作时力求平稳。严禁急开急停。

⑧ 吊钩提升接近臂杆顶部、小车行至端点或起重机行走接近轨道端部时，应减速缓行至停止位置。吊钩距臂杆顶部不得小于 1m，起重机距轨道端部不得小于 2m。

⑨ 动臂式起重机的起重、回转、行走三种动作可以同时进行，但变幅只能单独进行。每次变幅后应对变幅部位进行检查。允许带载变幅的小车变幅式起重机在满载荷或接近满载荷时，只能朝幅度变小的方向变幅。

⑩ 提升重物后，严禁自由下降。重物就位时，可用微动机构或使用制动器使之缓慢下降。

⑪ 提升的重物平移时，应高出其跨越的障碍物 0.5m 以上。

⑫ 两台及两台以上塔式起重机使用时的安全要求

a. 两台或两台以上塔式起重机靠近作业时，应保证两机之间的最小防碰安全距离；

b. 移动塔式起重机：任何部位（包括起吊的重物）之间的距离不得小于 5m；

c. 两台同是水平臂架的塔式起重机，臂架与臂架的高差至少应不小于 6m；

d. 处于高位的起重机（吊钩升至最高点）与低位的起重机之间，在任何情况下，其垂直方向的间距不得小于 2m。

⑬ 当施工因场地作业条件的限制，不能满足要求时，应同时采取两种措施：

a. 组织措施对塔式起重机作业及行走路线进行规定，由专设的监护人员进行监督执行；

b. 技术措施：应设置限位装置缩短臂杆、升高（下降）塔身等措施。防止塔式起重机因误操作而造成的超越规定的作业范围，发生碰撞事故。

⑭ 其他注意事项：

a. 旋转臂架式起重机的任何部位或被吊物边缘于10kV以下的架空线路边线最小水平距离不得小于2m。塔式起重机活动范围应避开高压供电线路，相距应不小于6m，当塔式起重机与架空线路之间小于安全距离时，必须采取防护措施，并悬挂醒目的警告标志牌。夜间施工应有36V彩泡（或红色灯泡），当起重机作业半径在架空线路上方经过时，其线路的上方也应有防护措施。

b. 主卷扬机不安装在平衡臂上的上旋式起重机作业时，不得顺一个方向连续回转。

c. 装有机械式力矩限制器的起重机，在每次变幅后，必须根据回转半径和采取该半径时的允许载荷，对超载荷限位装置的吨位指示盘进行调整。

d. 弯轨路基必须符合规定要求，起重机转弯时应在外轨轨面上撒上砂子，内轨轨面及两翼涂上润滑脂，配重箱转至转弯外轮的方向；严禁在弯道上进行吊装作业或吊重物转弯。

e. 作业后，起重机应停放在轨道中间位置，臂杆应转到顺风方向，并放松回转制动器。小车及平衡重应移到非工作状态位置。吊钩提升到离臂杆顶端2～3m处。

f. 将每个控制开关拨至零位，依次断开各路开关，关闭操作室门窗，下机后切断电源总开关。打开高空指示灯。

g. 锁紧夹轨器，使起重机与轨道固定，如遇八级大风时，应另拉缆风绳与地锚或建筑物固定。

h. 任何人员上塔帽、吊臂、平衡臂的高空部位检查或修理时，必须佩戴安全带。

i. 附着式、内爬式塔式起重机还应遵守以下事项：

- 附着式或内爬式塔式起重机的基础和附着的建筑物其受力强度必须满足起重机设计要求；
- 附着时应用经纬仪检查塔身的垂直情况并用撑杆调整垂直度；
- 每道附着装置的撑杆布置方式、相互间隔和附墙距离应按原厂规定；
- 附着装置在塔身和建筑物上的框架，必须固定可靠，不得有任何松动；
- 轨道式起重机作附着式使用时，必须提高轨道基础的承载能力和切断行走机构的电源；
- 起重机载人专用电梯断绳保护装置必须可靠，并严禁超重乘人，当臂杆回转或起重作业时严禁开动电梯，电梯停用时，应降至塔身底部位置，不得长期悬在空中；
- 如风力达到4级以上时不得进行顶升、安装、拆卸作业，作业时突然遇到风力加大，必须立即停止作业，并将塔身固定；
- 顶升前必须检查液压顶升系统各部件的连接情况，并调整好爬升架滚轮与塔身的间隙，然后放松电缆，其长度略大于顶升高度，并紧固好电缆卷筒；
- 顶升作业，必须在专人指挥下操作，非作业人员不得登上顶升机套架的操作台，操作室内只准一人操作，严格听从信号指挥；

- 顶升时，必须使吊臂和平衡臂处于平衡状态，并将回转部分制动住。严禁回转臂杆及其他作业。顶升中发现故障，必须立即停止顶升进行检查，待故障排除后方可继续顶升。顶升到规定高度后必须先将塔身附着在建筑物上后方可继续顶升，塔身高出固定装置的自由端高度应符合原厂规定。顶升完毕后，各连接螺栓应按规定的力矩紧固，爬升套架滚轮与塔身应吻合良好，左右操纵杆应在中间位置，并切断液压顶升机构电源。

j. 塔式起重机司机属特种作业人员，必须经过专门培训，取得操作证。司机学习塔型与实际操纵的塔型应一致。严禁未取得操作证的人员操作塔式起重机。

k. 指挥人员必须经过专门培训，取得指挥证。严禁无证人员指挥。

l. 高塔作业应结合现场实际改用旗语或对讲机进行指挥。

m. 塔式起重机司机必须严格按照操作规程的要求和规定执行，上班前例行保养检查，一旦发现安全装置不灵敏或失效必须进行整改。符合安全使用要求后方可作业。

（3）塔式起重机的安装要求

① 施工方案与资质管理

a. 特种设备（塔机、井架、龙门架、施工电梯等）的安拆必须编制具有针对性的施工方案，内容应包括：工程概况、施工现场情况、安装前的准备工作及注意事项、安装与拆卸的具体顺序和方法、安装和指挥人员组织、安全技术要求及安全措施等；

b. 装拆塔式起重机的企业，必须具备装拆作业的资质，作业人员必须经过专门培训并取得上岗证；

c. 安装调试完毕，还必须进行自检、试车及验收，按照检验项目和要求注明检验结果。

② 塔式起重机的基础

a. 基础所在地基的承载力是否能达到设计要求，是否需要进行地基处理；

b. 塔基基础的自重、配筋、混凝土强度等级是否满足相应型号塔机的技术指标；

c. 基础有钢筋混凝土和锚桩基础两种，前者主要用于地基为砂土、黏性土和人工填土的条件，后者主要用于岩石地基条件；

d. 基础分整体式和分块式（锚桩）两种。仅在岩石地基，才允许使用分块地基，土质地基必须采用整体式基础，基础的表面平整度应小于1/750。混凝土基础整体浇筑前，要先把塔机的底盘安装在基础上表面，即基础钢筋网片绑扎完成后，在网片上找好基础中心线，按基础节要求位置摆放底盘并预埋M36地脚螺栓，螺栓强度等级为8.8级，其预紧力矩必须达到1.8kN·m，预埋螺栓固定好后，丝头部分应用软塑料包扎，以免浇混凝土时污染，浇筑混凝土时，随时检查地脚螺栓位置情况（由于地脚螺栓为特殊材质，禁止用焊接方法固定），螺栓底部圆环内穿ϕ22长1000mm的圆钢加强，底盘上表面水平度误差≤1mm，同时设置可靠的接地装置，接地电阻不大于4Ω。

（4）塔式起重机的拆卸要求

① 对装拆人员的要求：

a. 参加塔式起重机装拆人员，必须经过专业培训考核，持有效的操作证上岗；

b. 装拆人员严格按照塔式起重机的装拆方案和操作规程中的有关规定、程序进行装拆；

c. 装拆作业人员严格遵守施工现场安全生产的有关制度，正确使用劳动保护用品。

② 对塔式起重机装拆的管理要求：

a. 装拆塔式起重机的施工企业，必须具备装拆作业的资质并按装拆塔式起重机资质的等级进行装拆相对应的塔式起重机；

b. 施工企业必须建立塔式起重机的装拆专业班组并且配有起重工（装拆工）、电工、起重指挥、塔式起重机操纵司机和维修钳工等；

c. 进行塔式起重机装拆，施工企业必须编制专项的装拆安全施工组织设计和装拆工艺要求，并经过企业技术主管领导的审批；

d. 塔式起重机装拆前，必须向全体作业人员进行装拆方案和安全操作技术的书面与口头交底，并履行签字手续。

3. 塔式起重机的安装、使用和拆卸

（1）塔式起重机的使用

① 塔式起重机司机、信号工、司索工等操作人员应取得特种作业人员资格证书，严禁无证上岗。

② 塔式起重机使用前，应对司机、信号工、司索工等作业人员进行安全技术交底。

③ 塔式起重机的力矩限制器、质量限制器、变幅限位器、行走限位器、高度限位器等安全保护装置不得随意调整和拆除，严禁用限位装置代替操纵机构。

④ 塔式起重机回转、变幅、行走、起吊动作前应有警示动作。起吊时应统一指挥，明确指挥信号；当指挥信号不清楚时，不得起吊。

⑤ 起吊前的注意事项

a. 塔式起重机起吊前，当吊物与地面或其他物件之间存在吸附力或摩擦力而未采取处理措施时，不得起吊；

b. 塔式起重机起吊前，应对安全装置进行检查，确认合格后方可起吊；安全装置失灵时，不得起吊；

c. 塔式起重机起吊前，应按要求对吊具与索具进行检查，确认合格后方可起吊；吊具与索具不符合相关规定的，不得用于起吊作业。

⑥ 作业中遇突发故障，应采取措施将吊物降落到安全地点，严禁吊物长时间悬挂在空中。

⑦ 遇有风速在12m/s及以上的大风或大雨、大雪、大雾等恶劣天气时，应停止作业。雨雪过后，应先经过试吊，确认制动器灵敏可靠后方可进行作业。夜间施工应有足够照明，照明的安装应符合现行行业标准《建筑与市政工程施工现场临时用电安全技术标准》JGJ/T 46的要求。

⑧ 塔式起重机不得起吊质量超过额定载荷的吊物，并不得起吊质量不明的吊物。

⑨ 在吊物荷载达到额定载荷的90%时，应先将吊物吊离地面200～500mm后，检查机械状况、制动性能、物件绑扎情况等，确认无误后方可起吊。对晃动的物件，必须拴拉溜绳使之稳固。

⑩ 物件起吊时应绑扎牢固，不得在吊物上堆放或悬挂其他物件；零星材料起吊时，必须用吊笼或钢丝绳绑扎牢固。当吊物上站人时不得起吊。

⑪ 标有绑扎位置或记号的物件，应按标明位置绑扎。钢丝绳与物件的夹角宜为45°～60°，且不得小于30°。吊索与吊物棱角之间应有防护措施；未采取防护措施的，不得起吊。

⑫ 起吊作业完毕后，应松开回转制动器，各部件应置于非工作状态，控制开关应置于零位，并应切断总电源。

⑬ 行走式塔式起重机停止作业时，应锁紧夹轨器。

⑭ 塔式起重机使用高度超过30m时应配置障碍灯，起重臂根部铰点高度超过50m时应配备风速仪。

⑮ 严禁在塔式起重机塔身上附加广告牌或其他标语牌。

⑯ 每班作业应做好例行保养，并应作好记录。记录的主要内容应包括结构件外观、安全装置、传动机构、连接件、制动器、索具、夹具、吊钩、滑轮、钢丝绳、液位、油位、油压、电源、电压等。

⑰ 实行多班作业的设备，应执行交接班制度，认真填写交接班记录，接班司机经检查确认无误后，方可开机作业。

⑱ 塔式起重机应实施各级保养。转场时，应作转场保养，并有记录。

⑲ 检查与检修要求

a. 塔式起重机的主要部件和安全装置等应进行经常性检查，每月不得少于一次，并应留有记录，发现有安全隐患时应及时进行整改；

b. 当塔式起重机使用周期超过一年时，应进行一次全面检查，合格后方可继续使用；

c. 使用过程中塔式起重机发生故障时，应及时维修，维修期间应停止作业。

（2）塔式起重机的安装

① 塔式起重机安装、拆卸资质要求

a. 塔式起重机安装、拆卸单位必须在资质许可范围内从事塔式起重机的安装、拆卸业务；

b. 塔式起重机安装、拆卸单位应具备安全管理保证体系，有健全的安全管理制度。起重设备安装工程专业承包企业资质分为一级、二级、三级。一级企业可承担各类起重设备的安装与拆卸，二级企业可承担单项合同额不超过企业注册资本金5倍的1000kN·m及以下塔式起重机等起重设备、120t及以下起重机和龙门吊的安装与拆卸，三级企业可承担单项合同额不超过企业注册资本金5倍的800kN·m及以下塔式起重机等起重设备、60t及以下起重机和龙门吊的安装与拆卸。顶升、加节、降节等工作均属于安装、拆卸范畴。

② 塔式起重机安装、拆卸作业应配备人员与文件要求

a. 持有安全生产考核合格证书的项目和安全负责人、机械管理人员；具有建筑施工特种作业操作资格证书的建筑起重机械安装拆卸工、起重信号工、起重司机、司索工等特种作业操作人员；

b. 塔式起重机应具有特种设备制造许可证、产品合格证、制造监督检验证明，并已在建设主管部门备案登记；

c. 塔式起重机启用前应检查其备案登记证明等文件、建筑施工特种作业人员的操作资格证书、专项施工方案、辅助起重机械的合格证及操作人员资格证；

d. 有下列情况的塔式起重机严禁使用：国家明令淘汰的产品；超过规定使用年限经

评估不合格的产品；不符合国家或行业标准的产品；没有完整安全技术档案的产品。

③ 塔式起重机安装、拆卸作业施工方案的编制

a. 塔式起重机安装、拆卸前，应编制专项施工方案，指导作业人员实施安装、拆卸作业，专项施工方案应根据塔式起重机产品说明书和作业场地的实际情况编制，并应符合相关法规、规程、标准的要求，专项施工方案应由本单位技术、安全、设备等部门审核，技术负责人审批后，经监理单位批准实施；

b. 塔式起重机安装前应编制专项施工方案，内容包括：工程概况，安装位置平面和立面图，所选用的塔式起重机型号及性能技术参数，基础和附着装置的设置，爬升工况及附着节点详图，安装顺序和安全质量要求，主要安装部件的重量和吊点位置，安装辅助设备的型号、性能及布置位置，电源的设置，施工人员配置，吊索具和专用工具的配备，安装工艺程序，安全装置的调试，重大危险源和安全技术措施，应急预案等；

c. 塔式起重机拆卸专项方案应包括：工程概况，塔式起重机位置的平面和立面图，拆卸顺序，部件的质量和吊点位置，拆卸辅助设备的型号、性能及布置位置，电源的设置，施工人员配置，吊索具和专用工具的配备，重大危险源和安全技术措施，应急预案等；

d. 当多台塔式起重机在同一施工现场交叉作业时，应编制专项方案，并应采取防碰撞的安全措施。任意两台塔式起重机之间的最小架设距离，应满足低位塔式起重机的起重臂端部与另一台塔式起重机的塔身之间的距离不得小于 2m；高位塔式起重机的最低位置的部件（吊钩升至最高点或平衡重的最低部位）与低位塔式起重机中处于最高位置部件之间的垂直距离不得小于 2m。

④ 塔式起重机与架空输电线的安全距离应符合现行国家标准《塔式起重机安全规程》GB 5144 的规定。

⑤ 塔式起重机在安装前和使用过程中，应按相关规定进行检查，发现有下列情况之一的，不得安装和使用：结构件上有可见裂纹和严重锈蚀的；主要受力构件存在塑性变形的；连接件存在严重磨损和塑性变形的；钢丝绳达到报废标准的；安全装置不齐全或失效的。

⑥ 在塔式起重机的安装、使用及拆卸阶段，进入现场的作业人员必须佩戴安全帽、穿防滑鞋、系安全带等防护用品，无关人员严禁进入作业区域。在安装、拆卸作业期间，应设立警戒区。

⑦ 塔式起重机在使用时，起重臂和吊物下方严禁有人员停留；物件吊运时，严禁从人员上方通过。

⑧ 严禁用塔式起重机载运人员。

⑨ 安装前应根据专项施工方案，对塔式起重机基础的下列项目进行检查，确认合格后方可实施：基础的位置、标高、尺寸；基础的隐蔽工程验收记录和混凝土强度报告等相关资料；安装辅助设备的基础、地基承载力、预埋件等；基础的排水措施。

⑩ 安装作业应根据专项施工方案要求实施。安装作业人员应分工明确、职责清楚。安装前应对安装作业人员进行安全技术交底，交底人和被交底人双方应在交底书上签字，专职安全员应监督整个交底过程。

⑪ 安装辅助设备就位后，应对其机械和安全性能进行检验，合格后方可作业。

⑫ 安装所使用的钢丝绳、卡环、吊钩和辅助支架等起重机具均应符合规定，并应经检查合格后方可使用。

⑬ 安装作业中应统一指挥，明确指挥信号。当视线受阻、距离过远时，应采用对讲机或多级指挥。

⑭ 自升式塔式起重机的顶升加节，应符合下列要求：顶升系统必须完好；结构件必须完好；顶升前，塔式起重机下支座与顶升套架应可靠连接；顶升前，应确保顶升横梁搁置正确；顶升前，应将塔式起重机配平；顶升过程中，应确保塔式起重机的平衡；顶升加节的顺序，应符合产品说明书的规定；顶升过程中，不应进行起升、回转、变幅等操作；顶升结束后，应将标准节与回转下支座可靠连接；塔式起重机加节后须进行附着的，应按照先装附着装置、后顶升加节的顺序进行，附着装置的位置和支撑点的强度应符合要求。

⑮ 塔式起重机的独立高度、悬臂高度应符合产品说明书的要求。

⑯ 极端天气、夜间、特殊情况的安装作业要求

a. 雨雪、浓雾天严禁进行安装作业。安装时塔式起重机最大高度处的风速应符合产品说明书的要求，且风速不得超过 12m/s；

b. 塔式起重机不宜在夜间进行安装作业；特殊情况下，必须在夜间进行塔式起重机安装和拆卸作业时，应保证提供足够的照明；

c. 在特殊情况下，当安装作业不能连续进行时，必须将已安装的部位固定牢靠并达到安全状态，经检查确认无隐患后，方可停止作业。

⑰ 电气设备应按产品说明书的要求进行安装，安装所用的电源线路应符合现行行业标准《建筑与市政工程施工现场临时用电安全技术标准》JGJ/T 46 的要求。

⑱ 调试与安装后的检查工作

a. 塔式起重机的安全装置必须齐全，并应按程序进行调试合格；

b. 连接件及其防松防脱件应符合规定要求，严禁用其他代用品替代，连接件及其防松防脱件应使用力矩扳手或专用工具紧固连接螺栓，使预紧力矩达到规定要求；

c. 安装完毕后，应及时清理施工现场的辅助用具和杂物；

d. 安装单位应对安装质量进行自检，安装单位自检合格后，应委托有相应资质的检验检测机构进行检测。检验检测机构应出具检测报告书。安装质量的自检报告书和检测报告书应存入设备档案。经自检、检测合格后，应由总承包单位组织出租、安装、使用、监理等单位进行验收，合格后方可使用。

⑲ 塔式起重机停用 6 个月以上的，在复工前应由总承包单位组织有关单位按规定重新进行验收，合格后方可使用。

（3）塔式起重机的拆卸

① 塔式起重机拆卸作业宜连续进行；当遇特殊情况，拆卸作业不能继续时，应采取措施保证塔式起重机处于安全状态。

② 当用于拆卸作业的辅助起重设备设置在建筑物上时，应明确设置位置、锚固方法，并应对辅助起重设备的安全性及建筑物的承载能力等进行验算。

③ 拆卸前应检查主要结构件、连接件、电气系统、起升机构、回转机构、变幅机构、顶升机构等。发现隐患应采取措施，解决后方可进行拆卸作业。

④ 附着式塔式起重机应明确附着装置的拆卸顺序和方法。

⑤ 自升式塔式起重机每次降节前应检查顶升系统和附着装置的连接等，确认完好后方可进行作业。

⑥ 拆卸时，应先降节后拆除附着装置。塔式起重机的自由端高度应符合规定要求。

⑦ 拆卸完毕后，为塔式起重机拆卸作业而设置的所有设施应拆除，清理场地上作业时所用的吊索具、工具等各种零配件和杂物。

9.1.2 物料提升机的安全管理

1. 物料提升机

物料提升机是建筑施工现场常用的一种固定装置的输送物料的垂直运输设备。它以卷扬机为动力，以底架、立柱及天梁为架体，以钢丝绳为传动，以吊笼（吊篮）为工作装置。在架体上装设滑轮、导轨、导靴、吊笼、安全装置等和卷扬机配套构成完整的垂直运输体系，主要适用于粉状、颗粒状及小块物料的连续垂直提升，设置了断绳保护安全装置、停靠安全装置、缓冲装置、上下高度及极限限位器、防松绳装置等安全保护装置，具有使用范围广、提升高度高、使用寿命长和整机运行可靠性高等特点。

物料提升机包括井式提升架（简称“井架”，如图 9.3 所示）、龙门式提升架（简称“龙门架”，如图 9.4 所示）、塔式提升架（简称“塔架”）和独杆升降台等。各类物料提升机的共同特点为：

图 9.3 井式提升架

图 9.4 龙门式提升架

(1) 提升采用卷扬，卷扬机设于架体外；

(2) 安全设备一般只有防冒顶、防坐冲和停层保险装置，只允许用于物料提升，不得载运人员；

(3) 用于 10 层以下时，多采用缆风绳固定；用于超过 10 层的高层建筑施工时，必须采取附墙方式固定，成为无缆风绳高层物料提升架，并可在顶部设液压顶升构造，实现井架或塔架标准节的自升接高。

物料提升机机构的设计和运算应符合现行国家标准《钢结构设计标准》GB 50017等标准的有关要求。物料提升机机构的设计和运行应提供正式、完整的计算书，计算书应含整体抗倾翻稳固性、基础、立柱、天梁、钢丝绳、制动器、电机、安装抱杆、附墙架等内容。

2. 物料提升机的主要安全防护装置

(1) 安全停靠装置

当吊篮运行到位时，该装置应能可靠地将吊篮定位，并能承担吊篮自重、额定荷载及运卸料人员和装卸物料时的工作荷载。此时起升钢丝绳应不受力。安全停靠装置的形式不一，有机械式、电磁式、自动或手动型等。

(2) 断绳保护装置

断绳保护装置就是当吊篮坠落情况发生时，此装置即刻动作，将吊篮卡在架体上，使吊篮不坠落，避免产生严重的事故。断绳保护装置的形式最常见的是弹闸式，其他还有偏心夹棍式、杠杆式和挂钩式等。

无论哪种形式，都应能可靠地将吊篮在下坠时固定在架体上，其最大滑落行程，在吊篮满载时不得超过1m。

(3) 吊篮安全门

吊篮的上下料口处应装设安全门，此门应制成自动开启型。当吊篮落地或停层时，安全门能自动打开，而在吊篮升降运行中此门处于关闭状态，成为一个四边都封闭的“吊篮”，以防止所运载的物料从吊篮中滚落。

(4) 上极限限位器

为防止司机误操作或机械、电气故障而引起吊篮上升高度失控造成事故，而设置的安全装置。该装置应能有效地控制吊篮允许提升的最高极限位置，此极限位置应控制在天梁最低处以下。当吊篮上升达到极限位置时，限位器即行动作，切断电源，使吊篮只能下降，不能上升。

(5) 紧急断电开关

应设在司机便于操作的位置，在紧急情况下，能及时切断提升机的总控制电源。

(6) 信号装置

该装置由司机控制，能与各楼层进行简单的音响或灯光联络，以确定吊篮的需求情况。高架提升机除应满足上述安全装置外，还应满足以下要求：

① 下极限限位器：该装置系控制吊篮下降最低极限位置的装置。在吊篮下降到最低限定位置时，即吊篮下降至尚未碰到缓冲器之前，此限位器自动切断电源，并使吊篮在重新启动时只能上升，不能下降。

② 缓冲器：在架体底部坑内设置的，为缓解吊篮下坠或下极限限位器失灵时产生的冲击力的一种装置。该装置应能承受并吸收吊篮满载时和规定速度下所产生的相应冲击力。缓冲器可采用弹簧或弹性实体。

③ 超载限制器：此装置是为保证提升机在额定载重量之内安全使用而设置。当荷载达到额定荷载时，即发出报警信号，提醒司机和运料人员注意。当荷载超过额定荷载时，应能切断电源，使吊篮不能启动。

④ 通信装置：由于架体高度较高，吊篮停靠楼层数较多，司机不能清楚地看到楼层上人员需要或分辨不清哪层楼面发出信号时，必须装设通信装置。通信装置必须是一个闭路的双向电气通信系统，司机应能听到或看清每一站的需求信号，并能与每一站人员通话。

当低架提升机的架设是利用建筑物内部垂直通道，如采光井、电梯井、设备或管道井时，在司机不能看到吊篮运行情况下，也应该装设通信联络装置。

3. 安装与拆卸管理

（1）施工方案与资质管理

① 安装或拆卸物料提升机前，安拆单位必须依照产品使用说明书编制专项安装或拆卸施工方案，明确相应的安全技术措施，以指导施工；

② 专项安装或拆卸施工方案必须经企业技术负责人审核批准，方案的编制人员必须参加对装拆人员的安全技术交底，并履行签字手续。装拆人员必须持证上岗；

③ 物料提升机安装或拆卸过程中，必须指定监护人员进行监护，发现违反工作程序或专项施工方案要求的应立即指出，予以整改，并作好监护记录，留档存查；

④ 物料提升机采用租赁形式或由专业施工单位进行安装或拆卸时，其专项安装或拆卸施工方案及相应计算资料须经发包单位技术复审，总包单位对其安装或拆卸过程负有督促落实各项安全技术措施的义务；

⑤ 使用单位应根据物料提升机的类型，建立相关的管理制度、操作规程、检查维修制度，并将物料提升机的管理纳入设备管理范畴，不得对卷扬机和架体分开管理。

（2）架体的安装

① 安装架体时，应将基础地梁（或基础杆件）与基础（或预埋件）连接牢固。每安装两个标准节（一般不大于 8m），应采取临时支撑或临时缆风绳固定，并进行初校正，在确认稳定时，方可继续作业；

② 安装龙门架时，两边立柱应交替进行，每安装两节，除将单肢柱进行临时固定外，尚应将两立柱在横向连成一体；

③ 利用建筑物内井道做架体时，各楼层进料口处的停靠门必须与司机操作处装设的层站标志灯进行联锁。阴暗处应装照明；

④ 架体各节点的螺栓必须紧固，螺栓应符合孔径要求，严禁扩孔和开孔，更不得漏装或以铅丝代替；

⑤ 缆风绳应选用直径不小于 9.3mm 的圆股钢丝绳。高度在 20m（含 20m）以下时，缆风绳不少于 1 组（4～8 根）；高度在 20～30m 时，缆风绳不少于 2 组，高架必须按要求设置附墙架，间距不大于 9m；

⑥ 缆风绳应在架体四角有横向缀件的同一水平面上对称设置，缆风绳与地面的夹角不应大于 60°，其下端应与地锚可靠连接。

（3）卷扬机的安装

① 卷扬机应安装在平整坚实的位置上，宜远离危险作业区，视线良好。因施工条件限制，卷扬机的安装位置距施工作业区较近时，其操作棚的顶部应按现行行业标准《龙门架及井架物料提升机安全技术规范》JGJ 88 中防护棚的要求架设；

② 固定卷扬机的锚杆应牢固可靠，不得以树木、电杆代替锚桩；

③ 当钢丝绳在卷筒中间位置时，架体底部的导向滑轮应与卷筒轴心垂直，否则应设置辅助导向滑轮，并用地梁、地锚、钢丝绳拴牢；

④ 钢丝绳在提升运动中应被架起，使其不拖于地面或被水浸泡，钢丝绳必须穿越主要干道时，应挖沟槽并加保护措施，严禁在钢丝绳穿行的区域内堆放物料。

（4）架体的拆卸

① 在拆除缆风绳或附墙架前，应先设置临时缆风绳或支撑，确保架体的自由高度不大于两个标准节（一般不大于 8m）；

② 拆除龙门架的天梁前，应先分别对两立柱采取稳固措施，保证单柱的稳定；

③ 拆除作业宜在白天进行。夜间作业应有良好的照明。因故中断作业时，应采取临时稳固措施。严禁从高处向下抛掷物件。

4. 物料提升机的安全使用与管理

（1）提升机安装后，应由主管部门组织有关人员按规范和设计的要求进行检查验收，确定合格后发给使用证，方可交付使用。

（2）由专职司机操作。升降机司机应经专门培训，人员要相对稳定，每班开机前，应对卷扬机、钢丝绳、地锚、缆风绳进行检查，并进行空车运行，确认安全装置安全可靠后方能投入工作。

（3）每月进行一次定期检查。

（4）严禁人员攀登、穿越提升机架体和乘坐吊篮上下。

（5）物料在吊篮内应均匀分布，不得超出吊篮，严禁超载使用。

（6）设置灵敏可靠的联系信号装置，司机在通信联络信号不明时不得开机，作业中不论任何人发出紧急停车信号，均应立即执行。

（7）装设摇臂把杆的提升机，吊篮与摇臂把杆不得同时使用。

（8）提升机在工作状态下，不得进行保养、维修、排除故障等工作，若要进行则应切断电源并在醒目处挂“有人检修、禁止合闸”的标志牌，必要时应设专人监护。

（9）卷扬机应安装在平整坚实的位置上，宜远离危险作业区，视线应良好。因施工条件限制，卷扬机安装位置距施工作业区较近时，其操作棚的顶部应按规定的防护棚要求架设。

（10）作业结束时，司机应降下吊篮，切断电源，锁好控制电箱门，防止其他无证人员擅自启动提升机。

9.1.3 施工升降机的安全管理

施工升降机是城市高层和超高层的各类建筑施工中运送施工人员上下及建筑材料和工具设备必备的和重要的垂直运输设施，如图 9.5 所示。施工升降机又称为施工电梯，是一种使工作笼（吊笼）沿导轨作垂直（或倾斜）运动的机械。施工升降机在工地上通常是配合塔式起重机使用。一般的施工升降机载质量在 1～10t，运行速度为 1～60m/min。

图 9.5 施工升降机

施工升降机的种类很多，按运行方式分无对重和有对重两种；按控制方式分为手动控制式和自动控制式；按传动型式可分为齿轮齿条式、钢丝绳式和混合式三种；根据实际需要还可以添加变频装置和PLC控制模块，另外还可以添加楼层呼叫装置和平层装置。

1. 施工升降机的主要安全装置

(1) 限速器

齿条驱动的建筑施工升降机，为了防止吊笼坠落均装有锥鼓式限速器，可分为单向式和双向式两种。单向限速器只能沿吊笼下降方向起限速作用，双向限速器则可以沿吊笼的升降两个方向起限速作用。

(2) 缓冲弹簧

在建筑施工升降机底笼的底盘上装有缓冲弹簧，以便当吊笼发生坠落事故时，减轻吊笼的冲击，同时保证吊笼和配重下降着地时呈柔性接触，缓冲吊笼和配重着地时的冲击。缓冲弹簧有圆锥卷弹簧和圆柱螺旋弹簧两种。一般情况下，每个吊笼对应的底架上装有2个圆锥卷弹簧，也有采用4个圆柱螺旋弹簧的。

(3) 上、下限位器

为防止吊笼上、下时超过需停位置，因司机误操作和电气故障等原因继续上行或下降引发事故而设置的装置，安装在吊轨架和吊笼上，属于自动复位型的。

(4) 上、下极限限位器

上、下极限限位器是在上、下限位器不起作用时，当吊笼运行超过限位开关和越程后，能及时切断电源使吊笼停车。极限限位器是非自动复位型，动作后只能手动复位才能使吊笼重新启动。极限限位器安装在导轨器或吊笼上。越程是指限位开关与极限限位开关之间所规定的安全距离。

(5) 安全钩

安全钩是为防止吊笼到达预先设定位置，上限位器和上极限限位器因各种原因不能及时动作、吊笼继续向上运行，将导致吊笼冲击导轨架顶部而发生倾翻坠落事故而设置的。

安全钩是安装在吊笼上部的重要也是最后一道安全装置，它能使吊笼上行到导轨架顶部的时候，安全钩钩住导轨架，保证吊笼不发生倾翻坠落事故。

（6）急停开关

当吊笼在运行过程中发生各种原因的紧急情况时，司机能在任何时候按下急停开关，使吊笼停止运行。急停开关必须是非自行复位的安全装置，安装在吊笼顶部。

（7）吊笼门、底笼门联锁装置

施工升降机的吊笼门、底笼门均装有电气联锁开关，它们能有效地防止因吊笼或底笼门未关闭就启动运行而造成人员坠落和物料滚落，只有当吊笼门和底笼门完全关闭时才能启动运行。

（8）楼层通道门

施工升降机与各楼层均搭设了运料和人员进出的通道，在通道口与升降机结合部必须设置楼层通道门。此门在吊笼上下运行时处于常闭状态，只有在吊笼停靠时才能由吊笼内的人打开。应做到楼层内的人员无法打开此门，以确保通道口处在封闭的条件下不出现危险的情况。

楼层通道门的高度应不低于1.8m，门的下沿离通道面不应超过50mm。

（9）通信装置

由于司机的操作室位于吊笼内，无法知道各楼层的需求情况和分辨不清哪个层面发出信号，因此必须安装一个闭路的双向电气通信装置，司机应能听到或看到每一层的需求信号。

（10）地面出入口防护棚

升降机在安装完毕时，应及时搭设地面出入口的防护棚。防护棚搭设的材质要选用普通脚手架钢管，防护棚长度不应小于5m，有条件的可与地面通道防护棚连接起来。宽度应不小于升降机底笼最外部尺寸。其顶部材料可采用50mm厚木板或两层竹笆，上下竹笆间距应不小于600mm。

2. 施工升降机的安装与拆卸

（1）施工方案与资质管理

① 安装与拆除作业必须由经当地建设行政主管部门认可、持有相应安拆资质证书的专业单位实施，专业单位根据现场工作条件及设备情况编制安拆施工方案，对作业人员进行分工和技术交底，确定指挥人员，划定安全警戒区域并设监护人员；

② 安装与拆除作业的人员应由专业队伍中取得市级有关部门核发的资格证书的人员担任，参与安装与拆卸的人员，必须熟悉施工电梯的机械性能、结构特点，并具备熟练的操作技术和排除一般故障的能力，必须有强烈的安全意识；

③ 作业人员应明确分工，专人负责，统一指挥，严禁酒后作业。工作时须佩戴安全帽、系安全带、穿防滑鞋，不得穿过于宽松的衣服，应穿工作服。

（2）施工升降机的安装与拆卸

① 施工升降机每次安装与拆卸作业之前，企业应根据施工现场工作环境及辅助设备情况编制安装拆卸方案，经企业技术负责人审批同意后方能实施；

② 每次安装或拆除作业之前，应对作业人员按不同的工种和作业内容进行详细的技

术、安全交底，参与装拆作业的人员必须持有专门的资格证书；

③ 升降机的装拆作业必须是经当地建设行政主管部门认可、持有相应的装拆资质证书的专业单位实施；

④ 升降机每次安装后，施工企业应当组织有关职能部门和专业人员对升降机进行必要的试验和验收，确认合格后应当向当地建设行政主管部门认定的检测机构申报，经专业检测机构检测合格后，才能正式投入使用。

(3) 施工升降机的安全使用和管理

① 施工企业必须建立健全施工升降机的各类管理制度，落实专职机构和专职管理人员，明确各级安全使用和管理责任制；

② 驾驶升降机的司机应是经有关行政主管部门培训合格的专职人员，严禁无证操作；

③ 司机应做好日常检查工作，即在电梯每班首次运行时，应分别作空载和满载试运行，将梯笼升高至离地面设计高度处停车，检查制动器的灵敏性和可靠性，确认正常后方可投入使用；

④ 建立和执行定期检查和维修保养制度，每周或每旬对升降机进行全面检查，对查出的隐患按“三定”原则落实整改，整改后须经有关人员复查确认符合安全要求后，方能使用；

⑤ 梯笼乘人、载物时，应尽量使荷载均匀分布，严禁超载使用；

⑥ 升降机运行至最上层和最下层时，严禁以碰撞上、下限位开关来实现停车；

⑦ 司机因故离开吊笼及下班时，应将吊笼降至地面，切断总电源并锁上电箱门，以防止其他无证人员擅自开动吊笼；

⑧ 风力达 6 级以上，应停止使用升降机，并将吊笼降至地面；

⑨ 各停靠层的运料通道两侧必须有良好的防护，楼层门应处于常闭状态，其高度应符合规范要求，任何人不得擅自打开或将头伸出门外，当楼层门未关闭时，司机不得开动电梯；

⑩ 确保通信装置的完好，司机应当在确认信号后方能开动升降机。作业中无论任何人在任何楼层发出紧急停车信号，司机都应当立即执行；

⑪ 升降机应按规定单独安装接地保护和避雷装置；

⑫ 严禁在升降机运行状态下进行维修保养工作。若需维修，必须切断电源并在醒目处挂上“有人检修，禁止合闸”的标志牌，并有专人监护。

9.2 建筑机械设备使用安全技术

37. 建筑机械设备使用安全技术

随着我国经济的发展和城市建设的推进，各类建筑机械的应用越来越广泛。除了大型垂直运输机械外，建筑施工中还会用到诸如钢筋弯箍机、焊机、挖掘机等施工机械设备。这些机具是建筑工程施工中实现施工机械化、自动化，提高劳动生产率的重要设备。但在实际的使用过程中，由于管理不严、操作不当等原因，机械伤害已成为建筑行业“五大伤害”之一。因此，提高建筑施工人员对施工机械的安全技术知识的认识，提升安全操作的技能，对有效防范和杜绝施工现场安全事故的发生，促进建筑施工安全生产，具有重要意义。

9.2.1　钢筋加工机械的安全技术

1. 钢筋调直切断机的安全使用要求

(1) 料架、料槽应安装平直，对准导向筒、调直筒和下切刀孔的中心线；

(2) 用手转动飞轮，检查传动机构和工作装置，调整间隙，紧固螺栓，确认正常后，启动空运转，检查轴承应无异响，齿轮啮合良好，确认运转正常后方可作业；

(3) 按调直钢筋的直径，选用合适的调直块、曳引轮槽及传动速度，调直块的孔径应比钢筋直径大2～5mm，曳引轮槽宽应和所需调直钢筋的直径相符合，传动速度应根据钢筋直径选用，直径大的宜选用慢速，经调试合格，方可送料；

(4) 在调直块未固定、防护罩未盖好前不得送料，作业中严禁打开防护罩及调整间隙；

(5) 当钢筋送入后，手与曳引轮必须保持一定距离，不得接近；

(6) 送料前应将不直的料头切去，导向筒前应装一根1m长的钢管，钢筋必须先穿过钢管再送入调直机前端的导孔内；

(7) 作业后，应松开调直筒的调直块并回到原来位置，同时预压弹簧必须回位；

(8) 钢筋加工机械以电动机、液压为动力，以卷扬机为辅机时，应按有关规定执行；

(9) 机械的安装必须坚实稳固，保持水平位置，固定式机械应有可靠的基础，移动式机械作业时应揳紧行走轮；

(10) 室外作业应设置机棚，机棚应有堆放原料、半成品的场地；

(11) 加工较长的钢筋时，应有专人帮扶，并听从操作人员指挥，不得任意推拉；

(12) 作业后，应堆放好成品，清理场地，切断电源，锁好电闸箱。

2. 钢筋切断机的安全使用要求

(1) 接送料工作台面应和切刀下部保持水平，工作台的长度可根据加工材料长度决定；

(2) 启动前，必须确认刀片安装应正确、切刀应无裂纹、刀架螺栓紧固、防护罩应牢固，然后用手转动皮带轮，检查齿轮啮合间隙，调整切刀间隙，固定刀与活动刀间水平间隙以0.5～1.0mm为宜；

(3) 启动后，先空运转，检查各传动部分及轴承运转正常后方可作业；

(4) 机械未达到正常转速时不得切料，切料时必须使用切刀的中下部位，并将钢筋握紧；应在活动刀向后退时，把钢筋送入刀口，以防钢筋末端摆动或弹出伤人；

(5) 不得剪切直径及强度超过机械铭牌规定的钢筋和烧红的钢筋，一次切断多根钢筋时，总截面积应在规定范围内；

(6) 剪切低合金钢时，应换高硬度切刀，直径应符合铭牌规定；

(7) 切断短料时，手和切刀之间的距离应保持150mm以上，如手握端小于400mm时，应用套管或夹具将钢筋短头压住或夹牢，切刀一端小于300mm时，切断前必须用夹具夹住，防止弹出伤人；

(8) 切长钢筋应有专人扶住，操作时动作要一致，不得任意拖拉；

(9) 运转中，严禁用手直接清除切刀附近的短头钢筋和杂物，人员不得在钢筋摆动周围和切刀附近停留；

(10) 发现机械运转不正常、有异响或切刀歪斜等情况，应立即停机检修；

(11) 使用电动液压钢筋切断机时，要先松开放油阀，空载运转几分钟，排掉缸内空气，然后拧紧，并用手扳动钢筋给活动刀以回程压力，即可进行工作；

(12) 已切断的钢筋，堆放要整齐，防止切口突出，误踢割伤；

(13) 作业后，用钢刷清除切刀间的杂物，进行整机清洁保养。

3. 钢筋弯曲机的安全使用要求

(1) 工作台和弯曲机台面要保持水平，并准备好各种芯轴及工具；

(2) 按加工钢筋的直径和弯曲半径的要求装好芯轴、成型轴、挡铁或可变挡架，芯轴直径应为钢筋直径的2.5倍；

(3) 检查芯轴、挡块、转盘应无损坏和裂纹，防护罩紧固可靠，经空运转确认正常后，方可作业；

(4) 作业时，将钢筋需弯的一头插在转盘固定销，并用手压紧，应注意钢筋放入插头的位置和回转方向，不要弄错方向，确认机身固定销子安在挡住钢筋的一侧后方可开动；

(5) 弯曲长钢筋应有专人扶住，并站在钢筋弯曲方向的外面，互相配合，不得在地上拖拉，调头弯曲时，防止碰撞人和物；

(6) 机械运转中，严禁更换芯轴、销子和变换角度以及调速等作业，转盘换向、加油和清理必须在停稳后进行；

(7) 弯曲钢筋时，严禁超过本机规定的钢筋直径、根数及机械转速；

(8) 弯曲高强度或低合金钢筋时，应按机械铭牌规定换算最大限制直径并调换相应的芯轴；

(9) 严禁在弯曲钢筋的作业半径内和机身不设固定销的一侧站人，弯曲好的半成品应堆放整齐，弯钩不得朝上；

(10) 弯曲机操作人员不准戴手套。

4. 钢筋螺纹成型机的安全使用要求

(1) 使用机械前，应确认刀具安装正确、连接牢固，各运转部位润滑情况良好，无漏电现象，在空车试运转确认无误后方可作业；

(2) 钢筋应先调直再下料，切口端面应与钢筋轴线垂直，不得有马蹄形或挠曲，不得用气割下料；

(3) 加工钢筋锥螺纹时，应采用水溶性切削润滑液；当气温低于0℃时，应掺入15％～20％亚硝酸钠，不得用机油作润滑液或不加润滑液套丝；

(4) 加工时必须确保钢筋夹持牢固；

(5) 机械在运转过程中，严禁清扫刀片上面的积屑杂物，发现工况不良应立即停机检查、修理；

(6) 对超过机械铭牌规定直径的钢筋严禁进行加工；

(7) 作业后应切断电源，用钢刷清除切刀间的杂物，进行整机清洁润滑。

5. 钢筋冷挤压连接机的安全使用要求

（1）有下列情况之一时，应对挤压机的挤压力进行标定：新挤压设备使用前；旧挤压设备大修后；油压表受损或强烈振动后；套筒压痕异常且查不出其他原因时；挤压设备使用超过一年；挤压的接头数超过5000个；

（2）设备使用前后的拆装过程中，超高压油管两端的接头及压接钳、换向阀的进出油接头应保持清洁，并应及时用专用防尘帽封好，超高压油管的弯曲半径不得小于250mm，扣压接头处不得扭转，且不得有死弯；

（3）挤压机液压系统的使用应符合现行行业规范《建筑机械使用安全技术规程》JGJ 33有关规定；高压胶管不得荷重拖拉、弯折和受到尖利物体刻画；

（4）压模、套筒与钢筋应相互配套使用，压模上应有相对应的连接钢筋规格标记；

（5）挤压前的准备工作应符合下列要求：钢筋端头的锈迹、泥沙、油污等杂物应清理干净；钢筋与套筒应先进行试套，当钢筋有马蹄、弯折或纵肋尺寸过大时，应预先进行矫正或用砂轮打磨；不同直径钢筋的套筒不得串用；钢筋端部应画出定位标记与检查标记，定位标记与钢筋端头的距离应为套筒长度的一半，检查标记与定位标记的距离宜为20mm；检查挤压设备情况，应进行试压，符合要求后方可作业；

（6）挤压操作应符合下列要求：钢筋挤压连接宜先在地面上挤压一端套筒，在施工作业区插入待接钢筋后再挤压另一端套筒；压接钳就位时，应对准套筒压痕位置的标记，并应与钢筋轴线保持垂直；挤压顺序宜从套筒中部开始，并逐渐向端部挤压；挤压作业人员不得随意改变挤压力、压接道数和挤压顺序；

（7）作业后应收拾好成品、套筒和压模，清理场地，切断电源，锁好开关箱，最后将挤压机和挤压钳放到指定地点。

6. 钢筋对焊机的安全使用要求

（1）焊工必须经过专门安全技术和防火知识培训，经考核合格，持证者方准独立操作；徒工操作必须有师傅带领指导，不准独立操作；

（2）焊工施焊时必须穿戴白色工作服、工作帽、绝缘鞋、手套、面罩等，并要时刻预防电弧光伤害，并及时通知周围无关人员离开作业区，以防伤害眼睛；

（3）钢筋焊接工作房，应尽可能采用防火材料搭建，在焊接机械四周严禁堆放易燃物品，以免引起火灾，工作棚应备有灭火器材；

（4）遇六级以上大风天气时，应停止高处作业，雨、雪天应停止露天作业；雨雪后，应先清除操作地点的积水或积雪，否则不准作业；

（5）进行大量焊接生产时，焊接变压器不得超负荷，变压器升温不得超过60℃，为此，要特别注意遵守焊机暂载率规定，以免过分发热而损坏；

（6）焊接过程中，如焊机有不正常响声，变压器绝缘电阻过小、导线破裂、漏电等，应立即停止使用，进行检修；

（7）对焊机断路器的接触点、电极（铜头），要定期检查修理，冷却水管应保持畅通，不得漏水和超过规定温度。

7. 钢筋除锈机械

（1）使用电动除锈机除锈，要先检查钢丝刷固定螺栓有无松动，检查封闭式防护罩装置及排尘设备的完好情况，防止发生机械伤害；

（2）使用移动式除锈机，要注意检查电气设备的绝缘及接地是否良好；

（3）操作人员要将袖口扎紧，并戴好口罩、手套等防护用品，特别是要戴好安全保护眼镜，防止圆盘钢丝刷上的钢丝甩出伤人；

（4）送料时，操作人员要侧身操作，严禁在除锈机的正前方站人，长料除锈需两人互相呼应，紧密配合。

8. 钢筋加工机械安全事故的预防措施

（1）钢筋加工机械在使用前，必须经过调试运转正常，并经建筑安全管理部门验收，确认符合要求，发给准用证或有验收手续后，方可正式使用，设备挂上合格牌；

（2）钢筋机械应由专人使用和管理，安全操作规程上墙，明确责任人；

（3）施工用电必须符合规范要求，做好保护接零，配置相应的漏电保护器；

（4）钢筋冷作业区与对焊作业区必须有安全防护设施；

（5）钢筋机械各传动部位必须有防护装置；

（6）在塔式起重机作业范围内，钢筋作业区必须设置双层安全防坠棚。

9.2.2 电气焊设备的安全技术

1. 电焊机使用安全知识

（1）交、直流电焊机应空载合闸启动，直流发电机式电焊机应按规定的方向旋转，带有风机的要注意风机旋转方向是否正确；

（2）电焊机在接入电网时须注意电压应相符，多台电焊机同时使用应分别接在三相电网上，尽量使三相负载平衡；

（3）电焊机需要并联使用时，应将一次线并联接入同一相位电路；二次侧也需同相相连，对二次侧空载电压不等的焊机，应经调整相等后才可使用，否则不能并联使用；

（4）焊机二次侧把线、地线要有良好的绝缘特性，柔性好，导电能力要与焊接电流相匹配，宜使用 YHS 型橡胶皮护套铜芯多股软电缆，长度不大于 30m，操作时电缆不宜成盘状，否则将影响焊接电流；

（5）多台焊机同时使用，当需拆除某台时，应先断电后在其一侧验电，在确认无电后方可进行拆除工作；

（6）所有交、直流电焊机的金属外壳，都必须采取保护接地或接零，接地、接零电阻应小于 4Ω；

（7）焊接的金属设备、容器本身有接地、接零保护时，焊机的二次绕组禁止没有接地或接零；

（8）多台焊机的接地、接零线不得串接接入接地体，每台焊机应设独立的接地、接零线，其接点应用螺栓压紧；

（9）宜用插销连接，其长度不得大于 5m，且须双层绝缘；

（10）电焊机二次侧把、地线需接长使用时，应保证搭接面积，接点处用绝缘胶带包裹好，接点不宜超过两处；严禁使用管道、轨道及建筑物的金属结构或其他金属物体串接起来作为地线使用；

（11）电焊机的一次、二次接线端应有防护罩，且一次接线端需用绝缘带包裹严密；二次接线端必须使用线卡子压接牢固；

（12）电焊机应放置在干燥和通风的地方（水冷式除外），露天使用时其下方应防潮且高于周围地面；上方应设防雨棚和有防砸措施；

（13）焊接操作及配合人员必须按规定穿戴劳动防护用品；

（14）高空焊接或切割时，必须系好安全带，焊接周围和下方应采取防火措施，并有专人监护；

（15）施焊压力容器、密闭容器等危险容器时，应严格按操作规程执行。

2. 气焊使用安全知识

（1）焊接设备的各种气瓶均应有不同的安全色标：氧气瓶（天蓝色瓶、黑字）、乙炔瓶（白色瓶、红字）、氢气瓶（绿色瓶、红字）、液化石油气瓶（银灰色瓶、红字）；

（2）不同类的气瓶，瓶与瓶之间的间距不小于5m，气瓶与明火距离不小于10m。当不满足安全距离要求时应用非燃烧体或难燃烧体砌成的墙进行隔离防护；

（3）乙炔瓶使用或存放时只能直立，不能平放，乙炔瓶的瓶体温度不能超过40℃；

（4）施工现场的各种气瓶应集中存放在具有隔离措施的场所，存放环境应符合安全要求，管理人员应经培训，存放处有安全规定和标志，班组使用过程中的零散存放，不能存放在住宿区和靠近油料和火源的地方，存放区应配备灭火器材，氧气瓶与其他易燃气瓶、油脂和其他易燃易爆物品分别存放，也不得同车运输，氧气瓶与乙炔瓶不得存放在同一仓库内；

（5）使用和运输应随时检查气瓶防振圈的完好情况，为保护瓶阀，应装好气瓶防护帽；

（6）禁止敲击、碰撞气瓶，以免损伤和损坏气瓶；夏季要防止阳光曝晒；

（7）冬天瓶阀冻结时，宜用热水或其他安全的方式解冻，不准用明火烘烤，以免气瓶材质的机械特性变坏和气瓶内压增高；

（8）瓶内气体不能用尽，必须留有剩余压力，可燃气体和助燃气体的余压宜留0.49MPa左右，其他气体气瓶的余压可低些；

（9）不得用电磁起重机搬运气瓶，以免失电时气瓶从高空坠落而致气瓶损坏和爆炸；

（10）盛装易起聚合反应气体的气瓶，不得置于有放射性射线的场所；

（11）使用和运输应随时检查气瓶防振圈的完好情况，为保护瓶阀，应装好气瓶防护帽。

9.2.3　木工加工机械设备的安全技术

1. 平刨使用安全知识

（1）平刨在进入施工现场前，必然经过建筑安全管理部门验收，确认符合要求时，发给准用证或有验收手续方能使用，设备挂上合格牌；

（2）平刨、电锯、电钻等多用联合机械在施工现场严禁使用；

（3）手压平刨必须有安全装置，并在操作前检查机械各部件及安全防护装置是否松动或失灵，检查刨刀锋利程度，经试车1～3min后，才能进行正式工作，如刨刃已钝，应及时调换；

（4）吃刀深度一般调为1～2mm；

（5）操作时左手压住木料，右手均匀推进，不要猛推猛拉，切勿将手指按于木料侧面，刨料时，先刨大面当作标准面，然后再刨小面；

（6）在刨较短、较薄的木料时，应用推板去推压木料；长度不足400mm或薄而窄的小料不得用手压刨；

（7）两人同时操作时，须待料推过刨刃150mm以外，下手方可接拖；

（8）操作人员衣袖要扎紧，不准戴手套；

（9）施工用电必须符合规范要求，并定期进行检查。

2. 圆盘锯使用安全知识

（1）圆盘锯在进入施工现场前，必须经过建筑安全管理部门验收，确认符合要求，发给准用证或有验收手续方能使用，设备应挂上合格牌；

（2）操作前应检查机械是否完好，电器开关等是否良好，熔丝是否符合规格要求，并检查锯片是否有断、裂现象，并装好防护罩，运转正常后方能投入使用；

（3）操作人员应戴安全防护眼镜；锯片必须平整，不准安装倒顺开关，锯口要适当，锯片要与主动轴匹配、紧牢，不得有连续缺齿；

（4）操作时，操作者应站在锯片左面的位置，不应与锯片站在同一直线上，以防止木料弹出伤人；

（5）木料锯到接近端头时，应由下手拉料进锯，上手不得用手直接送料，应用木板推送，锯料时，不准将木料左右搬动或高抬；送料不宜用力过猛，遇木节要减慢进锯速度，以防木节弹出伤人；

（6）锯短料时，应使用推棍，不准直接用手推，进料速度不得过快，下手接料必须使用刨钩，刨短料时，料长不得小于锯片直径的1.5倍，料高不得大于锯片直径的1/3，截料时，截面高度不准大于锯片直径的1/3；

（7）锯线走偏，应逐渐纠正，不准猛扳，锯片运转时间过长，温度过高时，应用水冷却，直径600mm以上的锯片在操作中，应喷水冷却；

（8）木料若卡住锯片时，应立即停车后处理；

（9）用电应符合规范要求，采用三级配电二级保护，三相五线保护接零系统。定期进行检查，注意熔丝的选用，严禁采用其他金属丝作为代用品。

9.2.4 手持电动工具的安全技术

建筑施工中，手持电动工具常用于木材加工中的锯割、钻孔、刨光、磨光、剪切及混凝土浇捣过程的振捣作业等。电动工具按其触电保护分为Ⅰ、Ⅱ、Ⅲ类。

1. 手持电动工具在使用前，必须经过建筑安全管理部门验收，确定符合要求，发给准用证或有验收手续方能使用。设备挂上合格牌。

2. 一般场所选用Ⅱ类手持式电动工具，并装设额定动作电流不大于15mA，额定漏电动作时间小于0.1s的漏电保护器。若采用Ⅰ类手持电动工具，还必须作保护接零。

3. 手持电动工具的负荷线必须采用耐气候型的橡皮护套铜芯软电缆，并不得有接头。

4. 手持电动工具的外壳、手柄、负荷线、插头、开关等必须完好无损，使用前必须做空载试验，运转正常方可投入使用。

5. 电动工具在使用中不得任意调换插头，更不能不用插头，而将导线直接插入插座内。当电动工具不用或需调换工作头时，应及时拔下插头，但不能拉着电源线拔下插头。插插头时，开关应在断开位置，以防突然启动。

6. 使用过程中要经常检查，如发现绝缘损坏、电源线或电缆护套破裂、接地线脱落、插头插座开裂、接触不良以及断续运转等故障时，应立即修理，否则不得使用。移动电动工具时，必须握持工具的手柄，不能用拖拉橡皮软线来搬动工具，并随时注意防止橡皮软线擦破、割断和轧坏现象，以免造成人身伤害事故。

7. 长期搁置未用的电动工具，使用前必须用500V兆欧表测定绕阻与机壳之间的绝缘电阻值，应不得小于7MΩ，否则须进行干燥处理。

9.2.5 土方机械设备的安全技术

1. 打桩机械安全知识

(1) 打桩机械在使用前，必须经过建筑安全管理部门验收，确认符合要求，发给准用证或有验收手续方能使用，设备挂上合格牌；

(2) 临时施工用电应符合规范要求；

(3) 打桩机应设有超高限位装置；

(4) 打桩作业要有施工方案；

(5) 打桩安全操作规程应上牌，并认真遵守，明确责任人；

(6) 具体操作人员应经培训教育和考核合格，持证并经安全技术交底后，方能上岗作业。

2. 翻斗车使用安全知识

(1) 行驶前，应检查锁紧装置，并将料斗锁牢，不得在行驶时掉斗；

(2) 行驶时应从一挡起步，不得用离合器处于半结合状态来控制车速；

(3) 上坡时，当路面不良或坡度较大时，应提前换入低挡行驶；下坡时严禁空挡滑行；转弯时应减速，急转弯时应换入低挡；

(4) 翻斗制动时，应逐渐踏下制动踏板，并应避免紧急制动；

(5) 在坑沟边缘卸料时，应设置安全挡块，车辆接近坑边时，应减速行驶，不得剧烈冲撞挡块；

(6) 停车时，应选择合适地点，不得在坡道上停车，冬季应采取防止车轮与地面冻结的措施；

(7) 严禁料斗内载人，料斗不得在卸料情况下行驶或进行平地作业；

(8) 内燃机运转或料斗内载荷时，严禁在车底下进行任何作业；

(9) 操作人员离机时，应将内燃机熄火，并摘挡拉紧手制动器；

(10) 作业后，应对车辆进行清洗，清除砂土及混凝土等粘结在料斗和车架上的脏物。

9.2.6 混凝土搅拌设备的安全技术

1. 搅拌机安全使用知识

(1) 搅拌机在使用前，必须经过建筑安全管理部门验收，确认符合要求，发给准用证或有验收手续方能使用，设备应挂上合格牌；

(2) 临时施工用电应做好保护接零，配备漏电保护器，具备三级配电两级保护；

(3) 搅拌机应设防雨棚，若机械设置在塔式起重机运转作业范围内的，必须搭设双层安全防坠棚；

(4) 搅拌机的传动部位应设置防护罩；

(5) 搅拌机安全操作规程应上墙，明确设备责任人，定期进行安全检查、设备维修和保养。

2. 混凝土泵车安全操作规程

(1) 构成混凝土泵车的汽车底盘、内燃机、空气压缩机、水泵、液压装置等的使用，应执行汽车的一般规定及混凝土泵的有关规定。

(2) 泵车就位地点应平坦坚实，周围无障碍物，上空无高压输电线。泵车不得停放在斜坡上。

(3) 泵车就位后，应支起支腿并保持机身的水平和稳定。当用布料杆送料时，机身倾斜度不得大于3°。

(4) 就位后，泵车应打开停车灯，避免碰撞。

(5) 作业前检查项目应符合下列要求：

① 燃油、润滑油、液压油、水箱添加充足，轮胎气压符合规定，照明和信号指示灯齐全良好；

② 液压系统工作正常，管道无泄漏；清洗水泵及设备齐全良好；

③ 搅拌斗内无杂物，料斗上保护格网完好并盖严；

④ 输送管路连接牢固，密封良好。

(6) 布料管所用配管和软管应按出厂说明书的规定选用，不得使用超过规定直径的配管，装接的软管应拴上防脱安全带。

(7) 伸展布料杆应按出厂说明书的顺序进行，布料杆升离支架后方可回转。严禁用布料杆起吊或拖拉物件。

(8) 当布料杆处于全伸状态时，不得移动车身。作业中需要移动车身时，应将上段布料杆折叠固定，移动速度不得超过10km/h。

(9) 不得在地面上拖拉布料杆前端软管；严禁延长布料配管和布料杆。当风力在六级及以上时，不得使用布料杆输送混凝土。

(10) 泵送管道的敷设，应按混凝土泵操作规程中的规定执行。

(11) 泵送前，当液压油温度低于15℃时，应采用延长空运转时间的方法提高油温。

（12）泵送时应检查泵和搅拌装置的运转情况，监视各仪表和指示灯，发现异常，应及时停机处理。

（13）料斗中混凝土面应保持在搅拌轴中心线以上。

（14）泵送混凝土应连续作业。当因供料中断被迫暂停时，停机时间不得超过30min。暂停时间内应每隔5～10min（冬期3～5min）作2～3个冲程反泵—正泵运动，再次投料泵送前应先将料搅拌。当停泵时间超限时，应排空管道。

（15）作业中，不得取下料斗上的格网，并应及时清除不合格的骨料或杂物。

（16）泵送中当发现压力表上升到最高值，运转声音发生变化时，应立即停止泵送，并应采用反向运转方法排除管道堵塞；无效时，应拆管清洗。

（17）作业后，应将管道和料斗内的混凝土全部输出，然后对料斗、管道等进行冲洗。当采用压缩空气冲洗管道时，管道出口端前方10m内严禁站人。

（18）作业后，不得用压缩空气冲洗布料杆配管，布料杆的折叠收缩应按规定顺序进行。

（19）作业后，各部位操纵开关、调整手柄、手轮、控制杆、旋塞等均应复位，液压系统应卸荷，并应收回支腿，将车停放在安全地带，关闭门窗。冬季应放尽存水。

9.3 临时用电安全管理

近年来，随着我国建筑工程项目数量迅速增加、规模日趋庞大，施工现场的用电设备种类随之增多，使用范围也随之扩大。在建筑工程施工现场起重吊装、混凝土拌合、预制件振捣、钢筋切割、焊接等施工工艺都离不开电力供应，安全、可靠、持续的电力供应已经成为影响工程建设效率的决定性因素。在建筑工程实际施工过程中，由于工程施工现场环境相对复杂，工程施工人员本身对于用电安全的重视程度明显不足，导致工程施工现场安全事故时有发生。为了减少伤亡事故发生，保障人员生命财产安全，贯彻“安全第一，预防为主，综合治理”的方针，全面提高施工现场用电安全管理水平，必须进一步完善施工用电安全管理制度，规范作业流程，加强用电安全知识宣传，提高作业人员安全意识，更好地提升施工现场临时用电安全，确保建筑工程的顺利完成。

9.3.1 施工现场临时用电的一般规定

1. 施工现场必须按工程特点编制施工临时用电施工组织设计（或方案），并由主管部门审核后实施。临时用电施工组织设计必须包括如下内容：

（1）用电机具明细表及负荷计算书；

（2）现场供电线路及用电设备布置图，布置图应注明线路架设方式，导线、开关电器、保护电器、控制电器的型号及规格；接地装置的设计计算及施工图；

（3）发、配电房的设计计算，发电机组与外电联锁方式；

（4）大面积的施工照明，150人及以上居住区的生活照明用电的设计计算及施工图纸；

（5）安全用电检查制度及安全用电措施（应根据工程特点有针对性地编写）。

2. 各施工现场必须设置1名电气安全负责人，电气安全负责人应由技术好、责任心强的电气技术人员或工人担任，其责任是负责该现场日常安全用电管理。

3. 施工现场的一切电气线路、用电设备的安装和维护必须由持证电工负责，并严格执行施工组织设计的规定。

4. 施工现场应视工程量大小和工期长短，必须配备足够的（不少于2名）持有市、地劳动安全监察部门核发电工证的电工。

5. 施工现场使用的大型机电设备，进场前应通知主管部门派员鉴定合格后才允许运进施工现场安装使用，严禁不符合安全要求的机电设备进入施工现场。

6. 一切移动式电动机具（如潜水泵、振动器、切割机、手持电动机具等）机身必须写上编号，检测绝缘电阻、检查电缆外绝缘层、开关、插头及机身是否完整无损，并列表报主管部门检查合格后才允许使用。

7. 施工现场严禁使用明火电炉（包括电工室和办公室）、多用插座及分火灯头，220V的施工照明灯具必须使用护套线。

8. 施工现场应设专人负责临时用电的安全技术档案管理工作。临时用电安全技术档案应包括的内容为：临时用电施工组织设计；临时用电安全技术交底；临时用电安全检测记录；电工维修工作记录。

9.3.2 施工现场临时用电检查与验收

1. 施工现场的外电防护

（1）在建工程不得在高、低压线路下方施工、搭设作业棚、生活设施和堆放构件、材料等，在架空线路一侧施工时，在建工程（含脚手架）的外缘应与架空线路边线之间保持安全操作距离，安全操作距离不得小于表9.1的数值；

最小安全操作距离　　表9.1

架空线路电压等级（kV）	＜1	1～10	35～110	220
最小安全操作距离（m）	4	6	8	10

注：上、下脚手架的斜道不宜设在有外电线路的一侧；起重机的任何部位或被吊物边缘与10kV以下的架空线路边缘最小水平距离不得小于2m。

（2）旋转臂式起重机的任何部位或被吊物边缘与10kV以下的架空线路边缘的最小距离不得小于2m；

（3）施工现场开挖非热管道沟槽的边缘与埋地外电缆沟槽之间的距离不得小于0.5m；

（4）施工现场不能满足规定的最小距离时，必须按现行行业规范规定搭设防护设施并设置警告标志，在架空线路一侧或上方搭设或拆除防护屏障等设施时，必须停电后作业，并设监护人员。

2. 施工现场的配电线路

（1）架空线路宜采用木杆或混凝土杆，混凝土杆不得露筋，不得有环向裂纹和扭曲；木杆不得腐朽，其梢径不得小于130mm；

（2）架空线路必须采用绝缘铜线或铝线，且必须架设在电杆上，并经横担和绝缘子架设在专用电杆上；架空导线截面应满足计算负荷、线路末端电压偏移（不大于5%）和机械强度要求；严禁架设在树木或脚手架上。

3. 架空线路相序排列规定

（1）在同一横担架设时，面向负荷侧，从左起为L1、N、L2、L3；和保护零线在同一横担架设时，线路相序排列是，面向负荷侧，从左起为L1、N、L2、L3、PE；

（2）动力线、照明线在两个横担架设时，上层横担：面向负荷侧，从左起为L1、L2、L3；下层横担从左起为L1、（L2、L3）N、PE；

（3）架空敷设挡距不应大于35m，线间距离不应小于0.3m，横担间最小垂直距离：高压与低压直线杆为1.2m，分支或转角杆为1.0m；低压与低压，直线杆为0.6m，分支或转角杆0.3m。

4. 架空线敷设高度要求

距施工现场地面不小于4m；距机动车道不小于6m；距铁路轨道不小于7.5m；距暂设工程和地面堆放物顶端不小于2.5m；距交叉电力线路：0.4kV线路不小于1.2m；10kV线路不小于2.5m。

5. 施工用电电缆线路要求

（1）施工用电电缆线路应采用埋地或架空敷设，不得沿地面明设；埋地敷设深度不应小于0.6m，并应在电缆上下各均匀铺设不少于50mm厚的细砂然后铺设砖等硬质保护层；穿越建筑物、道路等易受损伤的场所时，应另加防护套管；架空敷设时，应沿墙或电杆做绝缘固定，电缆最大弧垂处距地面不得小于2.5m；在建工程内的电缆线路应采用电缆埋地穿管引入，沿工程竖井、垂直孔洞，逐层固定，电缆水平敷设高度不应小于1.8m；

（2）照明线路上的每一个单项回路上，灯具和插座数量不宜超过25个，并应装设熔断电流为15A及其以下的熔断保护器。

6. 施工现场临时用电的接地与防雷

人身触电事故一般分为两种情况：一是人体直接触及或过分靠近电气设备的带电部分；二是人体碰触平时不带电却因绝缘损坏而带电的金属外壳或金属架构。针对这两种人身触电情况，必须从电气设备本身采取措施，并从工作中采取妥善的保证人身安全的技术措施和组织措施，如搭设防护遮栏、栅栏等属于从电气设备本身采取的防止直接触电的安全技术措施。

（1）保护接地和保护接零

电气设备的保护接地和保护接零是防止人身触电及绝缘损坏的电气设备所引起的触电事故而采取的技术措施。接地和接零保护方式是否合理，关系到人身安全，影响供电系统的正常运行。因此，正确运用接地和接零保护是电气安全技术中的重要内容。

其中，保护零线应符合下列规定：保护零线应自专用变压器、发电机中性点处，或配电室、总配电箱进线处的中性线（N线）上引出；保护零线的统一标志为绿/黄双色绝缘导线，任何情况下不得使用绿/黄双色线作负荷线；保护零线（PE线）必须与工作零线（N线）相隔离，严禁保护零线与工作零线混接、混用；保护零线上不得装设控制开关或熔断器；保护零线的截面不应小于对应工作零线截面；与电气设备相连接的保护零线应采用截面不小于 2.5mm² 的多股绝缘铜线；保护零线的重复接地点不得少于 3 处，应分别设置在配电室或总配电箱处，以及配电线路的中间处和末端处。

（2）基本保护系统

施工用电应采用中性点直接接地的 380/220V 三相五线制低压电力系统，其保护方式应符合下列规定：施工现场由专用变压器供电时，应将变压器低压侧中性点直接接地，并采用 TN-S 接零保护系统；施工现场由专用发电机供电时，必须将发电机的中性点直接接地，并采用 TN-S 接零保护系统，且应独立设置；当施工现场直接由市电（电力部门变压器）等非专用变压器供电时，其基本接地、接零方式应与原有市电供电系统保持一致。在同一供电系统中，不得一部分设备做保护接零，另一部分设备做保护接地。

（3）接地电阻

接地电阻包括接地线电阻、接地体本身的电阻及流散电阻。由于接地线和接地体本身的电阻很小（因导线较短，接地良好），可忽略不计，因此，一般认为接地电阻就是散流电阻，它的数值等于对地电压与接地电流之比。接地电阻可用冲击接地电阻、直接接地电阻和工频接地电阻，在用电设备保护中一般采用工频接地电阻。

电力变压器或发电机的工作接地电阻值不应大于 4Ω。在 TN-S 接零保护系统中，重复接地应与保护零线连接，每处重复接地电阻值不应大于 10Ω。

（4）施工现场的防雷保护

多层与高层建筑施工应充分重视防雷保护。多层与高层建筑施工时，其四周的起重机、门式架、井字架、脚手架等突出建筑物很多，材料堆积也较多，一旦遭受雷击，不但对施工人员造成生命危险，而且容易引起火灾，造成严重事故。因此，多层与高层建筑施工期间，应注意采取以下防雷措施：

① 建筑物四周、起重机的最上端必须装设避雷针，并应将起重机钢架连接于接地装置上，接地装置应尽可能利用永久性接地系统，如果是水平移动的塔式起重机，其地下钢轨必须可靠接到接地系统上，起重机上装设的避雷针，应能保护整个起重机及其电力设备；

② 沿建筑物四角和四边竖起的木、竹架子上，做数根避雷针并接到接地系统上，针长最小应高出木、竹架子 3.5m，避雷针之间的间距以 24m 为宜，对于钢脚手架，应注意连接可靠并要可靠接地，如施工阶段的建筑物中有突出高点，应如上述加装避雷针，雨期施工时，应随脚手架的接高加高避雷针；

③ 建筑工地的井字架、门式架等垂直运输架上，应将一侧的中间立杆接高（高出顶墙 2m），作为接闪器，并在该立杆下端设置接地线，同时应将卷扬机的金属外壳可靠接地；

④ 施工时，应按照正式设计图纸的要求先做完接地设备，同时注意跨步电压的问题；

⑤ 随时将每层楼的金属门窗（钢门窗、铝合金门窗）与现浇混凝土框架（剪力墙）的主筋可靠连接，在开始架设结构骨架时，应按图纸规定，随时将混凝土柱的主筋与接地装置连接，以防施工期间遭到雷击而破坏；

⑥ 随时将金属管道、电缆外皮在进入建筑物的进口处与接地设备连接，并应把电气设备的铁架及外壳连接在接地系统上；

⑦ 防雷装置的避雷针（接闪器）可采用直径为 20mm 的钢筋，长度为 1～2m；当利用金属构架做引线时，应保证构架之间的电气连接；防雷装置的冲击接地电阻值不得大于 30Ω。

7. 配电箱及开关箱

（1）配电箱与开关箱的设置原则：施工现场应设总配电箱（或配电室），总配电箱以下设分配电箱，分配电箱以下设开关箱，开关箱以下是用电设备；

（2）施工用电配电箱、开关箱中应装设电源隔离开关、短路保护器、过载保护器，其额定值和动作整定值应与其负荷相适应，总配电箱、开关柜中还应装设漏电保护器；

（3）施工用电动力配电与照明配电宜分箱设置，当合置在同一箱内时，动力与照明配电应分路设置；

（4）施工用电配电箱、开关箱应采用铁板（厚度为1.2～2.0mm）或阻燃绝缘材料制作，不得使用木质配电箱、开关箱及木质电器安装板；

（5）施工用电配电箱、开关箱应装设在干燥、通风、无外来物体撞击的地方，其周围应有足够二人同时工作的空间和通道；

（6）施工用电移动式配电箱、开关箱应装设在坚固的支架上，严禁于地面上拖拉；

（7）施工用电开关箱应实行“一机一闸”制，不得设置分路开关，开关箱中必须设漏电保护器，实行“一漏一箱”制；

（8）施工用电漏电保护器的额定漏电动作参数选择应符合下列规定：

① 在开关箱（末级）内的漏电保护器，其额定漏电动作电流不应大于30mA，额定漏电动作时间不应大于0.1s。

② 使用于潮湿场所时，其额定漏电动作电流应不大于15mA，额定漏电动作时间不应大于0.1s。

③ 总配电箱内的漏电保护器，其额定漏电动作电流应大于30mA，额定漏电动作时间应大于0.1s，但其额定漏电动作电流（I）与额定漏电动作时间（t）的乘积不应大于30mA·s（$I \cdot t \leqslant 30\text{mA} \cdot \text{s}$）。

（9）加强对配电箱、开关箱的管理，防止误操作造成危害，所有配电箱、开关箱应在其箱门处标注编号、名称、用途和分路情况；

（10）施工现场电器装置：

① 闸具、熔断器参数与设备容量应匹配，手动开关电器只许用于直接控制照明电路和容量不大于5.5kW的动力电路，容量大于5.5kW的动力电路应采用自动开关电器或降压启动装置控制，各种开关的额定值应与其控制用电设备的额定值相适应；

② 熔断器的熔体更换时，严禁使用不符合原规格的熔体代替。

8. 施工现场照明

（1）单相回路的照明开关箱内必须装设漏电保护器；

（2）照明灯具的金属外壳必须作保护接零；

（3）施工照明室外灯具距地面不得低于3m，室内灯具距地面不得低于2.4m；

（4）一般场所，照明电压应为220V，隧道、人防工程、高温、有导电粉尘和狭窄场所，照明电压不应大于36V；

（5）潮湿和易触及照明线路场所，照明电压不应大于24V，特别潮湿、导电良好的地面、锅炉或金属容器内，照明电压不应大于12V；

（6）手持灯具应使用36V以下电源供电，灯体与手柄应坚固、绝缘良好并耐热和耐潮湿；

(7) 施工照明使用220V碘钨灯应固定安装，其高度不应低于3m，距易燃物不得小于500mm，并不得直接照射易燃物，不得将220V碘钨灯做移动照明；

(8) 施工用电照明器具的形式和防护等级应与环境条件相适应；

(9) 需要夜间或暗处施工的场所，必须配置应急照明电源；

(10) 夜间可能影响行人、车辆、飞机等安全通行的施工部位或设施、设备，必须设置红色警戒照明。

9. 配电室与配电装置

(1) 闸具、熔断器参数应与设备容量匹配，手动开关电器只允许用于直接控制照明电路和容量不大于5.5kW的动力电路，容量大于5.5kW的动力电路应采用自动开关电器或降压启动装置控制，各种开关的额定值应与其控制用电设备的额定值相适应，更换熔断器的熔体时，严禁使用不符合原规格的熔体代替；

(2) 配电室应靠近电源，并设在无灰尘、无蒸汽、无腐蚀介质及无振动的地方，成列的配电屏（盘）和控制屏（台）两端应与重复接地线及保护零线进行电气连接；

(3) 配电屏（盘）周围的通道宽度应符合规定，配电室和控制室应能自然通风，应采取防止雨雪和动物出入的措施；

(4) 配电室的建筑物和构筑物的耐火等级应不低于三级，室内配备砂箱和绝缘灭火器；配电屏（盘）应装设有功、无功电度表，并分路装设电流、电压表；配电屏（盘）应装设短路、过负荷保护装置和漏电保护器；电流表与计费电度表不得共用一组电流互感器；配电屏（盘）上的各配电线路应编号，并标明用途标记；配电屏（盘）或配电线路维修时，应悬挂停电标志牌，停电、送电必须由专人负责；

(5) 电压为400/230V的自备发电机组及其控制室、配电室、修理室等，在保证电气安全距离和满足防火要求的情况下可合并设置；发电机组的排烟管道必须伸出室外；发电机组及其控制室、配电室内严禁存放储油桶；发电机组电源应与外电线路电源联锁，严禁并列运行；发电机组应采用三相四线制中性点直接接地系统，并须独立设置，其接地电阻不得大于4Ω。

10. 临时用电设施检查与验收

(1) 电气线路、用电设备安装完工后，必须会同主管单位的质量安全、动力部门验收合格（填写验收表格）才允许通电投入运行。验收时应重点检查下列内容：

① 开关、插座的接线是否正确及牢固可靠，各级开关的熔体规格大小是否与开关和被保护的线路或设备相匹配；

② 各级漏电开关的动作电流、动作时间是否达到设计要求；

③ 对接地电阻（工作接地电阻、保护接地电阻、重复接地电阻）进行测量；

④ 保护接零（地）所用导线规格，接零（地）线与设备的金属外壳，接地装置的连接是否牢固可靠；对电气线路、用电设备绝缘电阻进行测量。施工现场临时用电的验收可分部分项进行。

(2) 现场电气设备必须按下面规定时间定期检查，并列表报主管单位备查。

① 每天上班前的检查内容：

a. 保护潜水泵的漏电开关（应上、下午上班前检查）；

b. 保护一般水泵、振动器及手持电动工具的漏电开关；

c. 潜水泵绕组对外壳的绝缘电阻（绝缘电阻小于 2MΩ 的潜水泵严禁使用）；

d. 一般水泵、振动器、潜水泵的电缆引线的外绝缘层、开关、机身是否完整无损（上述内容有缺陷必须维修后才允许使用）；

e. 一般水泵、振动器、潜水泵电源插头的保护接零（地）桩头至机身的电阻（电阻大于 0.5MΩ 时严禁使用）。

② 每周检查一次的内容：固定安装的分配电箱的漏电开关，保护非移动设备的漏电开关。

③ 每月检查一次的内容：现场全部配电箱内的电气器具及其接线，保护总干线的漏电开关。

④ 每半年检查一次的内容：接地电阻、全部电气设备的绝缘电阻。

⑤ 以上各项检查的内容必须按表格要求记录。

（3）施工用电交底验收制度的基本内容：

① 施工现场的一切用电设备的安全必须严格执行施工组织设计。施工时，设计者必须到现场向电气工人进行技术、安全、质量交底；

② 干线、电力计算负荷大于 40kVA 的分干线及其配电装置、发电房完工后，现场必须会同设计者、动力及技安部门共同检查验收合格才允许通电运行；

③ 总容量在 30kW 及以上的单台施工机械或在技术、安全方面有特殊要求的施工机械，安装后应会同动力部门检查验收合格才允许通电投入运行；

④ 接地装置必须在线路及其配电装置投入运行前完工，并会同设计及动力部门共同检测其接地数值，接地电阻不合格者，严禁现场使用带有金属外壳的电气设备，并应增加人工接地体的数量，直至接地电阻合格为止；

⑤ 一切用电的施工机具运至现场后，必须由电工检测其绝缘电阻及检查各部分电气附件是否完整无损。绝缘电阻小于 0.5MΩ（手持电动工具及潜水泵应按手持电动工具的规定）或电气附件损坏的机具不得安装使用；

⑥ 除上述第②～第④条规定的内容外，现场其他的电气线路、用电设备安装后，可由现场电气负责人检查合格后通电运行。

（4）施工用电定期检查制度的基本内容：

① 人工挖孔桩工程、基础工程使用的潜水泵，必须每天上午上班前检查其绝缘电阻及负荷线，上午、下午上班前检查保护潜水泵的漏电开关；

② 保护移动式（如一般的小型抽水机、打坑机）设备的漏电开关，负荷线应每周检查一次；

③ 保护固定（使用时不移动或不经常移动）使用设备的漏电开关应每月检查一次；

④ 电气线路、配电装置（包括发电机、配电房）接地装置的接地电阻每半年检查一次；

⑤ 防雷接地电阻应于每年的 3 月 1 日前全面检测。

11. 施工现场安全用电知识

（1）进入施工现场，不要接触电线、供配电线路以及工地外围的供电线路。遇到地面有电线或电缆时，不要用脚去踩踏，以免意外触电。

（2）看到下列标志牌时，要特意留意，以免触电：

① 当心触电；

② 禁止合闸；

③ 止步，高压危险。

（3）不要擅自触摸、乱动各种配电箱、开关箱、电气设备等，以免发生触电事故。

（4）不能用潮湿的手去扳开关或触摸电气设备的金属外壳。

（5）衣物或其他杂物不能挂在电线上。

（6）施工现场的生活照明应尽量使用荧光灯。使用灯泡时，不能紧挨着衣物、蚊帐、纸张、木屑等易燃物品，以免发生火灾。施工中使用手持行灯时，要用36V以下的安全电压。

（7）使用电动工具以前要检查外壳，导线绝缘皮，如有破损要请专职电工检修。

（8）电动工具的线不够长时，要使用电源拖板。

（9）使用振捣器、打夯机时，不要拖拽电缆，要有专人收放。操作者要戴绝缘手套、穿绝缘靴等防护用品。

（10）使用电焊机时要先检查拖把线的绝缘好坏，电焊时要戴绝缘手套、穿绝缘靴等防护用品。不要直接用手去碰触正在焊接的工件。

（11）使用电锯等电动机械时，要有防护装置。防止受到机械伤害。

（12）电动机械的电缆不能随地拖放，如果无法架空只能放在地面时，要加盖板保护，防止电缆受到外界的损伤。

（13）开关箱周围不能堆放杂物，拉合闸刀时，旁边要有人监护。收工后要锁好开关箱。

（14）使用电器时，如遇跳闸或熔丝熔断时，不要自行更换或合闸，要由专职电工进行检查。

小结

建筑施工机械和临时用电的安全管理是施工过程中不可忽视的重要环节。在使用施工机械设备时，必须严格按照要求进行操作和管理，制定相应的安全控制措施，让操作人员接受足够的安全培训，提高安全意识和技能水平，从而确保施工过程中的安全生产和人身安全。

在建筑起重机械安全技术要求方面，塔式起重机、物料提升机和施工升降机等都是常用的设备，使用时必须落实好安全管理措施，包括安全检查、验收和防护措施等。在建筑机械设备使用安全技术方面，不同的设备有着不同的安全要求，如钢筋加工机械、电气焊设备、木工加工机械设备、手持电动工具、土方机械设备和混凝土搅拌设备等。需要注意的是，施工机械设备的安全性能不仅取决于设备本身的质量和性能，更需要施工方对设备进行正确的操作管理和维护保养。在临时用电安全管理方面，必须制定好具体的规定和措施，进行验收和检查并定期维护检修，防止电线电缆断裂、漏电、短路等情况的发生，确保施工现场的电气安全。同时，在施工现场使用电气设备时，必须注意安全用电，确保工作人员的人身安全。

总之，加强施工机械和临时用电的安全管理是保障施工现场安全生产和人身安全的重要措施。只有周密的安全管理措施和严格的监督验收，方可做到安全施工，保障施工人员的身体健康和生命安全。

思考及练习题

【单选题】

1. 塔式起重机轨道终端（ ）处必须设置极限位置阻挡器，其高度应不小于行走轮半径。

A. 1m　　B. 1.5m　　C. 2m　　D. 3m

2. 当2台塔式起重机同时进行作业时，处于高位的起重机（吊钩升至最高点）与低位的起重机之间，在任何情况下，其垂直方向的间距不得小于（ ）。

A. 1m　　B. 1.5m　　C. 2m　　D. 3m

3. 塔式起重机的主要部件和安全装置等应进行经常性检查，间隔时间为（ ）。

A. 每周一次　　B. 每月一次　　C. 每季一次　　D. 半年一次

4. 物料提升机用于超过10层的高层建筑施工时，必须采取（ ）。

A. 附墙方式固定　　B. 缆风绳固定　　C. 螺栓固定　　D. 固定板固定

5. 焊接设备的各种气瓶均应有不同的安全色标，其中黑字天蓝色瓶代表的是（ ）。

A. 氧气瓶　　B. 乙炔瓶

C. 氢气瓶　　D. 液化石油气瓶

6. 电动工具按其触电保护分为（ ）类。

A. 2　　B. 3　　C. 4　　D. 5

【多选题】

1. 施工现场的用电设备基本上可分为（ ）。

A. 生活电器　　B. 塔式起重机　　C. 电动机械

D. 电开工具　　E. 照明器

2. 施工现场的起重机械主要有（ ）。

A. 塔式起重机　　B. 拌合设备　　C. 滑升模板

D. 外用电梯　　E. 物料提升机

3. 施工现场需要考虑防直击雷的部位主要是（ ）等高大施工机械设备及钢脚手架、在建工程金属结构等高架设施。

A. 塔式起重机　　B. 施工升降机　　C. 物料提升机

D. 混凝土搅拌机　　E. 泵送机械

4. 建筑施工现场临时用电工程专用的电源中性点直接接地的220V、380V三相四线制低压电力系统，必须符合以下规定（ ）。

A. 采用三相供电　　B. 采用三级配电系统

C. 采用TN-S接零保护系统　　D. 采用二级漏电保护系统

E. 采用IT配电系统

【填空题】

1. 塔式起重机按能否移动分为（ ）和（ ）。

2. 塔式起重机活动范围应避开高压供电线路，相距应不小于（ ）。

3. 低位塔式起重机的起重臂端部与另一台塔式起重机的塔身之间的距离不得小于

（　　）。

4. 物料提升机用于10层以下时，多采用（　　）；用于超过10层的高层建筑施工时，必须采取（　　）。

5. 施工升降机按运行方式分有（　　）和（　　）两种。

6. 混凝土进行泵送前，当液压油温度低于15℃时，应采用（　　）的方法提高油温。

7. 施工用电开关箱应实行“（　　）”制，不得设置分路开关。

【简答题】

1. 请简述塔式起重机的安装设置要求。

2. 请简述临时用电施工组织设计的内容。

3. 请简述施工现场的配电线路架空线敷设高度要求。

【判断题】

1. 遇有风速在10m/s及以上的大风或大雨、大雪、大雾等恶劣天气时，应停止塔式起重机作业。（　）

2. 塔式起重机安装、拆卸前，不需要编制专项施工方案。（　）

3. 塔式起重机停用6个月以上的，在复工前应由总承包单位组织有关单位按规定重新进行验收，合格后方可使用。（　）

4. 一般场所，照明电压应为220V。隧道、人防工程、高温、有导电粉尘和狭窄场所，照明电压不应大于36V。（　）

【实训题】

根据对施工现场各垂直运输机械和起重吊装作业的参观，阅读起重吊装施工方案及相关资料，然后根据现行行业标准《建筑施工安全检查标准》JGJ 59中“塔式起重机、物料提升机、施工升降机及起重吊装检查评分表”对各垂直运输机械和起重吊装作业进行检查和评分。

第10章 施工现场防火安全管理

学习目标

1. 掌握施工现场防火安全的基本知识和相关法律法规；
2. 了解防火安全隐患的识别及消除方法。

知识目标

1. 学习施工现场消防设备的布置和使用；
2. 掌握易燃施工机具的选择和使用细节；
3. 熟悉施工现场各项作业的防火安全措施和相应的急救措施。

能力目标

1. 提高安全防范意识，正确使用防火设备和施工机具，明确作业前的防火检查和急救准备；

2. 掌握有效预防和应对火灾事故的方法，提高现场安全防范水平，保障施工人员的生命财产安全。

素质目标

1. 培养自身的防火安全意识和责任感，确保施工现场严格遵守防火安全管理规定；

2. 提升识别和消除防火安全隐患的能力，能够有效预防和应对火灾事故；

3. 增强正确使用消防设备和施工机具的能力，熟练掌握作业前防火检查和急救准备的技能，确保施工人员的生命财产安全。

学习重点

1. 掌握施工现场防火安全的基本规定，了解如何识别并消除防火安全隐患；

2. 学习消防设备和施工机具的正确使用方法，以及各类作业的防火安全措施和火灾急救措施。

学习难点

1. 如何合理布置施工现场的平面，如何针对不同施工作业制定相应的防火安全措施，以及如何在火灾现场自救和进行有效的应急响应；

2. 如何正确有效地预防和应对火灾事故，保障施工现场的安全生产。

思维导图

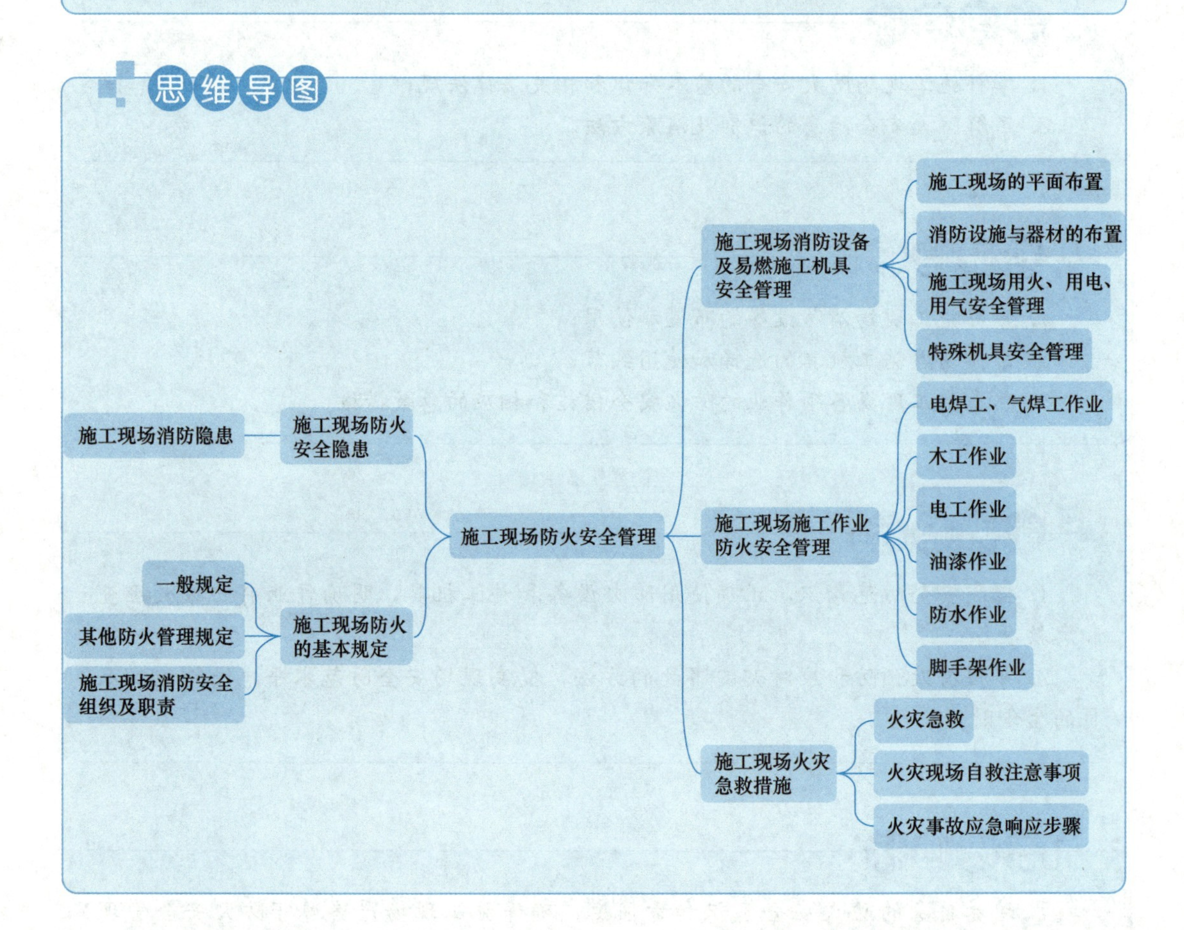

案例引入

2015 年，某地区一家建筑公司发生火灾事故，造成了十分严重的后果，如图 10.1 所示。当时，该建筑公司正在施工一栋高层建筑，工程量巨大，人员繁多，施工现场存在着大量的防火安全隐患。起火原因是电焊作业过程中发生起火，因为施工现场没有采取有效的防火措施，导致火势迅速扩散，最终造成了重大人员伤亡和财产损失。

通过对这起火灾事故的分析可以看出，施工现场防火安全管理的重要性。施工现场的防火安全隐患可以来自于多个方面，例如人员作业行为、现场设备和工具、环境等。如果不进行有效的防火安全管理和采取相应的措施，会存在严重的风险。

图 10.1　某建筑工地火灾事故现场

因此，施工现场的防火安全管理需要严格按照基本规定进行，采取有效的预防和应对措施。建议在施工前对现场安全设施进行全面检查，并切实落实消防安全责任人及值班管理措施。同时，加强对施工人员的安全培训，提高他们的安全意识和应急反应能力。对于各类施工机具的使用和存放，应该进行严格的标识和管理，防止意外发生。另外，对于易燃易爆物品和危险区域，应该进行隔离和标识，人员禁止接近和存储。

在各类施工作业过程中，也需要针对性制定相应的防火安全措施和应对措施。对于电焊、气焊、电工等作业，需要进行严格的作业许可和管理，避免火花等产生。对于油漆作业，要防止油漆溶剂挥发导致的爆炸危险，适时通风换气。对于防水作业，要严格控制所用材料的质量和使用方法，避免火花产生。对于脚手架作业，要注意施工人员的平衡和安全，防止意外坠落等。

在火灾发生时，需要及时进行应急响应和灭火救援。应该明确逃生通道和器材的位置和使用方法，并定期举行灭火演练。在火灾现场，要保护好自己，并根据现场情况及时报警，接受指挥。同时，应加强对火灾现场局部火势的控制，及时救助被困人员和避免火势扩大。

在建筑施工过程中，防火安全事关人员生命财产安全，需要得到施工单位的高度重视和管理。只有在严格按照基本规定制定有效的管理措施的前提下，才能达到最好的防火安全效果。

10.1　施工现场防火安全隐患

施工现场的火灾危险性与一般居民住宅、厂矿、企事业单位的有所不同。由于尚未完工，尚处于施工期间，正式的消防设施，诸如消火栓系统、自动喷水灭火系统、火灾自动报警系统均未投入使用，且施工现场内有众多施工人员及存有大量施工材料，都在一定程度上增加了施工现场的火灾危险性。

38. 施工现场防火安全管理

施工现场消防隐患

1. 易燃、可燃材料多

由于施工要求，很难避免施工现场存放有可燃材料，如木材、油毡纸、沥青、汽油、松香水等。这些材料一部分存放在条件较差的临建库房内，另一部分为了施工方便，就会露天堆放在施工现场；此外，施工现场还经常会遗留如废刨花、锯末、油毡纸头等易燃、可燃的施工尾料，不能及时清理。以上这些物质的存在，使施工现场具备了燃烧产生的一个必备条件——可燃物。

2. 临建设施多，防火标准低

为了施工需要，施工现场会临时搭设大量的作业棚、仓库、宿舍、办公室、厨房等临时用房，考虑到简易快捷和节省成本，这些临时用房多数会使用耐火性能较差的金属夹芯板房，甚至有些施工现场还会采用可燃材料搭设临时用房。同时，因为施工现场面积相对狭小，上述临时用房往往相互连接，缺乏应有的防火间距，一旦一处起火，很容易蔓延扩大。

3. 动火作业多

施工现场会存在大量的电气焊、防水、切割等动火作业，这些动火作业使施工现场具备了燃烧产生的另一个必备条件——火源，一旦动火作业不慎，使火星引燃施工现场的可燃物，极易引发火灾。另外，施工现场一旦缺乏统筹管理或失管、漏管，就会形成立体交叉动火作业，甚至出现违章动火作业，所带来的后果及造成的损失便会难以计量。

4. 临时电气线路多

随着现代化建筑技术的不断发展，以墙体、楼板为中心的预制设计标准化、构件生产工厂化和施工现场机械化得到了普遍采用，施工现场的电焊、对焊机以及大型机械设备增多，再加上施工人员大多吃、住在施工现场，这些使施工场地的用电量大增，常常会造成过负荷用电。另外，因为是临时用电，一些施工现场用电系统没有经过正规的设计，甚至违反规定任意敷设电气线路，常常导致电气线路因接触不良、短路、过负荷、漏电、打火等引发火灾。

5. 施工临时员工多，流动性强，素质参差不齐

由于建筑施工的工艺特点，各工序之间往往相互交叉、流水作业。一方面施工人员常处于分散、流动状态，各作业工种之间相互交接，容易遗留火灾隐患；另一方面，施工现场外来人员较多，施工人员的素质参差不齐，经常出入工地，乱动机械、乱丢烟头等现象时有发生，给施工现场安全管理带来不便，往往会因遗留的火种未被及时发现而酿成火灾。

6. 既有建筑进行扩建、改建使火灾危险性增大

既有建筑进行扩建、改建施工一般是在建筑物正常使用的情况下作业，场地狭小，操作不便。有的建筑物隐蔽部位多，墙体、顶棚构造往往因缺乏图样资料而存在先天隐患，如果用焊、用火、用电等管理不严，极易因火种落入房顶、夹壁、洞孔或通风管道的可燃保温材料中而埋下火灾隐患。

7. 隔声、保温材料用量大

目前，大型工程中保温、隔声及空调系统等使用保温材料的地方越来越多，保温材料的种类繁多，然而在隔声保温效果较好的聚氨酯泡沫材料成为几次影响较大的火灾事故"元凶"后，工程上转而寻找其耐火替代产品，如橡塑板、玻璃棉、岩棉、复合硅酸盐等。目前，市场上最具代表性的就是橡塑保温材料，它以丁腈橡胶、聚氯乙烯为主要原料，虽然具有一定的耐火性，但是"难燃"终究不可避免地在一定条件下引发"可燃"。

8. 现场管理及施工过程受外部环境影响大

施工现场经常会因为抢工期、抢进度而进行冒险施工，甚至是违章施工，给施工现场的消防安全管理带来较大影响。另外，建设单位指定的施工分包单位不服从施工总承包单位管理、分包单位层层分包等现象比比皆是，给施工现场消防安全带来先天隐患。

10.2　施工现场防火的基本规定

10.2.1　一般规定

39. 文明施工概述

1. 施工现场的消防安全管理应由施工单位负责。实行施工总承包时，应由总承包单位负责。分包单位应向总承包单位负责，并应服从总承包单位的管理，同时应承担国家法律、法规规定的消防责任和义务。

2. 监理单位应对施工现场的消防安全管理实施监理。

3. 施工单位应根据建设项目规模、现场消防安全管理的重点，在施工现场建立消防安全管理组织机构及义务消防组织，并应确定消防安全负责人和消防安全管理人员，同时应落实相关人员的消防安全管理责任。

4. 施工单位应针对施工现场可能导致火灾发生的施工作业及其他活动，制订消防安全管理制度。消防安全管理制度应包括下列主要内容：

（1）消防安全教育与培训制度；

（2）可燃及易燃易爆危险品管理制度；

（3）用火、用电、用气管理制度；

（4）消防安全检查制度；

（5）应急预案演练制度。

5. 施工单位应编制施工现场防火技术方案，并应根据现场情况变化及时对其修改、完善。防火技术方案应包括下列主要内容：

（1）施工现场重大火灾危险源辨识；

（2）施工现场防火技术措施；

（3）临时消防设施、临时疏散设施配备；

（4）临时消防设施和消防警示标识布置图。

6. 施工单位应编制施工现场灭火及应急疏散预案。灭火及应急疏散预案应包括下列主要内容：

（1）应急灭火处置机构及各级人员应急处置职责；

（2）报警、接警处置的程序和通信联络的方式；

（3）扑救初起火灾的程序和措施；

（4）应急疏散及救援的程序和措施。

7. 施工人员进场时，施工现场的消防安全管理人员应向施工人员进行消防安全教育和培训。消防安全教育和培训应包括下列内容：

（1）施工现场消防安全管理制度、防火技术方案、灭火及应急疏散预案的主要内容；

（2）施工现场临时消防设施的性能及使用、维护方法；

（3）扑灭初起火灾及自救逃生的知识和技能；

（4）报警、接警的程序和方法。

8. 施工作业前，施工现场的施工管理人员应向作业人员进行消防安全技术交底。消防安全技术交底应包括下列主要内容：

（1）施工过程中可能发生火灾的部位或环节；

（2）施工过程应采取的防火措施及应配备的临时消防设施；

（3）初起火灾的扑救方法及注意事项；

（4）逃生方法及路线。

9. 施工过程中，施工现场的消防安全负责人应定期组织消防安全管理人员对施工现场的消防安全进行检查。消防安全检查应包括下列主要内容：

（1）可燃物及易燃易爆危险品的管理是否落实；

（2）动火作业的防火措施是否落实；

（3）用火、用电、用气是否存在违章操作，电、气焊及保温防水施工是否执行操作规程；

（4）临时消防设施是否完好有效；

（5）临时消防车道及临时疏散设施是否畅通。

10. 施工单位应依据灭火及应急疏散预案，定期开展灭火及应急疏散的演练。

11. 施工单位应做好并保存施工现场消防安全管理的相关文件和记录，并应建立现场消防安全管理档案。

10.2.2 其他防火管理规定

1. 施工现场的重点防火部位或区域应设置防火警示标识。

2. 施工单位应做好施工现场临时消防设施的日常维护工作，对已失效、损坏或丢失的消防设施应及时更换、修复或补充。

3. 临时消防车道、临时疏散通道、安全出口应保持畅通，不得遮挡、挪动疏散指示标识，不得挪用消防设施。

4. 施工期间，不应拆除临时消防设施及临时疏散设施。

5. 施工现场严禁吸烟。

10.2.3　施工现场的消防安全组织及职责

为了确保施工现场消防安全，施工现场的消防安全组织可分为三个部分，分别为消防安全领导小组、消防安全保卫组和义务消防队。其中，消防安全领导小组负责施工现场的消防安全领导工作；消防安全保卫组负责施工现场的日常消防安全管理工作；义务消防队，负责施工现场的日常消防安全检查、消防器材维护和初起火灾扑救工作。具体人员配置如下：

1. 消防安全负责人

消防安全负责人是工地防火安全的第一责任人，由项目经理担任，对项目工程生产经营过程中的消防工作负全面领导责任。应履行以下职责：

(1) 贯彻落实消防方针、政策、法规和各项规章制度，结合项目工程特点及施工全过程的情况，制订本项目各消防管理办法或提出要求，并监督实施；

(2) 根据工程特点确定消防工作管理体制和人员，并确定各业务承包人的消防保卫责任和考核指标，支持、指导消防人员工作；

(3) 组织落实施工组织设计中的消防措施，组织并监督项目施工中消防技术交底和设备、设施验收制度的实施；

(4) 领导、组织施工现场定期的消防检查，发现消防工作中的问题，制订措施，及时解决。对上级提出的消防与管理方面的问题，要定时、定人、定措施予以整改；

(5) 发生事故时做好现场保护与抢救工作，及时上报，组织、配合事故调查，认真落实制订的整改措施，吸取事故教训；

(6) 对外包队伍加强消防安全管理，并对其进行评定；

(7) 参加消防检查，对施工中存在的不安全因素，从技术方面提出整改意见和方法并予以清除；

(8) 参加并配合火灾及重大未遂事故的调查，从技术上分析事故原因，提出防范措施和意见。

2. 消防安全管理人

施工现场应确定一名主要领导为消防安全管理人，具体负责施工现场的消防安全工作。应履行以下职责：

(1) 制定并落实消防安全责任制和防火安全管理制度，组织编制火灾的应急预案和落实防火、灭火方案以及火灾发生时应急预案的实施；

(2) 拟定项目经理部及义务消防队的消防工作计划；

(3) 配备灭火器材，落实定期维护、保养措施，改善防火条件，开展消防安全检查和火灾隐患整改工作，及时消除火险隐患；

(4) 管理本工地的义务消防队和灭火训练，组织灭火和应急疏散预案的实施和演练；

（5）组织开展员工消防知识、技能的宣传教育和培训，使职工懂得安全用火、用电和其他防火、灭火常识，增强职工消防意识和自防自救能力；

（6）组织火灾自救，保护火灾现场，协助火灾原因调查。

3. 消防安全管理人员

施工现场应配备专、兼职消防安全管理人员（如消防干部、消防主管等），负责施工现场的日常消防安全管理工作。应履行以下职责：

（1）认真贯彻消防工作方针，协助消防安全管理人制订防火安全方案和措施，并督促落实；

（2）定期进行防火安全检查，及时消除各种火险隐患，纠正违反消防法规、规章的行为，并向消防安全管理人报告，提出对违章人员的处理意见；

（3）指导防火工作，落实防火组织、防火制度和灭火准备，对职工进行防火宣传教育；

（4）组织参加本业务系统召集的会议，参加施工组织设计的审查工作，按时填报各种报表；

（5）对重大火险隐患及时提出消除措施的建议，填发火险隐患通知书，并报消防监督机关备案；

（6）组织义务消防队的业务学习和训练；

（7）发生火灾事故，立即报警和向上级报告，同时要积极组织扑救，保护火灾现场，配合事故的调查。

4. 工长

（1）认真执行上级有关消防安全生产规定，对所管辖班组的消防安全生产负直接领导责任；

（2）认真执行消防安全技术措施及安全操作规程，针对生产任务的特点，向班组进行书面消防安全技术交底，履行签字手续，并经常检查规程、措施、交底的执行情况，随时纠正现场及作业中的违章、违规行为；

（3）经常检查所管辖班组作业环境及各种设备的消防安全状况，发现问题并及时纠正、解决；

（4）定期组织所管辖班组学习消防规章制度，开展消防安全教育活动，接受安全部门或人员的消防安全监督检查，及时解决提出的不安全问题；

（5）对分管工程项目应用的符合审批手续的新材料、新工艺、新技术，要组织作业工人进行消防安全技术培训；若在施工中发现问题，必须立即停止使用，并上报有关部门或领导。

5. 班组长

（1）对本班组的消防工作负全面责任，认真贯彻执行各项消防规章制度及安全操作规程，认真落实消防安全技术交底，合理安排班组人员工作；

（2）熟悉本班组的火险危险性，遵守岗位防火责任制，定期检查班组作业现场消防状况，发现问题并及时解决；

（3）经常组织班组人员学习消防知识，监督班组人员正确使用个人劳动保护用品，对新调入的职工或变更工种的职工，在上岗之前进行防火安全教育；

（4）熟悉本班组消防器材的分布位置，加强管理，明确分工，发现问题及时反映，保证初起火灾的扑救；

（5）发生火灾事故，立即报警和向上级报告，组织本班组义务消防人员和职工扑救，保护火灾现场，积极协助有关部门调查火灾原因，查明责任者并提出改进意见。

6. 班组工人

（1）认真学习和掌握消防知识，严格遵守各项防火规章制度；

（2）认真执行消防安全技术交底，不违章作业，服从指挥、管理；随时随地注意消防安全，积极主动地做好消防安全工作。对不利于消防安全的作业要积极提出意见，并有权拒绝违章指挥；

（3）发扬团结友爱精神，在消防安全生产方面做到相互帮助、互相监督，对新工人要积极传授消防保卫知识，维护一切消防设施和防护用具，做到正确使用，不损坏，不私自拆改、挪用；

（4）发现有险情立即向领导反映，避免事故发生。发现火灾应立即向有关部门报告火警，不谎报；

（5）发生火灾事故时，有参加、组织灭火工作的义务，并保护好现场，主动协助领导查清起火原因。

7. 义务消防队

（1）向职工进行消防知识宣传，提高防火警惕；

（2）结合本职工作，班前、班后进行防火检查，发现不安全的问题及时解决，解决不了的应采取措施并向领导报告，发现违反防火制度者有权制止；

（3）经常维修、保养消防器材及设备，并根据本单位的实际情况需要报请领导添置各种消防器材；

（4）组织消防业务学习和技术操练，提高消防业务水平；

（5）组织队员轮流值勤；

（6）协助领导制订本单位灭火的应急预案，发生火灾立即启动应急预案，实施灭火与抢救工作，协助领导和有关部门保护现场，追查失火原因，提出改进措施。

10.3 施工现场消防设备及易燃施工机具安全管理

10.3.1 施工现场的平面布置

40. 文明施工场容管理

1. 防火间距要求

施工现场的平面布局应以施工工程为中心，明确划分出用火作业区、禁火作业区（易燃、可燃材料的堆放场地等）、仓库区、现场生活区和办公区等区域。应设立明显的标志，将火灾危险性大的区域布置在施工现场常年主导风向的下风侧或侧风向，各区域之间的防火间距应符合消防技术规范和有关地方法规的要求。

（1）禁火作业区距离生活区应不小于15m，距离其他区域应不小于25m；

（2）易燃、可燃材料的仓库距离修建的建筑物和其他区域应不小于20m；

（3）易燃废品的集中场地距离修建的建筑物和其他区域应不小于30m；

（4）防火间距内，不应堆放易燃、可燃材料；

（5）临时设施的最小防火间距应符合现行国家标准《建筑设计防火规范》GB 50016和国务院《关于加强建筑施工现场临建宿舍及办公用房管理的通知》（建安办函［2006］23号）的相关要求。

2. 现场道路要求

（1）施工现场必须建立消防车通道，其宽度应不小于4.0m，禁止占用场内通道堆放材料，在工程施工的任何阶段都必须通行无阻，施工现场的消防水源处，还要筑有消防车能驶入的道路，如果不可能修建通道时，应在水源（池）一边铺砌停车和回车空地；

（2）临时性建筑物、仓库以及正在修建的建（构）筑物的道路旁，都应该配置适当种类和一定数量的灭火器，并布置在明显和便于取用的地点；

（3）夜间要有足够的照明设备。

3. 临时设施要求

临时宿舍、作业工棚等临时生活设施的规划和搭建，必须符合下列消防要求：

（1）临时生活设施应尽可能搭建在距离正在修建的建筑物20m以外的地区；

（2）临时宿舍与厨房、锅炉房、变电所和汽车库之间的防火距离不应小于15m；

（3）临时宿舍等生活设施，距离铁路的中心线以及少量易燃品储藏室的间距不应小于30m；

（4）临时宿舍距离火灾危险性大的生产场所不得小于30m；

（5）临时生活设施禁止搭设在高压架空电线的下面，距离高压架空电线的水平距离不应小于6m；

（6）为储存大量的易燃物品、油料、炸药等所修建的临时仓库，与永久工程或临时宿舍之间的防火间距应根据所储存的数量，按照有关规定来确定；

（7）在独立的场地上修建成批的临时宿舍时，应当分组布置，每组最多不超过两幢，组与组之间的防火距离，在城市市区不小于20m，在农村不小于10m，作为临时宿舍的简易楼房的层高应当控制在两层以内，且每层应设置两个安全通道；

（8）生产工棚包括仓库，无论有无用火作业或取暖设备，室内最低高度一般不应小于2.8m，其门的宽度要大于1.2m，并且要双扇向外。

4. 消防用水要求

（1）施工现场要设有足够的消防水源（给水管道或蓄水池等），对有消防给水管道设计的工程，应在施工时先敷设好室外消防给水管道；

（2）现场应设消防水管网，配备消火栓。进水干管直径不小于100mm，较大工程要分区设置消火栓，施工现场消火栓处，日夜要设明显标志，配备足够水带，周围3m内不准存放任何物品。

10.3.2 消防设施与器材的布置

施工现场临时消防设施有：临时消防给水系统，临时消防池，消防锹，消防应急阀门，消火栓，消防桶，便携式灭火器，消防水源，消防水泵，消防竖管，阀门，软管，消防水泵接合器，灭火毯，沙子，消防斧，消防应急救援包等。

1. 施工现场消防设施一般规定

（1）施工现场临时消防设施包括灭火器、临时消防给水系统和临时消防应急照明等；

（2）工程开工前，应对施工现场的临时消防设施进行设计，并应合理利用已施工完毕的在建工程永久性消防设施兼作施工现场的临时消防设施；

（3）建筑高度大于32m或多层地下室或地上单层建筑面积超过15000m^2的在建工程施工现场，应设置临时室内消防给水系统、室外消防给水系统和灭火器，其他在建工程施工现场应设置临时室外给水系统和灭火器；

（4）无水源或极度缺水地区的施工现场，可不设置临时消防给水系统，但应按规范规定数量的2.0倍配置灭火器；

（5）临时消防设施的设置应与在建工程结构施工保持同步，与主体结构工程施工进度的差距不应超过3层；

（6）隧道内作业场所应配备不少于5套防毒面具。

2. 消防设施与器材的配备

（1）一般临时设施区域内，每100m^2配备两只10L灭火器；

（2）大型临时设施总面积超过1200m^2，应备有专供消防用的积水桶（池）、黄沙池等器材、设施，上述设施周围不得堆放物品，并留有消防车道；

（3）临时木工间、油漆间，木、机具间等每25m^2配备一只种类合适的灭火器，油库、危险品仓库应配备足够数量、种类合适的灭火器；

（4）仓库或堆料场内应根据灭火对象的特征，分组布置酸碱、泡沫、清水、二氧化碳等灭火器，每组灭火器不应少于4个，每组灭火器之间的距离不应大于30m；

（5）高度为24m以上的高层建筑施工现场，应设置具有足够扬程的高压水泵或其他防火设备和设施；

（6）施工现场的临时消火栓应分设于明显且便于使用的地点，并保证消火栓的充实水柱能达到工程的任何部位；

（7）室外消火栓应沿消防车道或堆料场内交通道路的边缘设置，消火栓之间的距离不应大于50m；

（8）采用低压给水系统，管道内的压力在消防用水量达到最大时不低于0.1MPa；采用高压给水系统，管道内的压力应保证两支水枪同时布置在堆场内最远和最高处的要求，水枪充实水柱不小于13m，每支水枪的流量不应小于5L/s。

3. 消防设施与器材的日常管理

（1）各种消防梯应经常检查，保持完整、完好；

（2）水枪要经常检查，保持开关灵活，水流畅通，附件齐全、无锈蚀；

（3）水带应经常冲水防骤然折弯，不被油脂污染，用后清洗晒干，收藏时单层卷起，竖直放在架上；

（4）各种管接头和阀盖应接装灵便，松紧适度，无渗漏，不得与酸碱等化学品混放，使用时不得撞压；

（5）消火栓按室内外（地上、地下）的不同要求定期进行检查并及时加注润滑液，消火栓表面应经常清理；

（6）工地设有火灾探测和自动报警灭火系统时，应设专人管理，保持处于完好状态；

（7）消防水池与建筑物之间的距离一般不得小于10m，在水池的周围应留有消防车道；

（8）在冬季或寒冷地区，应对消防水池、消火栓和灭火器等做好防冻工作。

10.3.3 施工现场用火、用电、用气安全管理

1. 施工现场用火安全管理

（1）动火作业应办理动火许可证；动火许可证的签发人收到动火申请后，应前往现场查验并确认动火作业的防火措施落实后，方可签发动火许可证；

（2）动火操作人员应具有相应资格；

（3）焊接、切割、烘烤或加热等动火作业前，应对作业现场的可燃物进行清理；作业现场及其附近无法移走的可燃物，应采用不燃材料对其覆盖或隔离；

（4）施工作业安排时，宜将动火作业安排在使用可燃建筑材料的施工作业前进行。确需在使用可燃建筑材料的施工作业之后进行动火作业，应采取可靠防火措施；

（5）裸露的可燃材料上严禁直接进行动火作业；

（6）焊接、切割、烘烤或加热等动火作业，应配备灭火器材，并设动火监护人进行现场监护，每个动火作业点均应设置一个监护人；

（7）五级（含五级）以上风力时，应停止焊接、切割等室外动火作业，否则应采取可靠的挡风措施；

（8）动火作业后，应对现场进行检查，确认无火灾危险后，动火操作人员方可离开；

（9）具有火灾、爆炸危险的场所严禁明火；

（10）施工现场不应采用明火取暖；

（11）厨房操作间炉灶使用完毕后，应将炉火熄灭，排油烟机及油烟管道应定期清理油垢。

2. 施工现场用电安全管理

（1）施工现场用电设施设计、施工、运行、维护应符合现行国家标准《建设工程施工现场供用电安全规范》GB 50194的要求；

（2）电气线路应具有相应的绝缘强度和机械强度，严禁使用绝缘老化或失去绝缘性能的电气线路，严禁在电气线路上悬挂物品，破损、烧焦的插座、插头应及时更换；

（3）电气设备与可燃、易燃易爆和腐蚀性物品应保持一定的安全距离；

（4）有爆炸和火灾危险的场所，按危险场所等级选用相应的电气设备；

(5) 配电屏上每个电气回路应设置漏电保护器、过载保护器，距配电屏 2m 范围内不应堆放可燃物，5m 范围内不应设置可能产生较多易燃、易爆气体、粉尘的作业区；

(6) 可燃材料库房不应使用高热灯具，易燃易爆危险品库房内应使用防爆灯具；

(7) 普通灯具与易燃物距离不宜小于 300mm；聚光灯、碘钨灯等高热灯具与易燃物距离不宜小于 500mm；

(8) 电气设备不应超负荷运行或带故障使用；禁止私自改装现场供用电设施；应定期对电气设备和线路的运行及维护情况进行检查。

3. 施工现场用气安全管理

(1) 储装气体的罐瓶及其附件应合格、完好和有效；严禁使用减压器及其他附件缺损的氧气瓶，严禁使用乙炔专用减压器、回火防止器及其他附件缺损的乙炔瓶；

(2) 气瓶运输、存放、使用时，应符合下列规定：

① 气瓶应保持直立状态，并采取防倾倒措施，乙炔瓶严禁横躺卧放。

② 严禁碰撞、敲打、抛掷、滚动气瓶；气瓶应远离火源，距火源距离不应小于 10m，并应采取避免高温和防止暴晒的措施；燃气储装瓶罐应设置防静电装置。

③ 气瓶应分类储存，库房内通风良好；空瓶和实瓶同库存放时，应分开放置，两者间距不应小于 1.5m。

④ 气瓶使用时，应符合下列规定：

a. 使用前，应检查气瓶完好性，检查连接气路的气密性，并采取避免气体泄漏的措施，严禁使用已老化的橡皮气管；

b. 氧气瓶与乙炔瓶的工作间距不应小于 5m，气瓶与明火作业点的距离不应小于 10m；

c. 冬季使用气瓶，如气瓶的瓶阀、减压器等发生冻结，严禁用火烘烤或用铁器敲击瓶阀，应用热水或蒸汽加热解冻；

d. 禁止猛拧减压器的调节螺栓；

e. 氧气瓶内剩余气体的压力不应小于 0.1MPa；

f. 储运时，瓶阀应戴安全帽，瓶体要有防振圈，应轻装轻卸，搬运时严禁滚动、撞击；

g. 气瓶用后，应及时归库。

10.3.4 特殊机具的安全管理

施工现场的机械和材料，特别是用于电焊、喷灯、易燃易爆材料等，都极易引发火灾，必须加强防火安全管理。

1. 电焊设备

(1) 焊接设备应有完整的保护外壳，一、二次接线柱处应有安全保护罩，一次线一般不超过 5m，二次线一般不超过 30m；

(2) 焊机必须“一机一箱一闸”，即每台电焊机必须配备一个独立的电源控制箱，控制箱内有符合容量要求的闸刀（或自动空气开关），控制箱和闸刀必须完好无损、工作性能可靠；

(3) 现场使用的电焊机，应设有防雨、防潮、防晒的机棚，并装设相应消防器材；

(4) 焊接操作地点与易燃、易爆物品应有不小于 10m 的距离，必要时应设围挡；

(5) 每台电焊机应设独立的接地、接零线，其接点用螺钉压紧，电焊机的接线柱、接线孔等应装在绝缘板上，并有防护罩保护；

(6) 电焊钳应具有良好的绝缘和隔热能力，电焊钳握柄必须绝缘良好，握柄与导线连接牢靠，接触良好；

(7) 当长期停用的电焊机恢复使用时，其绝缘电阻不得小于 0.5MΩ，接线部分不得有腐蚀和受潮现象；

(8) 电焊作业时须有灭火器材，施焊完毕后，要留有充分的时间观察，确认无引火点，方可离去。

2. 喷灯

(1) 喷灯加油要选择好安全地点，并认真检查喷灯是否有漏油或渗油的地方，发现漏油或渗油，应禁止使用；

(2) 喷灯在使用过程中需要添油时，应首先把灯的火焰熄灭，然后慢慢地旋松加油防火盖放气，待放尽气和灯体冷却后再添油，严禁带火加油；

(3) 喷灯连续使用时间不宜过长，发现灯体发烫时，应停止使用，进行冷却，防止气体膨胀发生爆炸引起火灾；

(4) 喷灯使用一段时间后应进行检查和保养，煤油和汽油喷灯应有明显的标志，煤油喷灯严禁使用汽油燃料；

(5) 使用后的喷灯，应冷却后将余气放掉，才能存放在安全地点，不应与废棉纱、手套、绳子等可燃物混放在一起。

3. 易燃易爆材料管理

(1) 建筑工程冬期施工采用不燃或难燃材料进行保温；

(2) 建筑物内不准作为仓库储存易燃、可燃材料，施工材料按施工进度和作业计划分期分批进退场，并制定可靠的防范措施；

(3) 使用易燃、易爆化学危险品的作业，必须制定防火安全措施和灭火方案，在下达生产任务的同时进行有针对性的书面防火安全技术交底；

(4) 施工中若采用新型（高分子）材料、新工艺时，领导、技术、材料、消防保卫部门及施工人员要进行教育学习，必须按照责任制了解材料的防火性能、规格、配比、运输、保管和使用过程中的消防要求，在不了解时禁止使用。

10.4 施工现场施工作业防火安全管理

本节主要介绍施工现场电焊工与气焊工作业、木工作业、电工作业、油漆工作业、防水作业及脚手架作业等存在消防隐患施工作业的防火安全管理。

10.4.1 电焊工、气焊工作业

焊接作业特点是高温、高压、易燃、易爆，因此更需要做好防火工作。

1. 严格执行用火审批程序和制度。操作前必须办理用火申请手续，经本单位领导同意和消防保卫或安全技术部门检查批准，领取用火许可证后方可进行操作。

2. 电、气焊作业前，应进行消防安全技术交底，要明确作业任务，认真了解作业环境，确定动火的危险区域，并设置明显标志。

3. 危险区内的一切易燃、易爆物品必须移走，对不能移走的可燃物，要采取可靠有效的防护措施。

4. 装过（或装有）有易燃、可燃液体、气体及化学危险物品的容器、管道和设备，在未彻底清洗干净前，不得进行焊割。

5. 严禁在有可燃蒸气、气体、粉尘或禁止明火的危险性场所焊割。进行焊割作业时，应在工艺安排和施工方法上采取严格的防火措施。焊割作业不准与油漆、喷漆、脱漆、木工等易燃操作同时间、同部位上下交叉作业。

6. 领导及生产技术人员，要合理安排工艺和编排施工进度程序，在有可燃材料保温的部位，不准进行焊割作业。

7. 焊割现场必须配备灭火器材，危险性较大的应有专人现场监护。

8. 遇有五级以上大风时，禁止在高空和露天作业。

9. 焊割作业点与氧气瓶、电石桶和乙炔发生器等危险物品的距离不得少于10m，与易燃易爆物品的距离不得少于30m；如达不到上述要求的，应执行动火审批制度，并采取有效的安全隔离措施。

10. 乙炔发生器和氧气瓶之间的存放距离不得小于2m；使用时，二者的距离不得小于5m。

11. 焊割结束或离开操作现场时，必须切断电源、气源。炽热的焊嘴、焊钳以及焊条头等，禁止放在易燃、易爆物品和可燃物上。

12. 焊割作业严格执行“十不烧”规定。

10.4.2 木工作业

1. 工作场地严禁烟火。

2. 工作场地如需明火作业，必须向消防部门申报办理动火证，并采取防火措施，方可操作。

3. 木工房的电机应使用封闭式的，敞开式的应设防火护罩；电闸要安装闸箱，并经常消除灰尘；电机不准堆放可燃物；喷漆工工作间的电气设备必须防爆。

4. 木工房和工作地点的刨花、锯末、碎料及可燃物要每日清理一次，并倒在指定的安全地点。油工用过的棉丝、抹布、手套、衣物及器皿、工具要妥善保管，不得乱扔乱放。酒精、油漆、稀料等易燃物品要专柜专放，专人管理。工作场地存放的漆料和稀料不得超过当天的用量，下班前要及时清理，妥善保管。

5. 定期检查机械设备，及时注油，防止摩擦生热。

6. 经常检查电气线路，若有老化，绝缘不良等问题，要及时更换。

7. 砂轮要安装在无锯末、刨花和其他易燃物品的地方。

8. 室内材料应放置整齐，留有安全通道；露天木料，应堆放成垛，垛间距离不得小于3m，并留有足够的消防通道。设置的消防器材、设备不得挪用、圈占和压埋。

9. 下班后，认真检查场地，确定无任何安全隐患方可离开。

10. 对各部位设置的消防器材，工作人员应熟悉其他放置地点及使用方法。

10.4.3 电工作业

1. 电工应经过专门培训，掌握安装与维修的安全技术，并经过考试合格后，方准独立操作。

2. 施工现场暂设线路、电气设备的安装与维修应执行现行行业标准《建筑与市政工程施工现场临时用电安全技术标准》JGJ/T 46。

3. 新设、增设的电气设备，必须由主管部门或人员检查合格后，方可通电使用。

4. 各种电气设备或线路，不应超过安全负荷，并要牢靠、绝缘良好和安装合格的保险设备，严禁用铜丝、铁丝等代替保险丝。

5. 放置及使用易燃液体、气体的场所，应采用防爆型电气设备及照明灯具。

6. 定期检查电气设备的绝缘电阻是否符合规定，发现隐患，应及时排除。

7. 可用纸、布或其他可燃材料做无骨架的灯罩，灯泡距可燃物应保持一定的距离。

8. 变（配）电室应保持清洁、干燥。变电室要有良好的通风。配电室内禁止吸烟、生火及保存与配电无关的物品。

9. 施工现场严禁私自使用电炉、电热器具。

10. 当电线穿过墙壁或与其他物体接触时，应当在电线上套有磁管等非燃烧材料加以隔绝。

11. 电气设备和线路应经常检查，发现可能引起火花、短路、发热和绝缘损坏等情况时，必须立即修理。

12. 各种机械设备的电闸箱内，必须保持清洁，不得存放其他物品，电闸箱应配锁。

13. 电气设备应安装在干燥处，各种电气设备应有妥善的防潮设施。

14. 每年雨季要检查避雷装置，避雷针接点要牢固，电阻不应大于10Ω。

10.4.4 油漆作业

1. 操作人员必须经过安监部门安全技术培训合格后方可上岗，同时应掌握本工种安全知识和技能。

2. 工作场所禁止吸烟和携带打火机、火柴等物品。

3. 工作场所的照明灯、开关，必须采用防爆装置。

4. 工作场所必须配备相应的消防器材和消防设施，并设专人定期维护保养。

5. 油漆工的作业场地严禁存放易燃物品。工作场地不许吸烟并必须备有防毒面具。

熟练掌握消防知识，不准进行焊接和一切明火作业。

6. 油漆涂料凝结时，不准用火熔化。

7. 油漆涂料、稀释剂，应由专人妥善保存管理，注意防火。油棉纱一定要放在桶内，不得乱存。

8. 处理废酸废物或汽油、松节油、硝基漆等易燃物时，必须由有经验的工人负责。

9. 在易燃易爆生产环境中清除油垢应遵守有关规定。

10. 工作结束后，应做好现场和个人的清洁卫生。将用完的废旧物品集中放置在专用器具内，不得到处乱扔乱放，集中放在规定位置进行回收处理。下班或餐前一定要把手洗净，涂凡士林部位也要全部洗净。

11. 喷漆设备必须接地良好，禁止乱拉乱接电线和电气设备，下班时要拉闸断电。

10.4.5 防水作业

1. 熬制沥青的地点不得设在电线的垂直下方，一般应距建筑物25m；锅与烟囱的距离应大于80cm，锅与锅之间的距离应大于2m；火口与锅边应有70cm的隔离设施。临时堆放沥青、燃料的地方，离锅不小于5m。

2. 熬油必须由有经验的工人看守，要随时测量、控制油温，熬油量不得超过锅容量的3/4，下料应慢慢溜放，严禁大块投放。下班时，要熄火，关闭炉门，盖好锅盖。

3. 配制冷底子油时，禁止用铁棒搅拌，以防碰出火星；下料应分批、少量、缓慢，不停搅拌，加料量不得超过锅容量的1/2，温度不得超过80℃；凡是配置、储存、涂刷冷底子油的地点，都要严禁烟火，绝对不允许在附近进行电焊、气焊或其他动火作业，要设专人监护。

4. 使用冷沥青进行防水作业时，应保持良好通风，人防工程及地下室必须采取强制通风，禁止吸烟和明火作业，应采用防爆的电气设备。冷防水施工作业量不宜过大，应分散操作。

5. 防水卷材采用热熔粘结，使用明火（如喷灯）操作时，应申请办理动火证，并设专人看火；应配有灭火器材，周围30m以内不准有易燃物。

6. 使用液化气喷枪及汽油喷灯，点火时，火嘴不准对人。汽油喷灯加油不得过满，打气不能过足。

10.4.6 脚手架作业

1. 脚手架附近应放置一定数量的灭火器和消防装置，应懂得灭火器的基本使用方法和火灾的基本常识。

2. 必须及时清理并运走脚手架上及周围的建筑垃圾。

3. 在脚手架上或脚手架附近临时动火，必须事先办理动火许可证，事先清理动火现场或采用不燃材料进行分隔，配置灭火器材，并有专人监督，与动火工种配合、协调。

4. 禁止在脚手架上吸烟。禁止在脚手架或附近存放可燃、易燃、易爆的化工材料和建筑材料。

5. 管理好电源和电气设备，停止生产时必须断电，预防短路，在带电情况下维修或操作电气设备时要防止产生电弧或电火花损害脚手架，甚至引发火灾，烧毁脚手架。

6. 室内脚手架应注意照明灯具与脚手架之间的距离，防止长时间强光照射或灯具过热，使竹、木材杆件发热烤焦，引起燃烧。严禁在满堂脚手架室内烘烤墙体或动用明火。严禁用灯泡、碘钨灯烤火取暖及烘衣服、手套等。

7. 动用明火（电焊、气焊、喷灯等）要按消防条例及建设单位、施工单位的规定办理动用明火审批手续，经批准并采取了一定的安全措施才准作业。工作完毕后要详细检查脚手架上、下范围内是否有余火，是否损伤了脚手架，待确保无隐患后才准离开作业地点。

10.5 施工现场火灾急救措施

10.5.1 火灾急救

施工现场发生火警、火灾时，应立即了解起火部位，燃烧的物质等基本情况，迅速拨打火警电话“119”或向项目领导报告，同时组织撤离和扑救。

在消防部门到达前，对易燃、易爆的物质采取正确有效的隔离。如切断电源、撤离火场内的人员和周围的易燃易爆及一切贵重物品，根据火场情况，机动灵活地选择灭火工具。

在扑救现场，应行动统一。如果火势扩大，一般扑救不可能时，应积极组织人员撤退，避免不必要的伤亡。

扑灭火情可单独采用，也可同时采用几种灭火方法（冷却法、窒息法、化学中断法）进行扑救。灭火扑救的基本原理是破坏燃烧的三条件（可燃物、助燃物、火源）中的任一条件。在扑救的同时要注意周围情况，防止中毒、坍塌、坠落、触电、物体打击等二次事故的发生。在灭火后，要保护好现场，以便事后调查起火原因。

10.5.2 火灾现场自救注意事项

1. 熟悉环境

熟悉环境就是了解我们经常或临时所处建筑物的消防安全环境。对于我们经常工作或居住的建筑物，事先可制定较为详细的逃生计划，所有成员都要知道逃生出口、路线和方法。要留心看一下报警器、灭火器的位置，以及有可能作为逃生器材的物品，以便遇到火灾时能及时疏散和灭火。只有警钟长鸣，养成习惯，才能处惊不慌，临危不乱。进入不熟悉的建筑物时，首先熟悉一下环境，养成这种习惯很有必要。

2. 迅速撤离

逃生行动是争分夺秒的行动。一旦听到火灾警报或意识到自己可能被烟火包围，千万不要迟疑，要立即跑出房间，设法脱险，切不可延误逃生良机。一般说来，火灾初起烟少火小，只要迅速撤离，是能够安全逃生的。

3. 毛巾保护

火灾中产生的一氧化碳在空气中的含量达1.28%时，人在1～3min内即可窒息死亡。同时，燃烧中产生的热空气被人吸入，会严重灼伤呼吸系统的软组织，严重的也可导致人窒息死亡。逃生时多数要经过充满浓烟的路线才能离开危险的区域。逃生时，不管附近有无烟雾，都应采取防烟措施。常用的防烟措施是用干、湿毛巾捂住口鼻。可把毛巾浸湿，叠起来捂住口鼻，无水时，干毛巾也行；身边如没有毛巾，餐巾布、口罩、衣服也可以替代，可多叠几层，使滤烟面积增大，将口鼻捂严。穿越烟雾区时，即使感到呼吸困难，也不能将毛巾从口鼻上拿开。

4. 通道疏散

楼房着火时，应根据火势情况，优先选用最便捷、最安全的通道和疏散设施，如疏散楼梯、消防电梯、室外疏散楼梯等。从浓烟弥漫的建筑物通道向外逃生，可向头部、身上浇些凉水，用湿衣服、湿床单、湿毛毯等将身体裹好，要低势行进或匍匐爬行，穿过险区。如无其他救生器材时，可考虑建筑物的窗户、阳台、屋顶、落水管等脱险。

5. 绳索滑行

当各通道全部被浓烟烈火封锁时，可利用结实的绳子，或将窗帘、床单、被褥等撕成条，拧成绳，用水沾湿，然后将其拴在牢固的暖气管道、窗框、床架上，被困人员逐个顺绳索滑到地面或下到未着火的楼层而脱离险境。

6. 借助器材

人们处在火灾中，生命危在旦夕，不到最后一刻，谁也不会放弃生命，一定要竭尽所能设法逃生。逃生和救人的器材设施种类较多，通常使用的有缓降器、救生袋、导向网、导向绳、救生舷梯等等，如果能够充分利用这些器材和设施，就容易从火“口”脱险。

7. 暂时避难

在无路逃生的情况下，应积极寻找暂时的避难处所，以保护自己，择机而逃。如果在综合性多功能大型建筑物内，可利用设在电梯、走廊末端以及卫生间附近的避难间，躲避烟火的危害。如果处在没有避难间的建筑物里，被困人员应创造避难场所与烈火搏斗，求得生存。首先，应关紧房门和迎火的门窗，打开背火的门窗，但不要打碎玻璃，窗外有烟进来时，要赶紧把窗户关上。如门窗缝或其他孔洞有烟进来时，要用毛巾、床单等物品堵住，或挂上湿棉被、湿毛毯等难燃物品，并不断向迎火的门窗及遮挡物上洒水，最后淋湿房间内的所有可燃物，一直坚持到火灾的熄灭。另外，在被困时，要主动与外界联系，以便及早获救。如房间有电话、对讲机等通信设备时，要及时报警。如没有这些通信设备，白天可用各色的旗子或衣物摇晃，向外投掷物品，夜间可摇晃点着的打火机、划火柴、打开电灯、手电向外报警求援，直到消防队来救助脱险或在能疏散的情况下择机逃生。在逃生过程中如果有可能应及时关闭防火门、防火卷帘门等防火隔物，启动通风和排烟系统，以便取得逃生和救援时机。

8. 标志引导

在公共场所的墙面上、顶棚上、门顶处、转弯处，有“安全出口”“紧急出口”“安全通道”“太平门”“火警电话”以及逃生方向箭头、事故照明灯等消防标志和事故照明标志。被困人员看到这些标志时，马上就可以确定自己的行为，按照标志指示的方向有秩序地撤离逃生，以解“燃眉之急”。

9. 利人利己

在众多被困人员逃生过程中，极易出现拥挤、聚堆，甚至倾轧践踏的现象，造成通道堵塞和不必要的人员伤亡。相互拥挤、践踏，既不利于自己逃生，也不利于别人逃生。在逃生过程中如看见前面的人倒下去了，应立即扶起，对拥挤的人应给予疏导或选择其他疏散方向予以分流，减轻单一疏散通道的压力，竭尽全力保持疏散通道畅通，以最大限度减少人员伤亡。

10.5.3 火灾事故应急响应步骤

1. 立即报警

当接到发生火灾信息时，应确定火灾的类型和大小，并立即报告防火指挥系统，防火指挥系统启动紧急预案。指挥小组要迅速拨打“119”火警电话，并及时报告上级领导，便于及时扑救处置火灾事故。

2. 组织扑救火灾

当施工现场发生火灾时，应急准备与响应指挥部除及时报警外，还应立即组织基地或施工现场义务消防队员和职工进行扑救火灾，义务消防队员选择相应器材进行扑救。扑救火灾时要按照“先控制，后灭火；救人重于救火；先重点，后一般”的灭火战术原则。派人切断电源，组织抢救伤亡人员，隔离火灾危险源和重点物资，充分利用项目中的消防设施器材进行灭火。

3. 人员疏散

人员疏散是减少人员伤亡扩大的关键，也是最彻底的应急响应。在现场平面布置图上绘制疏散通道，一旦发生火灾等事故，人员可按图示疏散通道撤离到安全地带。

4. 协助公安消防队灭火

联络组拨打 119、120 求救，并派人到路口接应。当专业消防队到达火灾现场后，火灾应急小组成员要向消防队负责人简要说明火灾情况，全力协助消防队员灭火，听从专业消防队指挥，齐心协力，共同灭火。

5. 现场保护

当火灾发生时和扑灭后，指挥小组要派人保护好现场，维护好现场秩序，等待对事故原因和责任人调查。同时应立即采取善后工作，及时清理火灾造成的垃圾以及采取其他有效措施，使火灾事故对环境造成的污染降低到最低限度。

6. 火灾事故调查处置

按照公司事故、事件调查处理程序规定，火灾发生情况报告要及时按“四不放过”原则进行查处。事故后分析原因，编写调查报告，采取纠正和预防措施，负责对预案进行评价并改善预案。对火灾发生情况的报告应急准备与响应指挥小组要及时上报公司。

小结

施工现场防火安全管理是保障施工现场工作人员生命财产安全的重要一环。在施工现场，存在着各种各样的火灾隐患，如易燃材料储存、用火、用电、用气等。因此，必须要针对这些隐患制定科学的防火安全管理规定。施工现场防火的基本规定包括一般规定和其他防火管理规定，同时还要成立消防安全组织，并明确各职责。在施工现场消防设备及易燃施工机具安全管理方面，需要对施工现场进行平面布置与消防设备器材的布置，严格管理用火、用电、用气以及特殊机具的安全使用。在施工现场施工作业防火安全管理方面，需要对各项作业采取具体的防火措施，如电焊、气焊、木工、电工、油漆、防水和脚手架作业等。此外，还要制定火灾急救措施，并确定应急响应步骤，一旦发生火灾，能迅速应对，最大限度地减少火灾的损失。综上所述，施工现场防火安全管理应该在施工过程的每一个环节都始终贯穿，加强施工安全管理，确保施工安全生产。

思考及练习题

【单选题】

1. 施工现场应确定一名（　　）为消防安全管理人，具体负责施工现场的消防安全工作。

A. 主要领导　　B. 安全员　　C. 班组人员　　D. 消防员

2. 禁火作业区距离生活区应不小于（　　）m，距离其他区域应不小于（　　）m。

A. 20；25　　B. 10；15　　C. 15；25　　D. 25；15

3. 施工现场必须建立消防车通道，其宽度应不小于（　　）m，禁止占用场内通道堆放材料，在工程施工的任何阶段都必须通行无阻。

A. 3　　B. 3.5　　C. 5　　D. 6

4. 遇有（　　）级以上大风时，禁止在高空和露天作业。

A. 三　　B. 四　　C. 五　　D. 六

5. 室内材料应放置整齐，留有安全通道；露天木料，应堆放成垛，垛间距离不得小于（　　）m，并留有足够的消防通道。

A. 2　　B. 3　　C. 4　　D. 5

【多选题】

1. 施工作业前，施工现场的施工管理人员应向作业人员进行消防安全技术交底。消防安全技术交底应包括哪些主要内容？（　　）

A. 施工过程中可能发生火灾的部位或环节

B. 施工过程应采取的防火措施及应配备的临时消防设施

C. 初起火灾的扑救方法及注意事项

D. 逃生方法及路线

E. 火灾发生后的经济损失评估

2. 为了确保施工现场消防安全，施工现场的消防安全组织可分为哪三个部分？（　　）

A. 消防安全保卫组　B. 消防安全领导小组　C. 消防安全队

D. 义务消防队　E. 消防安全宣传队

3. 施工现场临时消防设施包括（　　）。

A. 防火服　B. 灭火器　C. 临时消防给水系统

D. 临时消防应急照明　E. 防火墙

4. 焊接作业具有哪些特点？（　　）

A. 高温、高压　B. 易燃、易爆　C. 低温、低压

D. 耗电量大　E. 无毒无害

5. 燃烧需要的三个条件是（　　）。

A. 火源　B. 火焰　C. 可燃物

D. 助燃物　E. 热风循环

【填空题】

1. 施工现场的消防安全管理应由（　　）负责。实行施工总承包时，应由（　　）负责。

2. 高度为（　　）m 以上的高层建筑施工现场，应设置具有足够扬程的高压水泵或其他防火设备和设施。

3. 扑灭火情可单独采用，也可同时采用几种灭火方法，如（　　）、（　　）、（　　）进行扑救。

4. 楼房着火时，应根据火势情况，优先选用最便捷、最安全的通道和疏散设施，如（　　）、（　　）、（　　）等。

5. 火灾事故应急响应步骤有（　　）、（　　）、（　　）、（　　）、（　　）、（　　）。

【判断题】

1. 分包单位应向总承包单位负责，并应服从总承包单位的管理，同时应承担国家法律、法规规定的消防责任和义务。（　　）

2. 监理单位只需要对工程的质量进行监督，不需要对施工现场的消防安全管理实施监理。（　　）

3. 施工过程中，为节省时间，保证施工进度的顺利进行，施工现场的消防安全负责人不需要定期组织消防安全管理人员对施工现场的消防安全进行检查。（　　）

4. 冬季更加干燥，因此建筑工程冬期施工采用不燃或难燃材料进行保温。（　　）

5. 各种电气设备或线路，不应超过安全负荷，并要牢靠、绝缘良好和安装合格的保险设备，可以用铜丝、铁丝等代替保险丝。（　　）

【简答题】

1. 施工单位应针对施工现场可能导致火灾发生的施工作业及其他活动，制订消防安全管理制度。消防安全管理制度有哪些内容？

2. 什么是消防安全负责人？消防安全责任人有哪些职责？

3. 施工现场消防设施的一般规定有哪些?

【实训题】

根据现行《建设工程施工现场消防安全技术规范》GB 50720、《建筑工程安全技术交底手册》、《建筑机械使用安全技术规程》JGJ 33—2012、《建筑与市政工程施工现场临时用电安全技术标准》JGJ/T 46、《建筑施工安全检查标准》JGJ 59 和《中华人民共和国消防法》中的要求，编制施工现场消防防火施工方案。

第 11 章　文明施工与环境保护

学习目标

1. 了解文明施工的概念、基本条件、现场要求和标准；
2. 了解场容管理、机具管理和临时设施管理等方面的内容。

知识目标

了解施工现场环境保护的原则、要求和措施，包括建立环保意识、施工垃圾分类处理、水土保持和噪声控制等方面的措施。

能力目标

1. 增强施工现场管理的环保意识；
2. 保障施工过程中的环境安全和人民群众的身体健康，使建设项目达到可持续发展的目标。

素质目标

1. 培养自身的文明施工和环境保护意识，确保在施工过程中遵守相关标准和要求；
2. 提升对施工现场环境保护原则和措施的理解与应用能力，能够有效实施垃圾分类、水土保持和噪声控制；
3. 增强环保意识，践行可持续发展理念，保障施工过程中的环境安全和人员健康。

学习重点

1. 文明施工的概念、意义、基本条件、现场要求和标准；
2. 场容管理、机具管理和临时设施管理等方面的内容。

学习难点

1. 施工现场环境保护涉及的施工原则、要求和措施，包括环保意识建立、垃圾分类处理、水土保持和噪声控制等；

2. 理解环保意识在施工现场的重要性，掌握垃圾分类处理、水土保持及噪声控制等方面的相关技术和方法。

思维导图

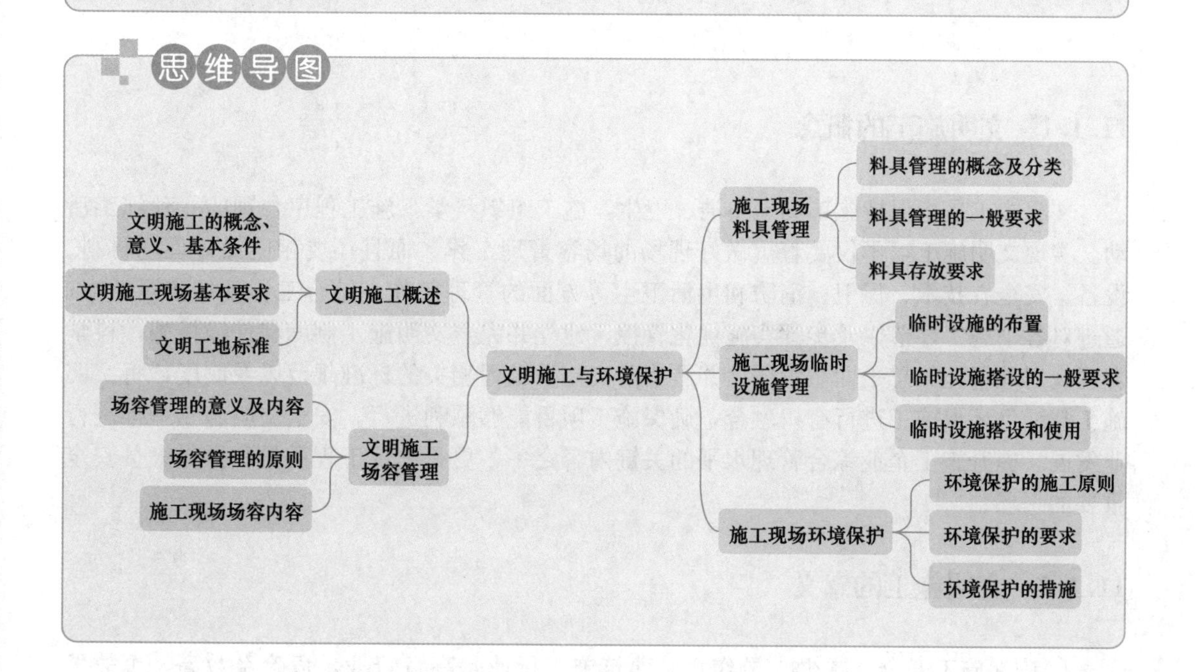

案例引入

近年来，文明施工与环境保护已成为建筑工程施工的重要方面。我国某地一家建筑公司进行了文明施工与环境保护的实践，取得了良好的效果。

该公司在施工现场采取了一系列的文明施工措施，如设立文明岗、提高文明施工评价等，强化了工人的文明施工意识和环保意识。同时，公司还制定了严格的文明施工现场基本要求和标准，对施工现场的垃圾分类处理、水土保持、噪声控制等方面进行了严格的管理，建立了良好的施工环境保护机制。

此外，该公司还加强了施工现场的机具管理和临时设施管理，对料具等机具进行了有效的管理、存放和使用，保证了施工现场的安全和顺利进行。对临时设施的布置和搭设等方面也进行了严格管理，确保临时设施的安全、整洁和有效使用。

在环境保护方面，该公司采用了多种措施来保护施工现场和周边的环境，如设置了各类垃圾桶，强化了垃圾分类处理，进行了水土保持和噪声控制等方面的工作。通过这些努力，不仅保障了施工现场的环境安全和人民群众的身体健康，也获得了建设单位和社会的高度认可。

可以看出，文明施工与环境保护是建筑工程施工的必然趋势，也是社会责任的表现。只有在文明施工和环境保护方面积极努力，才能够实现绿色、可持续的发展。

11.1 文明施工概述

11.1.1 文明施工的概念

文明施工是指保持施工场地整洁、卫生，施工组织科学，施工程序合理的一种施工活动。实现文明施工，不仅要着重做好现场的场容管理工作，而且还要相应做好现场材料、设备、安全、技术、保卫、消防和生活卫生等方面的管理工作。结合工程现场实际特点，通过对各个施工环节以及步骤实施优化管控，建立并完善文明施工制度和保障措施，科学合理规划现场施工总平面布置图，并严格落实建设工程相关的标准规范以及制度，将文明施工与绿色环保施工进行有机融合，确保施工项目能够顺利进行。安全文明施工是推进行业发展、提升施工企业综合管理水平的关键内容之一，更是确保工程质量和操作人员安全重要的一环。

11.1.2 文明施工的意义

1. 确保施工安全，减少人员伤亡。建筑施工行业是高危行业，危险系数高，事故发生率高，如若发生安全生产事故，常常伴随有人员伤亡，对个人、对企业、对社会造成巨大的损失。

2. 规范施工程序，保证工程质量。施工项目的工程质量是企业生存的根本，是企业在激烈市场竞争中胜出的保证。安全文明施工提供了良好的施工环境和施工秩序，规范了施工程序和施工步骤，为工程质量达到优良打下了基础。

3. 文明施工是适应现代化施工的客观要求。现代化施工需要采用先进的技术、工艺、材料、设备和科学的施工方案，需要严密组织、严格要求、标准化管理和高素质的职工。文明施工能适应现代化施工的要求，是实现优质、高效、低耗、安全、清洁、卫生的有效手段。

4. 提升企业形象，提高市场竞争力。安全文明施工在视觉上反映了企业的精神外貌，在产品上凝聚了企业的文化内涵。安全文明施工展示了企业的生存能力、生产能力、管理能力，提高了企业的市场竞争能力。

11.1.3 文明施工的基本条件

1. 有整套的施工组织设计（或施工方案）

文明施工专项方案应由工程项目技术负责人组织人员编制，送施工单位技术部门的专业技术人员审核，报施工单位技术负责人审批，经项目总监理工程师（建设单位项目负责人）审查同意后执行。文明施工专项方案一般包括以下内容：

（1）施工现场平面布置图，包括临时设施、现场交通、现场作业区、施工设备机具、安全通道、消防设施及通道的布置，成品、半成品、原材料的堆放等，大型工程施工中，平面布置图会受施工进程的影响而发生较大变动，可按基础、主体、装修三阶段进行施工平面布置图设计；

（2）施工现场围挡的设计；

（3）临时建筑物、构筑物、道路场地硬地化等单体的设计；

（4）现场污水排放、现场给水（含消防用水）系统设计；

（5）粉尘、噪声控制措施；

（6）现场卫生及安全保卫措施；

（7）施工区域内及周边地上建筑物、构筑物及地下管网的保护措施；

（8）制订并实施防高处坠落、物体打击、机械伤害、坍塌、触电、中毒、防台风、防雷、防汛、防火灾等应急救援预案（包括应急网络）。

2. 有健全的施工指挥系统和岗位责任制度

（1）组织管理

文明施工是施工企业、监理单位、建设单位、材料供应单位等参建各方的共同目标和共同责任，建筑施工企业是文明施工的主体，也是主要责任者。

施工现场应成立以项目经理为第一责任人的文明施工管理组织，如图11.1所示。分包单位应服从总包单位的文明施工管理组织的统一管理，并接受监督检查。

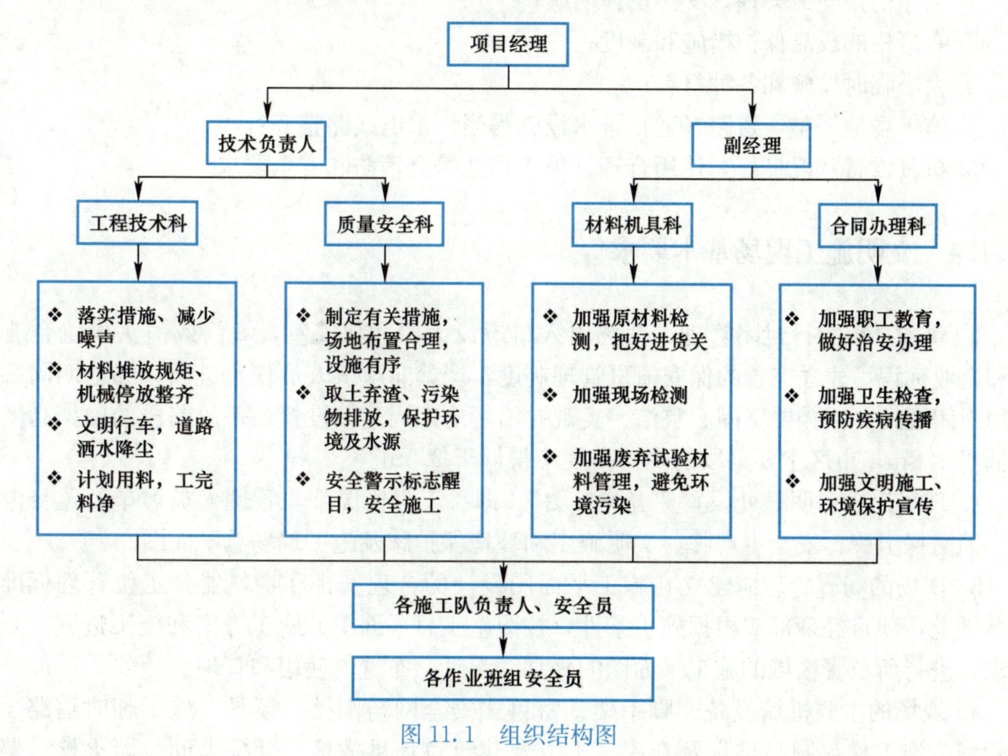

图11.1　组织结构图

① 项目经理：主管本项目的文明施工管理任务，对项目部文明施工管理体系的运行任务总负责；

② 工程管理部门：负责本企业文明施工管理体系的建立及运行监督、办理任务；

③ 副经理部：负责环境管理制度和计划的实施任务；半月召开一次“施工现场文明施工”任务例会，总结前一阶段的施工现场文明施工管理情况，布置下一阶段施工现场文明施工管理任务；建立并执行施工现场文明施工管理检查制度，每半月组织一次由各施工单位施工现场文明施工管理负责人参加的联合检查，对检查中所发现的问题，应按照具体情况，定时间、定人、定措施予以解决，项目经理部有关部门应监督落实问题的解决情况；

④ 安全科：项目经理部实施文明施工管理的主管部门；

⑤ 综合管理科：项目经理部实施文明施工管理的协助部门；

⑥ 工程科：项目经理部实施文明施工管理的执行部门；

⑦ 执行经理：具体负责项目部文明施工管理计划和措施落实任务；

⑧ 技术负责人：负责按照项目部的具体情况制定相应的文明施工管理计划和措施。

（2）制度管理

各项施工现场管理制度应有文明施工的规定，包括个人岗位责任制、经济责任制、安全检查制度、持证上岗制度、奖惩制度、竞赛制度和各项专业管理制度等。

加强和落实现场文明检查、考核及奖惩管理，以促进施工文明管理工作水平的提高。检查范围和内容应全面周到，包括生产区、生活区、场容场貌、环境文明及制度落实等内容。检查发现的问题应采取整改措施。

① 工序衔接交叉合理，交接责任明确；

② 有严格的成品保护措施和制度；

③ 大小临时设施和各种材料；

④ 施工场地平整，道路畅通，排水设施得当，水电线路整齐；

⑤ 机具设备状况良好，使用合理，施工作业符合消防和安全要求。

11.1.4 文明施工现场基本要求

1. 现场必须实行封闭管理，现场出入口应设大门和保安室，大门或门头设置企业名称和企业标识，建立完善的保安值班管理制度，严禁非施工人员任意进出；场地四周必须采用封闭围挡，围挡要坚固、整洁、美观并沿场地四周连续设置。一般路段的围挡高度不得低于1.8m，市区主要路段的围挡高度不得低于2.5m。

2. 现场出入口明显处设置“五牌一图”，即：工程概况牌、管理人员名单及监督电话牌、消防保卫牌、安全生产牌、文明施工和环境保护牌及施工现场总平面图。

3. 现场的场容管理应建立在施工平面图设计的合理安排和物料器具定位管理标准化的基础上，项目经理部应根据施工条件，按照施工总平面图、施工方案和施工进度计划的要求，进行所负责区域的施工平面图的规划、设计、布置、使用和管理。

4. 现场的主要机械设备、脚手架、密目式安全网与围挡、模具、施工临时道路、各种管线、施工材料制品堆场及仓库、土方及建筑垃圾堆放区、变配电间、消火栓、警卫室、现场的办公、生产和临时设施等的布置与搭设，均应符合施工平面图及相关规定的要求。

5. 现场的临时用房应选址合理，并符合安全、消防要求和国家有关规定。

6. 现场的施工区域应与办公、生活区划分清晰，并应采取相应的隔离防护措施，在建工程内严禁住人。

7. 现场应设置办公区、宿舍、食堂、厕所、淋浴间、开水房、文体活动室、密闭式垃圾站或容器（垃圾分类存放）等临时设施，所用建筑材料应符合环保、消防要求。

8. 现场应设置畅通的排水沟系统，保持场地道路的干燥坚固，泥浆和污水未经处理不得直接排放。施工场地应硬化处理，有条件时可对施工现场进行绿化布置。

9. 现场应建立防火制度和火灾应急响应机制，落实防火措施，配备防火器材。明火作业应严格执行动火审批手续和动火监护制度。高层建筑要设置专用的消防水源和消防立管，每层设置消防水源接口。

10. 现场应按要求设置消防通道，并保持畅通。

11. 现场应设宣传栏、报刊栏，悬挂安全标语和安全警示标志牌，加强安全文明施工的宣传。

12. 施工现场应加强治安综合治理、社区服务和保健急救工作，建立和落实好现场治安保卫、施工环保、卫生防疫等制度，避免失盗、扰民和传染病等事件发生。

13. 严格遵守各地政府及有关部门制定的与施工现场场容场貌有关的法规。

11.1.5　文明工地标准

1. 班子坚强。项目班子坚持两个文明一起抓的方针，重视创建文明工地工作，讲学习，讲政治，讲正气，工作勤奋，团结协作，廉洁奉公，作风民主，群众威信高，组织能力强。党组织的核心、堡垒作用发挥好，执行上级各项规定、制度认真，落实措施有力。

2. 队伍过硬。思想过硬，日常学习教育落实，施工人员爱工地、讲道德、吃苦奉献思想树得牢；技术过硬，结合施工狠抓业务技术培训，施工人员能够熟练掌握本岗位的操作技能；作风纪律过硬，管理规章制度健全，施工人员服从命令，听从指挥，能打硬仗，无违法犯罪。

3. 现场整洁。生活现场布置合理，设施齐全，伙房、澡堂、厕所干净卫生，宿舍整齐划一，会议室、图书室和娱乐体育活动场所布置有序；施工现场管理规范，标牌齐全，规格统一，机械设备、物资材料管理符合贯标要求，场地经常整理，保持清洁。

4. 鼓动有力。施工动员教育及时，标语口号响亮，劳动竞赛成效明显，党团员带头作用突出，施工人员生产积极性高，现场大干气氛浓烈。

5. 工期保证。能优化施工组织设计，合理配置生产要素，完成实物工作量超计划，工程进度在参战单位中名列前茅，满足工期要求，业主满意。

6. 产品优质。工程有明确的质量目标，有具体的分阶段规划，有健全的质量体系和严格的控制措施，认真落实质量标准。

7. 安全达标。工地安全组织健全，制度完善，责任到人，教育常抓，检查认真，预防得力，安全防护符合施工规范标准，无因工死亡、重伤和重大机械设备事故，无火灾事故，无严重污染和扰民，无食物中毒和传染疾病。

11.2 文明施工场容管理

11.2.1 施工现场场容管理的意义及内容

1. 场容管理的意义

场容是指施工现场，特别是主现场的面貌。包括入口、围护、场内道路、堆场的整齐清洁，也应包括办公室内环境甚至包括现场人员的行为。

施工现场的场容管理，实际上是根据施工组织设计的施工总平面图，对施工现场进行的管理，它是保持良好的施工现场秩序，保证交通道路和水电畅通，实现文明施工的前提。场容管理的好坏，不仅关系到工程质量的优劣，人工材料消耗的多少，而且还关系到生命财产的安全，因此，场容管理体现了建筑工地管理水平和施工人员的精神状态。

2. 常见的场容问题

开工之初，一般工地场容管理较好，随着工程铺开，由于控制不严，未按施工程序办事，场容逐渐乱起来，常见的场容问题有：

（1）随意弃土与取土，形成坑洼和堵塞道路；

（2）临时设施搭设杂乱无章；

（3）全场排水无统一规划，洗刷机械和混凝土养护排出的污水遍地流淌，道路积水，泥浆飞溅；

（4）材料进场，不按规定场地堆放，某些材料、构件过早进场，造成场地拥堵，特别是预制构件不分层和不分类堆放，随地乱摆，大量损坏；

（5）施工余料残料清理不及时，日积月累，废物成堆；

（6）拆下的模板、支撑等周转材料任意堆放，甚至用来垫路铺沟，被埋入土中；

（7）管沟长期不回填，到处深沟壁垒，影响交通，危及安全；

（8）管道损坏，阀门不严，水流不断；

（9）乱接电源，乱拉电线。

3. 场容管理的基本要求

（1）严格按照施工总平面图的规定建设各项临时设施，堆放大宗材料、成品、半成品及生产设备；

（2）审批各参建单位需用场地的申请，根据不同时间和不同需要，结合实际情况，在总平面图设计的基础上进行合理调整；

（3）贯彻当地政府关于场容管理有关条例，实行场容管理责任制度，做到场容整齐、清洁、卫生、安全，交通畅通，防止污染；

（4）创造清洁整齐的施工环境，达到保证施工的顺利进行和防止事故发生的目的，目前有的施工周期较长的项目已在可能条件下对现场环境进行绿化，使建筑施工环境有了较大的转变；

（5）合理地规划施工用地，分阶段进行施工总平面设计，通过场容管理与其他工作的结合，共同对现场进行管理；

（6）建立现场料具器具管理标准，特别是对于易燃、有害物体，例如汽油、电石等的管理是场容管理和消防管理结合的重点；

（7）施工结束后必须清场。施工结束后应将地面上施工遗留的物资清理洁净。现场不作清理的地下管道，除业主要求外应一律切断供应源头。凡业主要求保留的地下管道应绘成平面图，交付业主，并作交接记录。

11.2.2 施工现场场容管理的原则

1. 进行动态管理

现场管理必须以施工组织设计中的施工总平面布置图和政府主管部门对场容的有关规定为依据，进行动态管理。要分结构施工阶段、装饰施工阶段分别绘制施工平面布置图，并严格遵照执行。

2. 建立岗位责任制

按专业分工种实行现场管理岗位责任制，把现场管理的目标进行分解，落实到有关专业和工种，这是实施文明施工岗位责任制的基本任务。例如砌筑、抹灰用的砂浆机，水泥、硅砂堆场和落地灰、余料的清理，由瓦工、抹灰工负责；钢筋及其半成品、余料的堆放，由钢筋工负责，为了明确责任，可以通过施工任务或承包合同落实到责任者。

3. 勤于检查，及时整改

对文明施工的检查工作要从工程开工做起，直到竣工交验为止。由于施工现场情况复杂，也可能出现三不管的死角，在检查中要特别注意，一旦发现要及时协调，重新落实，消灭死角。

11.2.3 施工现场场容内容

1. 现场围挡

（1）市区主要路段和市容景观道路及机场、码头、车站广场的工地，应设置高度不小于2.5m的封闭围挡；一般路段的工地，应设置高度不小于1.8m的封闭围挡；

（2）围挡须沿施工现场周边连续设置，不得留有缺口，做到坚固、平直、整洁、美观；

（3）围挡应采用砌体、金属板材等硬质材料，禁止使用彩条布、竹笆、石棉瓦、安全网等易变形材料；

（4）围挡应根据施工场地地质、周围环境、气象、材料等进行设计，确保围挡的稳定性、安全性，围挡禁止用于挡土、承重，禁止倚靠围挡堆放物料、器具等；

（5）砌筑围墙厚度不得小于180mm，应砌筑基础大放脚和墙柱，基础大放脚埋地深度不小于 500mm（在混凝土或沥青路上有坚实基础的除外），墙柱间距不大于 4m，墙顶应做压顶，墙面应采用砂浆批光抹平、涂料刷白；

（6）板材围挡底里侧应砌筑高 300mm、不小于 180mm 厚砖墙护脚，外立压型钢板或镀锌钢板通过钢立柱与地面可靠固定，并刷上与周围环境协调的油漆和图案，围挡应横不留隙、竖不留缝，底部用直角扣牢；

（7）围挡必须使用硬质材料，必须符合坚固、稳定、整洁、美观的要求；

（8）围挡必须沿工地四周连续设置，不得中断；

（9）小区内多个单位多个工程之间可用软质材料围挡，但在集中施工小区最外围，应设置硬质材料围挡；

（10）雨后、大风后以及春融季节应当检查围挡的稳定性，发现问题及时处理。

2. 封闭管理

（1）施工现场应有一个以上的固定出入口，出入口应设置大门，大门高度一般不得低于 2m；

（2）大门处应设门卫室，实行人员出入登记、门卫人员职守管理制度及交接班制度，并应配备门卫职守人员，禁止无关人员进入施工现场；

（3）施工现场人员均应佩戴证明其身份的证卡，管理人员和施工作业人员应戴（穿）有颜色区别的安全帽（工作服）；

（4）施工现场出入口应标有企业名称或标志，并应设置车辆冲洗设施。

3. 施工场地

（1）施工现场的场地应当整平，清除障碍物，无坑洼和凹凸不平，雨季不积水，暖季应适当绿化；

（2）施工现场应有防止扬尘的措施，经常洒水，对粉尘源进行覆盖遮挡；

（3）施工现场应设置排水设施，且排水通畅，无积水，设置排水沟及沉淀池，不应有跑、冒、滴、漏等现象，现场废水不得直接排入市政污水管网和河流；

（4）施工现场应有防止泥浆、污水、废水污染环境的措施；

（5）施工现场应设置专门的吸烟处，严禁随意吸烟；

（6）现场存放的油料、化学溶剂等应设有专门的库房，地面应进行防渗漏处理，禁止将有毒、有害废弃物作土方回填；

（7）施工现场应设置密闭式垃圾站，建筑垃圾、生活垃圾应分类存放，并及时清运出场；建筑物内外的零散碎料和垃圾渣土应及时清理，清运必须采用相应容器或管道运输，严禁凌空抛掷；现场严禁焚烧各类垃圾及有毒有害物质；

（8）楼梯踏步、休息平台、阳台等处不得堆放料具和杂物。

4. 道路

（1）施工现场的主要道路及材料加工区地面应进行硬化处理，硬化材料可以采用混凝土、预制块或用石屑、焦渣、砂石等压实整平，保证不沉陷、不扬尘，防止泥土带入市政道路；

（2）施工现场道路应畅通，应有循环干道，满足运输、消防要求；

（3）路面应平整坚实，中间起拱，两侧设排水设施，主干道宽度不宜小于 3.5m，载重汽车转弯半径不宜小于15m，如因条件限制，应当采取措施；

(4) 道路布置要与现场的材料、构件、仓库等料场、吊车位置相协调；应尽可能利用永久性道路，或先建好永久性道路的路基，在土建工程结束之前再铺路面。

5. 安全警示标志

(1) 安全警示标志是指提醒人们注意的各种标牌、文字、符号以及灯光等，一般来说，安全警示标志包括安全色和安全标志，安全色分为红、黄、蓝、绿4种颜色，分别表示禁止、警告、指令和提示；

(2) 安全标志分禁止标志（共40种）、警告标志（共39种）、指令标志（共16种）和提示标志（共8种），安全警示标志的图形、尺寸、颜色、文字说明和制作材料等，均应符合国家标准规定；

(3) 根据国家有关规定，施工现场入口处、施工起重机械、临时用电设施、脚手架、出入通道口、楼梯口、电梯井口、孔洞口、桥梁口、隧道口、基坑边沿、爆破物及有害危险气体和液体存放处等属于危险部位，应当设置明显的安全警示标志。

11.3 施工现场料具管理

施工现场料具管理关系着文明安全施工、工程进度、质量和效益，是施工现场管理的重要内容之一。

11.3.1 料具管理的概念及分类

料具是材料和工具的总称。材料是劳动对象，指人们为了获得某些物质财富在生产过程中以劳动作用其上的一些物品。按其在施工中的作用，可分为主要材料、辅助材料、周转材料等。工具是劳动资料，也称劳动手段，指人们用以改变或影响劳动对象的一切物质资料。

料具管理是指为了满足施工所需而对各种料具进行计划、供应、保管、使用、监督和调节等的总称。它包括流通（供应）和消费两个过程。

1. 现场材料管理

建筑工程施工现场是建筑材料（包括形成工程实体的主要材料、构配件以及有助于工程形成的其他材料）的消耗场所，现场材料管理在施工生产不同阶段有不同的管理内容。

(1) 施工准备阶段现场材料管理工作的主要内容是了解工程概况，调查现场条件，计算材料用量，编制材料计划，确定供料时间和存放位置。

① 根据施工预算，提出材料需用量计划及构配件加工计划，做到品种、规格、数量准确；

② 根据施工组织设计确定的施工平面图，布置堆料场地、搭设仓库。堆料场地要平整、不积水，构件存放地点要夯实。仓库要符合防雨、防潮、防盗、防火要求。木料场必须有足够的防火设施。料场和仓库附近道路畅通，有回旋余地，便于进料和出料，雨期有

排水措施；

③ 根据施工组织设计确定的施工进度，考虑材料供应的间隔期，安排各种材料的进场次序和时间，组织材料分批分期进场，做到既能尽量少占用堆料场地和仓库，又能在确保生产正常进行的情况下，留有适当的储备。

(2) 施工阶段现场材料管理工作的主要内容有：进场材料验收，现场材料保管和使用。

材料管理人员应全面检查、验收入场材料，应特别注意规格、质量、数量等方面；还要妥善保管，减少损耗，严格按施工平面图计划的位置存放。

(3) 施工收尾阶段现场材料管理工作的主要内容有：保证施工材料的顺利转移，对施工中产生的建筑垃圾及时过筛、挑拣复用，随时处理不能利用的建筑垃圾。

2. 工具管理

(1) 工具的分类

按工具的价值和使用期限分为固定资产工具、低值易耗工具、消耗性工具；按工具的使用范围分为专用工具、通用工具；按工具的使用方式分为个人使用工具、班组共用工具。

(2) 工具管理方法

大型工具和机械一般采用租赁办法，就是将大型工具集中一个部门经营管理，对基层施工单位实行内部租赁，并独立核算。基层施工单位在使用前要提出计划，主管部门经平衡后，双方签订租赁合同，明确双方权利、义务和经济责任，规定奖罚界限。这样就可以适应大型工具专业性强、安全要求高的特点，使大型工具能够得到专业、经常的养护，确保安全生产。

小型工具和机械则可采取“定包”办法。小型工具是指不同工种班组配备使用的低值易耗工具和消耗工具。这部分工具对班组实行定包，特别是一些劳保用品，要发放到每个工人，并监督工人正确使用，让工人养成一个良好的习惯。

周转材料、模板、脚手架料管理，则可以按照现场材料的管理办法进行管理。

11.3.2 料具管理的一般要求

1. 施工现场外临时存放施工材料，须经有关部门批准，并按规定办理临时占地手续，材料码放整齐，符合要求，并设立标志牌，不得阻碍交通和影响市容，堆放散料应进行围挡，围挡高度不得低于 0.5m，细颗粒材料要严密遮盖。

2. 料具和构配件应按施工平面布置图指定位置分类码放整齐，楼板外墙板等大型构件和大模板存放时场地必须平坦夯实，有排水措施，码放整齐，大模板存放场地必须设围挡。

3. 施工现场的各种材料应按施工平面图布置存放并分规格码放整齐，稳定做到一头齐一条线，砖成丁成行高度不得超过 1.5m，砌块码放高度不得超 1.8m，砂、石和其他散料应成堆，界限明晰，不得混杂。

4. 施工现场的材料保管应依照材料功能采取必要的防雨、防潮、防晒、防冻、防火、防爆、防损坏等措施，贵重物品及易燃、易爆和有毒物品及时入库，专库专管，加设明显标志，并建立严格的领、退料手续。

5. 施工中使用的易燃易爆材料，严禁在结构内部存放，并严格以当日的需求量发放。

6. 水泥库必须全封闭，库内水泥离墙 10cm，水泥码放高度不超 12 袋，距墙大于 0.20m，散灰及时清理，水泥库内不得存放其他材料。

7. 材料进出现场有检验制度和手续，实行限额领料，领退料手续。

8. 施工现场应有用料计划，按计划进料，材料不积压，钢材木材等料具合理使用，长料不短用，优材不劣用。

9. 严格控制砂浆配合比和混凝土现场计量。

10. 模板工程施工中的安装和拆除时，不得硬撬、硬砸，拆下的模板材料分类堆放整齐。

11. 施工现场剩余料具（包括容器）应及时回收，堆放整齐并及时清退。水泥库内外散落灰必须及时清用，水泥袋认真打包、回收。

12. 保证施工现场清洁卫生。搅拌机四周、拌料处及施工现场内无废弃砂浆和混凝土；运输道路和操作面落地料及时清用；砂浆、混凝土倒运时，应用容器或铺垫板；浇筑混凝土时，应采取防撒落措施；砖、砂、石和其他散料应随用随清，不留料底；工人操作应做到活完料净脚下清。

13. 施工现场应设垃圾站，及时集中分拣、回收、利用、清运。垃圾清运出现场必须到批准的消纳场地倾倒，严禁乱倒乱卸。

14. 施工现场节约用水用电，制定并执行相关节约措施，杜绝长流水，长明灯。

15. 与劳务施工班组签订材料使用奖罚协议，加强施工现场作业面检查，发现材料浪费现象及时制止，并按协议规定进行处理。

16. 加强施工周转材料管理，施工用的零配件、卡扣件等，用完拆除清理后及时清理退库。

11.3.3 施工现场料具存放要求

1. 大堆材料的存放

(1) 机砖码放应成丁（每丁为 200 块）、成行，高度不超过 1.5m；加气混凝土块、空心砖等轻质砌块应成垛、成行，堆码高度不超过 1.8m；耐火砖不得淋雨受潮；各种水泥方砖及平面瓦不得平放；

(2) 砂、石、灰、陶粒等存放成堆，场地平整，不得混杂；色石渣要下垫上盖，分档存放。

2. 水泥的存放要求

(1) 库内存放：水泥库存要具备有效的防雨、防水、防潮措施；库门上锁，专人管理；分品种型号堆码整齐，离墙不少于 10cm，严禁靠墙，垛底架空垫高，保持通风防潮，垛高不超过 10 袋；抄底使用，先进先出；

(2) 露天存放：临时露天存放必须具备可靠的盖、垫措施，下垫高度不低于 30cm，做到防水、防雨、防潮、防风；

（3）散灰存放：应存放在固定容器（散灰罐）内，没有固定容器时应设封闭的专库存放，并具备可靠的防雨、防水、防潮等措施；

（4）袋装粉煤灰、白灰粉应存放在料棚内，或码放整齐后搭盖以防雨淋。

3. 构配件的存放要求

（1）门窗及木制品

① 堆放应选择能防雨、防晒的干燥场地或库房内，设立靠门架与地面的倾角不小于70°，离地面架空20cm以上，以防受潮、变形、损坏；

② 按规格及型号竖立排放，码放整齐，不得塞插挤压，五金及配件应放入库存内妥善保管；

③ 露天存放时应下垫上盖，发现钢材表面有油漆剥落时应及时刷油（补漆）；铝合金制品不准破坏保护膜，保证包装。

（2）混凝土构件

分类码放，堆放整齐；场地平整坚实，有排水措施。

① 圆孔板：底垫木要求通长，厚度不小于10cm，须放在距板端20～30cm处（长向板为30～40cm处）。每块间隔垫木要上下对齐并在同一垂直线上，垫木厚度不小于3cm，四个角要垫平垫实，不得有脱空现象；每垛堆放不得超过10块；

② 大楼板：底层垫木要通长，断面不小于10cm×10cm；每层垫木厚度不小于5cm，长度为40cm（大楼板宽小于3170mm），或50cm（大楼板宽为3770mm），并放置在平行于板的长边，四角上下对齐对正，垫平垫实；码放最多不超过9层（以6层为宜）；

③ 外墙板：应竖立存放，倾斜角不小于70°，搭设靠立架存放；

④ 槽形屋面板：底垫木不小于10cm×10cm，每层垫木应上下对齐，在同一垂直线上，并且应在边肋上；重叠堆码不得超过10层（以8层为宜）；

⑤ 雨罩：混凝土强度达到设计要求的70%后方可起吊和堆放；起吊时应使四个吊环同时受力，吊绳与平面的夹角应不小于45°；重叠堆放时，中间须加垫木，厚度应不小于7cm，底垫木通长不小于10cm×10cm；每层垫木位置应上下对齐并在同一垂直线上；每垛块数不得超过10块；

⑥ 楼梯：混凝土强度达到设计要求的70%后方能起吊、运输和堆放；起吊时吊索与水平夹角不小于45°，在起吊运输和堆放过程中，构件均应处于正向位置（TB15在运输和堆放时也可处于侧向位置）；堆放时垫木应高于吊钩，并在吊钩附近，应上下对齐，并在同一垂直线上，构件码放的块数不超过6块；

⑦ 阳台板（休息平台板）：混凝土强度不小于设计要求的70%后方可起吊与堆放；起吊时每个吊钩同时受力，吊绳与平面夹角应不小于45°；重叠码放时应加垫木，厚度不小于9cm，置放在距板端不大于30cm处，上下对齐，并在同一垂直线上；每垛块数不得超过9块（以6块为宜）；

⑧ 挑檐板：混凝土强度达到设计要求100%后方可起吊和堆放；起吊时务使每个吊钩同时受力，吊绳与平面的夹角应不小于45°；堆放应竖立码放，并在一端有靠支撑，每块间应用7cm厚方木隔垫；

⑨ 梁：长梁一般不要重叠堆放，跨长较小的长梁重叠堆放时，垫木不能低于吊钩，

应放在靠近支座并在同一垂直线上，层数不超过 3 层，过梁重叠码放时，底垫木不小于 10cm×10cm，中间垫木不小于 5cm×5cm，支点应在吊点外，上下垫木在同一垂直线上，层数不超过 4 层；

⑩ 预制柱：一般不易重叠码放，加重叠堆放不得超过 2 层；

⑪ 屋架、T 形梁、薄腹梁：不应重叠码放。堆放时必须正放，两侧加撑木，并不得少于 3 处，使其稳定。

4. 钢材及金属材料的存放要求

(1) 须按规格、品种、型号、长度分别挂牌堆放，底垫木不小于 20cm；

(2) 有色金属、薄钢板、小口径薄壁管应存放在仓库或料棚内，不得露天存放；

(3) 码放要整齐，做到一头齐一条线。盘条要靠码整齐；成品半成品及剩余料应分类码放，不得混堆。

5. 木材的存放要求

(1) 应在干燥、平坦、坚实的场地上堆放，垛基不低于 40cm，垛高不超过 3m，以防腐防潮；

(2) 应按树种及材种等级、规格分别一头码放，板方材顺垛应有斜坡；方垛应密排留坡封顶，含水量较大的木材应留空隙；有含水率要求的应放在料库存或料棚内；

(3) 选择堆放点时，应尽可能远离危险品仓库及明火作业区，并有严禁烟火的标志和消防设备，防止火灾；

(4) 拆除的木模板、支撑料应随时整理码放，模板与支撑料分开码放。

6. 玻璃的存放要求

(1) 按品种、规格、等级定时顺序码放在干燥通风的库房内；如临时露天存放时，必须下垫上盖；禁止与潮湿及挥发物品（酸、碱、盐、石灰、油脂和酒精等）放在一起；

(2) 码放时应箱盖向上，不准歪斜或平放，不应承受重压或碰撞；垛高：2～3mm 厚的不超过 3 层，4～6mm 厚的不超过 2 层；底垫木不小于 10cm；散箱玻璃应单独存放；

(3) 经常检查玻璃保管情况，遇有潮湿、霉斑、破碎的玻璃应及时处理；

(4) 装车运输时应使包装箱直立，箱头向前，箱间靠拢，切忌摇晃和碰撞；装卸搬运时应直立并轻拿轻放。

7. 五金制品的存放要求

(1) 按品种、规格、型号、产地、质料、整洁顺序定量码放在干燥通风的库房内；

(2) 存放时应保持包装完整，不得与酸碱等化工材料混库存，防止锈蚀；

(3) 发放应掌握先入先出的原则，遇有锈蚀应及时处理，螺钉与螺母要涂油。

8. 水暖器材的存放要求

(1) 按品种、规格、型号顺序整齐码放，交错互咬，颠倒重码，高度不超过 1.5m；散热器应有底垫木，高度不超过 1m；

(2) 对于小口径及带丝扣配件，要保持包装完整，防止磕碰潮湿。

9. 橡塑制品的存放要求

(1) 按品种、规格、型号、出厂日期整齐定量码放在仓库内，以防雨、防晒、防高温；

（2）严禁与酸、碱、油类及化学药品接触，防止浸蚀老化；

（3）存放时应保持包装完整，发放应掌握先入先出的原则，防变形及老化。

10. 陶瓷制品的存放要求

（1）应按品种、规格、等级、厂家分别存放在仓库或料棚内，如临时露天存放，应选择平坦、坚实、不积水场地，垛顶应盖盖；

（2）码放时应根据产品形状，采取顺序、平码、骑缝压叠，高度不得超过4件，各种瓷砖应按包装正放（立放），高度不得超过5层；

（3）装卸运输时，要用草绳牢固捆扎，不得松散，棱角及空隙要用草填实，防止摩擦碰撞，装卸要轻拿轻放，要有专人监护。

11. 油漆涂料及化工材料的存放要求

（1）按品种、规格，存放在干燥、通风、阴凉的仓库内，严格与火源、电源隔离，温度应保持在5～30℃之间；

（2）保持包装完整及密封，码放位置要放平稳牢固，防止倾斜与碰撞；应先进先发，严格控制保存期；油漆应每月倒置一次，以防沉淀；

（3）应有严格的防火、防水、防毒措施，对于剧毒品、危险品（电石、氧气等），须设专库存放，并有明显标志。

12. 防水材料的存放要求

（1）沥青料底应坚实平整，并与自然地面隔离，严禁与其他大堆料混杂；

（2）普通油毡应存放在库房或料棚内，并且应立放，堆码高度不超2层，忌横压与倾斜堆放。玻璃布油毡平放时，堆码高度不超过3层；

（3）其他防水材料可按油漆化工材料保管存放要求执行。

13. 其他轻质装修材料的存放要求

（1）应分类码放整齐，底垫木不低于10cm，分层码放时高度不超过1.8m；

（2）应具备防水、防风措施，应进行围挡、上盖；石膏制品应存放在库房或料棚内，竖立码放。

14. 周转料具的存放要求

应随拆、随整、随保养，码放整齐。组合钢模板应扣放（或顶层扣放）；大模板应对面立放，倾斜角不小于70°；钢脚手管应有底垫，并按长短分类，一头齐码放；钢支撑、钢跳板分层颠倒码放成方，高度不超过1.8m；各种扣件、配件应集中堆放，并设有围挡。

11.4 施工现场临时设施管理

建筑工程施工的临时设施是指为了保障建设工程正常施工和项目管理，根据施工组织设计要求，建设的临时性建筑物、构筑物、基本设施、设备。临时设施的建设标准，从一定程度上能够提高施工建设的安全意识、提高建设工程质量、加快施工建设速度、提高企业收益，临时设施建设标准也反映了一个企业的形象。一般来说，施工现场临时设施主要有办公设施、生活设施、生产设施、辅助设施，包括道路、沉淀池、现场排水设施、围墙、大门、供水处、门卫室、吸烟处等。

11.4.1 临时设施的布置

1. 施工现场临时设施功能区域划分要求

(1) 施工现场按照功能可划分为施工作业区、辅助作业区、材料堆放区和办公生活区；

(2) 施工现场的办公生活区应当与作业区分开设置，并保持安全距离；

(3) 办公生活区应当设置于在建建筑物坠落半径之外，与作业区之间设置防护措施，进行明显的划分隔离，以免人员误入危险区域；办公生活区如果设置在在建建筑物坠落半径之内时，必须采取可靠的防砸措施；

(4) 功能区的规划设置时还应考虑交通、水电、消防和卫生、环保等因素。

2. 临时设施选址的基本要求

(1) 办公生活临时设施的选址应考虑与作业区相隔离，保持安全距离，同时保证周边环境具有安全性；

(2) 临时设施如混凝土搅拌站、钢筋加工厂、木材加工厂等，应全面分析比较再确定位置；

(3) 合理布局，协调紧凑，充分利用地形，节约用地；

(4) 尽量利用建设单位在施工现场或附近能提供的现有房屋和设施；

(5) 临时房屋应本着厉行节约的目的，充分利用当地材料，尽量采用活动式或容易拆装的房屋；

(6) 临时房屋布置应方便生产和生活；

(7) 临时房屋的布置应符合安全、消防和环境卫生要求；

(8) 生活性临时房屋可布置在施工现场以外，若在场内，一般应布置在现场的四周或集中于一侧；

(9) 行政管理的办公室等应靠近工地，或是在工地现场出入口；

(10) 生产性临时设施应根据生产需要，全面分析比较后选择适当位置。

11.4.2 临时设施搭设的一般要求

1. 临建设施选址应合理，并符合安全、消防要求和国家有关规定。施工现场的办公区、生活区和施工区须分开设置，并采取有效隔离防护措施，保持安全距离；办公区、生活区的选址应符合安全性要求。

2. 临建设施应在生活区、办公区、作业区设置饮水桶（或饮水器），供应符合卫生要求的饮用水，饮水器要定期消毒。饮水桶（或饮水器）应加盖、上锁、有标志并有专人管理。

3. 在建工程严禁作为临建设施，严禁在在建工程内住人。

4. 施工现场临时用房应进行必要的结构计算，符合安全使用要求，所用材料应满足卫生、环保和消防要求。宜采用轻钢结构拼装活动板房，或使用砌体材料砌筑，搭建层数不得超过两层。严禁使用竹棚、油毡、石棉瓦等柔性材料搭建。装配式活动房屋应具有产品合格证，应符合国家和本省的相关规定要求。

5. 临建设施应满足坚固、美观、通风、采光、防雨、防潮、保温、隔热、防火等性能要求。墙壁应批光抹平刷白，顶棚应抹灰刷白或吊顶；办公室、宿舍、食堂等窗地面积比不应小于1∶8；厕所、淋浴间窗地面积比不应小于1∶10。

6. 临建设施的配电及用电管理应满足现行行业规范《建筑与市政工程施工现场临时用电安全技术标准》JGJ/T 46的要求及项目所在地政府的相关要求。

11.4.3 临时设施搭设和使用

1. 办公室

施工现场应设置办公室，办公室内布局应合理，文件资料宜归类存放，并应保持室内清洁卫生，办公室内净高不应低于2.5m，人均使用面积不宜小于$4m^2$。

2. 会议室

施工现场应根据工程规模设置会议室，并应当设置在临时用房的首层，其使用面积不宜小于$30m^2$。会议室内桌椅必须摆放整齐有序、干净卫生，并制定会议管理制度。

3. 职工夜校

施工现场应设置职工夜校，经常对职工进行各类教育培训，并应配置满足教学需求的各类物品，建立职工学习档案；制定职工夜校管理制度。

4. 职工宿舍

(1) 宿舍应当选择在通风、干燥的位置，防止雨水、污水流入；不得在尚未竣工建筑物内设置员工集体宿舍；

(2) 宿舍内应保证有必要的生活空间，室内净高不得小于2.5m，通道宽度不得小于0.9m，每间宿舍居住人员不应超过16人，人均使用面积不宜小于$2.5m^2$；

(3) 宿舍必须设置可开启式外窗，床铺不得超过2层，高于地面0.3m，间距不得小于0.5m，严禁使用通铺；

(4) 宿舍内应有防暑降温措施，宿舍应设生活用品专柜、鞋柜或鞋架、垃圾桶等生活设施；

(5) 宿舍周围应当搞好环境卫生，应设置垃圾桶；

(6) 生活区内应为作业人员提供晾晒衣物的场地；

(7) 房屋外应道路平整、硬化，晚间有良好的照明；

(8) 施工现场宜采用集中供暖，使用炉火取暖时应采取防止一氧化碳中毒的措施。彩钢板活动房严禁使用炉火或明火取暖；

(9) 宿舍临时用电宜使用安全电压，采用强电照明的宜使用限流器。生活区宜单独设置手机充电柜或充电房间；

（10）制定宿舍管理制度，并安排专人管理，床头宜设置姓名卡。

5. 食堂

（1）食堂应当选择在通风、干燥、清洁、平整的位置，防止雨水、污水流入，应当保持环境卫生，距离厕所、垃圾站、有毒有害场所等污染源不宜小于15m，且不应设在污染源的下风侧，装修材料必须符合环保、消防要求；

（2）食堂应设置独立的制作间、储藏间；门扇下方应设不低于0.2m的防鼠挡板，制作间灶台及周边应采取易清洁、耐擦洗措施，墙面处理高度大于1.5m，地面应做硬化和防滑处理，并保持墙面、地面整洁；

（3）食堂应配备必要的排风设施和冷藏设施；宜设置通风天窗和油烟净化装置，油烟净化装置应定期清理；

（4）食堂宜使用电炊具，使用燃气的食堂，燃气罐应单独设置存放间并应加装燃气报警装置，存放间应通风良好并严禁存放其他物品；供气单位资质应齐全，气源应有可追溯性；

（5）食堂制作间的炊具宜存放在封闭的橱柜内，刀、盆、案板等炊具必须生熟分开；

（6）食堂制作间、锅炉房、可燃材料库房及易燃易爆危险品库房等应采用单层建筑，应与宿舍和办公用房分别设置，并应按相关规定保持安全距离；

（7）临时用房内设置的食堂、库房应设在首层；

（8）食堂外应设置密闭式泔水桶，并应及时清运，保持清洁。

6. 厕所

（1）厕所大小应根据施工现场作业人员的数量设置，按照男厕所1∶50、女厕所1∶25的比例设置蹲便器，蹲便器间距不小于0.9m，并且应在男厕每50人设置1m长小便槽；

（2）高层建筑施工超过8层以后，每隔四层宜设置临时厕所；

（3）施工现场应设置水冲式或移动式厕所，厕所地面应硬化，门窗齐全并通风良好；

（4）厕位宜设置隔板，隔板高度不宜低于0.9m；

（5）厕所应设专人负责，定时进行清扫、冲刷、消毒，防止蚊蝇滋生，化粪池应及时清掏。

7. 淋浴室

（1）淋浴室内应设置储衣柜或挂衣架，室内使用安全电压，设置防水防爆灯具；

（2）淋浴间内应设置满足需要的淋浴器，淋浴器与员工的比例宜为1∶20，间距不小于1m；

（3）应设专人管理，并有良好的通风换气措施，定期打扫卫生。

8. 防护棚

施工现场的防护棚较多，如加工站厂棚、机械操作棚、通道防护棚等。大型站厂棚可用砖混、砖木结构，应当进行结构计算，保证结构安全。小型防护棚一般可用钢管、扣件、脚手架材料搭设，并应当严格按照现行行业规范《建筑施工扣件式钢管脚手架安全技术规范》JGJ 130要求搭设。防护棚顶应当满足承重、防雨要求。在施工坠落半径之内的棚顶应当具有抗冲击能力，可采用多层结构。最上层材料强度应能承受 10kPa 的均布静荷载，也可采用 50mm 厚木板双层架设，间距应不小于 600mm。

9. 搅拌站

(1) 搅拌站应有后上料场地，应当综合考虑砂石堆场、水泥库的设置位置，既要相互靠近，又要便于材料的运输和装卸；

(2) 搅拌站应当尽可能设置在垂直运输机械附近，在塔式起重机吊运半径内，尽可能减少混凝土、砂浆水平运输距离；采用塔式起重机吊运时，应当留有起吊空间，使吊斗能方便地从出料口直接挂钩起吊和放下；采用小车、翻斗车运输时，应当设置于施工道路附近，以方便运输；

(3) 搅拌站场地四周应当设置沉淀池、排水沟，避免清洗机械时，造成场地积水；清洗机械用水应沉淀后循环使用，节约用水；避免将未沉淀的污水直接排入城市排水设施和河流；

(4) 搅拌站应当搭设搅拌棚，挂设搅拌安全操作规程和相应的警示标志、混凝土配合比牌；

(5) 搅拌站应当采取封闭措施，以减少扬尘的产生，冬期施工还应考虑保温、供热等。

10. 仓库

(1) 仓库的面积应根据在建工程的实际情况和施工阶段的需要计算确定；

(2) 水泥仓库应当选择地势较高、排水方便、靠近搅拌站的地方；

(3) 仓库内工具、器件、物品应分类放置，设置标牌，标明规格、型号；

(4) 易燃、易爆物品仓库的布置应当符合防火、防爆安全距离要求，并建立严格的进出库制度，设专人管理。

11.5 施工现场环境保护

施工现场环境保护就是在工程项目建设中，按照法律法规、各级主管部门和企业的要求，在保证质量、安全等基本要求的前提下，通过科学管理和技术进步，保护和改善作业现场的环境，控制现场的各种粉尘、废水、废气、固体废弃物、噪声、振动等对环境的污染和危害，最大限度地节约资源并减少对环境的负面影响。环境保护也是文明施工的重要内容之一。

11.5.1 施工现场环境保护的施工原则

1. 减少场地干扰、尊重基地环境

工程施工过程会严重扰乱场地环境，这一点对于未开发区域的新建项目尤其严重。场地平整、土方开挖、施工降水、永久及临时设施建造、场地废物处理等均会对场地上现存的动植物资源、地形地貌、地下水位等造成影响，还会对场地内现存的文物、地方特色资源等造成破坏，影响当地文脉的继承和发扬。因此，施工中减少场地干扰、尊重基地环境对于保护生态环境，维持地方文脉具有重要的意义。业主、设计单位和承包商应当识别场地内现有的自然、文化和构筑物特征，并通过合理的设计、施工和管理工作将这些特征保存下来。可持续的场地设计对于减少这种干扰具有重要的作用。就工程施工而言，承包商应结合业主、设计单位对承包商使用场地的要求，制订满足这些要求的、能尽量减少场地干扰的场地使用计划。计划中应明确：

（1）场地内哪些区域将被保护，哪些植物将被保护，并明确保护的方法；

（2）怎样在满足施工、设计和经济方面要求的前提下，尽量减少清理和扰动的区域面积，尽量减少临时设施、减少施工用管线；

（3）场地内哪些区域将被用作仓储和临时设施建设，如何合理安排承包商、分包商及各工种对施工场地的使用，减少材料和设备的搬动；

（4）各工种为了运送、安装和其他目的对场地通道的要求；

（5）废物将如何处理和消除，如有废物回填或填埋，应分析其对场地生态、环境的影响；

（6）怎样将场地与公众隔离。

2. 施工结合气候的原则

承包商在选择施工方法、施工机械，安排施工顺序，布置施工场地时应结合气候特征。这可以减少因为气候原因而带来施工措施的增加、资源和能源用量的增加，有效地降低施工成本，可以减少因为额外措施对施工现场及环境的干扰，可以有利于施工现场环境质量品质的改善和工程质量的提高。承包商要能做到施工结合气候，首先要了解现场所在地区的气象资料及特征，主要包括：降雨、降雪资料，如全年降雨量、降雪量、雨季起止日期、一日最大降雨量等；气温资料，如年平均气温、最高气温、最低气温及持续时间等；风的资料，如风速、风向和风的频率等。主要体现有：

（1）承包商应尽可能合理地安排施工顺序，使会受到不利气候影响的施工工序能够在不利气候来临时完成。如在雨季来临之前，完成土方工程、基础工程的施工，以减少地下水位上升对施工的影响，减少其他需要增加的额外雨期施工保证措施；

（2）安排好全场性排水、防洪，减少对现场及周边环境的影响；

（3）施工场地布置应结合气候，符合劳动保护、安全、防火的要求。产生有害气体和污染环境的加工场（如沥青熬制、石灰熟化）及易燃的设施（如木工棚、易燃物品仓库）应布置在下风向，且不危害当地居民；起重设施的布置应考虑风、雷电的影响；

（4）在冬季、雨季、风季、炎热夏季施工中，应针对工程特点，尤其是对混凝土工程、土方工程、深基础工程、水下工程和高空作业等，选择适合的季节性施工方法或有效措施。

3. 施工中节水节电环保要求

节约资源（能源）建设项目通常要使用大量的材料、能源和水资源。减少资源的消耗，节约能源，提高效益，保护水资源是可持续发展的基本观点。施工中资源（能源）的节约主要有以下几方面内容：

（1）水资源的节约利用，通过监测水资源的使用，安装小流量的设备和器具，在可能的场所重新利用雨水或施工废水等措施来减少施工期间的用水量，降低用水费用；

（2）节约电能，通过监测利用率，安装节能灯具和设备，利用声光传感器控制照明灯具，采用节电型施工机械，合理安排施工时间等降低用电量，节约电能；

（3）减少材料的损耗，通过更仔细的采购，合理的现场保管，减少材料的搬运次数，减少包装，完善操作工艺，增加摊销材料的周转次数等降低材料在使用中的消耗，提高材料的使用效率；

（4）可回收资源的利用。可回收资源的利用是节约资源的主要手段，也是当前应加强的方向。主要体现在两个方面：一是使用可再生的或含有可再生成分的产品和材料，这有助于将可回收部分从废弃物中分离出来，同时减少了原始材料的使用，即减少了自然资源的消耗；二是加大资源和材料的回收利用、循环利用，如在施工现场建立废物回收系统，再回收或重复利用在拆除时得到的材料，这可减少施工中材料的消耗量或通过销售来增加企业的收入，也可降低企业运输或填埋垃圾的费用。

4. 减少环境污染，提高环境品质

工程施工中产生的大量灰尘、噪声、有毒有害气体、废物等会对环境品质造成严重的影响，也将有损于现场工作人员、使用者以及公众的健康。因此，减少环境污染，提高环境品质也是施工中环境保护管理的基本原则。提高与施工有关的室内外空气品质是该原则的最主要内容。施工过程中，扰动建筑材料和系统所产生的灰尘，从材料、产品、施工设备或施工过程中散发出来的挥发性有机化合物或微粒均会引起室内外空气品质问题。许多这些挥发性有机化合物或微粒会对健康构成潜在的威胁和损害，需要特殊的安全防护。这些威胁和损伤有些是长期的，甚至是致命的。而且在建造过程中，这些空气污染物也可能渗入邻近的建筑物，并在施工结束后继续留在建筑物内。这种影响，尤其对于那些需要在房屋使用者在场的情况下进行施工的改建项目，更需引起重视。常用的提高施工场地空气品质的施工技术措施可能有：

（1）制定有关室内外空气品质的施工管理计划；

（2）使用低挥发性的材料或产品；

（3）安装局部临时排风或局部净化和过滤设备；

（4）进行必要的绿化，经常洒水清扫，防止建筑垃圾堆积在建筑物内，储存好可能造成污染的材料；

（5）采用更安全、健康的建筑机械或生产方式。如用商品混凝土代替现场混凝土搅拌，可大幅度地消除粉尘污染；

（6）合理安排施工顺序，尽量减少一些建筑材料，如地毯、顶棚饰面等对污染物的吸收；

（7）对于施工时仍在使用的建筑物而言，应将有毒的工作安排在非工作时间进行，并与通风措施相结合，在进行有毒工作时以及工作完成以后，用室外新鲜空气对现场通风；

（8）对于施工时仍在使用的建筑物而言，将施工区域保持负压或升高使用区域的气压，会有助于防止空气污染物污染使用区域；

（9）对于噪声的控制也是防止环境污染、提高环境品质的一个方面。当前中国已经出台了一些相应的规定对施工噪声进行限制。施工中环境保护管理也强调对施工噪声的控制，以防止施工扰民。合理安排施工时间，实施封闭式施工，采用现代化的隔离防护设备，采用低噪声、低振动的建筑机械如无声振捣设备等是控制施工噪声的有效手段。

5. 科学管理与绿色施工

施工现场环境保护管理，必须要实施科学管理，提高企业管理水平，使企业从被动地适应转变为主动地响应，使企业实施绿色施工制度化、规范化。这将充分发挥环境保护对促进可持续发展的作用，增加施工的经济性效果，增加承包商环境保护的积极性。企业通过ISO 14001认证是提高企业管理水平，实施科学管理的有效途径。

实施绿色施工，尽可能减少场地干扰，提高资源和材料利用效率，增加材料的回收利用等，但采用这些手段的前提是要确保工程质量。好的工程质量，可延长项目寿命，降低项目日常运行费用，利于使用者的健康和安全，促进社会经济发展，本身就是可持续发展的体现。

6. 施工现场环境保护管理的要求

(1) 在临时设施建设方面，现场搭建活动房屋之前应按规划部门的要求取得相关手续，建设单位和施工单位应选用高效保温隔热、可拆卸循环使用的材料搭建施工现场临时设施，并取得产品合格证后方可投入使用，工程竣工后1个月内，选择有合法资质的拆除公司将临时设施拆除；

(2) 在限制施工降水方面，建设单位或者施工单位应当采取相应方法，隔断地下水进入施工区域，因地下结构、地层及地下水、施工条件和技术等，采用帷幕隔水方法很难实施或者虽能实施，但增加的工程投资明显不合理的，施工降水方案经过专家评审并通过后，可以采用管井、井点等方法进行施工降水；

(3) 在控制施工扬尘方面，工程土方开挖前施工单位应按《建筑工程绿色施工规范》GB/T 50905—2014的要求，做好洗车池和冲洗设施、建筑垃圾和生活垃圾分类密闭存放装置、沙土覆盖、工地路面硬化和绿色施工生活区绿化美化等工作；

(4) 在渣土绿色运输方面，施工单位应按照要求，选用已办理“散装货物运输车辆准运证”的车辆，持“渣土消纳许可证”从事渣土运输作业；

(5) 在降低声、光排放方面，建设单位、施工单位在签订合同时，注意施工工期安排及已签合同施工延长工期的调整，应尽量避免夜间施工。因特殊原因确需夜间施工的，必须到工程所在地区县建委办理夜间施工许可证，施工时要采取封闭措施降低施工噪声并尽可能减少强光对居民生活的干扰。

11.5.2 施工现场环境保护的要求

根据《中华人民共和国环境保护法》和《中华人民共和国环境影响评价法》的有关规定，建设工程项目对环境保护的基本要求如下：

1. 涉及依法划定的自然保护区、风景名胜区、生活饮用水水源保护区及其他需要特别保护的区域时，应当符合国家有关法律法规及该区域内建设工程项目环境管理的规定，不得建设污染环境的工业生产设施；建设的工程项目设施的污染物排放不得超过规定的排放标准。已经建成的设施，其污染物排放超过排放标准的，限期整改。

2. 开发利用自然资源的项目，必须采取措施保护生态环境。

3. 建设工程项目的选址、选线、布局应当符合区域、流域规划和城市总体规划。

4. 应满足项目所在区域环境质量、相应环境功能区划和生态功能区划的标准或要求。

5. 拟采取的污染防治措施应确保污染物排放达到国家和地方规定的排放标准，满足污染物总量控制要求，涉及可能产生放射性污染的，应采取有效预防和控制放射性污染措施。

6. 对于建设工程应当采用节能、节水等有利于环境与资源保护的建筑设计方案、建筑材料、装修材料、建筑构配件及设备。建筑材料和装修材料必须符合国家标准。禁止生产、销售和使用有毒、有害物质超过国家标准的建筑材料和装修材料。

7. 尽量减少建设工程施工中所产生的干扰周围生活环境的噪声。

8. 应采取生态保护措施，有效预防和控制生态破坏。

9. 对于对环境可能造成重大影响、应当编制环境影响报告书的建设工程项目，可能严重影响项目所在地居民生活环境质量的建设工程项目，以及存在重大意见分歧的建设工程项目，环保部门可以举行听证会，听取有关单位、专家和公众的意见，并公开听证结果，说明对有关意见采纳或不采纳的理由。

10. 建设工程项目中防治污染的设施，必须与主体工程同时设计、同时施工、同时投产使用。防治污染的设施经原审批环境影响报告书的环境保护行政主管部门验收合格后，该建设工程项目方可投入生产或者使用。不得擅自拆除或者闲置防治污染的设施，确有必要拆除或者闲置的，必须征得所在地的环境保护行政主管部门的同意。

11. 新建工业企业和现有工业企业的技术改造，应当采取资源利用率高、污染物排放量少的设备和工艺，采用经济、合理的废弃物综合利用技术和污染物处理技术。

12. 排放污染物的单位，必须依照国务院环境保护行政主管部门的规定申报登记。

13. 禁止引进不符合我国环境保护规定要求的技术和设备。

14. 任何单位不得将产生严重污染的生产设备转移给没有污染防治能力的单位使用。

11.5.3 施工现场环境保护的措施

1. 大气污染的防治

(1) 大气污染物的分类。大气污染物的种类有数千种，已发现有危害作用的有100多种，其中大部分是有机物。大气污染物通常以气体状态和粒子状态存在于空气中。

(2) 施工现场空气污染的防治措施：

① 施工现场的垃圾渣土要及时清理出现场；

② 在高大建筑中清理施工垃圾时，要使用封闭式的容器或者采取其他措施处理高空废弃物，严禁凌空随意抛撒；

③ 施工现场道路应指定专人定期洒水清扫，形成制度，防止道路扬尘；

④ 对于细颗粒散体材料（如水泥、粉煤灰、白灰等）的运输、储存，要注意遮盖、密封，防止和减少扬尘；

⑤ 车辆开出工地时要做到不带泥沙，基本做到不撒土、不扬尘，减少对周围环境的污染；

⑥ 除设有符合规定的装置外，禁止在施工现场焚烧油毡、橡胶、塑料、皮革、树叶、枯草、各种包装物等废弃物品以及其他会产生有毒、有害烟尘和恶臭气体的物质；

⑦ 机动车都要安装减少尾气排放的装置，确保符合国家标准；

⑧ 工地茶炉应尽量采用电热水器，若只能使用烧煤茶炉和锅炉，应选用消烟除尘型茶炉和锅炉，大灶应选用消烟节能回风炉灶，使烟尘降至允许排放范围为止；

⑨ 大城市市区的建设工程已不容许搅拌混凝土，在容许设置搅拌站的工地，应将搅拌站严密封闭，并在进料仓上方安装除尘装置，采用可靠措施控制工地粉尘污染；

⑩ 拆除旧建筑物时，应适当洒水，防止扬尘。

2. 水污染的防治

(1) 水污染物的主要来源。水污染的主要来源有以下几种：

① 工业污染源：指各种工业废水向自然水体的排放；

② 生活污染源：主要有食物废渣、食油、粪便、合成洗涤剂、杀虫剂、病原微生物等；

③ 农业污染源：主要有化肥、农药等。

施工现场废水和固体废物随水流流入水体部分，包括泥浆、水泥、油漆、各种油类、混凝土添加剂、重金属、酸碱盐、非金属无机毒物等。

(2) 施工过程水污染的防治措施。施工过程水污染的防治措施有：

① 禁止将有毒有害废弃物作土方回填；

② 施工现场搅拌站废水、现制水磨石的污水、电石（碳化钙）的污水必须经沉淀池沉淀合格后再排放，最好将沉淀水用于工地洒水降尘或采取措施回收利用；

③ 现场存放油料的，必须对库房地面进行防渗处理，如采用防渗混凝土地面、铺油毡等措施。使用时，要采取防止油料跑、冒、滴、漏的措施，以免污染水体；

④ 施工现场100人以上的临时食堂，排放污水时可设置简易、有效的隔油池，定期清理，防止污染；

⑤ 工地临时厕所、化粪池应采取防渗漏措施，中心城市施工现场的临时厕所可采用水冲式厕所，并有防蝇灭蛆措施，防止污染水体和环境；

⑥ 化学用品、外加剂等要妥善保管，于库内存放，防止污染环境。

3. 噪声污染的防治

(1) 噪声的分类。噪声按来源分为交通噪声（如汽车、火车、飞机等发出的声音）、工业噪声（如鼓风机、汽轮机、冲压设备等发出的声音）、建筑施工的噪声（如打桩机、推土机、混凝土搅拌机等发出的声音）、社会生活噪声（如高音喇叭、收音机等发出的声音）。噪声妨碍人们正常休息、学习和工作。为防止噪声扰民，应控制人为强噪声。

(2) 施工现场噪声的控制措施。噪声控制技术可从声源、传播途径、接收者防护等方面来考虑。

① 声源的控制，从声源上降低噪声，这是防止噪声污染的最根本的措施；尽量采用低噪声设备和加工工艺代替高噪声设备与加工工艺，如低噪声振捣器、风机、电动空压

机、电锯等；在声源处安装消声器消声，即在通风机、鼓风机、压缩机、燃气机、内燃机及各类排气放空装置等进出风管的适当位置设置消声器；

② 传播途径的控制，利用吸声材料（多由多孔材料制成）或由吸声结构形成的共振结构（金属或木质薄板钻孔制成的空腔体）吸收声能，降低噪声；应用隔声结构，阻碍噪声向空间传播，将接收者与噪声声源分隔，隔声结构包括隔声室、隔声罩、隔声墙等；消声利用消声器阻止噪声传播，允许气流通过的消声降噪是防治空气动力性噪声的主要装置；对由振动引起的噪声，通过降低机械振动减小噪声，如将阻尼材料涂在振动源上，或改变振动源与其他刚性结构的连接方式等；

③ 接收者的防护，让处于噪声环境下的人员使用耳塞、耳罩等防护用品，减少相关人员在噪声环境中的暴露时间，以减轻噪声对人体的危害；

④ 严格控制人为噪声。进入施工现场不得高声喊叫、无故甩打模板、乱吹哨，限制高声喇叭的使用，最大限度地减少噪声扰民，在人口稠密区进行强噪声作业时，需严格控制作业时间，一般晚 10 时到次日早 6 时之间停止强噪声作业，确系特殊情况必须昼夜施工时，尽量采取降低噪声措施，并会同建设单位找当地居委会、村委会或当地居民协调，发出安民告示，求得群众谅解。

（3）固体废物的处理。

① 建设工程施工工地上常见的固体废物。建设工程施工工地上常见的固体废物主要有建筑渣土，包括砖瓦、碎石、渣土、混凝土碎块、废钢铁、碎玻璃、废屑、废弃装饰材料等；废弃的散装大宗建筑材料，包括水泥、石灰等；生活垃圾，包括炊厨废物、丢弃食品、废纸、生活用具、废电池、废日用品、玻璃、陶瓷碎片、废塑料制品、煤灰渣、废交通工具等；设备、材料等的包装材料；粪便等。

② 固体废物的处理和处置。固体废物处理的基本思想是：采取资源化、减量化和无害化的处理，对固体废物产生的全过程进行控制。固体废物的主要处理方法如下：

a. 回收利用，回收利用是对固体废物进行资源化的重要手段之一，粉煤灰在建设工程领域的广泛应用就是对固体废弃物进行资源化利用的典型范例，又如发达国家炼钢原料中有 70％是利用回收的废钢铁，所以钢材可以看成可再生利用的建筑材料；

b. 减量化处理，减量化是对已经产生的固体废物进行分选、破碎、压实浓缩、脱水等减少其最终处置量，降低处理成本，减少对环境的污染，在减量化处理的过程中，也包括和其他处理技术相关的工艺方法，如焚烧、热解、堆肥等；

c. 焚烧，焚烧用于不适合再利用且不宜直接予以填埋处置的废物，除有符合规定的装置外，不得在施工现场熔化沥青和焚烧油毡、油漆，也不得焚烧其他可产生有毒有害和恶臭气体的废弃物，垃圾焚烧处理应使用符合环境要求的处理装置，避免对大气的二次污染；

d. 稳定和固化，稳定和固化处理是利用水泥、沥青等胶结材料，将松散的废物胶结包裹起来，减少有害物质从废物中向外迁移扩散，使得废物对环境的污染减少；

e. 填埋，填埋是将固体废物经过无害化、减量化处理的废物残渣集中到填埋场进行处置。禁止将有毒有害废弃物现场填埋，填埋场应利用天然或人工屏障，尽量使需处置的废物与环境隔离，并注意废物的稳定性和长期安全性。

小结

文明施工与环境保护已成为建筑工程施工中必不可少的一部分。文明施工的意义不仅仅在于提高工程的质量和效率，更在于减轻施工对周围环境和人民群众的影响，提高了人们的生活质量。环境保护则是建筑工程可持续发展的重要因素。为了实现文明施工和环境保护，需要同时满足一系列基本条件，如健全的管理制度、员工的文明作业素质、严格的现场施工要求等。

在施工现场场容管理方面，需要注意对施工区域进行科学规划和划分，防止施工过程中的混乱和安全问题。机具管理也是施工现场不可缺少的一部分，通过对机具进行严格管理、存放和使用，保障施工现场的安全和顺利进行。在临时设施管理方面，则需要建立临时设施的规范和标准，确保施工现场临时设施的安全、整洁和有效使用。

保护方面需要采取一系列措施，如垃圾分类处理、水土保持、噪声控制等，保护施工现场和周边的环境，达到绿色施工的目的。

建筑工程施工过程中，要实现文明施工和环境保护是一个长期的、艰苦的过程。只有不断地积极更新并完善管理制度，提高员工的文明作业素质，加强对现场施工的监督，才能够实现文明施工和环境保护的目标，为人民创造一个良好的生活环境。

思考及练习题

【单选题】

1. 文明施工专项方案应由工程项目技术负责人组织人员编制，送施工单位技术部门的专业技术人员审核，报施工单位技术负责人审批，经（　　）审查同意后执行。

A. 项目经理　　B. 生产经理

C. 项目总监理工程师　　D. 监理单位

2. 一般路段的围挡高度和市区主要路段的围挡高度分别不得低于（　　）m。

A. 1.5；2.0　　B. 1.8；2.5　　C. 1.8；2.4　　D. 1.5；2.4

3. 施工现场围挡的砌筑围墙厚度不得小于（　　）。

A. 180mm　　B. 240mm　　C. 370mm　　D. 200mm

4. 施工现场应有一个以上的固定出入口，出入口应设置大门，大门高度一般不得低于（　　）。

A. 1.5m　　B. 1.8m　　C. 2m　　D. 2.4m

5. 安全标志分禁止标志、警告标志、指令标志和提示标志，这几类安全标志分别有（　　）种。

A. 30；35；40；45　　B. 25；32；37；40

C. 18；35；40；46　　D. 40；39；16；8

【多选题】

1. 施工现场场容管理的原则有（　　）。

A. 问题发生再整改　B. 进行动态管理　C. 建立岗位责任制
D. 勤于检查，及时整改　E. 忽视细节，不做记录

2. 材料按其在施工中的作用，可分为（　　）。
A. 主要材料　B. 次要材料　C. 辅助材料
D. 周转材料　E. 装饰材料

3. 施工阶段现场材料管理工作的主要内容有（　　）。
A. 进场材料验收　B. 现场材料保管　C. 材料调度
D. 材料发放　E. 材料库存不定期盘点

4. 按工具的价值和使用期限可以将工具分为（　　）。
A. 固定资产工具　B. 低值易耗工具　C. 消耗性工具
D. 专用工具　E. 一次性工具

5. 施工现场按照功能可划分为（　　）。
A. 施工作业区　B. 辅助作业区　C. 材料堆放区
D. 办公生活区　E. 休闲娱乐区

【填空题】

1. 现场出入口设置的“五牌一图”包括（　　）、（　　）、（　　）、（　　）、（　　）、（　　）。

2. 施工现场的场容管理，实际上是根据施工组织设计的（　　），对施工现场进行的管理，它是保持良好的施工现场秩序，保证交通道路和水电畅通，实现文明施工的前提。

3. 一般来说，安全警示标志包括（　　）和（　　）。

4. 安全色分为（　　）、（　　）、（　　）、（　　）4 种颜色，分别表示（　　）、（　　）、（　　）和（　　）。

5. 料具管理包括（　　）和（　　）两个过程。

【判断题】

1. 施工现场可以随意弃土与取土，这是因为施工现场无法从根本上避免环境问题。（　　）

2. 雨后、大风后以及春融季节应当检查围挡的稳定性，发现问题及时处理。（　　）

3. 楼梯踏步、休息平台、阳台等处可以堆放料具和杂物，以方便材料运输和使用。（　　）

4. 施工现场的各种材料应按施工平面图布置存放并分规格码放整齐，稳定做到一头齐一条线，砖成丁成行高度不得超过 1.5m，砌块码放高度不得超 1.8m，砂、石和其他散料应成堆，界限明晰，不得混杂。（　　）

5. 施工现场的办公生活区应当与作业区的距离尽可能保持相近。（　　）

【简答题】

1. 文明施工的概念是什么？
2. 请阐述文明施工的意义。
3. 文明工地的标准有哪些？
4. 施工现场的场容管理的意义是什么？

5. 料具管理的概念和分类是什么？

【实训题】

根据《建设工程施工现场管理规定》《建设工程施工现场消防安全技术规范》GB 50720、《建筑工程安全技术交底手册》《建筑机械使用安全技术规程》JGJ 33—2012、《建筑与市政工程施工现场临时用电安全技术标准》JGJ/T 46 中的要求，编制施工现场场容管理制度。

40.《建筑工程质量与安全》思考及练习题答案

参考文献

[1] 李仙兰. 建筑工程技术综合 [M]. 2版. 北京：中国电力出版社，2017.

[2] 郝永池. 建筑工程质量与安全管理 [M]. 北京：北京理工大学出版社，2017.

[3] 周连起，刘学应. 建筑工程质量与安全管理 [M]. 北京：北京理工大学出版社，2010.

[4] 建筑与市政工程施工现场专业人员职业标准培训教材编审委员会. 质量员 [M]. 2版. 北京：中国建筑工业出版社，2017.

[5] 危道军. 质量员专业管理实务 [M]. 北京：中国建筑工业出版社，2007.

[6] 中华人民共和国住房和城乡建设部. 建筑地基基础工程施工质量验收标准：GB 50202—2018 [S]. 北京：中国计划出版社，2018.

[7] 中华人民共和国住房和城乡建设部. 砌体结构工程施工质量验收规范：GB 50203—2011 [S]. 北京：中国建筑工业出版社，2012.

[8] 中华人民共和国住房和城乡建设部. 混凝土结构工程施工质量验收规范：GB 50204—2015 [S]. 北京：中国建筑工业出版社，2015.

[9] 中华人民共和国住房和城乡建设部. 建筑施工安全检查标准：JGJ 59—2011 [S]. 北京：中国建筑工业出版社，2012.

[10] 张瑞生. 建筑工程质量与安全管理 [M]. 北京：中国建筑工业出版社，2013.

[11] 曾跃飞. 建筑工程质量检验与安全管理 [M]. 北京：高等教育出版社，2010.

[12] 梁立峰. 建筑工程安全生产管理及安全事故预防 [J]. 广东建材，2011 (2).

[13] 全国建筑施工企业项目经理培训教材编写委员会. 施工项目质量与安全管理 [M]. 北京：中国建筑工业出版社，2007.

[14] 建设部工程质量安全监督与行业发展司. 建设工程安全生产管理 [M]. 北京：中国建筑工业出版社，2004.

[15] 建设部工程质量安全监督与行业发展司. 建设工程安全生产技术 [M]. 北京：中国建筑工业出版社，2004.

[16] 杨玉红. 建筑工程质量检测与安全 [M]. 北京：中国建筑工业出版社，2014.

[17] 中国建筑工业出版社. 建筑施工安全规范 [M]. 北京：中国建筑工业出版社，2008.

[18] 冯淼波. 建筑工程质量与安全管理 [M]. 长春：吉林大学出版社，2015.

[19] 徐蕾. 安全员必知要点 [M]. 北京：化学工业出版社，2014.

[20] 闫军. 建筑施工允许偏差速查便携手册 [M]. 北京：中国建筑工业出版社，2014.

[21] 陈春秀. 建筑工程施工中的安全管理 [J]. 科技资讯，2011.

[22] 罗恒. 建筑工程管理质量与安全控制 [J]. 黑龙江科技信息，2016.

[23] 王宗昌. 建筑工程施工质量控制与实例分析 [M]. 北京：中国电力出版社，2011.

[24] 王亚妮. 论建筑工程施工安全问题及控制措施 [J]. 黑龙江科技信息，2017.

[25] 宁娟红. 建筑工程施工安全管理工作探究 [J]. 中国标准化，2016.